U0190156

水产品质量安全管理与控制技术

张建柏　王　鹤　主编

中国海洋大学出版社

·青岛·

图书在版编目（CIP）数据

水产品质量安全管理与控制技术 / 张建柏，王鹤主
编 . —青岛：中国海洋大学出版社，2023.6
ISBN 978-7-5670-3529-4

Ⅰ . ①水… Ⅱ . ①张… ②王… Ⅲ . ①水产品—
质量管理—安全管理 Ⅳ . ① TS254.7

中国国家版本馆 CIP 数据核字（2023）第 104942 号

出版发行	中国海洋大学出版社		
社　　址	青岛市香港东路23号	邮政编码	266071
网　　址	http://pub.ouc.edu.cn		
出 版 人	刘文菁		
责任编辑	丁玉霞	电　　话	0532-85901040
电子信箱	qdjndingyuxia@163.com		
印　　制	青岛至德印刷包装有限公司		
版　　次	2023年6月第1版		
印　　次	2023年6月第1次印刷		
成品尺寸	185 mm×260 mm		
印　　张	22.75		
字　　数	520千		
印　　数	1—1000		
定　　价	138.00元		
订购电话	0532-82032573（传真）		

编委会

序

民以食为天，食以安为先。食品安全关乎百姓的生命安全和身体健康，是重大的民生工程。习近平总书记在2013年中央农村工作会议上强调：要用最严谨的标准、最严格的监管、最严厉的处罚、最严肃的问责，确保广大人民群众"舌尖上的安全"。总书记指出，食品安全，也是"管"出来的，要形成从田间到餐桌全过程覆盖的监管制度，建立更为严格的食品安全监管责任制和责任追究制度，使权力和责任紧密挂钩。

水产品营养丰富，口味鲜美，容易消化吸收，保健效果显著，在国民膳食营养组成中占动物蛋白来源的1/3以上，是百姓餐桌上的常用食材，深受消费者的喜爱。水产品质量安全工作在国家粮食安全和国民营养安全工作中占有至关重要的位置，因此水产品质量安全的管理与控制显得尤为重要。

烟台市海洋经济研究院是一个集水产科研与开发、渔技推广与示范、水产品质量检测与病害防治、渔业职业技能鉴定与培训、渔业资源调查统计与评估于一体的公益性科研机构。立足于烟台市海洋渔业的生产实际，多年来持续开展了海参、鱼类等大宗养殖产品的质量检测，对违法用药加大检查频次和力度，严厉打击各类违法违规行为。近年来，参与编制了《全市水产品质量安全源头治理大排查大整治行动工作方案》《2021年烟台市海参质量安全专项整治实施方案》《烟台市水产养殖用投入品专项整治三年行动方案（2021—2023年）》等全市领域水产品质量安全工作的发展战略和发展规划，为促进烟台市水产品质量安全水平稳定向好做出了积极贡献。

《水产品质量安全管理与控制技术》一书概括了水产品的分类、水产品苗种质量控制、养殖质量控制、加工质量控制和水产品的质量安全监测、养殖疫病防控，以及水产品的质量认证和质量安全管理的法律法规等，是烟台市海洋经济研究院科技人员多年来的科研成果结晶，对进一步提高我市水产品质量安全水平，保障群众健康消费，具有积极的现实意义。

烟台市海洋发展和渔业局局长

2022年9月

前言

　　水产品是海洋和淡水渔业生产的动植物及其加工产品的统称，水产品在我国动物产品消费中始终占有重要位置。目前我国消费的主要水产品为鲜活、冷冻水产品。随着水产品消费市场的多元化发展，熟制干制品等产品的需求量呈现快速发展态势。

　　目前，我国的养殖水产品占水产品总量的70%以上，是世界上唯一养殖产量超过捕捞产量的渔业大国。但受养殖病害发生和养殖环境变化等因素影响，水产品质量出现多种安全问题，使我国在国际水产品贸易中多次受挫，不少西方国家借此对我国制造贸易壁垒，不仅造成较大的经济损失，也对我国的国际形象和国家经济安全造成负面影响。

　　2020年10月，山东省召开"食安山东"建设工作推进会，进一步强调食品安全的重要性。2022年，为落实习近平总书记关于食品药品安全"四个最严"要求和"食安山东"建设工作推进会议精神，进一步提升食品安全监管能力和保障水平，保障人民群众"舌尖上的安全"，烟台市在全市范围内开展食品安全"三年提升行动"，广大市民的健康消费意识普遍增强。

　　为促进水产养殖业健康发展和海洋经济高质量发展，编者依据20多年对水产品质量安全管理的研究和积累，吸收了国内外最新的技术成果，结合烟台市水产品行业发展实际情况，立足水产品苗种质量控制、养殖质量控制、加工质量控制和水产品的质量安全监测、养殖疫病防控，以及水产品的质量认证和质量安全管理的法律法规等方面，编写了《水产品质量安全管理与控制技术》一书，以期为烟台市水产行业健康高质量发展提供技术参考。

本书的内容涵盖了水产品概述、水产品质量安全、水产苗种质量安全管理与控制、水产养殖质量安全管理与控制、水产加工质量控制、水产品流通质量控制技术、水产品质量安全监测与追溯、水产养殖病害控制、渔用药物使用与控制、水产品质量认证、水产品质量管理技术标准、水产品质量安全管理规定及水产品质量安全管理法律法规13个部分，较系统地介绍了水产品质量安全与控制关键技术，具有较强的科学性、先进性和实用性。

张建柏负责全面协调和组织实施本书的编写，并对各章节提出修改意见；姜作真负责编写提纲，并对各章节进行完善修改；王鹤负责全面统筹和调度。编写的具体分工：第一章"水产品概述"由曹亚男和徐晓莹编写；第二章"水产品质量安全"由柯可编写；第三章"水产苗种质量安全管理与控制"由胡丽萍编写；第四章"水产养殖质量安全管理与控制"由张秀梅编写；第五章"水产加工质量控制"和第六章"水产品流通质量控制技术"由赵延宁编写；第七章"水产品质量安全监测与追溯"由高峰编写；第八章"水产养殖病害控制"由黄华编写；第九章"渔用药物使用与控制"由王鹤编写；第十章"水产品质量认证"和第十一章"水产品质量管理技术标准"由高雁编写；第十二章"水产品质量安全管理规定"和附录"水产品质量安全管理法律法规"由张金浩编写；张岚负责部分附录标准收集摘录和校对。最后由主编完成审稿、修改和统稿工作。本书由烟台市海洋发展和渔业局孙华君局长审阅并作序，并结合多年来一线科研生产和管理经验，对书稿提出了许多宝贵意见和建议，编委会成员在此表示衷心的感谢！

本书在编写过程中，引用或参考了同行的研究成果，因篇幅所限，在参考文献部分未能全部列出，在此向未列出文献的作者致以歉意，并向本书所有文献的作者致以真诚的感谢。参加本书编写的都是多年从事水产品育苗、养殖、质量检测和疫病防治等技术研究的一线科技人员，但因水平有限，书中的不妥之处在所难免，衷心希望广大读者批评指正。

《水产品质量安全管理与控制技术》编委会

2022年9月

目 录

第一章
水产品概述

第一节　水产品概念与特点

一、水产品概念

水产品是人类食物结构中主要的蛋白质来源之一。广义上，水产品是指水生经济动植物产品及其加工产品（各种食品、工业用品、医药制品和饲料）。水产品种类繁多，习惯上有生物学分类法和商品学分类法两种。按生物学分类法（主要指加工前的原料）可分为鱼类、藻类（植物）、甲壳动物、腔肠动物、软体动物、棘皮动物、爬虫类和海兽等；按商品学分类法可分为活水产品、鲜水产品、冻水产品、腌制品、干制品、糟制品、发酵制品、水产熟食品、工业用品、医药制品和饲料等。近年来，水产模拟食品在世界上得到了迅速发展，这类制品大多由水产企业以低值鱼、虾或海藻胶为原料，根据人们的爱好添加风味物制成的，习惯上也纳入水产品的范围。狭义上，水产品是指供人类食用的水生动植物产品及其制品，包括鱼类、甲壳类、软体类、棘皮类、两栖类、爬行类、水生哺乳类动物及其他水生动物产品，以及藻类等植物产品及其制品，不包括活水生动物及水生动植物繁殖材料。

二、水产品特点

（1）水产品品种繁多，包括鱼、虾、蟹、贝、藻等水生动植物。其中，中国的水产品有鱼类1 000余种、虾类300余种、蟹类600余种、贝类3 000余种、藻类1 000余种，为我国渔业发展提供了重要的基础条件。

（2）水产品存在形式多样化。普通的食品仅以一种或两种方式呈现于消费者面前，而水产品的存在形式却有多样性，主要有鲜活、冰鲜、冷冻、水发、盐渍、干货、半成品等形式。

（3）水产品营养价值高。水产品具有其独特的营养，是其他任何食品无法代替的。鱼、虾、贝、参等除富含蛋白质，还富含多糖、EPA（二十碳五烯酸）、DHA

（二十二碳六烯酸）等生物活性物质，是不可缺少的营养源。

（4）水产品保健效果显著。水产品蛋白质含量极高，并含有丰富的钙、铁、锌、硒、磷、钾、碘等矿物质以及多种人体所需的维生素和不饱和脂肪酸，对促进生长发育、促进伤口愈合、抑制癌细胞和提高人体免疫力都有功效。

（5）水产品市场占有率高。我国水产品总产量连续10多年位居世界之首。2020年，全国水产品总产量为6 549.02万t，人均水产品占有量为46.28 kg，是世界人均占有量的两倍。

第二节　水产品分类

水产品的种类很多，按照生物种类主要分为以下几大类。

一、鱼类

（1）带鱼，又名刀鱼、牙鱼、白带鱼，属硬骨鱼纲鲈形目带鱼科。带鱼为暖温性近底层鱼类，分布很广，在我国以东海、黄海的分布密度最大。

（2）大黄鱼，又名大鲜、大黄花，属硬骨鱼纲鲈形目石首鱼科。属暖湿性近岸结群性洄游性鱼类，分布在我国黄海南部、东海、南海。

（3）小黄鱼，又名小鲜、黄花鱼，属硬骨鱼纲鲈形目石首鱼科。小黄鱼与大黄鱼外形很相像，但它们是两个独立种。小黄鱼属温水近海底结群性洄游鱼类，分布于我国渤海、黄海和东海。

（4）蓝点马鲛，又名鲅鱼、条燕、板鲅、尖头马加、马鲛和青箭，属硬骨鱼纲鲈形目鲭科。分布于北太平洋西部，在我国产于东海、黄海和渤海，主要渔场有舟山、连云港外海及山东南部沿海。

（5）鳕鱼，又名大头鱼、大口鱼，属硬骨鱼纲鳕形目鳕科。鳕鱼为冷水性底层鱼类，分布于北太平洋，在我国其产于黄海和东海北部。鳕鱼是全世界年捕捞量最大的鱼类之一，具有重要的食用和经济价值。

（6）鲐鱼，又名鲭、鲭鲇、青花鱼，属硬骨鱼纲鲈形目鲭科。为暖水性中上层鱼类。在我国近海均产，是我国重要的中上层经济鱼类之一。

（7）大菱鲆，又名多宝鱼，属硬骨鱼纲鲽形目菱鲆科。大菱鲆养殖已经发展成为海水鱼类养殖的支柱性产业之一，在山东半岛、河北和辽东半岛沿海得到普及，并继续向南延伸到江苏、浙江与福建沿海。

（8）半滑舌鳎，又名牛舌头、鳎目，属硬骨鱼纲鲽形目舌鳎科。半滑舌鳎属于近海大型底栖暖温性动物，主要分布于我国的渤海、黄海、东海、南海，以及朝鲜半岛、日本海域。

（9）三文鱼，又名鲑鱼、撒蒙鱼，属硬骨鱼纲鲑形目鲑科。三文鱼具有商业价值的品种有30多个，最常见的是太平洋鲑、虹鳟、银鲑等。主要生产国有美国、加拿大、俄罗斯和日本。

（10）绿鳍马面鲀，又名马面鱼、剥皮鱼，属硬骨鱼纲鲀形目单角鲀科。属外海暖水性底层鱼类，为我国重要的海产经济鱼类之一，主要分布于我国的渤海、黄海、东海，以及朝鲜半岛、日本海域。

（11）鲳鱼，又名镜鱼，属硬骨鱼纲鲈形目鲳科。属近海中下层鱼类，主要品种有银鲳、金鲳等。主要分布于我国的渤海、黄海、东海、南海，以及朝鲜半岛、日本等海域。

（12）许氏平鲉，又名黑鲪、黑鱼，属硬骨鱼纲鲉形目鲉科。许氏平鲉为近海底层鱼类，主要分布于我国的渤海、黄海、东海，以及朝鲜半岛、日本等海域。

（13）黄盖鲽，又名沙板、沙盖、鳊鱼，属硬骨鱼纲鲽形目鲽科。主要分布于我国的渤海、黄海、东海，以及朝鲜半岛、日本、俄罗斯海域。我国的山东、辽宁等地很多水产加工厂做这种鱼的鱼片，出口欧美国家。

（14）真鲷，又名加吉鱼、红加吉，属硬骨鱼纲鲈形目鲷科。属于近海暖水性底层鱼类，主要分布于我国的渤海、黄海、东海、南海，以及朝鲜半岛、日本海域。

（15）石斑鱼，又名石斑、鲙鱼，属硬骨鱼纲鲈形目鮨科。属于暖水性近海底层名贵鱼类，肉肥美鲜嫩，营养丰富，经济价值高。主要分布于我国的东海以及南海。

（16）沙丁鱼，又名沙甸鱼、萨丁鱼，属硬骨鱼纲鲱形目鲱科。属近海中上层鱼类，喜群居，在我国沿海均有分布。

（17）秋刀鱼，又名竹刀鱼，属硬骨鱼纲颌针鱼目竹刀鱼科。属冷水性中上层小型鱼类，是重要的食用经济鱼类，主要产于我国的渤海和黄海。

（18）梭鱼，又名金梭鱼、梭子鱼、鲻鱼，属硬骨鱼纲鲈形目魣科。属近海鱼类，喜栖息于江河口和海湾内，亦进入淡水，在我国梭鱼主要产于南海、东海、黄海和渤海。

（19）鳗鲡，又名河鳗、鳝鱼、溪滑，属硬骨鱼纲鳗鲡目鳗鲡科。属暖温性降河性洄游鱼类，在海水中繁殖，在淡水中长大。在我国鳗鲡主要分布于渤海、黄海、东海、南海沿岸及近海江河。

（20）花鲈，又名鲈鱼、花寨，属硬骨鱼纲鲈形目真鲈科。属于近海及河口附近中上层凶猛鱼类，喜栖息于河口或淡水处，亦可进入江河淡水区，在我国沿海均有分布。

（21）青鱼，又名黑鲩、乌青、螺蛳青，属硬骨鱼纲鲤形目鲤科。属淡水底层鱼类，是我国主要养殖淡水鱼类之一。

（22）草鱼，又名鲩、草青，属硬骨鱼纲鲤形目鲤科。属淡水中下层草食性鱼类，以水生植物为食，是我国主要淡水养殖鱼类之一。

（23）鲢鱼，又名白鲢、白鱼，属硬骨鱼纲鲤形目鲤科。属淡水中上层鱼类。是我国主要的淡水养殖鱼类之一

（24）鳙鱼，又名花鲢、胖头鱼，属硬骨鱼纲鲤形目鲤科。属淡水中上层鱼类，在我国广泛分布于各江河湖泊，是我国特有鱼类。

（25）尼罗罗非鱼，又名非洲鲫鱼，属硬骨鱼纲鲈形目的鱼科。原产于非洲的坦噶尼喀湖，我国于1978年从泰国引进并推广养殖。

（26）乌鳢，又名黑鱼、乌鱼，属硬骨鱼纲鲈形目鳢科。乌鳢鱼肉口味鲜美，营养价值颇高，近年来已成为人工养殖的名优品种之一。

（27）鲫鱼，又名鲫瓜子、鲫皮子、肚米鱼，属硬骨鱼纲鲤形目鲤科。我国各地水域常年均有生产，是我国重要的食用鱼类之一。

二、虾类

（1）对虾，属软甲纲十足目对虾科。对虾种类多，主要经济品种有中国对虾、日本对虾、斑节对虾、墨吉对虾和南美白对虾等，其肉质鲜嫩，味美，是高蛋白营养水产品。

（2）口虾蛄，又名虾姑、皮皮虾、爬虾，属软甲纲口足目虾蛄科。口虾蛄分布范围极广，从中国沿海到日本、菲律宾、马来半岛、夏威夷群岛、俄罗斯的大彼得海域均有分布。

（3）中国毛虾，又名毛虾、红毛虾、虾皮、水虾、小白虾、苗虾、小白虾，属软甲纲十足目樱虾科。我国沿海均有分布，尤以渤海沿岸产量最多，产地主要有辽宁、山东、河北、江苏、浙江、福建沿海。

（4）鹰爪虾，又名鸡爪虾、厚壳虾、红虾、立虾，属软甲纲十足目对虾科。鹰爪虾是加工虾米的主要原料，煮熟晾晒去壳后便是颇负盛名的"金钩海米"。我国沿海均有分布，主要分布于威海、烟台海域。

（5）罗氏沼虾，又名马来西亚大虾、淡水长臂虾，属软甲纲十足目长臂虾科。原产于印度-太平洋地区，生活在各种类型的淡水或咸淡水水域，1976年自日本引进我国。

（6）克氏原螯虾，又名小龙虾、红螯虾，属软甲纲十足目螯虾科。克氏原螯虾是淡水经济虾类，近年来在中国已经成为重要经济养殖品种。

三、蟹类

（1）梭子蟹，属软甲纲十足目梭子蟹科。产量东海居首，南海次之，黄海、渤海最少。中国沿海梭子蟹约有18种，其中，三疣梭子蟹是经济价值高、个体最大的一种。

（2）日本蟳，又名靠山红、赤甲红等，属甲壳纲十足目梭子蟹科。是一种中小型海水蟹类，主要栖息于潮间带，属沿海定居种类，广泛分布于中国、韩国、朝鲜、日本及东南亚沿海等。

（3）锯缘青蟹，又名青蟹、黄甲蟹，属软甲纲十足目梭子蟹科。广泛分布于印度至西太平洋热带、亚热带海域，包括中国东南沿海、日本、越南、泰国、菲律宾、印度尼西亚沿海等。

（4）中华绒螯蟹，又名河蟹、毛蟹，属软甲纲十足目弓蟹科。是我国一种重要的水产经济动物，属洄游性水产动物，北起辽宁、南至福建均有分布，长江流域产量最大，在我国淡水捕捞业中占有相当重要的位置。

四、贝类

（1）乌贼，也称墨鱼，是头足纲乌贼目乌贼科的总称。我国主要捕捞对象有东海的曼氏无针乌贼、黄海和渤海的金乌贼。

（2）鱿鱼，是头足纲十腕目枪乌贼科的总称。它是重要的海洋经济头足类，已开发利用的主要有日本枪乌贼、太平洋褶柔鱼和茎柔鱼等。

（3）章鱼，是头足纲八腕目章鱼科的总称。已经开发的主要包括真章鱼、短蛸和长蛸。太平洋沿岸、红海、地中海均有分布。

（4）扇贝，属双壳纲珍珠贝目扇贝科。其主要经济品种有栉孔扇贝、海湾扇贝、虾夷扇贝等。主要产于我国北部沿海。

（5）牡蛎，属双壳纲珍珠贝目牡蛎科。其主要经济品种有近江牡蛎、长牡蛎、大连湾牡蛎、褶牡蛎、三倍体牡蛎等，在我国沿海均有分布。

（6）蛤，属双壳纲帘蛤目帘蛤科。其种类较多，主要包括文蛤、青蛤及菲律宾蛤仔等。菲律宾蛤仔在我国沿海均有分布，其中辽宁、山东产量最大。

（7）鲍鱼，属腹足纲原始腹足目鲍科。主要包括皱纹盘鲍和杂色鲍。皱纹盘鲍是我国所产鲍中个体最大者，是人工养殖的优良品种，是著名的海珍品之一，尤以渤海中部的长岛所产为贵。

（8）贻贝，又名淡菜、海虹，属双壳纲贻贝目贻贝科。其主要品种有紫贻贝、翡翠贻贝和厚壳贻贝，是大众化的海鲜品，在我国沿海均有分布。

（9）脉红螺，俗称"海螺"，属腹足纲腹足目骨螺科，具有较高的经济价值，在我国渤海、黄海和东海均有分布。

（10）蛏，又名蛏子、青子，属双壳纲帘蛤目竹蛏科。其主要品种有缢蛏、竹蛏，生活在近岸的海水里，在我国沿海均有分布，浙江、福建等地有养殖。

（11）蚶，属双壳纲蚶目蚶科。蚶的种类很多，其中分布较广、数量较多的有毛蚶、泥蚶和魁蚶等。在我国沿海均有分布，以辽宁、山东产量最多。

（12）蚌，属双壳纲蚌目珠蚌科。蚌是生活在江河湖沼里的贝类，种类很多，有的种类可用做淡水育珠。全国各地均有分布。

五、藻类

（1）海带，属褐藻纲海带目海带科。全世界有50多种。辽宁、山东、浙江及福建是我国海带的主要产区。

（2）裙带菜，又名海芥菜、裙带，属褐藻纲海带目翅藻科裙带菜属。裙带菜在辽宁、山东沿海等地均有分布。

（3）紫菜，属原红藻纲红毛菜目红毛菜科。我国紫菜有十几种，广泛分布于沿海地区。

（4）羊栖菜，又名鹿角尖、海菜芽等，属圆子纲墨角藻目马尾藻科。生长在低潮带岩石上，在我国南方沿海生长繁茂，山东、辽宁等地也有分布。

（5）螺旋藻，又名蓝绿藻，属蓝藻纲颤藻目颤藻科。已发现35种以上，螺旋藻在全世界范围内已被广泛用作保健品，自然环境中螺旋藻主要分布于中非乍得湖、墨西哥特西科科湖和我国云南永胜程海湖。

（6）鼠尾藻，又名鼠尾巴、青虫子、刺海松，属圆子纲墨角藻目马尾藻科。鼠尾藻具有极高的经济价值，主要生长在潮间带，我国北起辽东半岛南至雷州半岛均有分布。

六、棘皮类

（1）刺参，又名仿刺参，俗称海参，属于棘皮动物门海参纲。海参营养价值丰富，我国有海参140多种，其中可食用的海参有20余种，属刺参营养价值最高，被列为海产"八珍"之一，主要产于黄海、渤海，也就是山东沿海和辽宁沿海等地。

（2）海胆，属棘皮动物门海胆纲。海胆不仅是上等的海鲜美味，还是贵重的中药材，主要分布于黄海、渤海沿岸，辽东半岛及山东半岛的北部沿海，向南至浙江、福建浅海以及舟山群岛沿海和台湾海峡。

（3）海星，属棘皮动物门海星纲。广泛分布于我国沿海地区。最新研究发现，海星等棘皮动物在海洋碳循环中起着重要作用，它们能够在形成外骨骼的过程中直接从海水中吸收碳。

七、其他种类

（1）鳖，又名甲鱼，是卵生两栖爬行动物，属爬行纲龟鳖目鳖科。共有20多种。

我国现存主要有中华鳖、山瑞鳖、斑鳖等，其中以中华鳖最为常见。鳖喜欢栖息于水质清洁的江河、湖泊、水库、池塘等水域。

（2）海蜇，又名水母，为钵水母纲根口水母科海蜇属的统称。我国沿海均产。加工后的海蜇皮，是国内外市场的畅销货。

第三节　我国主要渔业资源

渔业资源是人类食物的重要来源之一，同时也是人类从事渔业经济活动的物质基础。我国水域资源丰富，渔业资源种类繁多。根据分布的水域可将渔业资源分为海洋渔业资源和内陆渔业资源。

一、海洋渔业资源

海洋渔业资源是人类可利用的重要资源之一。我国海疆辽阔，有渤海、黄海、东海和南海四大海域，大陆海岸线超过18 000 km，主张管辖的海域面积约300万km²，共有岛屿11 000余个，蕴藏着丰富的海洋渔业资源。

1.我国主要海洋渔业资源概况

我国近海有生物种类1万多种，其中鱼类1 000余种、虾类300余种、蟹类600余种、头足类90余种。就海区而论，以南海的鱼种最多，有1 000多种，其中具有捕捞价值的有100～200种。东海鱼类有700多种，但产量却比南海高，主要经济鱼类近百种。黄海、渤海两个海区的鱼类共有250多种，主要经济鱼类约40种。虾类资源也是我国海域的主要渔业资源之一。据考察，我国近海有虾蟹类1 000多种，其中，主要种类分布：渤海30多种，黄海40多种，东海1 000多种，南海130多种。头足类资源在我国海各海区也有较大数量分布，构成渔业资源的重要组成部分，其中以东海居多，有60多种，南海有37种，黄海、渤海均有20多种。另外，我国还有藻类1 000多种，包括海带、紫菜等。

2.我国海洋渔业资源特点

（1）自然资源条件优越。我国海岸线长、大陆架面积大，沿海有暖、寒流交汇，沿岸岛屿星罗棋布、港湾较多，滩涂面积广阔，这些都是发展海洋渔业的重要有利条件。

（2）海洋生物资源种类丰富。我国海域从热带、亚热带到温带，纬度跨越近40°，促成了海洋生物的多样性，不仅有很多世界海洋广泛分布的生物物种，还有许多特有的物种。

（3）我国海洋鱼类种类多，但高产鱼种类少。我国水文气象要素的差异大，季节变化亦大，因而适应多种鱼类生活，但也难以出现巨大的单一鱼类群体，除少数鱼种年产量在30万t以上外，大多数鱼种的年产量在5万t以内。

3. 我国渤海、黄海、东海海区主要渔场

（1）舟山渔场，为我国近海最大的渔场，也是世界上少数几个大型的渔场之一。地处东海，位于舟山群岛东部，位于长江、钱塘江的出海口，冷、暖、咸、淡不同水系在此汇合，水质肥沃，饵料丰富，鱼群十分密集。主要渔产：带鱼、鲌鱼、鲹鱼、小黄鱼、大黄鱼、鲷、海蟹、海蜇、乌贼等。

（2）石岛渔场，位于山东石岛东南的黄海中部海域，为我国北方海区的主要渔场之一。主要渔产：鳀鱼、鲱鱼、鲆鲽类、鲌、马鲛、鳓鱼、小黄鱼、黄姑鱼、鳕鱼、带鱼、对虾、枪乌贼等。

（3）吕泗渔场，位于黄海西南部，东连大沙渔场，西邻苏北沿岸。由于紧靠大陆，大、小河流带来的营养物质丰富，同时又处于沿岸低盐水系和外海高盐水系的混合区，加以渔场水浅、地形复杂，因而为大、小黄鱼产卵和幼鱼索饵、生长提供了良好的条件。主要渔产：大黄鱼、小黄鱼、鲳鱼、马鲛鱼、鳓鱼、鲌鱼、河鲀、鲆鲽类、海蜇等。

（4）大沙渔场，位于黄海南部，地处黄海暖流、苏北沿岸流，长江冲淡水交汇的海域。浮游生物繁茂，是多种经济鱼虾类的越冬和索饵场所，为黄海的优良渔场之一。主要渔产：海鳗、小黄鱼、带鱼、黄姑鱼、鲳鱼、鳓鱼、蓝点马鲛、鲌鱼、鲹鱼、太平洋褶柔鱼、剑尖枪乌贼和虾类等。

（5）闽东渔场，位于东海南部海区，营养盐丰富，饵料生物繁多，成为多种经济鱼虾类产卵、索饵、越冬的良好场所。主要渔产：梭子蟹、海蜇、毛虾、带鱼、大黄鱼、大眼鲷、绿鳍马面鲀、白姑鱼、鲳鱼、鳓鱼、蓝点马鲛、竹笑鱼、海鳗、鲨、蓝圆鲹、鲌鱼、乌贼、剑尖枪乌贼、黄鳍马面鲀等。

（6）闽南—台湾浅滩渔场，位于台湾海峡南部，渔业资源丰富，鱼种繁多，是我国一个重要的中上层鱼类渔场。主要渔产：金枪鱼、金色小沙丁鱼、大眼鲷、白姑鱼、乌鲳、鳓鱼、蓝点马鲛、竹笑鱼、鲌鱼、蓝圆鲹、中国枪乌贼和虾蟹类等。

二、内陆渔业资源

我国内陆水域辽阔，江河纵横交错，水库池塘星罗棋布，多种多样的地理、气候等自然条件孕育了多样的水生生物资源，是世界上最大的淡水渔业国。我国内陆水域共有鱼类800多种，主要经济鱼类有40～50种，淡水鱼产量占全世界的1/2以上，是淡水养殖业最发达的国家。

1. 我国淡水渔业主要经济品种

（1）鱼类：据调查，全国内陆水域鱼类800多种，纯淡水鱼类760种，洄游性鱼类

60多种，总体上是从东南到西北而减少。在鱼类种类上，鲤科鱼类比例最高，在各水系中平均占50%～60%。

（2）虾蟹类和贝类：主要有克氏原螯虾、沼虾、青虾、长臂虾、中华绒螯蟹、螺类以及三角帆蚌和皱纹冠蚌等淡水育珠的母蚌。

（3）水生植物：芦苇、菱、藕、芡实、湘莲、茭白等。

2. 我国淡水渔业资源特点

（1）淡水面积广大。我国境内气候类型多样，地形复杂，江河纵横，湖泊众多。据不完全统计，我国内陆各类水域面积，包括湖泊、地塘、水库和江河等，共有1 747万hm²，是世界上内陆水域面积较广的国家之一。另外，还有可以进行养鱼的水稻田276万hm²。这些为丰富多样的淡水鱼类提供了良好的生存条件。

（2）淡水渔业资源蕴藏量丰富，鱼、虾、蟹、贝等品种多样。仅鱼类就有800多种，不但种类繁多，而且主要经济鱼类适应性强，分布广泛。克氏原螯虾和中华绒螯蟹也成为我国淡水养殖业的重要种类。

（3）淡水鱼类资源有一定的区域差异性。由于我国各地自然环境的差异，各地的鱼类区系组成也有一定的差异。按照鱼类生态环境和鱼种的差异，可将全国划分为六大渔区。

1）东北渔区。主要包括松花江、嫩江、乌苏里江、图们江、鸭绿江等水域。我国东北鱼类耐寒性强，以冷水性鱼类为主，共100余种。有代表性的是鲑鱼类，包括哲罗鱼、细鳞鱼、乌苏里鲑及大麻哈鱼，还有江鳕等。

2）华北渔区。主要包括黄河中下游、辽河、海河等水域。本区径流量小，湖泊水面少，河流含沙量大，不利于鱼类生活，鱼种少，以温水性鱼类为主。主要有鲤鱼、鲫鱼、赤眼鳟、红鲌鱼、中华细鲫、鲇鱼等。

3）华中渔区。主要属长江流域。这里河网密布，湖泊众多，水温较高，饵料丰富，鱼种多达260余种，以温水静水性鱼类为主。主要有鳊鱼、鲴鱼、鲢鱼、青鱼、草鱼、鲚鱼、鲥鱼、香鱼、银鱼等。

4）华南渔区。包括浙闽东部、台湾、滇南。该区发育了南方型的暖水性鱼系，鱼种丰富。主要有鲮鱼、鲇鱼、鲩鱼、鳊鱼、青鱼、草鱼、鲥鱼等。

5）宁蒙渔区。主要包括内蒙古高原内陆水域和河套地区的水域，是一个与周围联系很少的淡水鱼区。该区种类贫乏，主要有鲤鱼、鲫鱼、麦穗鱼、铜鱼、赤眼鳟等。

6）华西渔区。包括新疆维吾尔自治区、青海、西藏自治区、甘肃的全部和川西、滇北地区。区内大部分地区地势高耸，气候寒冷干燥。鱼类以冷水底栖型的裂腹亚科和条敏亚科为主。

第四节　　水产品营养与保健

我国是世界第一水产养殖大国、第一渔业大国、世界第一水产品出口国。是世界上唯一养殖水产品总量超过捕捞总量的渔业国家，水产品总产量连续28年位居世界之首，占世界水产养殖总产量的70%以上。2020年，全国水产品总产量6 549.02万t。世界人均水产品占有量不足20 kg，中国人均水产品占有量为46.28 kg。水产品在我国国民的食物构成中占有重要地位，据统计，水产品在主要动物蛋白的供应中占比31%，仅次于肉类（占比45%），是人类食物构成中主要蛋白质来源之一。水产品味道鲜美、营养丰富，深受消费者喜爱。国内外许多研究证明在现有可供人类食用的动物性食物中，水产品是最为理想的食品。

一、水产品营养价值

水产类的营养成分随着品种、食用部位、捕捞季节、生产地区而有所不同。总的来说，鱼类中蛋白质含量为15%~20%，鱼翅、海参、干贝等干制品蛋白质含量在70%以上。水产品含脂肪量很低，一般为1%~10%，多数为1%~3%，并且多由不饱和脂肪酸组成。另外，水产品含有极丰富的维生素A和维生素D，其含量高于在猪肉、牛肉、羊肉中的含量。水产品还含有人体所必需的多种矿物质，主要包括钙、镁、磷、钾、铁、锌、硒、碘等微量元素。

水产品与肉类相比，具有许多优点：一是水产品蛋白质含量高，水产品的肌肉中主要是蛋白质，干品肌肉中蛋白质含量高达70%以上。二是蛋白质的必需氨基酸组成与肉类相近，生理价值高。鱼肉的肌纤维较短，肌球蛋白和肌浆蛋白之间联系疏松，因此易被人类消化吸收，大多数水产品蛋白质的消化率为85%~95%。三是含有丰富的矿物质。鱼类中矿物质的含量稍高于肉类，为1%~2%。含碘特别高，海产鱼类每100 g肌肉中含碘50~100 μg，而一般淡水鱼每100 g肌肉中含碘5~40 μg。牡蛎每100 g肌肉中含铜高达30 μg。鱼类含钙比肉类高，虾皮含钙量高达2%。海水鱼的含钙量比淡水鱼高。因此，水产类是钙的良好来源，是较为理想的动物性食品。四是鱼类肝脏中富含维生素A和维生素D，其中肝脏中含量更为丰富。鱼肉中还有一定量的烟酸和维生素B等。五是富含益于血管的不饱和脂肪酸，鱼类脂肪含量较低，一般为1%~3%，主要分布在皮下和脏器周围，肌肉中含量很低。鱼类脂肪主要由不饱和脂肪酸组成，熔点较低，通常呈液态，人体的消化吸收率为95%左右。深海鱼中不饱和脂肪酸的含量高达70%～80%。不饱和脂肪酸有降低血液中胆固醇浓度和阻止胆固醇在血管壁沉积的作用，对防治动脉硬化和冠心病具有较好的效果。

现以我国北方本地常见种类为主，介绍几种常见水产品的营养价值及保健作用。

1. 鱼类

鱼肉含有丰富的蛋白质，如黄花鱼含17.6%、带鱼含18.1%、鲐鱼含21.4%、鲢鱼含18.6%、鲤鱼含17.3%、鲫鱼含13%。鱼肉所含的蛋白质中粗蛋白质的含量为17%～20%，而且所含必需氨基酸的量和比值最适合人体需要，是人类摄入蛋白质的良好来源。鱼脑中富含多不饱和脂肪酸DHA（DHA俗称"脑黄金"），还有磷酯类物质，有助于大脑发育，对辅助治疗阿尔茨海默病也有一定的作用。鱼鳔含有生物大分子胶原蛋白，有改善组织营养状况、促进生长发育、延缓皮肤衰老的功能，是理想的高蛋白、低脂肪食品。鱼鳞含有胆碱、多种不饱和脂肪酸，对防治动脉硬化、高血压及心脏病都有一定作用。

从营养上讲，海水鱼矿物质含量比淡水鱼丰富，并且海水鱼中的欧米伽3（Ω-3）脂肪酸、牛磺酸含量均比淡水鱼高。而一些淡水鱼也具有特殊的营养保健价值，如黄鳝富含维生素B_2，鲤鱼有利水、消肿及通乳的效果，鳙鱼、鲢鱼提供人类健康所需的脂肪酸。总体来讲，海水鱼和淡水鱼营养成分大体相同，总的营养价值都很高。

2. 节肢动物

（1）虾：性温，味甘，营养丰富，蛋白质含量是鱼、蛋、奶的几倍到几十倍；还含有丰富的锌、硒、碘等矿物质，以及氨基酸、少量的脂肪、维生素A、维生素D、维生素B族等营养成分，可以为身体虚弱和病后人群补充营养，长期食用，还可以增强机体的免疫力；含有的虾青素有很强的抗氧化作用，起到延缓衰老的功效；含有牛磺酸及镁等矿物质，可以降血压、降胆固醇，保护心血管系统健康，起到预防动脉硬化及心肌梗死的作用。虾的通乳作用较强，并且富含磷、钙，对小儿、孕妇均有补益功效。老年人常食虾皮，可预防骨质疏松症。

（2）蟹：营养丰富，含有多种维生素，其中维生素A高于陆生及其他水生动物，维生素B_2含量是肉类的5～6倍，鱼类的6～10倍，蛋类的2～3倍。近年研究发现，螃蟹还有抗结核作用，吃蟹对结核病的康复大有补益。中医认为，螃蟹有清热解毒、补骨添髓、养筋活血、通经络、利肢节等功效。

3. 贝类

（1）鲍鱼：鲍鱼是中国传统的名贵食材，位居近代"海味四珍"之首。鲍鱼浑身是宝，鲜品可食部分蛋白质占24%、脂肪占0.44%，干品含蛋白质40%、糖原33.7%、脂肪0.9%以及多种维生素和微量元素，是一种对人体非常有利的高蛋白、低脂肪食物。冬季鲍鱼中胶原蛋白占总蛋白含量的30%～50%，远高于一般鱼类、其他贝类。

研究发现，鲍鱼胶原蛋白含有多种生物活性肽，具有很好的生理功能，如抗氧化、降血压、预防关节炎、保护胃黏膜和抗溃疡、促进皮肤胶原代谢等。鲍壳又名石决明，是名贵的中药材，可平肝潜阳、除热明目，对头痛眩晕、视物昏花、青盲雀目等症具有一定的治疗功效。

（2）扇贝：扇贝富含蛋白质、碳水化合物、核黄素和钙、磷、铁等营养物质，其中蛋白质含量占60%以上，高于鸡肉、牛肉等肉类。扇贝中的矿物质含量也高于鱼翅、燕窝等食用珍品。扇贝热量低，含不饱和脂肪，具有降低体内胆固醇的功效。扇贝味甘、咸，性平，具有滋阴补肾、健脾和中的作用，可用于脾胃虚弱、气血不足、食欲缺乏、久病体虚、老年人夜尿多等症。

（3）牡蛎：牡蛎干肉中含有蛋白质45%～52%、脂肪7%～11%、总糖19%～38%，此外，还含有丰富的维生素A、维生素B_1、维生素B_2、维生素D等，含碘量比牛乳或蛋黄高200倍。牡蛎熬制成的汤，经过滤浓缩后即为"蚝油"。牡蛎肉可鲜食或制成干品，即传统的名产品"蚝豉"。古今中外均认为牡蛎有治虚弱、解丹毒、降血压、滋阴壮阳的功能。

4. 藻类

海带是一种营养丰富的食用褐藻，含有60多种营养成分，其中蛋白质、脂肪和无机盐含量与菠菜、油菜相近，而糖、钙、铁的含量是菠菜、油菜的十几倍。海带中含有丰富的海带多糖和大量的膳食纤维。海带中含有非常丰富的碘，食用海带对预防和治疗甲状腺肿有很好的作用，可促进智力发育。海带中还含有大量的甘露醇，具有利尿消肿的作用，可防治肾功能衰竭、老年性水肿、药物中毒等。

5. 棘皮动物

海参是典型的高蛋白、低脂肪食物，久负盛名，是海产"八珍"之一，与燕窝、鲍鱼、鱼翅齐名。海参体内含50多种对人体生理活动有益的营养成分，包括18种氨基酸（包含8种人体自身不能合成的必需氨基酸）、牛磺酸、硫酸软骨素、刺参黏多糖等多种成分，钙、磷、铁、锌等元素及维生素B_1、维生素B_2、烟酸等多种维生素。海参中精氨酸含量丰富，号称"精氨酸大富翁"，可显著增强人体免疫功能、提高人体免疫细胞活性、促使抗体生成，消除疲劳。海参中的硫酸软骨素，有助于人体生长发育，能够延缓肌肉衰老，增强机体的免疫力。海参中微量元素矾的含量居各种食物之首，可以参与血液中铁的输送，增强造血功能。海参具有补肾益精、除湿壮阳、养血润燥、通便利尿的作用。海参中具有的活性多糖可提高人体免疫力。不同类型海参营养成分见表1-1。

表1-1　不同类型海参营养成分表

名称	水分	蛋白质	脂肪	碳水化合物	矿物质
鲜海参	77.1%	18.1%	0.2%	0.9%	3.7%
干海参	5.5%	55%~70%	0.8%~1.0%	0.14%	21%
水发海参	25%~30%	14.9%	0.9%	0.4%	18%

6. 其他类

鳖，俗称甲鱼，是人们喜爱的滋补水产佳肴，具有较高的药用食疗价值。甲鱼富含动物胶、角蛋白、铜、维生素D等，能够增强身体的抗病能力及调节人体的内分泌功能，也是提高母乳质量、增强婴儿的免疫力及智力的滋补佳品。甲鱼还能"补劳伤，壮阳气，大补阴之不足"。甲鱼肉和甲鱼卵的营养成分见表1-2。

表1-2　甲鱼肉和甲鱼卵的营养成分（以100 g计算）

甲鱼肉				甲鱼卵			
蛋白质	14.6 g	钾	190 mg	蛋白质	16.1 g	视黄醇	50 μg
脂肪	0.2 g	维生素A	90 IU	钙	200 mg	卵磷脂	0.53 mg
碳水化合物	0.9 g	维生素B$_1$	0.75 mg	铁	5.1 g	胆碱	190 mg
钙	870 mg	维生素B$_2$	0.65 mg	维生素A	170 IU	维生素E	2.6 mg
磷	500 mg	烟酸	3.0 mg	维生素B$_1$	0.02 mg		
铁	6.0 mg	维生素C	1.0 mg	维生素B$_2$	0.33 mg		
钠	95 mg			胡萝卜素	5.0 mg		

二、水产品保健功效

水产品不仅具有丰富的营养物质，而且富含多种天然的活性物质，如海藻多糖、藻胆蛋白、藻蓝蛋白、牛磺酸、褐藻氨酸、抗氧化肽、虾青素、盐藻多糖等。这些活性物质一方面可为人类补充丰富的微量营养物质，另一方面可增强人体的免疫力。海洋活性物质不仅可以开发为人类治疗疾病的药物，还可为很多领域提供有价值的材料。水域环境中蕴藏着丰富的生物资源，尽管陆地也含有丰富的植物源、动物源或微生物源的天然活性物质资源，但由于海洋复杂的生存环境，许多海产品体内均能够产生多种独特的天然生物活性物质，包括肽类、多糖类和生物碱类等。海洋天然活性物质在抗氧化、抗菌、抗癌、预防心脑血管疾病等方面具有良好的效果，可以对陆源天然活性物质起到很好的补充。充分利用水域生物资源，尤其是海洋生物资源，深入研究海洋生物活性物质，有助于开发天然高效的海洋健康食品，可作为陆生功能性健康产品的良好补充，更好地服务于人类健康。

1. 抗氧化

人体与外界环境持续接触的过程中会产生自由基，研究表明，癌症、衰老或其他疾病都与体内产生的过量自由基有关。海洋生物蛋白是优质膳食蛋白的来源，具有较高的营养价值。鱼皮、鱼鳞、低值鱼肉及鱼源副产物中鱼源抗氧化肽具有很好的抗氧化能力，可通过清除自由基、抑制油脂的自动氧化、螯合金属离子、协同其他抗氧化剂等机制实现抗氧化作用。岩藻黄素、藻蓝蛋白等可有效提高体内抗氧化酶的活性，提高清除自由基的能力，从而达到防衰老的效果。天然虾青素是世界上最强的天然抗氧化剂，是海洋生物体内主要的类胡萝卜素之一，广泛存在于虾、蟹、鱼、藻中，在清除自由基方面，是β-胡萝卜素的38倍、维生素E的500倍。来源于虾、蟹的壳聚糖是自然界唯一带正电荷活性基团的纤维素，可以有效清除人体内带负电荷的有害物质。已有很多具有抗氧化活性的海洋天然活性物质被广泛应用在药物、健康食品和化妆品等领域，海洋生物抗氧化剂的种类和数量都远大于陆地资源，包括海洋多糖及其衍生物、超氧化物歧化酶、不饱和脂肪酸和多酚类等，仍有很大的研究空间。

2. 抗菌、抗病毒

水产品中多种生物活性物质具有一定的抗菌和抗病毒效果。鲍鱼、牡蛎等均含有鲍灵素（Paolin），鲍灵素能抑制金黄色葡萄球菌、伤寒沙门氏菌，以及甲型和乙型副伤寒沙门氏菌及脓球菌的生长；鲍灵Ⅱ对猴骨组织中培养的甲型流感病毒有明显的抑制作用。从红鲍的组织匀浆中分离到一种高分子量的水溶性粉末——C蛋白，具有抗微生物活性，C蛋白和鲍灵Ⅰ对角膜炎病毒、单纯疱疹病毒和12型腺病毒均有抑制作用。从贻贝中提取得到的一种肽，对革兰氏阴性菌和阳性菌均有作用。牡蛎中得到的magaininⅠ对微生物和寄生虫均有明显的抑制作用，而蛤的提取物能抑制单纯疱疹病毒、12型腺病毒及白血病病毒的生长。

螺旋藻多糖能够显著促进慢性乙型肝炎患者机体的免疫细胞增殖，促进Th1细胞的产生，从而对乙型肝炎病毒产生抑制作用，泥蚶（*Tegillarca granosa*）等贝类的组织提取物对葡萄球菌具有显著的抑制作用。艾滋病是一种危害性极大的传染病，许多海洋生物活性物质在对抗艾滋病病毒（HIV）方面有着显著的效果。褐藻多糖可通过干扰HIV的附着与生长，降低HIV入侵寄主细胞的速率，同时，它还可以增强机体的免疫力，进而提升宿主清除病毒的能力。以从鲱鱼的精液中提取的胸腺嘧啶脱氧核苷为原料生产的抗艾滋病药物齐多夫定（Zidovudine，AZT）已在临床上广泛应用。亨氏马尾藻（*Sargassum henslo-wianum*）多糖来源的硫酸酯化多糖SHAP-1

和SHAP-2能够有效阻止Ⅱ型疱疹病毒（HSV-2）的入侵，显著抵抗病毒的感染。以SARS、COVID-19为代表的冠状病毒对人体最显著的病理特征为肺纤维化。肺纤维化是由表皮生长因子受体（EGFR）信号介导的宿主对肺的过度活跃反应引起的。抑制表皮生长因子受体信号可以防止肺部对冠状病毒和其他呼吸道病毒感染的过度纤维化反应。褐藻多糖和硫酸化鼠李糖等硫酸多糖可以干扰或抑制EGFR通路的表达和激活，这可能有助于抑制冠状病毒。朱蓓薇院士团队从海参、褐藻、红藻中分别筛选得到3种具有显著抗新冠病毒活性的多糖，包括海参硫酸化多糖、褐藻岩藻多糖和iota-卡拉胶，特别是海参硫酸化多糖表现出最强的抑制活性。多糖具有广谱的抗病毒活性和独特的抗病毒机制，可通过干扰病毒生命周期发挥抗病毒作用，或通过增强机体免疫力而间接发挥抗病毒作用，在抗病毒药物和疫苗研发中具有广阔的应用前景。

3. 健脑益智

水产品中含有种类丰富且有利于促进人类大脑发育的成分，例如，海带中含有丰富的碘，牡蛎中含有极高含量的锌，鱼类、贝类中含有丰富的蛋白质和牛磺酸，鲐鱼、沙丁鱼、秋刀鱼等含有丰富的EPA与DHA等。DHA在促进细胞增殖、神经传导、突触的生长和发育等方面有着显著效果。有研究表明，为9—10岁儿童的日常膳食中补充富含DHA的鱼油或烤鱼，12周后受试儿童的认知和行为能力有了明显的提升。DHA可以促进海马CA1区和海马神经元Nrf2核转位及HO-1和NQO-1的表达水平，有效抑制创伤性脑损伤。高DHA含量的复合营养补充品对老年、妇女的行动能力和认知能力有显著影响，高DHA含量的复合营养补充品对认知功能的改善类似于有氧运动，对非语言记忆能力及习惯性步行速度都有显著提升。此外，牛磺酸在大脑发育中也发挥重要作用，包括促进神经细胞增殖、干细胞增殖和分化等。

4. 抗癌、防癌

癌症是人类的"头号杀手"，2018年全球因癌症死亡的人数约960万。防癌、抗癌食物成为人们的重点关注对象之一。美国国立肿瘤研究所每年筛选3万个新的抗肿瘤化合物，约5%来自海洋生物。现已证实，约10%的海洋动物提取物有抗白血病及KB细胞活性，约3.5%的海洋植物提取物有抗肿瘤活性。以海藻多糖为代表的海洋物质具有显著的抗癌、防癌效果。条斑紫菜（*Porphyra yezoensis*）多糖能明显抑制肝癌Bel7402细胞的增殖，诱导癌细胞凋亡。从红藻、蓝藻等海藻中提取的藻蓝蛋白能够降低脂质过氧化物丙二醛（MDA）的水平，增强抗氧化酶的活性，提高机体清除自由基的能力，具有较高的抑瘤活性。硫酸多糖对结肠癌、乳腺癌和黑色素瘤等均有不同的抑制效果。从波利团扇藻中提取的岩藻多糖对人结直肠腺癌上皮细胞（DLD-1）和人结肠癌细胞（HCT-116）具有抑制作用。多种贝类的提取物均显示有一定的抗肿瘤活性。

鲍鱼副产物肽BABP能够显著降低人纤维肉瘤细胞（HT1080）和人脐静脉内皮细胞（HUVECs）的迁移和侵袭能力，起到一定抗肿瘤效果。从虾夷盘扇贝（*Patinopecten yessoensis*）中分离出3种对小鼠肉瘤均有很强抑制作用的糖蛋白，其中一种糖蛋白成分能激活宿主巨噬细胞，强烈抑制肿瘤细胞。海参中的海参素是一种抗霉剂，可以阻断神经传导，具有广谱抗癌作用。海参素的药用保健价值极高，有提高人体免疫力和抗癌杀菌的作用，抗腐能力强。水产品中所含的人体所需的微量元素硒和锌等也具有抗癌、防癌的功效。因此，海洋生物活性物质在开发抗癌、防癌药物方面具有广阔的前景。

5. 防治心脑血管疾病

随着人们生活水平的提高及饮食结构的变化，高血压、高血脂和高血糖成为当代社会普遍存在的健康问题，严重影响健康其至威胁生命。多不饱和脂肪酸EPA、DHA等广泛存在于鱼类、贝类及海藻中，具有多种药理作用，可减少血浆甘油三酯和脂蛋白水平、防止微循环血小板聚集和抑制免疫细胞黏附、减缓动脉粥样硬化的发展等。鱼类中的棕油酸POA能作为脑血管的能源和营养源，有抑制脑卒中的功能。鱼油中的多不饱和脂肪酸在摄入后会进入人体的细胞膜磷脂中，尤其是在心脏和大脑中。鲐鱼和沙丁鱼的鱼油中EPA含量分别为8.1%与15.8%，DHA含量分别为10.6%与8.4%，这两种成分对防止脑血栓、心肌梗死等心脑血管疾病具有特殊疗效。据日本调查表明，千叶县少食鱼的农民死于心脏病比例比多食鱼的渔民高出1倍，血浆中EPA的含量后者比前者高1.7倍。美国对206位冠心病患者做了16～19年的长期食油试验，结果显示食鱼油者比不食鱼油者存活率高4.5倍，食鱼油者的胆固醇平均下降10%，磷脂与胆固醇比值平均升高0.2以上。一些临床试验也证明，补充鱼油在降低动脉粥样硬化、心肌梗死、心力衰竭和脑卒中等方面有显著效果，有益于保护心脑血管的正常功能，降低心脑血管疾病的发生。

海带中含有褐藻酸钾，有维持钠钾平衡的作用。当人体摄入过多的食盐而导致血压升高时，海带中的褐藻酸钠能在胃酸的作用下分离为褐藻酸和钾离子，褐藻酸在经过十二指肠的碱性环境下与钠离子结合而生成褐藻酸盐，将多余的钠离子经粪便排出，而钾离子则被人体吸收进入血液，通过Na^+-K^+泵促进钠离子的排出，从而使血压降低。海藻中的褐藻氨酸可通过刺激M-胆碱受体，抑制心肌收缩，从而减慢心率，达到降压的效果。此外，从川鲽（*Platichthys flesus*）、欧洲鲽（*Pleuronectes platessa*）、欧洲黄盖鲽（*Limanda limanda*）等比目鱼中提取的牛磺酸和氨基丁酸（gamma-aminobutyric acid，GABA）及海带中提取的岩藻多糖等能起到抗血栓的作用。海藻多糖能够抑制糖苷酶的活性，减缓葡萄糖的吸收，从而起到一定的降血糖效果。扇贝中含一种具有降低血清胆固醇作用的代尔太7-胆固醇和24-亚甲基胆固醇，它们兼有抑制胆固醇在肝脏合成和加速排泄胆固醇的独特作用，从而使体内胆固醇下降。牛磺酸是一种对人类极为重要的必需氨基酸，广泛存在于软体动物与甲壳类肌肉中。研究表明，牛磺酸可保持正常血压，减少血液中低密度脂蛋白（LDL），增加高密度脂蛋白（HDL）及血液中的中性脂肪。因此，海洋生物活性成分可开发为防治心脑血管疾病的药品或健康食品。

6. 抗溃疡

章鱼、乌贼、鱿鱼的墨汁中含有一种相对分子质量为39 000的黑蛋白，具有抗溃疡活性，它可抑制胃液的分泌，促进胃黏膜糖蛋白的分泌，而达到保护胃黏膜的效果。从罗氏海盘车中提取的皂苷能提高胃溃疡的治愈率，其疗效高于甲氰咪胍。红藻调制的K-角叉菜胶及其硫酸多糖可防治消化性胃溃疡，紫菜及发菜中有脂溶性的抗溃疡物质。有研究采用不同致伤条件诱发大鼠胃溃疡，观察鱼油的治疗作用，发现以适当用量可以明显抑制胃酸的过量分泌，减轻胃黏膜损伤，说明鱼油对各种动物胃溃疡都有较好的保护作用。

7. 美容养颜

现代社会，人们的保健意识日益增强，对营养滋补、美容养颜的关注度越来越高。甲鱼自古被认为是滋补佳品，以甲鱼为主要原料开发的甲鱼粉、甲鱼汁和甲鱼精等产品，具有治疗贫血、滋养肝胃、清热治喘等功能，备受欢迎。海参中的酸性黏多糖具有延缓衰老的功能，在体外培养大鼠皮质神经元实验中对以β淀粉样蛋白诱导引起的皮质神经元的损伤或凋亡具有明显作用，可防止中枢神经元退行病变，如阿尔茨海默病。

壳聚糖是一种从海洋甲壳动物的壳中提取的多糖物质，具有修复细胞的功效，并能减轻肌肤过敏，且日本研究证实壳聚糖具有抗氧化能力，能活化细胞，防止细胞老化，促进细胞新生。壳聚糖中亦含有高效保湿成分，它的β葡聚糖也能有效使肌肤保湿。从雨生红球藻（*Haematococcus pluuialis*）中提取的虾青素作为新型化妆品原料，以其优良的特性广泛应用于膏霜、乳剂、唇用香脂等各类化妆品中。特别是在高级化妆品领域，天然虾青素以其独特的分子结构，通过其抗氧化作用，可以清除氧自由基，防止皮肤老化，减少长波紫外线（UVA）和中波紫外线（UVB）对皮肤的伤害，防止皮肤癌的产生，延缓细胞衰老，减少皮肤皱纹，减少黑色素沉积及雀斑的产生，可保持水分，让皮肤更有弹性、张力和润泽感。

8. 预防肥胖

肥胖主要与机体过多吸收葡萄糖、脂肪及胆固醇等有关。苯葡糖苷可抑制葡萄糖从肠道的吸收，从而抑制血液中胰岛素的升高，并可减少机体内脂肪的积累。研究表明，在某些海产品中，如鲸软骨中的硫酸软多糖及其分解产物，乌贼和章鱼中所含的甜菜碱类物质如龙虾肌碱、葫芦巴碱也具有类似苯葡糖苷的作用；鲱精蛋白、褐藻酸和鲑鱼红肉中的碱性肽能抑制胆固醇酯酶，鲱精蛋白还能抑制脂肪酶，从而有助于延缓机体对脂肪的吸收；壳聚糖及其衍生物、卡拉胶、褐藻酸、琼脂等也能降低肠道对胆固醇的吸收，这些活性物质在预防肥胖及糖尿病等方面可发挥重要的作用。

第二章
水产品质量安全

第一节　水产品质量变化

一、水产品质量安全概念

1.水产品质量安全概念的产生

水产品属于食品农产品的概念范畴，水产品质量安全是食品农产品质量安全的重要组成部分。1974年，联合国粮食及农业组织（FAO）将食品安全定义为"所有人在任何情况下都能够持续获得维持健康生存所必需的足够的食物"，这是食品安全最初的概念，即食品获取方面的安全。到20世纪80年代，国外关于食品安全的研究范畴由生产行为和供应总量拓展到消费行为和分配状况等领域，食品安全的概念和内涵也从基本的获取安全，扩展到健康、卫生、环境以及对社会弱势群体的照顾能力等。由于长期受粮食短缺影响，我国食品安全研究大多是从粮食安全开始，主要解决粮食供应和粮食数量安全问题。2000年以来，我国各类重大食品安全事件频发，在社会上造成了恶劣影响，引起了全社会和国家对食品安全的高度重视。2021年新修订的《中华人民共和国食品安全法》规定，"食品安全，指食品无毒、无害，符合应当有的营养要求，对人体健康不造成任何急性、亚急性或者慢性危害"，因此，安全食品必须是符合其安全标准的食品，主要包括无公害农产品、绿色食品、有机食品等。

2.水产品质量安全相关概念

水产品质量：是指受到时间和温度影响，水产品在外观、气味、风味、口感、肌肉组织等存在不同的差异水平。

外观、气味、风味、口感、肌肉组织等虽然不是"质量"，但是这些指标的变化会直接影响水产品质量。

水产品安全：是指食用了受到生物污染、化学污染或物理污染的水产品可能对人类造成危害健康甚至危及生命的一种风险水平。

水产品质量安全：是指水产品的养殖、加工、包装、贮存、运输、销售、消费等活动符合国家强制标准和要求，不存在可能损害或威胁人体健康的有毒有害物质以导致消费者病亡或者危及消费者和其后代的隐患。国家强制标准和要求既包括整个生产环境符合国家标准，也包括其中使用的相关投入品符合国家标准。

3. 水产品质量安全的内涵

近年来，国内多宝鱼事件、福寿螺事件、福尔马林添加等水产品安全事件频繁发生，水产品安全时刻牵动着人们的神经。国内学者加强了对水产品质量安全的研究，形成了对水产品质量安全概念的3种认识。

一是把质量安全作为一个词组，是水产品安全、优质、营养要素的综合。这个概念被现行的国家标准和行业标准所采纳，但与国际通行说法不一致。

二是指质量中的安全因素。从广义上讲，质量应当包含安全。质量安全是要在影响质量的各种因素中突出安全因素，从而引起人们的关注和重视。这种说法符合目前的工作实际和工作重点。

三是指质量和安全的组合。质量是指水产品的外观和内在品质，即水产品的食用价值和商品性能，如营养成分，色、香、味和口感，加工特性，以及包装标识；安全是指水产品的危害因素，如农药残留、兽药残留、重金属污染等对人和动、植物以及环境存在的危害与潜在危害。这种说法符合国际通行原则，也是将来管理分类的方向。

从以上3种认识可以看出，水产品质量安全概念是不断发展变化的。在不同的时期和不同的发展阶段，水产品质量安全的内涵和外延各不相同。质量安全在不同阶段的主要矛盾各不相同。从发展趋势看，大多是先笼统地抓质量安全，这时启用第一种概念；进而突出安全，推广第二种概念；最后在安全问题解决的基础上重点提高品质，抓好质量，也就是推广第三种概念。

总体上讲，生产出既安全又优质的水产品，既是渔业生产的根本目的，也是水产品市场消费的基本要求，更是水产品市场竞争的内涵和载体。

二、水产品质量变化原因

水产品肉组织比一般动物肉组织容易腐败的原因，主要有以下几方面。

（1）水产品肉组织含水分多，适合细菌繁殖；

（2）水产品肉组织脆弱，容易被细菌分解；

（3）水产品死后，肉组织很快呈弱碱性，适合细菌繁殖及生长；

（4）水产品肉组织附着细菌的机会多，尤其是鳃及内脏附着的细菌多，腐烂后会接触到肌肉，引起肌肉腐败变质；

（5）水产品肉组织所附着的细菌大多为中温细菌，在常温下繁殖很快。

三、水产品质量变化过程

以鱼类为例，刚捕获的新鲜鱼，鱼体具有清晰的色泽，表面覆盖一层透明、均匀的稀黏液层，眼球明亮突出，瞳孔及角膜黑白分明，鳃呈鲜红色，肌肉组织柔软可弯且富有弹性。鱼死亡后，先出现短暂的硬化，经过一系列的物理、化学变化，鱼体逐渐变得柔软，蛋白质、脂肪和糖原等高分子化合物降解成易被微生物利用的低分子化合物。随着贮存期不断延长，微生物腐败，同时内源酶作用使蛋白质自溶分解，产生不良风味。整个过程可以分为4个阶段，即僵直、解僵、自溶、腐败。

1. 僵直

水产动物死后，肌肉组织由柔软变僵硬的过程称为僵直，该现象在鱼类中较为明显。主要是由于糖原无氧降解生成乳酸，三磷酸腺苷（ATP）分解成磷酸，肌肉变成酸性，pH下降，同时肌肉中的ATP分解释放出能量而使鱼体温度上升，进而导致蛋白质酸性凝固和肌肉收缩，肌肉失去伸展性而变硬。

2. 解僵

水产品肌肉逐渐软化解硬的过程称为解僵。主要是由于蛋白质在鱼体各种酶的作用下分解成一系列的中间产物、氨基酸和可溶性含氮物，失去固有的弹性。

3. 自溶

鱼肉蛋白质在鱼体各种酶的作用下继续分解，使鱼肉组织自然降解的现象称为自溶。解僵和自溶过程紧密相连，较难区分。

4. 腐败

鱼死后，由于微生物对有机物质的分解作用而产生化学变化，导致鱼体内在变化，在感官上表现为嗅到臭味和异味、鱼肉变色、有黏液产生、组织结构发生变化等。水产品腐败是微生物作用、化学反应和自溶现象综合作用的结果。

第二节　水产品腐败机制

一、水产品腐败机制

水产品腐败机制主要有3种，即微生物作用、酶作用和氧化作用。

（一）微生物作用

以鱼类为例，通常情况下鲜活海水鱼组织内是无菌的。但是，在海水鱼的生长、捕捞及运输等过程中，外界或其体表富集的微生物通过鳃部等器官经循环系统进入肌肉组织，也能通过体表黏液、破损的表皮和肠道等直接侵入机体。在导致鱼体腐败的3种作用机制中，微生物的生长及代谢被认为起着决定性作用。微生物在繁殖过程中会分泌产生蛋白酶、酯酶等代谢产物，从而不断地分解利用鱼体内的蛋白质、脂质及糖类等营养基质，并生成如腐胺、组胺以及有机酸、醛类、醇类、硫化物等不良风味物质。

1. 优势腐败菌

在海水鱼腐败过程中，不同微生物的致腐能力存在明显差异，而始终参与腐败进程且具有一定致腐能力的微生物常被称作优势腐败菌（specific spoilage organisms，SSO）。海水鱼中优势腐败菌的种类主要受品种、栖息环境以及加工贮存条件的影响，其中受加工贮存方式的影响较大（表2-1）。

表2-1　海水鱼主要优势腐败菌及腐败代谢产物

优势腐败菌	腐败代谢物	主要鱼类来源
腐败希瓦氏菌（Shewanella putrifaciens）	TMA、CH_3SH、H_2S、Hx[1]	鲜鱼
弧菌（Vibrionacaea）	TMA、H_2S	鲜鱼（有氧贮存）
假单胞菌（Pseudomonas）	酮类、醛类、酯类、硫化物	冷藏鱼类
明亮发光杆菌（Photobacterium hosphoreum）	TMA、Hx	气调包装[2]鱼类
乳酸菌（Lactobacillus）	H_2S、乳酸	发酵鱼类
酵母菌（Saccharomycetes）	NH_3[3]、乳酸	腌制鱼类
肠杆菌（Enterobacteriaceae）	TMA、H_2S、Hx、酮类、醛类、乳酸	加工及水体污染鱼类

注：① TMA是三甲胺；CH_3SH是甲硫醇；H_2S是硫化氢；Hx是次黄嘌呤。
② 气调包装（含有CO_2）。
③ NH_3是氨气。

2. 微生物群体感应

优势腐败菌的致腐性大多受群体感应系统调控。微生物群体感应（quorum sensing，QS）是一种微生物之间的密度依赖的信息交流传递机制，主要受控于微生物自行分泌的小分子信息素——自诱导物（autoinducer，AI）。当环境中的AI浓度达到一定阈值后，AI能够与特定受体蛋白如LuxR、LasR、LsrR结合形成复合物，激活相应DNA转录，调控其下游相关基因表达。根据信号分子类型的不同，可将QS系统大致分为4类：一是酰基高丝氨酸内酯类（acylhomoserine lactone，AHL）信号分子介导的革兰氏阴性菌QS系统，二是自诱发肽类（autoinducing peptides，AIP）信号分子介导的革兰氏阳性菌QS系统，三是AI-2信号分子介导的种间QS系统，四是其他类信号分子介导的QS系统。这些信号分子主要包括假单胞菌喹诺酮信号（PQS）、扩散信号因子（DSF）、羟基-棕榈酸甲酯（PAME）等。

由于涉及海水鱼腐败的微生物多是革兰氏阴性菌，下面以革兰氏阴性菌的LuxI/R型QS系统为代表进行介绍（图2-1）。LuxI蛋白为信号分子合成酶，负责催化信号分子前体S-腺苷-L-蛋氨酸（SAM）的氨基发生酰化，最终生成信号分子AHL。LuxR蛋白被AHL信号分子激活后，其N端与信号分子结合形成AHL-LuxR复合蛋白，同时使蛋白C端的DNA结合区域暴露，并与下游基因启动子结合，开启基因转录，表达相应的生物性状。另外，费氏弧菌（*Vibrio fischeri*）、荧光假单胞菌（*Pseudomonas fluorescens*）、蜂房哈夫尼亚菌（*Hafnia alvei*）、温和气单胞菌（*Aeromonas sobria*）等水产品致腐菌株均存在与LuxI/R系统类似的QS系统。

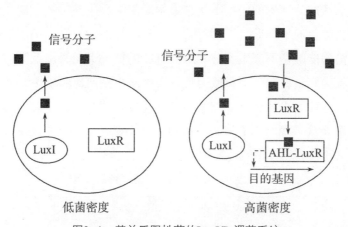

图2-1 革兰氏阴性菌的LuxI/R调节系统

3. QS对水产品腐败变质的影响

QS对水产品腐败变质具有显著影响，一般认为QS主要通过调控致腐因子的表达起作用。致腐因子主要有生物膜、胞外蛋白酶、嗜铁素等。

（1）生物膜：生物膜是指附着于基质表面，并被胞外聚合物包裹的高密度细菌簇。与未成膜的浮游细菌相比，微生物能够通过这种方式增强自身对抗生素、环境及宿主免疫系统的耐受能力。在工业生产中，细菌常因生物膜的黏附作用而吸附在设备表面，造成众多食品腐败及食源性疾病问题。随着对生物膜研究的不断深入，发现生物膜的形成机制十分复杂，且成膜过程受到QS系统的调控。如洋葱伯克霍尔德菌

（*Burkholderia cepacia*）能够利用QS系统调节生物膜基质成分（蛋白质、凝集素及脂多糖）的分泌；铜绿假单胞菌（*Pseudomonas aeruginosa*）、蜂房哈夫尼亚菌等多种微生物的生物膜形成均受到群体感应现象的调控。

（2）胞外蛋白酶：胞外蛋白酶是水产优势腐败菌主要的代谢产物之一，也是加速水产品品质劣变的重要致腐因子。水产优势腐败菌分泌的胞外蛋白酶种类繁多，主要有丝氨酸蛋白酶、金属蛋白酶等。这些蛋白酶能够不断水解蛋白质，生成能够被微生物利用的多肽和氨基酸等小分子营养物质。微生物对水产品腐败变质的作用，很大程度上是由蛋白质不断被微生物降解利用而引起的，而腐败菌蛋白酶的分泌受QS系统调控。

（3）嗜铁素：嗜铁素是微生物在低铁条件下，为提高自身对铁元素的摄入和利用而合成并分泌的一类铁螯合剂。具有分泌嗜铁素能力的腐败菌能够通过竞争结合食品基质中的铁而获得生长优势，而微生物嗜铁素的分泌能力受QS系统调控，这也是腐败希瓦氏菌、假单胞菌等产嗜铁素丰富的微生物在水产品腐败过程中成为优势腐败菌的重要原因。

（二）酶作用

鲜活海水鱼在采捕后可在其肌肉和内脏中检出大量的蛋白酶等内源性酶，而鱼体死亡后会在这些内源性酶的作用下快速地发生降解反应并导致鱼肉在感官上发生改变。自溶作用与鲜鱼的早期质量下降有关，但对冷却的鱼及制品的质量影响较小。在腐败初期，自溶酶能够在不产生腐败标志性气味的情况下明显降低海产品的品质及货架期。贮存过程中糜蛋白酶等消化酶会从肠胃中溶出到肌肉组织中，并与其他内源性酶共同作用导致鱼体组织的软化，严重的甚至会使鱼体组织发生破裂等，这一过程常伴随甲醛、乳酸及次黄嘌呤等有害或不良风味物质的产生。表2-2列出了冷藏海水鱼腐败过程中常见的相关酶及作用效果。

表2-2　冷藏海水鱼腐败过程中相关酶及作用效果

酶	作用底物	作用效果
糖酵解酶	糖原	产生乳酸
参与核苷酸分解的自溶性酶	ATO、ADP、AMP、IMP[①]	产生Hx
组织蛋白酶	蛋白质、多肽	组织软化
糜蛋白酶、胰蛋白酶、羧肽酶	蛋白质、多肽	肠腹部溶解
钙蛋白酶	肌原纤维蛋白	组织软化
胶原蛋白酶	结缔组织	组织软化及破裂
TMAO[②]去甲基酶	TMAO	甲醛

注：① ATO是三氧化二砷；ADP是三磷酸腺苷；ADP是二磷酸腺苷；AMP是一磷酸腺苷；IMP是肌苷酸。

② TMAO是三甲胺氧化物。

（三）氧化作用

由于鱼肉组织中含有大量脂肪酸，在有氧条件下，脂肪酸会逐步发生氧化反应产生小分子化合物，如醛、酮、羧酸等二级氧化产物，并产生独有的"哈喇"味。脂肪氧化是鲱鱼、鲑鱼等高脂鱼类腐败的重要原因之一。与饱和脂肪酸相比，不饱和脂肪酸在海水鱼中含量较多，其自动氧化机制主要分为链的引发、链的增殖和链的终止3个阶段。在链的引发阶段，脂质分子在热能、金属离子和辐射等催化作用下形成游离自由基；在链的增殖阶段，这些自由基会与氧气发生反应生成脂质过氧自由基，而脂质过氧自由基进一步攻击其他脂质分子形成氢过氧化物和新的自由基，从而使反应循环进行，直到各自由基相互反应形成稳定的终产物而终止氧化。

脂质氧化可分为酶促氧化和非酶促氧化。酶促氧化的过程被称作脂解作用，即脂肪酶水解甘油酯形成游离脂肪酸并与肌原纤维蛋白结合，从而导致蛋白质发生变性，降低鱼肉品质。脂肪酶可能来源于鱼体自身，也可能来源于嗜冷微生物的代谢作用。鱼类脂肪水解所涉及的酶主要有三酰基脂肪酶和磷脂酶。非酶促氧化主要由血红素化合物催化产生氢过氧化物。

二、水产品腐败因素

1. 温度

细菌腐败作用受外界温度影响。一般来讲，在适当的温度范围内，温度越高，细菌生长繁殖越快；然而随着温度继续升高，细菌繁殖速度降低，酶的活性迅速降低；若温度再升高，酶被灭活，细菌被杀死。在最适温度以下，温度越低，细菌腐败作用越缓慢。

水产品腐败最主要的原因是水中细菌的作用。细菌在水中繁殖的最适温度为25℃左右，若将水产品置于此温度下，将迅速腐败。在水中，细菌在0~30℃的条件下均生长良好，在-7.5℃时仍能生长。

2. pH

水产品上附着的细菌生长的最适pH为6.5~7.5，但在pH 5.2~8.0时仍能生长。

3. 氧气

自溶作用后生成的氨基酸，被侵入水产品的细菌分解，有氧时进行氧化作用，无氧时进行还原作用。氧的存在不影响腐败发生，只是作用类型不同。

4. 碳水化合物

细菌分解蛋白质或氨基酸，若有碳水化合物存在，则碳水化合物发酵产生酸，影响含氮化合物的分解。

5. 初始菌数

在最初两天内，初始细菌越多，达到最高细菌数的时间越快，两天后便达到一定的数量；反之，初始细菌越少，腐败发生越缓慢。

第三节　水产品质量安全风险

水产品质量安全风险包括生物性风险、化学性风险和物理性风险，此外，气候变化等自然性风险也会对水产品安全产生一定的影响。

一、生物性风险

生物性风险是指水产品中有害生物的存在，导致水产品质量安全风险，并对消费者产生潜在的健康危害。水产品的生物性风险主要源自致病菌、有害真菌、病毒和寄生虫。

1. 致病菌

致病性细菌是对水产品质量安全构成最显著威胁的一类生物污染源。水产品中食源性致病细菌污染除了与养殖水体、水产品的食性有关外，与水产从业人员个人卫生，以及生产、加工、包装、运输、销售过程中的二次污染也有密切的关系。我国水产品中食源性致病菌污染现状不容乐观。

与水产品相关度较高的致病菌主要是副溶血性弧菌、创伤弧菌、霍乱弧菌、沙门氏菌、单核细胞增生性李斯特氏菌、金黄色葡萄球菌、肉毒杆菌、大肠杆菌、气单孢菌和邻单胞菌等，其分布、主要传播途径和症状见表2-3。

表2-3　致病菌的分布、主要传播途径和症状

名称	主要分布	主要传播途径	症状
副溶血性弧菌（*Vibrio parahaemolyticus*）	热带和温带的河口、入海口及沿海区域	食用带菌水产品	急性水样腹泻、呕吐等，少数情况下出现伤口感染及危及生命的败血症等
创伤弧菌（*Vibrio vulnificus*）	近海的海水、水生生物及海底沉积物中	食用带菌水产品或伤口接触带菌海水或水生生物	突然的发热或发冷、恶心、腹痛等；不仅能引起胃肠炎，还可引起蜂窝织炎和败血症
霍乱弧菌（*Vibrio cholerae*）	水体环境中	食用带菌水产品或水源	剧烈的呕吐、腹泻和失水，若抢救不及时，病死率较高

续表

名称	主要分布	主要传播途径	症状
沙门氏菌（*Salmonella*）	广泛分布于自然界及寄生于人类和动物肠道内	食物和水源传播；经化粪池、下水道或暴雨径流渗透到地表水，在河口大量繁衍；生加工时通过带菌的加工环境、用具和操作者得以感染及传播	恶心、呕吐、腹痛、发热等，可引起伤寒、副伤寒、感染性腹泻、食物中毒和医院内感染
单核细胞增生性李斯特氏菌（*Listeria monocytogenes*）	土壤、水域（地表水、废水、污水等）、腐烂的植物、动物粪便和食品加工环境中	食用带菌水产品，通过粪口传播；通过破损皮肤、黏膜进入人体而造成感染	败血症、脑膜炎等
金黄色葡萄球菌（*Staphylococcus aureus*）	空气、土壤、水以及人的皮肤、腺体、黏膜等	经破损的皮肤和黏膜（包括口咽部、肠道等）侵入人体；食用带菌的水产品	恶心、呕吐，其他症状包括腹痛、腹泻、眩晕、颤抖、虚脱，有时伴有高烧等症状
肉毒杆菌（*Clostridium botulinum*）	缺氧环境中如土壤和水环境沉积物、罐头水产品、真空包装及密封腌制水产品中	食用带菌腌制罐装水产品	眩晕、视力模糊、四肢麻痹，若不及时治疗，还会导致呼吸肌及心肌麻痹
大肠杆菌（*Escherichia coli*）	水体环境及人和动物的肠道中	食用带菌水产品或饮用带菌水源	出血性肠炎、溶血尿毒症等
气单胞菌（*Aeromonas*）	水环境如地表水、海口、河水、湖泊、蓄水池、供水系统、下水道、地下水	食用带菌水产品	75%~89%的病人腹痛、轻度腹泻和持续低温，3%~22%的病人出现胃痉挛和便血等痢疾症状
邻单胞菌（*Plesiomonas*）	水环境、动物	食用带菌水产品	腹泻及肠外感染如脓毒症和脑膜炎等

2. 有害真菌

产毒素真菌是影响水产品质量安全的一类生物污染源。其中，在水产养殖、加工、贮存等环节引起的真菌毒素污染现象最为常见。

引起水产品霉变的丝状真菌主要有曲霉（如灰绿曲霉、棒曲霉、黄曲霉、黑曲霉、米曲霉、土曲霉、烟曲霉）、青霉（如橘青霉）、镰孢菌（如木贼镰孢菌、半裸镰孢菌、腐皮镰孢菌）等。这些霉菌在生长过程中会产生真菌毒素，真菌毒素主要有黄曲霉毒素、单端孢霉烯族毒素、镰刀菌烯醇、赭曲霉毒素等。即使是超低剂量的霉菌毒素摄入，也可以造成霉菌毒素及其代谢物在生物体内的蓄积，造成严重的食品安全事故。近年来，由于水产饲料逐渐用相对廉价的植物蛋白代替动物蛋白，尤其在我国南方的湿热环境中也增加了水产饲料受真菌毒素污染的风险。

3. 病毒

食源性病毒通常寄生在牡蛎、毛蚶等贝类中。特别是生食或半生食受污染的水产品最容易引起肠道疾病感染，对人体健康造成重大威胁。食源性病毒对水产品的污染存在着季节分布，而且其污染程度与养殖环境、销售市场环境的卫生状况有密切联系，通常是引起食源性疾病的高危因素。与水产品存在清晰的流行病学关联的主要是诺如病毒和甲型肝炎病毒。

诺如病毒属杯状病毒科，可通过间接接触性传播（粪口途径或接触呕吐物微粒等）、食物性传播（生吃水产品等）、水源性传播等多种途径传播。近年，由于水环境污染，许多水产品遭受诺如病毒的污染，特别是作为滤食性水生动物的贝类，很容易从污染的水中富集大量食源性微生物。在欧洲，一项针对39个牡蛎养殖场的调研显示，76.2%的贝类样品中检测出诺如病毒。诺如病毒传染发生的概率高（>50%），且少量（10~100个）病毒粒子即可引发感染。感染诺如病毒的常见症状是恶心、呕吐、腹痛、腹泻、发烧等。

甲型肝炎病毒呈球形，直径为27~32 nm，无囊膜，呈20面体立体对称。它主要通过粪口途径（病毒随患者粪便排出体外，污染水产品）、水源传播，少数通过性接触传播或血液传播，污染率及病毒的扩散也受到环境卫生的极大影响。甲型肝炎病毒的临床发展主要有4个阶段：① 无症状期，此时病毒在宿主中进行复制；② 黄疸前期，主要表现为厌食、恶心、呕吐和心神不宁；③ 黄疸期，此时出现黄疸及肝脾肿大；④ 恢复期。

4. 寄生虫

由于水生环境等因素影响，水产品中寄生虫种类繁多。刺激隐核虫、车轮虫等一些感染鱼类的寄生虫导致鱼体生长缓慢，引发鱼类寄生虫病，但对人体健康无明显危害；与水产品相关、对人类健康危害较大的人畜共患的寄生虫主要是吸虫（肝吸虫和肠吸虫）、绦虫和线虫。

肝吸虫和肠吸虫的成虫主要寄生在食用水产品的哺乳动物如人、狗、猫、猪等的胆管或胆囊中。虫卵随粪便排出，进入水中孵化出毛蚴，被第一中间宿主螺类吞食后，在螺体内发育成尾蚴，成熟的尾蚴从螺体溢出，寻找第二宿主淡水鱼类，侵入鱼鳃、内脏、鱼鳍、鱼鳞和鱼体内肌肉形成囊蚴，终宿主因食用含有囊蚴的鱼而被感染。肝吸虫会导致患者肝脏受损，感染并发症有化脓性胆管炎、胆道结石、胆囊炎、肝硬化、胰腺炎和胆管癌等。肠吸虫则会导致肠道损伤、肠黏膜炎症、出血、溃疡等。为节约养殖成本而使用动物的粪便作为池塘肥料，以及食用生鱼片是导致水污染及感染吸虫的主要原因。

绦虫是一种肠道寄生虫，与水产品相关的主要是裂头绦虫。它的成虫主要寄生在食用鱼的野生鸟类以及哺乳动物（如人、狗、熊、海狮）的肠道中，成虫产生的虫卵随粪便排出，在水中孵化出幼虫，被第一中间宿主桡足类吞食后，在其间发育为原尾蚴，桡足类被第二宿主海水鱼或淡水鱼（主要是梭子鱼、鲑鱼、鳟鱼、白鲢鱼、鲈鱼等）吞食，原尾蚴在其间发育为全尾蚴，终宿主因食用含有裂头绦虫的鱼而被感染。一般患者感染后不会有明显的症状，偶有疲倦、腹泻或便秘症状，重症则以消化功能紊乱为主。沿水而建的住所及船只肆意排放污水是水源污染的主要来源，而食用生鱼片或腌制的水产品是感染绦虫的原因。

线虫属主要是异尖线虫和颚口线虫。异尖线虫的终宿主一般是海洋哺乳动物譬如海豚、鲸、海狮、海象等，它的虫卵随哺乳动物粪便排泄出来，在水中发育为幼虫，被第一中间宿主如虾等甲壳类吞食，而吞食了甲壳类的鱼（主要是鲱鱼、鲑鱼、金枪鱼等）被感染，哺乳动物又因为吞食了被感染的鱼使异尖线虫寄生其体内并发育为成虫，人类因食用带有异尖线虫幼虫的鱼而被感染。感染者会出现腹痛、恶心、腹泻及过敏等症状。颚口线虫的终宿主通常是食肉的哺乳动物也包括猫、狗和猪，虫卵被终宿主排出后在水中孵化，其幼虫被桡足类吞食后，桡足类又被第二中间宿主（鱼类、两栖类、爬行类、鸟类和哺乳动物）吞食，终宿主吞食第二中间宿主后，幼虫在其体内发育成熟，繁殖，排卵。在人体内，幼虫一般不会发育为成虫，但它会在人体组织中移动，当其侵入中央神经系统时后果尤为严重。此外，虫体若寄生于食管壁，可引发吞咽困难，严重者食管形成憩室无法进食。若寄生于心肺等胸腔器官，可引起心脏穿孔、出血、心力衰竭等。

二、化学性风险

水产品的化学性风险是指其本身含有的和外来的各种有毒化学性物质。引发化学性风险的物质可以分为内源性和外源性。内源性毒素是指食品本身含有的对人体有一定危害的物质，这些物质可能是水产生物在生长过程中产生的，或者由外界毒素在其体内蓄积，或者是能够引起机体免疫系统异常反应的物质如过敏原。外源性毒素包括渔业用药、各种有机及无机污染物以及添加剂等。

1. 生物胺

生物胺（biogenic amine，BA）是一类含氮的有机化合物。根据化学结构的不同，生物胺可以分为杂环胺（组胺、色胺等）、脂肪族（腐胺、尸胺等）、芳香族（酪胺、苯乙胺等）3类，与水产品相关的生物胺主要是组胺、酪胺、色胺、腐胺和尸胺。适量的生物胺有利于人体健康，但是人体大量摄入生物胺时会中毒，引发头疼、血压异常变化、呼吸紊乱、心悸、呕吐等严重不良反应。此外，生物胺的毒性有相加及协同作用，即某些生物胺可加剧其他生物胺的毒性或抑制生物体内的解毒系统。如腐胺和尸胺能通过抑制生物胺分解酶的活性，增加组胺和酪胺的数量和毒性。

以与水产品关系最为密切、毒性最强的组胺为例。许多水生生物肌肉组织中含有组胺酸，尤其是游泳能力强的鱼类与鲸类肌肉中含量较多，如鲐鱼、鲭鱼、金枪鱼、马鲛鱼、长须鲸等，组胺酸通过组胺酸脱羟酶的脱羟作用形成组胺。因组胺引发的水产品中毒需要满足以下条件：水生生物存在作为组胺形成基质的游离组氨酸；水生生物存在能产生组胺酸脱羟酶的细菌；水产品特征及其存储环境使生产组胺的细菌可以不断生长；消费者食用了含有高含量组胺的水产品。各国都制定了鱼类产品组胺含量的限量标准。加拿大、瑞士和巴西规定鱼类产品中组胺含量不得超过100 mg/kg；澳大利亚和新西兰的食品标准法典规定的限量标准是200 mg/kg。

2. 水生生物毒素

部分鱼和贝类等水生生物中存在海洋生物毒素，主要由浮游植物产生。全世界有5 000多种海洋浮游藻，其中有70～80种能产生毒素。藻毒素在鱼和贝类摄食过程中富集，人类食用有毒的鱼和贝类，出现腹泻、呕吐等中毒症状。根据中毒后的症状及毒性作用机制，这些毒素可以分为记忆缺失性贝毒（amnesic shellfish poisoning）、原多甲藻酸贝毒（azaspiracid poisoning）、腹泻性贝毒（diarrhoeic shellfish poisoning）、神经性贝毒（neurotoxic shellfish poisoning）、麻痹性贝毒（paralytic shellfish poisoning）、西加鱼毒（ciguatera fish poisoning）、河豚毒素（puffer fish poisoning）及其他海洋生物毒素。

记忆缺失性贝毒的毒素成分是软骨藻酸，拟菱形藻是产生软骨藻酸最主要的微藻。已知的45种拟菱形藻中有19种能产生软骨藻酸。原多甲藻酸贝毒由原多甲藻（Protoperidinium crassipes）产生，中毒症状与腹泻性贝毒引起的中毒症状非常相似，表现为恶心、呕吐、严重的腹泻和胃肠痉挛等。腹泻性贝毒是由有毒赤潮藻类鳍藻属（Dinophysis）和原甲藻属（Prorocentrum）中部分藻种产生的脂溶性多环醚类生物活性物质，主要成分为软海绵酸及其衍生物。神经性贝毒来自短裸甲藻。麻痹性贝毒主要来源于亚历山大藻属、裸甲藻属等。西加鱼毒源于底栖甲藻，通过食物链底栖甲藻—食草性鱼—食肉性鱼的传递，毒素不断蓄积，人类食用了有毒鱼肉后感染该病毒。河豚毒素中毒通常是指因食用鲀科鱼类而引发的中毒，但河豚毒素不仅存在于鲀科鱼类体内，还存在于云斑裸颊虾虎鱼、蓝环章鱼、海星等海洋生物体内。毒素主要分布于卵巢、肝脏、皮肤等处。河豚毒素中毒会出现弛缓性瘫痪、血压异常降低、心律失常、呼吸衰竭等症状。

除了已知的与人类中毒事件关系较密切的上述几类生物毒素之外，随着科技发展，越来越多海洋生物毒素被发现和探究，如环亚胺毒素、螺环内脂毒素、微囊藻毒素、淡水蓝藻毒素。

3. 水生物自带的过敏原

FAO划定鱼、甲壳类、蛋、奶、花生、大豆、坚果和小麦为八大类过敏食品，其中两大类为水产品。随着经济迅速发展，人们生活水平逐步提高，水产品开始在人们饮食中占有重要地位。水产品贸易全球化以及交通运输的发展客观上促进了水产品消费。食品加工业的发展加速了源于水产品的各种物质被添加于其他食品、药品中。这些都增加了水产品过敏发生的可能性。水产品过敏原有原肌球蛋白（tropomyosin，TM）、精氨酸激酶（arginine kinase，AK）、肌球蛋白轻链（myosin light chain，MLC）、肌钙结合蛋白（sarcoplasmic calcium binding protein，SCP）等。过敏的出现通常是因为食用了水产品，有时吸入蒸煮水产品的蒸汽或在工作环境加工、接触水产品也会导致过敏。过敏的临床表现为急性荨麻疹、血管性水肿、过敏性腹泻、鼻塞、咳嗽、哮喘，严重时能够引发过敏性昏厥。

4. 渔业用药

随着工业化的迅速发展，工农业污水汇集导致环境污染严重，再加上一些地区养殖密度过高，饲料质量不好，致使水生生物抵抗力低、发病率增加。为了防病治病，渔药被大量使用。根据使用目的，渔药可分为环境改良和消毒药（如甲醛溶液）、抗微生物药（如磺胺嘧啶）、杀虫驱虫药（如敌百虫）、调节水生生物代谢及生长药（如维生素）、生物制品（如草鱼出血病疫苗）、微生态制剂（如光合细菌）和中草药等。人们长期食用含渔药残留的水产品，药物容易在人体内蓄积，导致各器官功能紊乱或病变，损害肝脏、肾脏、神经系统等，还会使人体产生过敏反应，致畸致癌。此外，细菌的耐药性会通过耐药质粒在彼此间传播，这样渔药残留就会间接增强人体病原菌的耐药性，增加治疗困难。

5. 有机污染物

随着沿海工农业、船舶运输业、石油工业、钻探工程、渔业的迅速发展，大量持久性有机污染物（persistent organic pollutants，POP）被排放到江河湖海中，对环境和人类造成极大的危害。根据2001年5月23日签署的《持久性有机污染物的斯德哥尔摩公约》，首批列入受控名单的有12种POP，包括滴滴涕、氯丹、灭蚁灵、艾氏剂、狄氏剂、异狄氏剂、七氯、毒杀酚、六氯苯、多氯联苯、二噁英（多氯二苯并-对-二噁英）、多氯二苯并呋喃。而后又新增了3种杀虫剂副产物和阻燃剂等。POP的亲脂性使其很容易在生物体的脂肪内富集。在各种主要有机污染物中，已知多环芳烃、多氯联苯、有机氯杀虫剂和石油烃类等有机物均可以在海洋生物脂肪中积累。大多数POPs具有致癌、致畸、致突变效应。

6. 无机污染物

无机污染主要是指重金属污染。无机污染物有的是随着火山爆发、地质异常、地壳变迁、地热活动、岩石风化等天然过程进入大气、水体、土壤和生态系统，有的则是随着工业废水和生产废水，未经专业处理而被排放到水环境中，造成水体环境重金属污染。水生生物的整个生命周期均暴露在水环境中，生物体对化学污染物质的富集易受到水体环境参数的影响，当水体受到污染后，水生生物依旧会通过鳃—水交换、体表吸附和食物摄入等多种途径摄入水体中的污染物质。重金属污染物具有不容易降解且积累性很强，能够通过食物链从低营养级生物向高营养级生物转移、生态系统富集等特点。重金属污染物会对人体造成严重危害，如有机汞中毒以感知失调、运动失调、视力障碍、听觉障碍、语言障碍等症状为主，伴有致畸性，铅会影响儿童智力的发育，对造血系统、神经系统、生殖系统、胚胎有很强的毒性等。水产品中常见的重金属污染主要是砷、锡、镉、铅、汞等，其中砷属于非金属，但常被纳入重金属类加以考虑。当前，国际社会对水产品中重金属含量都做了限量规定，如国际食品法典委员会和欧盟规定，鱼类产品中铅的限量为0.3 mg/kg，韩国鱼类产品中铅的限量为0.5 mg/kg，均高于中国的铅限量。

7. 为保鲜保活而使用的添加剂

水产品在捕捞、运输、存储、加工过程中，由于受到摩擦、碰撞、挤压以及因各类工具的接触所造成的组织外部和内部的机械损伤如鳞片脱落、皮肤破裂等，都会加快自溶反应、微生物侵入感染和扩散，从而加速水产品的腐败过程，影响水产品安全。

为防止水产品的腐败变质，一些违禁和过量的添加剂被使用，其残留物容易给人体带来安全隐患。常见的违禁添加剂有甲醛、工业碱、染料、工业过氧化氢、吊白块（甲醛次硫酸氢钠）、丁香酚等。以丁香酚为例，丁香酚对鲜活水产品具有良好的麻醉效果，可以有效降低活鱼的氨氮排放、代谢速率，提高存活率和运输密度，因此，少数从业人员为减少经济损失，在鲜活水产品收、贮、运环节使用丁香酚作为鱼用麻醉剂，而过量的丁香酚残留有致敏、致癌、致突变的效果。此外，甲醛已被世界卫生组织（World Health Organization，WHO）确定为致畸和致癌物质，也经常被用作防腐剂、漂白剂添加到水产品中。

三、物理性风险

水产品的物理性风险主要发生在水产品养殖、捕捞、加工、包装、运输和存储的各个阶段，来源多样。如鱼类产品在剔骨加工时残留在鱼肉中的鱼刺，贝类产品去壳时残留的贝壳碎片，蟹肉加工时残留的蟹壳碎片，切割、搅拌、包装等设备上脱落的金属碎片、钢锯碎末、不锈钢丝，在加工、包装、存储过程中使用的玻璃设备及器具导致的玻璃碎片的残留，在养殖过程中水产生物误食的金属碎片、铁丝、针类碎片，捕捞过程中残留在水产品上的鱼钩针尖，等等。

物理性风险对人类造成的危害主要包括割破或刺破口腔、咽喉、肠胃的组织，损坏牙齿和牙龈，卡住咽喉、食道、气管造成窒息等。

四、自然性风险

19世纪工业革命以来，随着现代化社会过多燃烧化石燃料（煤炭、石油等），人为排放的二氧化碳、甲烷、臭氧、一氧化二氮、氟利昂等气体不断增多，加上森林植被的大量破坏，导致全球气候变暖。

气温上升会影响全球的生态平衡，从而导致热浪、暴雨、台风、洪涝、干旱等灾难性天气的发生。一项针对南美沿海地区的调查显示，一些灾难性天气会导致海水温度、盐度发生变化，促进副溶血性弧菌及创伤弧菌的繁殖，提高相关疾病暴发的概率。

全球变暖也会导致海水温度升高。水生生物对化学污染物的吸收受温度的影响。据调研，水温每上升1℃，鱼和贝类对甲基汞的吸收增加3%~5%。此外，水温升高也会导致病菌富集。

海水温度升高还会通过对藻类产生影响进而威胁水生生物的安全。当海水表面温度超过夏季最高温度并持续几个星期时，珊瑚会因其共生藻类的色素及密度减少而出现白化现象。另外，很多海洋生物依赖珊瑚礁提供食物并作为卵孵化的栖息地，珊瑚白化使其更易受到病原微生物的感染，进而影响海洋生物的安全。

第四节　水产品及其制品残留物限量

中华人民共和国国家食品安全标准中对水产品及其制品中残留物限量的规定见表2-4。

表2-4 水产品及其制品相关指标要求及检测方法

标准编号和名称	项目指标		要求	检验方法
GB 2733—2015 食品安全国家标准 鲜、冻动物性水产品	挥发性盐基氮[①]/（mg/100 g）	海水鱼虾	≤30	GB 5009.228—2016
		海蟹	≤25	
		淡水鱼虾	≤20	
		冷冻贝类	≤15	
	组胺/（mg/100 g）	高组胺鱼类[②]	≤40	GB 5009.208—2016
		其他海水鱼类	≤20	
	麻痹性贝类毒素（PSP）/（MU/g）	贝类	≤4	GB/ 5009.213—2016
	腹泻性贝类毒素（DSP）/（MU/g）	贝类	≤0.05	GB 5009.212—2016
	污染物限量		应符合GB 2762—2022的规定	
	农药残留限量		应符合GB 2763—2021的规定	
	兽药残留限量		应符合国家有关规定和公告	
	食品添加剂		应符合GB 2760—2014的规定	
GB 10136—2015 食品安全国家标准 动物性水产制品	过氧化值（以脂肪计）/（g/100 g）	盐渍鱼（鲱鱼、鲅鱼、鲑鱼）	≤4.0	GB 5009.227—2016
		盐渍鱼（不含鲱鱼、鲅鱼、鲑鱼）	≤2.5	
		预制水产干制品	≤0.6	
	组胺/（mg/100 g）	盐渍鱼（高组胺鱼类[②]）	≤40	GB/T 5009.208—2016
		盐渍鱼（不含高组胺鱼类）	≤20	
	挥发性盐基氮/（mg/100g）	腌制生食动物性水产品	≤25	GB 5009.228—2016
		预制动物性水产制品（不含干制品和盐渍制品）	≤30	

续表

标准编号和名称	项目指标		要求	检验方法
GB 10136—2015 食品安全国家标准 动物性水产制品	污染物限量		应符合GB 2762—2022的规定	
	农药残留限量		应符合GB 2763—2021的规定	
	兽药残留限量		应符合国家有关规定和公告	
	微生物限量	熟制动物性水产制品	应符合GB 29921—2021的规定	
		即食生制动物性水产制品	应符合GB 29921—2021的规定，且菌落总数≤10^5 CFU/g和大肠菌群≤10^2 CFU/g	
	寄生虫	吸虫囊蚴	不得检出	
		线虫幼虫	不得检出	
		绦虫裂头蚴	不得检出	
	食品添加剂		应符合GB 2760—2014的规定	
GB 19643—2016 食品安全国家标准 藻类及其制品	污染物限量		应符合GB 2762—2022的规定	
	微生物限量	致病菌限量	应符合GB 29921—2021的规定	
		菌落总数/（CFU/g）	≤10^5	GB 4789.2—2022
		大肠菌群/（CFU/g）	≤30	GB 4789.3—2016
		霉菌[③]/（CFU/g）	≤3×10^2	GB 4789.15—2016
	食品添加剂		应符合GB 2760—2014的规定	

续表

标准编号和名称	项目指标		要求	检验方法
GB 10133—2014 食品安全国家标准 水产调味品	污染物限量		应符合GB 2762—2022的规定	
	微生物限量	致病菌限量	应符合GB 29921—2021的规定	
		菌落总数/（CFU/g或CFU/mL）	≤10⁵	GB 4789.2—2022
		大肠菌群/（CFU/g或CFU/mL）	≤10²	GB 4789.3—2016平板计数法
	食品添加剂		应符合GB 2760的规定	
GB 29921—2021 食品安全国家标准 预包装食品中致病菌限量准	水产制品	沙门氏菌	—	GB 4789.4—2016
		副溶血性弧菌④	≤1 000 MPN/g	GB 4789.7—2013
		单核细胞增生李斯特氏菌④	—	GB 4789.30—2016

注：① 不适用于活体水产品。

② 高组胺鱼类：指鲅鱼、鲹鱼、竹筴鱼、鲭鱼、鲣鱼、金枪鱼、秋刀鱼、马鲛鱼、沙丁鱼等青皮红肉海水鱼。

③ 霉菌：仅限于即食藻类干制品。

④ 副溶血性弧菌和单核细胞增生李斯特氏菌：仅适用即食生制动物性水产制品。

另外，水产品及其制品在生产、加工、运输、销售等环节，还应符合《食品安全国家标准 水产制品生产卫生规范》（GB 20941—2016）、《食品安全国家标准 食品中兽药最大残留限量》（GB 31650—2019）、《食品安全国家标准 食品中污染物限量》（GB 2762—2017）、《食品安全国家标准 食品添加剂使用标准》（GB 2760—2014）、《食品安全国家标准 散装即食食品中致病菌限量》（GB 31607—2021）等规定。

第三章
水产苗种质量安全管理与控制

随着我国经济快速发展，人民群众的生活水平也不断提高，对水产品的消费能力也逐年上升。为了加强水产品的生产，确保水产品的质量安全，需要从水产品的源头着手，抓好水产苗种的质量。2013年，习近平总书记在中央农村工作会议上提出，"要下决心把民族种业搞上去，抓紧培育具有自主知识产权的优良品种，从源头上保障国家粮食安全"。习近平总书记在中央全面深化改革委员会第二十次会议上对现代种业发展作出重要指示，把种源安全提升到关系国家安全的战略高度，充分体现了以习近平同志为核心的党中央对种业的高度重视。

第一节　水产苗种质量安全

水产苗种是渔业生产的基础，是渔业产业链条和水产品价值链条的起点，关系到水产品的质量安全。作为水产养殖三大投入品之一，水产苗种是最活跃、最重要的生产要素，水产苗种的质量安全水平很大程度上影响其他投入品的使用，并直接或间接决定了水产品质量安全水平。分析水产苗种的质量安全隐患，厘清导致安全隐患的原因，把好源头的质量安全关，对于养殖水产品质量安全的有效管理和质量安全水平的稳步提高具有重要的意义。

一、水产苗种相关概念

水产苗种：指包括用于繁育、增养殖（栽培）生产和科研试验、观赏的水产动植物的亲本、稚体、幼体、受精卵、孢子及其遗传育种材料（参考《水产苗种管理办法》定义）。

原种：指取自模式种采集水域或取自其他天然水域的野生水生动植物种，以及用于选育的原始亲体。

良种：指生长快、品质好、抗逆性强、性状稳定和适应一定地区自然条件，并适用于增养殖（栽培）生产的水产动植物种。

杂交种：指将不同种、亚种、品种的水产动植物进行杂交获得的后代。

品种：指经人工选育成的，遗传性状稳定，并具有不同于原种或同种内其他群体的优良经济性状的水生动植物。水产养殖新品种必须经过全国水产原种和良种审定委员会审定通过，并经农业农村部公布后，方可进行推广。

稚、幼体：指从孵出后至性成熟之前这一阶段的个体。

亲本：指已达性成熟年龄的个体。

以种为先导的水产苗种系列概念催生出一个水产种苗产业链。

首先是原种场，即开展原种保有的种苗场，例如长江水系的国家级长吻鮠原种场、珠江水系的国家级鲮鱼原种场。它通过保有原产于江河湖泊的野生水生经济动物而构建起一个原种亲本种群。为让野生鱼类在人工养殖环境和条件下生存下来，需要开展驯化，即把野生种驯化成家养种，这是渔业种质资源保护工作的一项重要举措，也为开展良种选育提供亲本做好准备。

其次是开展良种选育的种苗场。这是国家在构建水产种苗体系中最着力打造的一个关键环节。它就是一个基因库，一头连着天然渔业资源，另一头连着水产养殖生产；一手托两家，向上保护渔业资源环境，向下推进水产养殖生产。良种选育的种苗场给予水产养殖最强有力的支撑，为产业的发展注入了强大的动力。

再次是幼体。幼体是水产原、良种场按照水生动物繁育学原理通过亲本培育和人工繁育出来的。它是水产种苗产业链的最底端，同时，它开启了水产苗种生产。

二、苗种质量安全隐患

为加强水产苗种管理，提高苗种质量水平，农业农村部先后制定了《水产种苗管理办法》《水产原、良种场生产管理规范》《淡水养殖鱼类原、良种场建设要点》《水产原、良种场验收办法》等重要文件。2009年，针对苗种质量安全抽检问题，农业部发布了《水产苗种违禁药物抽检技术规范》，该规范对水产品苗种违禁药物抽检时的抽样和检测技术进行了规范。

尽管国家制定了许多法律法规，采取了一系列措施，但水产苗种质量安全现状仍不容乐观。从对水产苗种的药残抽检结果来看，抽检合格率总体水平仍然有待提高。存在的问题以硝基呋喃类代谢物、孔雀石绿等禁用药物残留超标为主，氯霉素超标情况也时有发生。从种类上看，尤以海参、对虾、河蟹等育苗阶段使用硝基呋喃、孔雀石绿等禁用药物问题最为严重，成为水产品质量安全的主要隐患。同时，大菱鲆、乌鳢和鳜鱼等种类的禁用药物超标问题也不容忽视。

苗种繁育过程中，高效、低毒、安全、经济的新型替代渔药和疫苗极其缺乏，人工配合饲料欠缺或质量参差不齐，影响了苗种繁育的质量。如在鲍类苗种的中间培育阶段，鲍苗配合饲料达10余个品牌，有的未经批准便上市，其产品质量未能得到有效保障。有些品种如东风螺，缺乏相应的人工配合饲料，以鲜活或冰冻海鱼为主要饵料，鳜鱼则因其摄食生物学特性，主要以鲜活小型鱼类作为食物来源，这些均给苗种质量安全带来较大的潜在风险。

三、存在问题和原因分析

1. 良种覆盖率低，种质退化严重

我国现有养殖种类中，繁育亲本来源整体上以野生种为主，绝大多数苗种来源仍为半人工型苗，养殖良种极度匮乏。良种匮乏和种质退化已成为水产业发展的主要瓶颈，并由此引发养殖对象抗病抗逆性差、成活率低、生长慢、病害频发等问题。据不完全统计，几乎所有养殖对象都出现过不同程度的病害，有些养殖种类，如南美白对虾、斑点叉尾鮰、罗非鱼、大菱鲆等甚至病害频繁发生。对于养殖生产中出现的病害，养殖户普遍采用"药物防治"的办法，过量用药导致的养殖水产品药残超标时有发生。国内对水产动物的选育研究，多是采取简单的群体选择、个体选择和家系选择的方法，这些方法在多代选育后容易出现遗传基础狭窄和近交衰退等问题，致使水产苗种质量不高，增加了后续养殖过程用药的风险。

2. 产业发展相对落后，从业人员意识淡薄

水产苗种生产普遍存在发展方式落后，产业化、规模化、标准化程度不高，管理水平较低的现象。很多苗种生产企业并不具备持续生产优质苗种的生产条件和质量安全管理制度，无法满足现代化优质育苗生产的需求。另外，该行业还存在较多规模不大、技术力量缺乏、生产条件差、作坊式的苗种生产场。从生产上讲，一些苗种生产企业缺乏专业的技术人员，现捕、现催、现产、现卖的现象时有发生；一些企业不具备育苗技术和设施条件，却盲目热衷于热销品种生产，育苗技术和苗种的疾病防治水平普遍较低。此外，在现行的苗种生产行业潜规则中，技术人员收益与出苗率挂钩，故为追求出苗率，不断提高育苗密度，在超环境容量情况下，导致病害频发。有些从业人员质量安全意识淡薄，在育苗生产中滥用渔药成为常态。当出现大量死苗时，有些生产者甚至冒险使用禁用药物，严重影响苗种质量安全。同时，投入品也存在隐患，个别小型饲料企业在饲料中违法添加禁用药物，也会导致苗种生产单位被动使用禁用药物。

3. 水环境污染严重，育苗空间遭受挤压

随着国家工农业生产的发展和城市化进程的加快，大量污染物随工农业生产废水、生活污水等涌入近岸海域、河流，致使水环境日趋恶化，有些海区、河流的水体

氨氮、化学耗氧量、有机磷类、石油烃类、重金属等水质指标严重超出国家渔业水质标准。这些物质通过排污、倾泻、渗漏、径流等多种方式进入渔业水域，对渔业生态环境和水产品质量产生不良影响。有些养殖场周围的土壤及临近的农田受到农药、杀虫剂及生活用水污染或其他化学品的污染，致使养殖用水间接受到污染，对苗种质量安全构成了较大的威胁。沿海大型化工企业、港口等工业设施的建立挤压了不少育苗及养殖空间，同时，这些工业设施的建立对养殖环境造成了巨大影响，也构成了安全隐患。此外，个别海域油田溢油事故的发生，也会致使相关海域天然渔业资源受到破坏，对沿岸海水养殖生产造成严重影响。

4. 育苗技术有待提高，优质苗种生产能力不足

国内水产动物选育多是通过简单的群体选择、个体选择和家系选择的方法进行，如兴国红鲤（*Gyprinus carpio* var.*xingguonensis*）、荷包红鲤（*Cyprinuscarpio* var. *wuyuanensis*）、彭泽鲫（*Carassius auratus*）。上述选育方法难以剥离环境效应，而选择的性状易受环境影响，致使选择进程缓慢、效果有限。随着多代的选育，采用上述方法选育的品种甚至表现出遗传基础狭窄和近交衰退等现象，而遗传多样性的降低可能会导致抗逆性减弱，致使水产苗种质量不高，增加了后续养殖过程中用药的风险。原、良种体系的主体是原、良种场，而原、良种场的核心是良种。我国已基本建立了以国家级和省级水产原、良种场为核心的原、良种生产体系，原、良种生产能力有了较大提高。但现实情况却是部分原、良种场中没有良种，抑或良种不良。良种的匮乏导致原、良种体系出现较大问题。另外，原、良种场的苗种市场占有率并不太高，原、良种场的体制和管理常常变化、变动较大，对原、良种场定位功能的落实和发展方向均产生了较大的影响。整个行业缺乏生产优质水产苗种的体制机制，导致苗种市场混乱，苗种整体质量不高，为苗种质量安全问题埋下隐患。

5. 管理体系不完善，监管机制不健全

一是与水产苗种管理相关的法律、法规的法律地位低、不完善，影响执行的效果。像大农业的种植业对种子是依据种子法实施管理，畜牧业是依据种畜禽管理条例，而渔业中对水产苗种的管理主要依据水产苗种管理办法等部门规章，这些部门规章的效力较低是养殖执法不受重视的根本原因。水产苗种管理办法本身也存在不完善的地方。如只强调了苗种许可证的发放，未涉及发放后的管理问题，也增加了执法的难度；规定了所有苗种场必须到原、良种场引进亲本，开展繁育生产，但没有相应的监管或执法措施等。二是水产苗种管理制度体系不完善，苗种质量检测水平和监管能力有限。县一级的水产苗种管理机构和苗种检疫体系不健全，现有的苗种质量检测机构数量有限，且缺乏有效并易操作的检测技术和手段，难以对苗种质量进行有效的监管。苗种监督抽查没有制度化和法律化。我国的苗种监督抽查工作以农业农村部文件

的形式下发，缺少制度化和法律化的规定，监测结果也未能得到充分利用，影响了监督抽查工作的效果。

第二节　水产苗种培育质量控制

水产品作为我国农业经济发展的重要组成部分，已成为我国人民优质蛋白质的重要来源。水产种业被视为现代水产养殖业发展的第一产业要素，其中，水产苗种在保障水产品有效供给和国民优质动物蛋白供应方面发挥了重要作用。水产苗种是渔业养殖生产的源头和基本生产资料。加快推进国家级和省级水产原、良种场的发展，对加快现代水产种业建设与提高水产原、良种覆盖率具有重要意义，也是保障水产品质量安全的重要措施。

病害问题是制约人工水产育苗成功的重要因素。在水产苗种培育过程中，为了防治病害，往往不得不施用药物，而药物的不规范使用则会对苗种质量和水体环境造成不良影响，使病原体产生抗药性，甚至诱发药源性疾病，进而加重病情。为预防和减少疾病发生，需从改进育苗技术、优化池水生态环境、科学使用投入品、生态防控敌害生物等多方面入手，来保证水产苗种的质量安全。

一、场地建设条件

在市场需求和利益的驱使下而成立的一些中小育苗企业，往往不按生产技术规范实施育苗生产，育苗场卫生、安全条件不达标，加上在育苗过程中滥用药物，致使生产和销售的苗种体质差、抗病害能力弱，苗种质量安全难以保障。为保障水产苗种培育质量，育苗场地应尽可能按照原、良种场建设要求满足以下条件。

1. 苗种场建设环境条件

苗种场应建在育苗种类的原产地，或该种类适宜养殖的地区；生态环境适宜养殖种类的生长、繁殖和遗传性状保存；抗洪、防涝、抗旱能力符合水利部门50年一遇标准；交通、电力、通信便利；场区环境整洁。

2. 苗种场具备生产设施

根据繁育种类的生态学特点及生产规模等合理确定繁育水面类型、水面面积及各类水面的配套比例。

3. 苗种场具备配套设施

具有与生产能力相适应的饵料投喂、运输、增氧、进排水、供电、应急等配套设施。配备相应的实验室、档案室、资料室。实验室能够从事水质检测、水生生物监测、配合抽检等基本项目的工作；档案室能够容纳苗种生产基本档案资料、标本等；资料室能够满足员工学习专业知识、查询的需求。

二、育苗技术控制

国内水产动物选育研究多是通过简单的群体选择、个体选择和家系选择的方法进行，这种选育方法难以剥离环境效应，易受环境影响。所以除遗传因素外，培育条件对水产苗种的质量控制也非常关键。苗种培育可从以下几个方面进行技术控制。

1. 优选亲体

亲体是保证苗种质量、防控疾病的前提和基础。采集不同环境背景下的群体，进行高强度选择，选出健康优质的个体作为亲体。从亲本中筛选尽可能多的优良性状，保证育出的苗种具有较高的遗传多样性，从而为提高抗病性能奠定基础。

2. 选育幼体

水产动物苗种培育过程中，出现死亡率高、出苗率低的现象，主要是由于幼体活力弱、抵抗疾病的能力差，在致病因素（包括细菌、病毒）的作用下感染疾病。所以，对培育出的幼体需要进行严格的选择，做到"优中选优"，从而为培育健康苗种奠定基础。

3. 降低密度

幼体培育密度不宜过大，这样既能增加幼体活动空间，又可减少投饵和换水量，从而达到优化池水生态环境的目的，幼体的生长速度和成活率也能得到较大幅度的提升。

三、池水环境控制

水是水产动物摄食、活动、排泄的场所，水产动物苗种培育对池水环境有较高的要求，水质是水产动物苗种培育的关键因素。在水产动物育苗过程中，由于集约化育苗的养殖密度大、水温高、育苗周期长、育苗过程中排泄物和剩饵的不断累积，水中有机污染负荷不断增加。在这样的环境条件下，微生物（包括致病菌）大量繁殖，溶解氧下降，pH、化学需氧量、氨氮含量上升，导致疾病频频发生，影响幼苗的生长发育，甚至造成幼苗大量死亡，带来严重的经济损失。为解决这个问题，可采取以下手段改善池水环境。

1. 适时倒池

倒池可较彻底地清除剩饵、粪便和敌害生物，是改善水质最迅速的办法。但倒池过频也会增加苗种的应激反应，造成机械损伤；且突然性的大量换水会造成新、老水体之间的温、盐等条件的大幅度变化，这种变化超过一定的限度，会使幼苗因无法立即适应而遭到损害，严重时可引起幼苗大量死亡。故在保证水质良好的前提下，应适当减少倒池次数。倒完池后用高锰酸钾等药物将育苗池彻底消毒。

2. 应用微生态制剂

微生态制剂具有药物不可替代的优点，能分解剩饵、粪便等腐败有机物，降低氨、硫化氢、亚硝酸盐等有毒物质含量，抑制病原微生物繁殖，减轻池塘底臭，防止附着基和池底出现菌斑；还可改善幼体与稚苗肠道环境，调节体内的微生态平衡，帮助消化，提高免疫力，防止细菌性拖便，提高抗应激能力，维持池水生态平衡。

四、投入品使用控制

育苗生产过程中，高效、安全、低毒、经济的新型替代渔药和疫苗极其缺乏，人工配合饲料质量参差不齐，也影响了苗种繁育的进程和质量，所以科学使用投入品对水产苗种的质量也至关重要。

1. 合理使用药物

根据病情轻重选择适当的应对方式，不要一味地用药物解决问题。尽量不施药或选用毒副作用小的生物型渔药。

2. 科学投喂饵料

工厂化苗种培育中，幼体所需的各种营养基本来自人工投入的饵料，因此饵料与幼体的生长速度、健康状况、抗病能力等密切相关。大小适宜、营养全面的饵料能促进幼体的生长，使幼体对不良环境和病害具有一定的耐受力和抵抗力，反之，大小不适宜，营养不好的饵料则使幼体不能很好地摄食，容易发病。有研究表明，将光合细菌添加在水产动物育苗水体中，能产生提高幼苗成活率、促进生长发育的效果，是一种比较理想的育苗饵料。

3. 应用生物活性肽

生物活性肽，是指对生物机体的生命活动有益或具有生理作用的一类肽类化合物。这类物质大都是一些寡肽或低聚肽，氨基酸数目比较少，不同的排列、组合会产生不同的生物功能。生物活性肽本身是动物生理活性调节物，对环境无污染，可以替代某些抗生素和促生长剂，是一种安全、高效的饲料添加剂。生物活性肽在水产养殖上的研究主要集中于乳源性生物活性肽、抗菌肽和谷胱甘肽等。大量研究证明，生物活性多肽具有增强免疫力、提高抗应激能力的功效，可按合适比例添加至苗种饵料中。

第三节　水产苗种安全管理

水产苗种是渔业生产的基础，是渔业产业链条和水产品价值链条的起点，关系到水产品的质量安全。

一、水产苗种管理规定

为保护和合理利用水产种质资源，加强水产品种选育和苗种生产、经营、进出口管理，提高水产苗种质量，维护水产苗种生产者、经营者和使用者的合法权益，促进水产养殖业持续健康发展，根据《中华人民共和国渔业法》及有关法律法规，制定《水产苗种管理办法》。2005年1月5日，农业部公布了经修订后的《水产苗种管理办法》（中华人民共和国农业部令第46号），自2005年4月1日起施行。

《水产苗种管理办法》规定了对水产苗种生产实行许可证制度，并规定了水产苗种生产许可证发放的条件、程序和审批权限及事后监督；规定了在中华人民共和国境内从事水产种质资源开发利用，品种选育、培育，水产苗种生产、经营、管理、进口、出口活动的单位和个人，应当遵守本办法。珍稀、濒危水生野生动植物及其苗种的管理按有关法律法规的规定执行。

1. 苗种管理权限规定

农业部负责全国水产种质资源和水产苗种管理工作。县级以上地方人民政府渔业行政主管部门负责本行政区域内的水产种质资源和水产苗种管理工作。

2. 种质资源保护规定

国家有计划地搜集、整理、鉴定、保护、保存和合理利用水产种质资源，禁止任何单位和个人侵占和破坏水产种质资源。国家保护水产种质资源及其生存环境，并在具有较高经济价值和遗传育种价值的水产种质资源的主要生长繁殖区域建立水产种质资源保护区。未经农业部批准，任何单位或者个人不得在水产种质资源保护区从事捕捞活动。建设项目对水产种质资源产生不利影响的，依照《中华人民共和国渔业法》第三十五条的规定处理。

3. 品种选育规定

省级以上人民政府渔业行政主管部门根据水产增养殖生产发展的需要和自然条件及种质资源特点，合理布局和建设水产原、良种场。国家级或省级原、良种场负责保存或选育种用遗传材料和亲本，向水产苗种繁育单位提供亲本。用于杂交生产商品苗种的亲本必须是纯系群体，对可育的杂交种不得用作亲本繁育。养殖可育的杂交个体和通过生物工程等技术改变遗传性状的个体及后代的，其场所必须建立严格的隔离和防逃措施，禁止将其投放于河流、湖泊、水库、海域等自然水域。国家鼓励和支持水产优良品种的选育、培育和推广。县级以上人民政府渔业行政主管部门应当有计划地组织科研、教学和生产单位选育、培育水产优良新品种。农业部设立全国水产原种和良种审定委员会，对水产新品种进行审定。对审定合格的水产新品种，经农业部公告后方可推广。

4. 生产经营管理规定

单位和个人从事水产苗种生产，应当经县级以上地方人民政府渔业行政主管部门批准，取得水产苗种生产许可证。但是，渔业生产者自育、自用水产苗种的除外。省级人民政府渔业行政主管部门负责水产原、良种场的水产苗种生产许可证的核发工作；其他水产苗种生产许可证发放权限由省级人民政府渔业行政主管部门规定。水产苗种生产许可证由省级人民政府渔业行政主管部门统一印制。

从事水产苗种生产的单位和个人应当具备下列条件：

（1）有固定的生产场地、水源充足、水质符合渔业用水标准；

（2）用于繁殖的亲本来源于原、良种场，质量符合种质标准；

（3）生产条件和设施符合水产苗种生产技术操作规程的要求；

（4）有与水产苗种生产和质量检验相适应的专业技术人员。

申请单位是水产原、良种场的，还应当符合农业部颁布的《水产原、良种场生产管理规范》的要求。

申请从事水产苗种生产的单位和个人应当填写水产苗种生产申请表，并提交证明其符合本办法第十二条规定条件的材料。水产苗种生产申请表格式由省级人民政府渔业行政主管部门统一制订。

县级以上地方人民政府渔业行政主管部门应当按照本办法第十一条第二款规定的审批权限，自受理申请之日起20日内对申请人提交的材料进行审查，并经现场考核后作出是否发放水产苗种生产许可证的决定。

水产苗种生产单位和个人应当按照许可证规定的范围、种类等进行生产。需要变更生产范围、种类的，应当向原发证机关办理变更手续。水产苗种生产许可证的许可有效期限为3年。期满需延期的，应当于期满30日前向原发证机关提出申请，办理续展手续。

水产苗种的生产应当遵守农业部制定的生产技术操作规程，保证苗种质量。

县级以上人民政府渔业行政主管部门应当组织有关质量检验机构对辖区内苗种场的亲本和稚、幼体质量进行检验，检验不合格的，给予警告，限期整改；到期仍不合格的，由发证机关收回并注销水产苗种生产许可证。

县级以上地方人民政府渔业行政主管部门应当加强对水产苗种的产地检疫。国内异地引进水产苗种的，应当先到当地渔业行政主管部门办理检疫手续，经检疫合格后方可运输和销售。检疫人员应当按照检疫规程实施检疫，对检疫合格的水产苗种出具检疫合格证明。

禁止在水产苗种繁殖、栖息地从事采矿、挖沙、爆破、排放污水等破坏水域生态环境的活动。对水域环境造成污染的，依照《中华人民共和国水污染防治法》和《中华人民共和国海洋环境保护法》的有关规定处理。在水生动物苗种主产区引水时，应当采取措施，保护苗种。

5.水产苗种进出口管理规定

单位和个人从事水产苗种进口和出口，应当经农业部或省级人民政府渔业行政主管部门批准。农业部会同国务院有关部门制定水产苗种进口名录和出口名录，并定期公布。水产苗种进口名录和出口名录分为Ⅰ、Ⅱ、Ⅲ类。列入进口名录Ⅰ类的水产苗种不得进口，列入出口名录Ⅰ类的水产苗种不得出口；列入名录Ⅱ类的水产苗种以及未列入名录的水产苗种的进口、出口由农业部审批，列入名录Ⅲ类的水产苗种的进口、出口由省级人民政府渔业行政主管部门审批。

（1）水产苗种进出口材料准备：

申请进口水产苗种的单位和个人应当提交以下材料：

1）水产苗种进口申请表；

2）水产苗种进口安全影响报告（包括对引进地区水域生态环境、生物种类的影响，进口水产苗种可能携带的病虫害及危害性等）；

3）与境外签订的意向书、赠送协议书复印件；

4）进口水产苗种所在国（地区）主管部门出具的产地证明；

5）营业执照复印件。

进口未列入水产苗种进口名录的水产苗种的单位应当具备以下条件：

1）具有完整的防逃、隔离设施，试验池面积不少于3 hm²；

2）具备一定的科研力量，具有从事种质、疾病及生态研究的中高级技术人员；

3）具备开展种质检测、疫病检疫以及水质检测工作的基本仪器设备。

进口未列入水产苗种进口名录的水产苗种的单位，除提供通用要求材料外，还应当提供以下材料：

1）进口水产苗种所在国家或地区的相关资料：包括进口水产苗种的分类地位、生物学性状、遗传特性、经济性状及开发利用现状，栖息水域及该地区的气候特点、水域生态条件等；

2）进口水产苗种人工繁殖、养殖情况；

3）进口国家或地区水产苗种疫病发生情况。

申请出口水产苗种的单位和个人应提交水产苗种出口申请表。

（2）水产苗种进出口审批流程：进出口水产苗种的单位和个人应当向省级人民政府渔业行政主管部门提出申请。省级人民政府渔业行政主管部门应当自申请受理之日起15日内对进出口水产苗种的申报材料进行审查核实，按审批权限直接审批或初步审查后将审查意见和全部材料报农业部审批。省级人民政府渔业行政主管部门应当将其审批的水产苗种进出口情况，在每年年底前报农业部备案。农业部收到省级人民政府渔业行政主管部门报送的材料后，对申请进口水产苗种的，在5日内委托全国水产原种和良种审定委员会组织专家对申请进口的水产苗种进行安全影响评估，并在收到安全影响评估报告后15日内作出是否同意进口的决定；对申请出口水产苗种的，应当在10日内作出是否同意出口的决定。

申请水产苗种进出口的单位或个人应当凭农业部或省级人民政府渔业行政主管部门批准的水产苗种进出口审批表办理进出口手续。

水产苗种进出口申请表、审批表格式由农业部统一制定。

（3）水产苗种进出口检疫规定：进口、出口水产苗种应当实施检疫，防止病害传入境内和传出境外，具体检疫工作按照《中华人民共和国进出境动植物检疫法》等法律法规的规定执行。

水产苗种进口实行属地监管。进口单位和个人在进口水产苗种经出入境检验检疫机构检疫合格后，应当立即向所在地省级人民政府渔业行政主管部门报告，由所在地省级人民政府渔业行政主管部门或其委托的县级以上地方人民政府渔业行政主管部门具体负责入境后的监督检查。

进口未列入水产苗种进口名录的水产苗种的，进口单位和个人应当在该水产苗种经出入境检验检疫机构检疫合格后，设置专门场所进行试养，特殊情况下应在农业部指定的场所进行。试养期间一般为进口水产苗种的一个繁殖周期。试养期间，农业部不再批准该水产苗种的进口，进口单位不得向试养场所外扩散该试养苗种。试养期满后的水产苗种应当经过全国水产原种和良种审定委员会审定，农业部公告后方可推广。

（4）进口水产苗种管理规定：进口水产苗种投放于河流、湖泊、水库、海域等自然水域要严格遵守有关外来物种管理规定。

6. 转基因水产苗种管理规定

转基因水产苗种的选育、培育、生产、经营和进出口管理，应当同时遵守《农业转基因生物安全管理条例》及国家其他有关规定。

二、苗种质量保障措施

1. 完善法律保障体系

鉴于水产苗种管理办法的局限性，应尽快完善法律保障体系，建立以预防为主、以科学为基础的水产品质量安全法律体系。在《中华人民共和国渔业法》《水产养殖质量安全管理规定》《水产苗种管理规定》《水产苗种管理办法》等法律法规中，明确违反水产品质量安全法规行为的处罚标准，提高法律法规的可操作性，提高处罚力度，增加违法者的风险成本。

2. 建设水产苗种质量标准体系

不断完善和制订、修订与水产品质量相关的质量标准，包括国家标准、行业标准、团体标准以及企业标准等，如对种苗培育企业应制定更严格的企业标准。苗种质量安全与否，与苗种繁育水质、繁育过程等密切相关，水产苗种生产厂家必须做好苗种病害防治、繁育苗种环境的监测等工作，生产出来的水产苗种才可能符合检疫有关标准，所以针对苗种繁育环境和过程均应该有相应的标准来规范苗种生产以保证苗种的质量安全。通过加强对水产苗种标准的制订、修订工作，逐步建立起科学、务实的水产苗种质量标准体系。

3. 建立严格的水产苗种准入制度

水产苗种管理的核心是确保苗种质量、控制疫病发生。只有对苗种实施强制性检验检疫，才能从根本上保证苗种的质量安全，保障水产养殖产业的健康发展。全面建立和推行水产苗种准入制度，首先是生产准入，严格落实苗种生产许可证制度，将苗种生产全部纳入监管范围；其次是市场准入，在苗种流通环节，建立和完善水产苗种检疫和质量检验制度，加强质量监测和监控，禁止有毒有害的水产苗种进入市场销售；再者，完善水产苗种的质量安全追溯和质量追究管理机制，建立苗种生产、经营等环节的信用体系，形成对苗种质量安全监管的长效机制。

4. 建立良好的经营秩序

国家应将苗种监督抽查工作制度化和法律化，保障监督抽查工作的顺利开展。同时，各级渔业行政主管部门和技术支撑单位应重视水产苗种的监督抽检工作，加强对水产苗种质量安全监督抽检单位数据库的管理，及时补充、更新苗种生产企业数据库信息，保障监督抽查工作的有效性。根据需要开展苗种质量安全专项整治，整顿苗种生产秩序，清理不合格苗种生产单位，实施严格的检打联动，坚决打击违规生产单位；打击生产、销售假药、禁药和劣质饲料等的违法行为，创造良好的水产苗种生产环境。努力构建一个公平、竞争、有序的水产苗种生产经营秩序，为水产养殖业健康发展奠定基础。

5. 营造健康发展氛围

各级政府和渔业行政主管部门要加大宣传力度，多渠道组织开展多形式的宣传活动，利用多种新闻媒介宣传水产养殖法律法规，到主要育苗和养殖区，举办水产养殖普法教育培训班等，提高全行业的良种意识，提高从业人员质量安全主体责任意识，使养殖业者能够自觉遵守水产养殖管理法律法规，促进产业健康有序地发展。

第四节　水产苗种产地检疫管理

水产苗种是扩大水产养殖产业的基础，水产苗种的质量对整个水产养殖产业的健康发展至关重要。近年来，随着水产养殖产业不断向着集约化、规模化方向发展，养殖密度增加的同时，各类传染性疾病呈现高发趋势。水产苗种流通性大，疫病传播风险高，水产苗种产地检疫是从源头控制疫病传播的重要措施之一。如果没有落实严格的产地检疫制度，会很容易造成外来疫情引入本地区，给水产养殖产业的健康发展构成严重威胁。

水产苗种产地检疫，是指出售或者运输的水产苗种，应经检疫合格（即不带传染性疫病），取得动物检疫合格证明后，方可离开产地；养殖、出售或者运输合法捕获的野生水产苗种，也要经检疫取得动物检疫合格证明方可以投放养殖。按照农业农村部规定，各地在引进水产苗种时，必须严格执行产地检疫制度。依法实施水产苗种产地检疫，是为了预防、控制和扑灭水生动物疫病，保障水生动物及其产品安全，保护人体健康，维护公共卫生安全。

一、水产苗种产地检疫规定

为了确保我国水产苗种产地检疫的规范化和合理化，2011年3月开始颁布实施相关法律规程，水产苗种的产地检疫正式步入法律轨道当中。水产苗种产地检疫是《动物防疫法》《动物检疫管理办法》《水产苗种管理办法》等法律和规章规定的一项重要制度。

1. 检疫对象及检疫范围

为进一步规范动物检疫工作，2023年4月4日，农业农村部对《鱼类产地检疫规程》（表3-1）《甲壳类产地检疫规程》（表3-2）和《贝类产地检疫规程》（表3-3）进行了修订。

表3-1　鱼类检疫对象及检疫范围

类别	检疫对象	检疫范围
淡水鱼	鲤春病毒血症	鲤、锦鲤、金鱼
	草鱼出血病	青鱼、草鱼
	传染性脾肾坏死病	鳜、鲈

续表

类别	检疫对象	检疫范围
淡水鱼	锦鲤疱疹病毒病	鲤、锦鲤
	传染性造血器官坏死病	虹鳟（包括金鳟）
	鲫造血器官坏死病	鲫、金鱼
	鲤浮肿病	鲤、锦鲤
	小瓜虫病	淡水鱼类
海水鱼	刺激隐核虫病	海水鱼类
	病毒性神经坏死病	石斑鱼

表3-2　甲壳类检疫对象及检疫范围

类别	检疫对象	检疫范围
甲壳类	白斑综合征	对虾、克氏原螯虾
	十足目虹彩病毒病	对虾、克氏原螯虾、罗氏沼虾
	虾肝肠胞虫病	对虾
	急性肝胰腺坏死病	对虾
	传染性肌坏死病	对虾

表3-3　贝类检疫对象及检疫范围

类别	检疫对象	检疫范围
贝类	鲍疱疹病毒病	鲍
	牡蛎疱疹病毒病	牡蛎、扇贝、魁蚶

2. 检疫申报规定

出售或者运输水生动物的亲本、稚体、幼体、受精卵、发眼卵及其他遗传育种材料等水产苗种的，货主应当提前20日向所在地县级动物卫生监督机构申报检疫；经检疫合格，并取得动物检疫合格证明或水产苗种产地检疫合格证明后，方可离开产地。（图3-1）

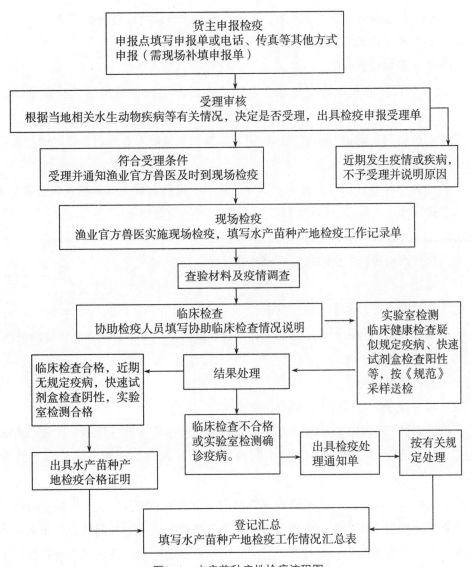

图3-1 水产苗种产地检疫流程图

养殖、出售或者运输合法捕获的野生水产苗种的，货主应当在捕获野生水产苗种后2日内向所在地县级动物卫生监督机构申报检疫；经检疫合格，并取得动物检疫合格证明后，方可投放养殖场所、出售或者运输。

合法捕获的野生水产苗种实施检疫前，货主应当将其隔离在符合下列条件的临时检疫场地：

（1）与其他养殖场所有物理隔离设施；

（2）具有独立的进排水和废水无害化处理设施以及专用渔具；

（3）农业农村部规定的其他防疫条件。

水产苗种经检疫符合下列条件的，由官方兽医出具动物检疫合格证明：

（1）该苗种生产场近期未发生相关水生动物疫情；

（2）临床健康检查合格；

（3）农业农村部规定需要经水生动物疫病诊断实验室检验的，检验结果符合要求。

检疫不合格的，动物卫生监督机构应当监督货主按照农业农村部规定的技术规范处理。

跨省、自治区、直辖市引进水产苗种到达目的地后，货主或承运人应当在24 h内按照有关规定报告，并接受当地动物卫生监督机构的监督检查。

3. 检疫工作流程

水产苗种产地检疫主要包括以下6个步骤：

（1）申报受理；

（2）查验相关资料和生产设施状况；

（3）临床检查，包括群体检查、个体检查、快速试剂盒检查和水质环境检查；

（4）实验室检测；

（5）检疫结果处理；

（6）检疫记录，包括检疫申报单、检疫工作记录等。

根据《财政部　国家发展改革委关于取消和暂停征收一批行政事业性收费有关问题的通知》（财税〔2015〕102号）的规定，开展动物及动物产品检疫不得收取检疫费。

其中，申请检疫程序：县级渔业主管部门（或水生动物卫生监督机构）应当根据水生动物产地检疫工作需要，合理设置水生动物检疫申报点，并向社会公布水生动物检疫申报点、检疫范围和检疫对象。货主应当按照规定时限向县级渔业主管部门（或水生动物卫生监督机构）申报检疫，提交检疫申报单。申报检疫采取申报点填报、传真、电话等方式申报。采用电话申报的，需在现场补填检疫申报单。

受理申报程序：县级渔业主管部门在接到检疫申报后，根据当地相关水生动物疫情情况，决定是否予以受理。受理的，应当及时派出官方兽医到现场或到指定地点实施检疫；不予受理的，应说明理由。县级渔业主管部门可以根据检疫工作需要，指定水生动物疾病防控专业人员协助官方兽医实施水生动物检疫。

4. 检疫结果处理规定

经检疫符合下列条件的为合格：

（1）该苗种生产场近期未发生相关水生动物疫情；

（2）临床健康检查合格；

（3）农业农村部鱼类、甲壳类、贝类检疫规程规定需要经水生动物疫病诊断实验室检测的，检验结果符合要求。

经检疫合格的，由官方兽医出具动物检疫合格证明。经检疫不合格的，由官方兽医出具检疫处理通知单，并按照有关技术规范处理。具体做法是：

（1）可以治疗的，诊疗康复后可以重新申报检疫。

（2）发现不明原因死亡或怀疑为水生动物疫情的，应按照《中华人民共和国动物防疫法》《重大动物疫情应急条例》和农业农村部相关规定处理。

（3）病死水生动物应在渔业主管部门（或水生动物卫生监督机构）监督下，由货主按照《染疫水生动物无害化处理规程》（SCT 7015—2011）技术规范，用焚毁、掩埋或其他物理、化学等方法进行无害化处理。

水生动物启运前，渔业主管部门（或水生动物卫生监督机构）应监督货主或承运人对运载工具进行有效消毒。

跨省、自治区、直辖市引进水产苗种到达目的地后，货主或承运人应当在24 h内向所在地县级渔业主管部门（或水生动物卫生监督机构）报告，并接受监督检查。

5.进出口水产苗种检疫规定

2005年发布的《水产苗种管理办法》对进出口水产苗种检疫做出相关规定：进口、出口水产苗种应当实施检疫，防止病害传入境内和传出境外，具体检疫工作按照《中华人民共和国进出境动植物检疫法》等法律法规的规定执行。

6.处罚规定

依照我国相关法律法规，经营和运输水产苗种未附检疫证明、跨省引进水产苗种到达目的地后未报告等行为应受到处罚。具体法律法规条文如下：

《中华人民共和国动物防疫法》第七十八条　违反本法规定，屠宰、经营、运输的动物未附有检疫证明，经营和运输的动物产品未附有检疫证明、检疫标志的，由动物卫生监督机构责令改正，处同类检疫合格动物、动物产品货值金额10%以上50%以下罚款；对货主以外的承运人处运输费用1倍以上3倍以下罚款。

《动物检疫管理办法》第四十八条　违反本办法第十九条、第三十一条规定，跨省、自治区、直辖市引进用于饲养的非乳用、非种用动物和水产苗种到达目的地后，未向所在地动物卫生监督机构报告的，由动物卫生监督机构处500元以上2 000元以下的罚款。

二、实施产地检疫存在问题

1.监督制度不完善

我国动物防疫法规对动物卫生监督机构所开展的工作内容有明确的规定：主要负责动物和相关制品的检疫检验工作，并对相关动物制品的防疫进行有效的监督管理，执行行政执法。但现阶段水产苗种的产地检疫工作涉及部门较多，并非只有卫生监督机构，如此，很容易造成各部门相互推诿责任，导致监督管理不到位。

2.技术力量不到位

水产苗种产地检疫工作涉及的工作环节较多，工作内容复杂，工作要求较高，对检疫工作人员有着较严苛的要求。产地检疫工作人员需要具备兽医师的资格证或者得到相关方面的培训之后才能正式开展相关工作。但人才队伍建设现状却是很多人员老龄化比较严重，专业知识陈旧，长时间没有更新换代，很多检疫工作人员并不是专业出身，也没有经过严格有效的培训教育。现阶段水产苗种产地检疫的相关工作人员不管是在数量还是在质量方面都与实际需求不相符。另外，水产苗种产地检疫涉及疫病诊断、诊治、防范等诸多内容，基层地区关于水产苗种产地检疫的实验室建设比较滞后，当出现疫病之后，不能够及时采集病例进行细致的诊断，不能明确具体的致病源，不能及时做出诊断。

3.重视程度不够高

水产苗种产地检疫工作在我国开展时间相对较短，很多的苗种生产厂家或企业对该项工作认识不到位，或者重视程度不高，不能够主动配合产地检疫，经常逃避检疫，如此，会将某些带病的动物在市场中销售，可能危及一个地区养殖产业的安全。

三、苗种检疫管理措施

1.创新管理制度

在水产苗种产地检疫工作开展过程中，需要构建全新的制度体系，从根本上解决产地检疫政出多头、机构重叠、法律法规不通畅、整体素质不高、管理混乱的问题；应该明确各个主管部门的具体工作职责和工作范围，落实严格的监督管理职责，规范检疫人员的工作行为，确保能够按照国家法律法规的相关要求规范开展产地检疫。立法部门也需要加强对各项法律法规的有效统合和改善，避免法律条款之间的冲突，有效解决法律法规不兼容的现象，为产地检疫工作高效开展提供坚强的法律支撑。针对我国水产苗种产地检疫监督执法不严的状况，应建立长效的检疫监管机制，加强各养殖区域的协同监管，从水产苗种饲养、销售、运输等多个环节入手，严格执行苗种市场准入制度，加大执法力度，强化经营者的责任意识，使水产苗种产地检疫步入正轨。

2.构建检疫机制

现阶段的水产苗种产地检疫工作存在绝大多数基层地区的检疫机构均有人才缺乏、资金支持不足、各项设施建设不到位的情况，还没有建设具有资质的动物实验室。针对这一情况，要加快构建上下联动的检疫工作机制，将整体的优势全面发挥出来。没有实验室诊断能力的乡镇地区，应该及时采集针对性的病样，将其送到上级相关机构的实验室，进行病原检验和确诊，并出具产地检疫证明。另外，针对部分地区检疫技术力量不足的现状，要加大人员培训力度，重点培训水产苗种产地检疫知识、检疫程序、操作技能、检疫证明规范填写等方面内容，逐步形成一支理论水平高、业务能力强、工作作风扎实的检疫队伍。确保产地检疫工作能够高效开展，及时判定动物的身体健康情况，预防带病动物流入市场。

3. 提高重视程度

水产苗种产地检疫是从源头预防、控制水生动物疫病，促进水产养殖健康发展，保障水产品质量安全的重要手段，各级政府应提高对这项工作的重视程度。水产苗种产地检疫是一个系统性较强的工作，该项工作的开展需要得到广大苗种生产企业或者养殖户的配合和重视。基于水产苗种产地检疫实施时间不长，群众对其重要性和必要性认识不足，对水产苗种产地检疫重视程度不高，配合积极性较差的情况，各地应加大对水产苗种产地检疫的宣传，使经营水产苗种有关单位和个人明确其法定义务，充分认识到通过水产苗种产地检疫能够及时发现重大传染性疾病，并将疫情控制在萌芽阶段，避免疫情向周边地区扩散蔓延，危及整个水产养殖产业的安全。通过利用多种宣传途径开展多种形式的宣传教育，建立浓厚的社会舆论氛围，从根本上规范养殖户的养殖行为，使养殖户能主动积极地配合水产苗种产地检疫工作，确保产地检疫工作能够高效开展。

第四章
水产养殖质量安全管理与控制

第一节　水产养殖模式

我国水产养殖模式进入转型升级阶段，其中绿色健康是建设现代渔业的重要标志，也是实现渔业可持续发展的重要举措。农业部早在2007年就制定了《中长期渔业科技发展规划》，将渔业节能减排列为重点任务。2016年农业部出台《关于加快推进渔业转方式调结构的指导意见》，对转变渔业发展方式、调整优化产业结构、推动渔业转型升级进行全面部署。为进一步加快推进水产养殖业绿色发展，促进产业转型升级，2019年农业农村部出台《关于加快推进水产养殖业绿色发展的若干意见》。2020年中央1号文件也对"推进水产绿色健康养殖"作出重要部署，提倡推广先进适用的水产绿色健康养殖技术和模式，加快推进水产养殖业绿色发展。

按照陆地—海洋养殖地域划分，国内现代水产养殖模式主要有3种类型：

（1）工厂化养殖：工厂化循环水养殖模式。

（2）池塘养殖：鱼菜共生生态种养模式、稻渔综合种养模式、多营养层级综合养殖模式、池塘工程化循环水养殖模式、盐碱水绿色养殖模式、大水面生态增养殖模式、集装箱式循环水养殖模式。

（3）海区养殖：滩涂养殖、浅海养殖、深远海养殖。

一、工厂化养殖

国内工厂化养殖起步于20世纪70年代。20世纪80年代，逐步引进国外养殖设施和养殖技术，初步尝试工厂化循环水养殖模式。随后自主研发适合我国国情的循环水养殖设施与装备，如微滤机、臭氧发生器、蛋白分离器等，在此基础上，逐步完善了养殖技术和工艺。

根据养殖用水特点，工厂化循环水养殖模式主要有流水养殖模式和封闭式循环水养殖模式2种。

1. 流水养殖模式

流水养殖模式最早起源于20世纪60年代初，利用天然温泉水、人工加温等流动的水流进行水产动物养殖，具有投入少、建池简单、占用面积小、周期短、密度高、产量高等特点，主要应用于耗氧量高的经济性鱼类。这种养殖方式有利于鱼类生长发育，最大限度地发挥鱼类的生长潜力。但这种养殖方式对养殖用水不进行循环利用，流水交换量为每天6~15次，耗水量极大。流水养殖模式尽管耗水量较大，但仍是国内使用最多、养殖面积最广的工厂化养殖方式，尤其在沿海工厂化育苗方面。

2. 封闭式循环水养殖模式

封闭式循环水养殖系统主要由水泥池、增氧设施、水质净化系统、消毒防病设施、水温调控设施等部分组成。养殖废水经沉淀、过滤、消毒等处理后再进行循环使用。养殖用水净化系统主要包含去除氨氮的生物净化装置、去除悬浮颗粒的物理过滤装置、可以消毒杀菌的臭氧发生装置、去除二氧化碳的曝气装置，其中，关键技术是水质净化处理，核心技术是快速去除水溶性有害物质和增氧。与流水养殖模式相比，该养殖模式系统内的养殖微生态环境参数（水温、溶解氧、密度、水流、水质、光照等）均受人工调控，从而为养殖生物提供一个适宜、稳定的生长环境。据统计，养殖生物在循环水养殖下的生长速度比流水养殖提高20%~100%、养殖密度是流水养殖的3~5倍。如大菱鲆流水养殖密度一般为10~15 kg/m²，商品鱼养殖周期为12个月，而循环水养殖密度可达30~50 kg/m²，养殖周期缩短为10个月。据测算，大菱鲆循环水养殖的运行成本为7.28元/kg，相比流水养殖下降了14.05%。虽然我国的循环水养殖密度与国外相比还存在很大差距，但经过多年的生产实践，循环水养殖的增产效应已得到广大养殖企业的认同。

二、池塘养殖

池塘养殖是指通过人工围建的部分内陆水域进行的养殖生产。养殖池塘内主要包括土壤、池水的理化性质等非生物环境和细菌、浮游生物、底栖生物等生物环境。它们相互作用，共同对渔业生物起着重要的影响。池塘养殖水体较小、管理方便、耗能低，适合精养，是我国鱼、虾、蟹等水产动物的主要养殖方式。

池塘养殖按照水产绿色健康养殖"五大行动"中生态健康养殖模式划分为以下7种模式。

1. 池塘工程化循环水养殖模式

池塘工程化循环水养殖模式是我国渔业转型升级发展过程中技术引进、自主创新而成的一种全新养殖模式。根据鱼、虾、蟹池塘养殖特点，在池塘内通过功能区构建、多营养层级营造、智能机械配置等进行水质调控、底质调控和精准管控，实现高效集约养殖，在养殖区利用排水渠、闲置塘、水田等构建生态净化渠、沉淀池、生态塘、复合人工湿地和渔农综合种养系统等对养殖尾水进行生态净化处理，从根本上解决了水产养殖水体的富营养化和污染问题。

该模式利用池塘2%～5%的面积作为集中流水养殖区。该模式系统有流水槽、气提推水装置、集污装置、微孔增氧装置、自动起捕装置、自动投饵装置、水质监控装置等设施。通过集中圈养吃食性鱼类，集中处理残饵粪便，利用物理和生物调控技术手段，使养殖用水可以循环利用或达标排放。剩余95%～98%的面积作为配套生态净化区，搭配种植挺水植物、浮水植物、沉水植物等水生植物，吸收水中营养物质，防止藻类暴发。该区域还可以套养少量的鲢鱼、鳙鱼、螺、蚌等动物，实现养殖水体综合调控，有利于实现室外池塘的工厂化管理、集约化养殖，具有资源节约、环境友好、管理高效等优点。

2. 多营养层级综合养殖模式

多营养层级综合养殖模式是在虾、蟹、贝池塘养殖过程中，根据各地区的养殖环境和养殖水质特点，在同一养殖区域内合理搭配不同营养层级、养殖生态位互补的动植物（如鱼类、蛤仔等副养品种）。主要包括主养杂食性鱼类、混养肉食性及滤食性鱼类的淡水池塘多营养层次综合养殖模式，以及由投饵类动物、滤食性贝类、大型藻类和沉积食性动物等组成的海水多营养层次综合养殖模式。海水池塘多营养层次养殖模式是根据鱼、虾、贝不同的生理特点进行养殖，如根据混养品种在栖息水层、食性和生活习性等方面的互补特点，进行水中养鱼、池底养虾、泥里养贝的立体养殖模式。以山东日照为例，主要开展了"中国对虾–三疣梭子蟹–菲律宾蛤仔–半滑舌鳎"生态养殖，亩[①]产中国对虾70 kg、三疣梭子蟹60 kg、菲律宾蛤仔350 kg、半滑舌鳎12 kg，实现每亩养殖效益13 000元以上。该养殖模式不仅提高品种成活率，节省饲料成本，缩短养殖周期，还提高饲料利用率，恢复池塘系统的生物多样性，有效控制大规模病害发生及蔓延，提升产品质量。

3. 盐碱水绿色养殖模式

盐碱水绿色养殖技术模式将种植业与水产养殖业结合起来，针对水产养殖富营养化状况，在盐碱地集中区域挖池塘蓄水，在池塘养殖水生动植物，同时，筑台田改盐碱，辅助修建排、灌、引工程，在台田种植耐盐碱经济农作物，通过抬田降水，有效解决次生盐碱化问题。系统主要包括养殖区与净化系统单元，养殖区池塘中浮床植物水面覆盖率为5%～15%，即每亩水面种植1 400～4 200棵；净化系统主要由水生植物浮床、芦苇湿地、固定化微生物膜和滤食性、杂食性鱼类组成。净化区一端可安置2台水泵，将养殖区排出的池水抽入约1千米长的净化水渠，然后进入沉淀池和净化池进行

---

① 亩为非法定单位，1亩≈667m²。编者注。

净化处理。处理后的养殖水进入自流水渠，最后循环进入养殖区。换水频率可达每7天1次，换水率为10%～20%。养殖池塘中，浮床植物可以吸收的氮、磷达到植物生长所需含量时，再开始种植浮床植物。选择浮床植物时，应通过室内外试验进行筛选，能成活且生长性能良好的才能作为浮床植物。同时，应根据池塘中营养物质的组成，筛选相应的浮床植物。

4. 大水面生态增养殖模式

大水面生态增养殖技术模式是在面积大于5 000亩的湖泊、水库、江河等内陆水域，以"人放天养"为主要方式开展的水产增养殖模式，是一种促进当地生态、生产和生活协调发展的产业方式，主要有水质保护型、资源养护型、生态修复型等增殖以及生态环保型网箱养殖等多种模式。

首先，根据水域生态环境状况、渔业资源禀赋、水域承载力、产业发展基础和市场需求，确定不同水域的功能定位。在不同渔业功能定位下，对大水面水域生态系统健康标准进行界定，优选生态系统健康评价指标，制定不同分区内各类指标的评价标准，评估渔业水域生态系统健康。其次，按照水域承载力开展适宜的放养种类、放养量、放养比例、捕捞时间和捕捞量技术研发和试验示范。建立和完善大水面渔业资源环境智能化监测和预警预报体系，建立基于大水面复合生态系统科学大数据中心的智能决策系统，实现渔业管理、资源利用、水质改善与生物多样性保护的智能决策。

5. 集装箱式循环水养殖模式

集装箱式循环水养殖技术模式是将陆基集装箱与池塘相结合的养殖方式。集装箱为养殖载体，池塘为水质净化区，实现养殖尾水生态循环利用。

集装箱循环水养殖技术是一种标准化模块化的工业化循环水养殖新模式，与传统的循环水养殖系统相比较，既可实现固液分离、杀菌消毒、生化处理等传统循环水养殖系统具有的功能，又具有标准化生产、模块化组装等突出优点，并且具有设备运行监控、水质全程监控、养殖箱视频监控等智能化功能，使养殖品种产量更高，品质更好，系统抗风险能力更强，使养殖变得更简单，是一种智能化循环水养殖系统。

6. 鱼菜共生生态种养模式

在养殖池塘水面进行蔬菜无土栽培，利用鱼类与植物的营养生理、环境、理化等生态共生原理，使鱼类与蔬菜共生互补，实现池塘鱼菜生态系统内物质循环，达到养鱼不换水、种菜不施肥、资源可循环利用的目标。鱼菜共生生态种养技术模式与传统养殖模式相比，平均亩产能提高10%左右，节约水电成本30%左右，节约鱼药成本50%左右，综合生产效益可提高30%～80%。

该模式系统主要由鱼池、浮架组成，以"一改五化"为技术核心实现标准化养殖生产。"一改"指改造池塘基础设施，小塘改大塘、浅塘改深塘，使成鱼塘水深保持在

2.0~2.5 m，鱼种池水深1.5~2.0 m，鱼苗池水深0.8~1.2 m。"五化"包括水质环境洁净化、养殖品种良种化、饲料投喂精细化、病害防治无害化、生产管理现代化等。浮架包括平面浮床和立体式浮床，主要由PVC管、废旧轮胎、竹子、泡沫等材质构成。浮床固定漂浮于池塘水面。蔬菜浮床与养殖池塘面积比为1∶4~1∶3。蔬菜种植选择适宜水生的品种，根据季节灵活搭配。

7. 稻渔综合种养技术模式

稻渔综合种养技术模式是以稻田为基础条件充分利用稻田或池塘这一生态环境，通过渔艺、农艺的融合，根据物种间资源互补的循环生态学原理，在确保水稻稳产的前提下，将水稻种植和养鱼、虾、蟹等水生动物有机结合起来，对其进行适度整理，适度开展水产养殖。

根据生态环境的不同，该模式可划分为稻田综合种养和池塘综合种养；根据养殖品种的不同，主要可划分为稻鱼共作、稻虾连作、稻鳖共生、稻蟹共生、稻鳅共作等多种技术模式。稻田的选择遵循5个原则：一是水源充足，排灌方便，无工业污染，水质良好。二是地势向阳，光照充足，有利于提高水温；环境安静，空气清新。三是面积适中，以东西向、长方形为好，最好为连片稻田，方便管理。四是土质保水性好，稻田的耕作层较深，以黑色壤土为好，不漏水，不漏肥，透气性好。不宜选择耕作层较浅的沙土田、沙泥田。五是田埂相对较高、较宽、较结实，不易崩塌等。共生水产动物的种类应选择广温性、杂食性、不易外逃、消费者喜欢的品种，并结合当地水源条件、水体深浅、土壤肥力等因素确定适宜的放养量。

三、海区养殖

我国海水养殖业已从过去追求养殖面积的扩大和养殖产量的增加，转向更加注重品种结构的调整和产品质量的提高。按照国际统计标准计算，我国已经成为海水养殖第一大国。目前已经形成大规模养殖的经济品种主要有鱼类、虾蟹类、贝类、藻类以及海参等其他经济动物。海水养殖是我国水产业的重要组成部分。

1. 滩涂养殖

滩涂养殖指利用位于海边潮间带的软泥或砂泥地带，直接或经整治、改造后从事海水养殖、增殖和护养、管养、栽培。通常直接利用滩涂进行养殖的，以贝类（如贻贝、蛤、牡蛎、泥蚶、缢蛏等）为主；利用经整治或改造后建成潮差式、半封闭式或封闭式的鱼塭（亦称鱼港）进行养殖的，以鱼（如鲻鱼、梭鱼、鲷鱼、石斑鱼、鲳鱼、鳗鱼、遮目鱼、非洲鲫鱼等）、虾类（如对虾）居多。

2. 浅海养殖

浅海养殖包括浅海筏式养殖、浅海底播增养殖、浅海网箱养殖。浅海筏式养殖和浅海底播增养殖种类以贝类、藻类为主。海水网箱养殖分渗水网箱和普通网箱，养殖品种为大黄鱼、军曹鱼、石斑鱼等高经济价值鱼类。浅海筏式养殖、浅海底播增养殖基本不投饲料和药物，主要依靠海水中的营养物质，能较充分地利用海洋资源。养殖品种搭配科学的养殖生产可以降低养殖活动对海洋生态环境的影响。

（1）浅海筏式养殖：传统的海上筏式养殖是指在浅海水面利用木橛、浮子、绳索组成养殖筏架，并用缆绳固定于海底，使海藻（如海带、紫菜）和固着动物（如贻贝）幼苗固着在吊绳上，并悬挂于浮筏的垂下式养殖方式。在贝类筏式养殖中，贝类会通过过滤海水中的有机质和浮游植物获得食物。

（2）浅海底播增养殖：是指在适宜养殖的海域按一定密度投放一定规格的海产品苗种，使之在海底自然生长、不断增殖的一种海产品养殖方式。养殖的产品有海参、虾夷扇贝、鲍鱼等。

（3）浅海网箱养殖：网箱养殖是我国海水养殖的主要生产方式之一，年养殖产量约占全国海水鱼类养殖总产量的40%。网箱养殖在提供优质动物蛋白质、满足水产品消费需求和增加渔民收入等方面发挥着重要的作用。网箱养殖分浮动式网箱、固定式网箱和沉下式网箱，养殖鱼类品种为大黄鱼、石斑鱼等高经济价值的鱼类。利用网箱可以在同一片池塘养殖不同种类的鱼群，并结合其不同的生长习性进行分类管理。

3. 深远海养殖

我国近海养殖容量趋于饱和，养殖空间不断受到挤压，部分养殖区域水质受到一定污染。推动海水养殖从近海沿岸向深远海扩展，是优化海水养殖空间布局、促进海水养殖业转型升级的必然选择，而且潜力巨大，对保障食物安全、改善国民膳食结构、实施健康中国战略具有重大意义。

深远海养殖是在远离陆地且深度在20 m以下的海域开展养殖作业，海域广阔，海水流通性好，污染物含量少。深水网箱从结构形式上来看，主要分为重力式抗风浪网箱、升降式抗风浪网箱、大型围栏、坐底式网箱和深远海养殖平台等，从形状上又可分为方形、圆形、球形、蝶形和船形等。

其中，升降式抗风浪网箱可以根据需要调节深度，由于其可布置在有台风且较深的海区，所以又称为升降式深水抗风浪网箱。与传统网箱相比，大型深水网箱具有抗风浪能力强、养殖容量大、鱼类生长速度快、产品品质好等优点。最主要的是，可在台风或赤潮来临前，快速将主浮管充水，让网箱下沉到水下7~8 m的地方，在上部留有投饵网口。网箱位于水层中间，网箱内的水体体积不变，这样就可抵抗12级以上台风，抗浪能力能达到5 m，抗流能力能达1 m。灾害过后再将网箱主浮管充气，让其浮起来，避免养殖动物逃跑，并有效减少病害、污染和台风等造成的损失。升降式抗风浪网箱养殖可用于暖水性鱼类越冬或冷水性鱼类度夏，养殖水体和养殖产量是近海传统小型网箱的几十倍到几百倍。

第二节 水产养殖质量安全管理

为全面推进水产绿色健康养殖，促进水产养殖业高质量发展，提高养殖水产品质量安全水平，农业农村部相继出台了《水产养殖质量安全管理规定》《水产养殖质量安全管理规范》《国家级水产健康养殖和生态养殖示范区管理办法（试行）》等一系列文件。全面规范了养殖生产全过程的安全管理，包括养殖用水、养殖环境、养殖模式、投入品使用等一系列关键控制点。为新时期水产养殖质量安全管理提供了全面系统的生产指南，标志着我国水产养殖业进入了质量管理新阶段。

一、水产养殖环境基本要求

1. 场地环境

在符合相关渔业行政主管部门制定的水域滩涂养殖规划的前提下，建场前应对养殖环境进行综合评估，并应对养殖池周围土壤和水源进行检测。养殖场地环境应是生态环境良好，无或不直接受工业"三废"及农业、城镇生活、医疗废弃物污染；养殖区域内及上风向、水源上游，没有对产地环境构成威胁的污染源（包括工业"三废"、农业废弃物、医疗机构污水及废弃物、城市垃圾和生活污水等）。

渔业水域土壤环境质量应符合《土壤环境质量标准》（GB 15618—1995）的规定，养殖区域大气环境质量中总悬浮颗粒物、二氧化硫、氮氧化物和氟化物浓度应符合《环境空气质量标准》（GB 3095—2012）的规定。

2. 水体环境

（1）水源水质：凡适宜水生经济动物生长、发育、繁殖的水体，统称为增养殖水体。增养殖水体生态环境好坏直接影响养殖鱼类的产量和质量。一方面，水为各种水生经济动物提供了生长、发育、繁殖、栖息的立体空间；另一方面，水环境也是水生动物的代谢废物、残饵、尸骸等储存、积累、分解和转化的空间。

水源以无污染的江河水、湖泊水、海水、河口水、地下水等6类可养殖水为主，水源水质应符合《渔业水质标准》（GB 11607—1989）要求。为控制养殖用水污染，生产的水产品达到质量安全标准，养殖前需要采取物理、化学、生物等方法进行水质改良。养殖水质要求pH为7.0～8.5，溶解氧在连续16 h内应大于5 mg/L，其余时间不低于4 mg/L。养殖用水应符合《无公害食品　淡水养殖用水水质》（NY 5051—2001）或《无公害食品　海水养殖用水水质》（NY 5052—2001）的规定。

（2）底质：底质是养殖生境的重要组成部分，池塘和湖泊中的底质包括与水接触的土壤和淤泥两部分，工厂化养殖中的底质则有人工铺设的沙砾、有机碎屑的沉积物等。

据分析，国内水产动物疾病严重发生的原因均与长期不清理淤泥或铺设的沙砾有关。池塘、湖泊中的淤泥是由生物尸体、残剩饵料、粪便、有机碎屑以及各种无机盐、黏土等组成。因此，淤泥中含有大量的营养物质，包括有机质、氮、磷、钾、钙等。它们通过细菌的分解和离子交换作用，源源不断地向水中溶解和释放，为饵料生物的繁殖提供养分，或为养殖动物补充营养。淤泥中存在的胶体物质又能吸附大量的有机物质和无机盐，使施肥后的水不致变得过肥，而当水中营养物质含量降低时，又可通过分解释放到水中。因此，适量的淤泥具有保肥、供肥、调节水质的功能，有利于动物的生长。

养殖产地底质应符合《无公害农产品 淡水养殖产地环境条件》（NY/T 5361—2016）或《无公害食品 海水养殖产地环境条件》（NY 5362—2010）的规定。

3. 基础设施

养殖场所不仅需要环境和水源、水质条件良好，还需要交通方便、电力供应充足，同时根据生产水平和规模配备并维护相应的基础设施，包括水产养殖相关的建筑物和工作场所，生产、饵料、进排水等系统，水处理、监测检测、增氧、储存和运输等辅助设施及其他机电设备，既有利于提升生产效率，又有利于推进水产养殖机械化发展。养殖场建设可参照《水产养殖场建设规范》（NY/T 3616—2020）要求。

4. 水产养殖容量

水产养殖容量是环境对养殖生物制约的具体体现，养殖生物或环境因素发生变化时，养殖容量也会发生相应变化。养殖水域的生物承载能力有最大承载量，超负荷养殖极易导致水域生态环境恶化，养殖对象病害发生。因此，为确保水产养殖业健康可持续发展，保护水域生态环境，必须根据不同养殖模式确定合理的水产养殖容量。

现有水产养殖容量研究方法主要有以下5种：① 根据养殖实验区历年的养殖面积、养殖密度、产量及环境因子，研究推算适宜的养殖容量；② 使用logistic种群增长方程：$\dfrac{\mathrm{d}N}{\mathrm{d}t}=rN\times\dfrac{K-N}{K}$，当方程式中瞬时增长率$r$为0时，种群增长达到最高水平，即可认为此即养殖容量；③ 以The Ecopath、方建光模型等以能量为基础的养殖容量模型进行估算；④ 根据Christensen和Pauly研究的生态动力学模型进行养殖容量估算；⑤ 参考贝类养殖容量计算方法和数学模型估算海水网箱养殖容量。

二、水质管理

1. 水质调控指标

养殖水体中，其水质不仅受自然因素的影响，人为因素和生物因素的影响也尤其强烈。如施肥、投饵、洗刷、施药、排水和灌水，养殖动物的粪便、分泌物和残骸等，均可使水质发生变化。因此，水质调控管理是水产养殖生产过程中的关键环节。水质调控得当可为养殖动物提供较好的生存、生长环境，反之则会导致有机物、有毒有害物质大量富集，直接影响到养殖产品的质量及产量。

影响水质调控合理性的参数主要包括水温、营养盐、溶解氧、pH等生态因子，只有做好这些参数的调控，才能更好地保证养殖产品的质量及产量。

（1）温度：养殖水产品多是生活在水中的变温动物，水环境的温度发生变化，会直接影响水生动物的体温及新陈代谢。温度对养殖动物性腺发育、产卵、幼体发育等都有重要影响，不同养殖动物的温度阈值不同。以鱼类为例，25～32℃是最宜水温范围，鱼苗对水温的瞬间变化耐受度仅为2℃，而鱼种则为3℃；成鱼对瞬间变化的水温耐受度相对较高，不过也要控制在5℃以内。超出耐受范围，则会导致鱼出现"感冒""休克"等症状，严重者甚至死亡。

（2）氨氮：氨氮对水生生物具有一定的毒性，我国《渔业水质标准》（GB 11607—1989）中规定非离子氨氮含量应不超过0.02 mg/L。氨氮对水生生物起危害作用的主要是游离氨，其毒性与水体pH、水温和盐度等因素有关，并随pH和温度的上升而增大。氨氮中毒实为非离子态氨的中毒。氨毒素通过鱼的呼吸作用，由鳃丝进入血液，使正常的血红蛋白氧化成高价血红蛋白，使其丧失输氧能力，出现组织缺氧，窒息而死。分子氨的毒性表现为损伤鱼的鳃组织，降低鳃血液吸收和输送氧的能力，严重时导致鱼出现败血症。

（3）溶解氧：是水产动物赖以生存的最重要指标，它不仅影响水产动物的生存、生长、发育、繁殖，还影响饲料系数的高低。水中溶解氧受多种因素的影响，包括水温、时间、气压、风力、水流等因素，例如，水温升高会加快养殖动物的新陈代谢，耗氧量也会随之增加，水中的溶解氧相应降低。在低氧的环境中，养殖动物生长缓慢、厌食、饲料系数提高、体质下降、免疫力低、疾病增多。与此同时，水体中有机物的分解和无机物的氧化作用也要消耗大量的氧气，水体中保持足够溶解氧可抑制氨、亚硝酸盐和硫化氢等有毒物质的形成。

（4）盐度：不同养殖动物对盐度耐受力不同。能耐受很大盐度变动的养殖动物通称为广盐性动物；不能耐受水中溶解盐类数量强烈变化的种类通称为狭盐性动物。动物对盐度变化的适应能力通常随年龄的增大而增强，成体的盐度耐受力一般高于幼体。养殖用水允许的盐度应由养殖对象体液的渗透压及其调节功能决定，经过适当驯化，可提高养殖动物对盐度的耐受力。

尤其是室外养殖，当遇到暴雨、潮汐等影响时，养殖水体盐度会发生剧烈变化，时常出现水环境离子不平衡造成的养殖对象大规模死亡的现象。因此，及时了解水体盐度，才能更好地采取防范措施。

（5）pH：主要指水体中氢氧根离子的浓度指数。自然海水的pH一般稳定在8.1～8.3，我国《渔业水质标准》中规定养殖水体pH范围为6.5～8.5。如果pH下降，将会使水体内CO_2含量增加，溶解氧含量减少，易导致腐败细菌的大量繁殖。反之，将会使水体中氨氮含量增大，会造成水体中溶解氧降低，导致水体发黑发臭，水质下降，对水生动植物的生存均造成严重影响。

（6）水生浮游生物：水生浮游生物主要包括浮游植物、浮游动物两大类，对养殖水体微生态系统有着举足轻重的作用，直接影响水体中的物质循环和能量循环，也是养殖动物的重要饵料。

浮游植物通常指浮游藻类，是水体中的初级生产者和影响水色的重要指示物，多数含有叶绿素，可进行光合作用。当浮游藻类生长期数量大于死亡期时，水体中溶解氧高，水质"肥、活、嫩、爽"。当死亡期数量大于生长期时，水体混浊，池底有机淤泥增加，溶解氧低，且藻类死后形成的代谢物对养殖动物产生毒害作用。

浮游动物通常指水体中营浮游生活的微型动物，有单细胞动物，也有多细胞动物。它们是水体中的初级消费者，如轮虫、卤虫、桡足类等可作为鱼、虾、蟹等经济动物的天然饵料。然而，浮游动物中，有部分种类寄生在养殖动物体表引起疾病，如车轮虫病、斜管虫病、中华鱼蚤病等。如果浮游动物形成绝对优势，大量吃食浮游植物，会使水质变瘦，并导致水体溶解氧降低，造成养殖动物浮头或死亡。因此，调节水体中浮游生物的动态平衡是保证养殖水体生态平衡，促进水产养殖生物健康生长的重要前提。

2. 水质调控技术

（1）物理处理。水产养殖尾水物理处理技术包括利用各种孔径、大小不同的滤材，或阻隔或吸附水中杂质，以期保持水质洁净。处理池塘养殖尾水的主要物理方法有机械过滤、泡沫分离和膜分离。

1）机械过滤：是水产养殖系统用于固体、液体分离的主要技术方法。张圆圆等（2020）研究表明，养殖水体中悬浮颗粒物通过机械设备处理后，约有80%的悬浮颗粒物可被清除，其余20%的悬浮颗粒物无法通过过滤尾水的方式清除。

2）泡沫分离：是利用吸附原理处理尾水中的杂质，即向含有表面活性物质的液体鼓泡，把表面活动物质汇集在气泡表层，然后促使气泡与液体分离，达到净化水体的效果。该方法多用于海水养殖系统。

3）膜分离：是利用不同孔径的生物膜对尾水污染物进行过滤清除。该方法主要适用于清除养殖尾水中直径小于20 μm的微颗粒。因此，要根据养殖的实际环境、污染情况选择合适的生物膜进行分离。

（2）化学处理。化学方法是通过臭氧处理、化学制剂或利用电化学等原理中和、絮凝微小的悬浮胶粒等污染物，达到去除重金属、软化水质、调节pH、消毒等作用，但同时有益菌也会被处理，且容易造成二次污染。絮凝剂为净化养殖尾水的另一种化学处理方法，其原理是通过缩减养殖尾水里胶状离子间的排斥作用，使离子凝聚沉降，与水体相脱离，从而达到尾水净化的目的。但在处理过程中化学物质可能对鱼类和水环境带来一定危害，抑制养殖对象的生长。

（3）生物处理。生物净化通常利用植物、滤食性水生生物与微生物等，通过其代谢作用，吸收水体中的有机物与氮磷营养盐，从而实现净化水质的目的。生物净化是当下比较环保的淡水养殖尾水处理技术，具有成本低、效果好、操作简单、无二次污染等优点。

1）水生植物净化：利用水生植物在生长过程中可吸收、吸附、富集淡水养殖尾水中的有机物、重金属等物质的特点，选取当地常见的沉水植物、挺水植物及其他水生植物净化养殖尾水。

2）滤食性水生生物净化：通过过滤水体中有机物颗粒以及浮游动植物，从而减少水体中的颗粒悬浮物以及藻类，提高水体的透明度。常见的滤食性水生生物包括鲢鱼、鳙鱼、河蚌、扇贝等，同时也是养殖中主要的套养品种，不仅能有效改善水质，还可以提升饵料的利用效率。

3）微生物净化：利用微生物降解水体中的氨氮与有机物等，实现水质净化。具有抑制致病菌生长、能够发挥净化水体作用的微生物主要有硝化细菌、放线菌、光合细菌、芽孢杆菌、枯草杆菌、乳酸菌、链球菌、益生菌（EM菌）等。

微生物通过氧化、还原、光合、同化、异化等反应把有机物转变为简单的化合物。通过参与碳循环、氮循环、磷循环、硫循环等维持水环境平衡。例如，EM菌参与的碳循环就是通过对各种含碳化合物，特别是含碳无氮有机物进行发酵和氧化来实现的。大多水生环境的表层为有氧区，进行氧化作用，有机物如纤维素、淀粉、几丁质被各种细菌和真菌分解后通常完全转化为CO_2。在深水区和淤泥中则是无氧区，进行无氧发酵作用，有机物主要借细菌发酵产生有机酸、CH_4、H_2和CO_2。生成的CO_2再经植物的光合作用合成复杂有机物，并进而被动物利用合成复杂的动物有机物，从而形成复杂的动态循环。

3. 底质调控技术

经过一个或者多个养殖周期，因投饵、施肥及养殖动物排泄，沉积了大量的残饵、肥渣、粪便、死亡生物体尸体和有机碎屑等，形成了厚厚的淤泥。淤泥中的有机质在微生物的分解作用下，会产生硫化氢、硝酸盐、有机酸等有毒有害物质，降低水体的溶解氧和pH，导致微生物和寄生虫的大量繁殖，致使养殖动物抵抗力下降，病害也随之发生。使用药物消毒可以消灭微生物，减少对养殖动物的危害。因此，养殖人员要定期对养殖池塘进行药物清塘消毒，为养殖动物的生长提供良好的水质环境。

（1）生石灰。生石灰遇水后会产生强碱性的氢氧化钙（消石灰）并放出大量热能，氢氧根离子在短时间内能使池水的pH提高至11以上。生石灰可作用于病原体的原生质，使蛋白质凝固变性而失去活性，能杀死野杂鱼和其他敌害生物，同时起到改良水质和地质的作用。生石灰清塘方法分干池清塘和带水清塘两种。

1）干池清塘：先将池水放干或留水深5~10 cm，每亩用生石灰50~75 kg，如淤泥多可将生石灰增量10%左右。清塘时在塘底挖掘几个小坑，或用木桶等，把生石灰放入加水化开，不待冷却立即均匀向四周泼洒（包括堤岸角），第二天早晨最好用耙耙动塘泥，消毒效果会更好。

2）带水清塘：平均1 m水深用生石灰120~150 kg/亩，通常将生石灰放入木桶或水缸中化开后立即全池遍洒。7~8 d药力消失即可放鱼。因水有硬度，生石灰会与镁等反应，带水清塘比干塘清塘防病效果更好，但生石灰用量较大，成本较高。

（2）漂白粉。漂白粉的主要成分为次氯酸钙、氯化钙和氢氧化钙，作用于消毒的有效成分为次氯酸钙，其消毒作用就来源于次氯酸根的强氧化性。漂白粉中所含的过氧化钙在水中形成絮状沉淀，可吸附水中杂质，达到净水作用。多用于清塘消毒，用量一般为1 m水深12.5~15.0 kg/亩。

（3）茶粕（茶籽饼）。茶粕是山茶科植物油茶、茶梅或广宁茶的果实榨油后所剩余的渣滓。是广东、广西、福建、湖南等地常用的清塘药物。

清塘方法：将茶粕敲成小块，用水浸泡，在水温25℃左右浸泡一昼夜即可使用。施用时再加水，均匀泼洒于全池。每亩池塘20 cm水深用量为13 kg，1 m水深用量为35~45 kg。上述用量可视塘内野杂鱼的种类而增减。对不能钻泥的鱼类，用量可少些，反之则多些。茶粕对细菌没有杀灭作用，相反，能够促进水中细菌和绿藻等的繁殖。

（4）鱼藤酮。鱼藤酮是从豆科植物鱼藤及毛鱼藤的根部提取的物质，内含25%鱼藤酮，是一种黄色结晶体，能溶解于有机溶剂，对鱼类和水生昆虫有杀灭作用。

鱼藤酮清塘的有效浓度为2 mg/L。1 m水深的池塘每亩需投鱼藤酮1.3 kg左右，用法是将鱼藤酮加水10~15倍，装入喷雾器中遍地喷洒。鱼藤酮对浮游生物、致病细菌和寄生虫及其休眠孢子等无作用。

（5）氨水。氨水呈强碱性，高浓度的氨水能毒杀鱼类和水生昆虫等，同时氨水也是一种很好的液体氮肥，能促使浮游植物大量繁殖，消耗水中游离CO_2，使池水pH上升，从而增加水中分子氨的浓度，容易引起鱼中毒。因此，用氨水清塘之后，最好再施用一些有机肥，促进浮游动物生长以抑制浮游植物过度繁殖。

清塘方法：将池塘水排干，或留水6～9 cm，每亩使用氨水12～13 kg，加适量水后均匀遍洒全池，过4 d后，即可放水养鱼。

（6）高锰酸钾。高锰酸钾俗称灰锰氧、PP粉，为紫黑色针状晶体，是一种强氧化剂，常用作消毒剂、水净化剂、氧化剂、漂白剂等。高锰酸钾的水溶液与有机物接触能释放出新生态氧，迅速使有机物氧化而起到防腐消毒和杀菌的作用，兼有除臭的功效，也不出现气泡。其本身还原后所产生的二氧化锰能与蛋白质结合，故对组织能呈现收敛（低浓度时）、刺激甚至腐蚀作用（高浓度时）。使用时可采用浸浴和全池泼洒2种方法。

1）浸浴：使水体中高锰酸钾浓度达到10～20 mg/L，浸浴15～30 min，可防治淡水鱼类因车轮虫、斜管虫、鱼波豆虫寄生所致的原虫病；使水体中高锰酸钾浓度达3 mg/L，浸浴2 h，或浓度为5 mg/L水浸浴1 h，或浓度为200 mg/L浸浴4～5 min，对防治香鱼车轮虫、斜管虫病有比较显著的效果。要严格注意浸浴时间，以免鱼中毒而死亡。

2）全池泼洒：使水体中高锰酸钾浓度达到4 mg/L，可杀灭鱼类体外寄生原虫；水体中0.5 mg/L和1 mg/L两种浓度的高锰酸钾选择性交替施用，换水补药，可预防对虾、蟹幼体聚缩虫病（若水体中浓度为2～4 mg/L，浸浴3～4 h也有较良好的杀虫效果）；全池泼洒高锰酸钾，使水体中高锰酸钾浓度达到3～7 mg/L或5～10 mg/L，2.5 h后加水，对治疗虾、蟹固着类纤毛虫病有一定的效果。

4. 水质管理措施

（1）定期巡塘。巡塘是最基本的日常管理工作，要求每天早、中、晚进行巡塘。主要观察养殖动物的活动情况、吃食情况等，通过观察养殖动物追食情况来判断投放饲料的时间、数量和规格是否合适，根据实际进行调整。还需结合天气进行预判，尤其是阴雨天、干旱期间需加强值班，勤巡塘，密切观察养殖动物的摄食情况和行为变化，特别注意观察黎明前的活动情况，是否有缺氧浮头现象等，及时发现问题，做到防患于未然。

（2）定期检测。定期检测水体，保持水质稳定是保证水产品质量的关键关节。通过检测水体生态因子间接反映水体生态系统平衡，对预防疾病，提升养殖生物的成活率具有重要意义。通过定期检测水体中温度、溶解氧、盐度、pH等水质指标，实时掌握水质状况，发现水体异常，及时采取有效的措施，及时预防病害的发生，同时做好检测记录，便于生产可追溯。

（3）定期检查。定期检查养殖动物的长势情况（体长、体量等）、是否患病等。

若发现养殖动物生长过慢，应分析并查明是否由于水质恶化、饲料质量、寄生虫病等，查明原因后应及时采取相应的措施。

三、投入品管理

水产养殖用投入品主要包括饲料、饲料添加剂、渔药、肥料及其他化学剂和生物制剂等。投入品是水产养殖的重要物质基础，投入品的质量安全直接影响到渔业生产、水域环境和水产品质量安全。必须规范管理和使用水产养殖投入品，从生产源头确保水产品质量安全，深入推进渔业绿色发展、高质量发展。

1. 投入品采购管理

生产单位可根据经营范围与规模采购、自制生产投入品。投入品在生产加工和运输过程中均可能受到生物性、物理性、化学性等污染，因此，接收采购的原料或成品时，应将验收环节作为投入品采购管理的关键控制点。应购买具备生产许可证或进口登记许可证的生产单位生产的，并具有产品质量检验合格证及产品批准文号的产品，不应购买停用、禁用、淘汰或标签内容不符合相关法规规定的产品和未经批准登记的进口产品。验货时应要求生产厂家提供符合《饲料卫生标准》（GB 13078—2017）、《饲料标签》（GB 10648—2013）、《无公害食品　渔用配合饲料安全限量》（NY 5072—2002）等标准的饲料合格检测证明。

为加强水产养殖投入品的监管，依法打击水产养殖违法用药行为，保障养殖水产品质量安全，推行水产绿色健康养殖，2021年农业农村部制定了《实施水产养殖用投入品使用白名单制度工作规范（试行）》。国务院农业农村主管部门依法批准使用的水产养殖用兽药、依法获得生产许可的企业生产的饲料和饲料添加剂产品等，均纳入水产养殖用投入品使用白名单。核实相关产品或物质是否在水产养殖用投入品使用白名单内的查询方式如下：

（1）水产养殖用饲料和饲料添加剂查询网站：农业农村部官方网站（www.moa.gov.cn）。《饲料原料目录》和《饲料添加剂品种目录》以国务院农业农村主管部门制定公布的最新版本为准。

（2）水产养殖用兽药查询网站：中国兽药信息网（www.ivdc.org.cn），或下载"国家兽药综合查询"APP查询。

2. 投入品生产管理

当生产单位自繁苗种或自制饲料时，生产过程和产品应符合相关法规和标准的规定，如符合《有机产品　第1部分：生产》（GB/T 19630.1—2011）、《有机产品　第2部分：加工》（GB/T 19630.2—2011）、《有机产品　第3部分：标识与销售》（GB/T 19630.3—2011）、《有机产品　第4部分：管理体系》（GB/T 19630.4—2011）的相关要求。应配备与自制生产和质量检验相适应的专业技术人员。自制发酵有机肥料需完全发酵熟化。

（1）注重水产饲料有害物的检测。有些水产饲料中不仅含有过量的影响水质的微生物，如霉菌、沙门氏菌、肠杆菌等，还可能存在重金属物质，如铅、铬、钴等，都会给水产生物的生长与品质带来不利影响。因此，生产单位应对水产饲料中的有害物进行严格检测，以此来保证饲料的安全性与适用性达到标准要求。若在检测过程中发现了有害物质，或成分之间的配比度存在较大误差，要在第一时间对目标饲料进行更换处理，以免给后续的水产养殖工作带来不必要的干扰。

（2）注重绿色水产饲料的开发。对开发绿色水产饲料提高重视，一方面能为水产动物提供更全面、可靠的营养物质，另一方面能降低水污染问题的出现概率，助力水产养殖与自然环境之间的良性循环。如蛋白质就是水产饲料中的重要组成部分，对鱼、虾的产量和质量等有着关键性影响。但是有些饲料中的蛋白质会因难以被水产动物吸收，而转化为尿素被排放到水体环境中，降低水环境的稳定效果。通过完善饲料配方的方式来调整蛋白质含量，在不干扰鱼、虾正常摄取蛋白质的基础上，降低氨元素或氮元素对养殖环境的负面影响。

（3）注重水产饲料应用方案的完善。要想让水产饲料在水产养殖中发挥出最佳效果，为养殖户的经济利益以及生态环境的保护等打开防护伞，就要注重饲料应用方案的优化与改进。主要可以从以下几点入手。第一，养殖团队要对当前所实施的饲料应用机制进行多层次剖析，及时整改可能威胁自然环境的养殖流程，并做好风险防范工作。第二，要对水产饲料的存储场所进行实时监管，保证温度与湿度能维持在标准范围内，防止饲料出现变质问题。第三，养殖团队要将因地制宜理念融入饲料应用方案设计中，根据水质检测结果把控好饲料的用量与应用形式，为水产品经济价值的提升带来更多可能。

3. 投入品贮存管理

对不同种类的饲料、饲料添加剂、渔药及其他化学剂和生物制剂应分开存放，且严格区分标示，过期饲料、饲料添加剂、渔药及其他化学剂和生物制剂应及时销毁。使用主体应在养殖场内建立专门独立的存储仓库，保持仓库环境的通风、干燥、整洁。设专人进行保管，避免无关人员接触，并制定投入品使用管理制度，做好进出库记录，为符合可追溯的要求，应保存所有饲料的采购记录或其他相关文件，并至少保存3年。记录包括饲料类别、数量、饲料营养成分表、生产商等内容。

例如，饲料储存需设专用的饲料存放场所，储存场所的温湿度、通风等条件合理。定期清扫，检查饲料的储存场所、容器和运输车辆，废弃的发霉或受潮的饲料应安全地处置。饲料的保存方法有缺氧保存、干燥保存、通风保存、低温保存和化学保存。渔用饲料的保存对于保持其营养成分至关重要，如果保存不当，容易造成渔用饲料变质、营养损失或产生有毒物质。渔用饲料的保存，其含水量不能超过13%，以10%以下为好。保存渔用饲料的仓库、场地宜干燥、避光。有条件的地方，渔用饲料最好用塑料袋密封保存。避免鼠类、昆虫等有害动物消耗和损坏饲料。应采取适当的控制措施以防止鼠类、害虫及其他动物对饲料可能造成的污染。

4. 投入品使用管理

原则上应按照"先进先出"的原则，尽量先使用生产日期早的产品。投入品的使用，尤其渔药和"非药品"的使用应在专业技术人员的指导下进行。鼓励通过采取水质检测、药敏实验等措施，实施精准用药，实现用药减量。使用饲料及其他投入品时，需遵循科学投喂准则，这样才能发挥最大效果。

（1）确定使用数量。为保证水产养殖对象稳产高产，做到投入品及时供应，必须提前做好全年规划。如投喂水产饲料，首先根据放养品种、数量和规格，确定养殖对象的计划增肉倍数，结合成活率确定计划净产量，然后结合饵料系数规划好全年总投饵量。每月饵料的分配量需根据各月的水温、养殖对象生长情况等来制定。每日的实际投喂量还要根据季节、水色、天气和鱼类摄食情况而定。投饵后，生产技术员需经常巡塘，了解投入品对养殖动物的作用影响，观察养殖对象摄食情况，进而对投喂量进行调整，特别是核对使用药物后的休药期，生产日志中休药期的记录为关键危险点之一。

以鱼为例，春季水温低，鱼小，摄食量少，在晴天气温升高时，可投放少量的精饲料。当气温升至15℃以上时，投喂量可逐渐增加，日投喂量占鱼类总体重的1%左右。夏初水温升至20℃左右时，日投喂量占鱼类总体重的1%～2%，但这时也是多病季节，因此要注意适量投喂，并保证饲料适口、均匀。盛夏水温上升至30℃以上时，鱼类食欲旺盛，生长迅速，要加大投喂，日投喂量占鱼类总体重的3%～4%，但需注意饲料质量并防止剩料，且需调节水质，防止污染。秋季天气转凉，水温渐低，但水质尚稳定，鱼类继续生长，仍可加大投喂，日投喂量占鱼类总体重的2%～3%。冬季水温持续下降，鱼类食量日渐减少，但在晴好天气时，仍可少量投喂，以保持鱼体肥满度。

一般肥水呈油绿色或黄褐色，上午水色较淡，下午渐浓。水的透明度在30 cm左右，表明肥度适中，可进行正常投喂；透明度大于40 cm时，表明水质太瘦，应增加投喂量；透明度小于20 cm时，表明水质过肥，应停止或减少投喂量。这在主养鲢、鳙鱼的水面表现得特别明显，当水质过肥时，鲢、鳙鱼会出现头大、尾小、背窄、游动无力的现象，甚至有瘦弱残废的个体漂浮于水面，这表明水中浮游生物过少。主养鲤鱼的水面可根据水的混浊度来确定投喂量的多少，如整池水都很混浊，呈泥黄色，排除大雨或人为的原因，可证明鲤鱼在池底不断拱泥而致水体混浊，由此可判定鲤鱼处于饥饿状态，应加大投喂量。

（2）掌握科学使用方法。科学使用投入品是提升养殖对象产量与质量的关键，应综合考虑养殖对象的生活习性、生长情况、水温、水质等情况，确定投入品使用时间、地点、数量及种类。

如投喂饲料时，可遵循"四定"原则。定点：应选择池中固定位置或养殖对象聚集处进行定点投喂，最好在水池中间离池埂3~4 m处搭设好饵料台，一般每亩池塘搭建1~2个，以便定点投喂。定时：选择每天溶解氧较高的时段，根据水温情况定时投喂，当水温在20℃以下时，每天投喂1次，时间在上午9时或下午4时；当水温在20~25℃时，每天投喂两次，时间在上午8时和下午5时；当水温在25~30℃时，每天投喂3次，分别在上午8时、下午2时和下午6时；当水温在30℃以上时，每天投喂1次，选在上午9时。定量：按饲料使用说明，根据养殖环境、品种、规格、总体量等确定日投喂量。定质：应选择正规厂家生产的饲料，其中各种成分的含量都能满足鱼类生长之需，且要求配方科学，配比合理，质量过硬。其中，蛋白质是养殖动物生长所必需的最主要营养物质，蛋白质含量也是饵料质量的主要指标。对于蛋白质含量高的饲料可适当减少投喂量，而蛋白质含量低的饲料就应增加投喂量。

四、养殖过程管理

1. 建立管理机构

为加强水产养殖生产的规范化管理，促进养殖全程的健康可持续发展和可追溯，就需要建立设置合理、职责分明的组织机构。

（1）总负责人：负责养殖基地的全面管理，包括养殖场的工作质量和产品卫生质量等。合理制定养殖生产工作计划和目标，保证水产养殖质量安全管理工作正常开展。

（2）办公室：负责养殖基地卫生管理、生产记录管理，制定相关制度与工作检查，并为所有员工做好后勤保障工作。

（3）购销部：包括采购、销售、仓库等，根据生产计划制定采购计划，确保采购物资的数量与质量，负责仓库货物进出的管理等。

（4）技术部：包括化验室、技术组等，负责苗种、原材料及生产全程中的检验，做好检验记录，并与各部门分工合作预防出现问题或不合格产品，若出现需进行内部质量追溯和原因分析，保障养殖产品质量安全。

（5）生产部：包括生产小组、设备维护、苗种管理、饵料培育等，负责养殖基地的生产操作，有序完成生产计划和目标，按照相关技术文件组织生产和管理，做好生产记录，保证养殖产品的质量。

2. 加强人员管理

加强人员管理是养殖基地质量管理体系有效运行的前提，可按照危害分析与关键控制点（Hazard Analysis Critical Control Point，HACCP）原理对人员进行培训和管理。

（1）水产养殖专业技术人员、水生生物病害防治员等需按国家、省市有关规定要求，经过专业职业技能培训并获得职业资格证书后，方能上岗。

（2）养殖生产工人和质量管理人员需定期开展技术培训，经考核合格后方可上岗，生产过程中需要按照水产养殖投入品使用说明书，并结合国家、省市相关规定科学使用；养殖生产必须做到安全生产，正确使用电器、生产工具等，以防出现事故。

（3）水产养殖相关人员应当如实填写生产记录、投入品使用记录及检验记录等，物资、工具的出入必须经保管人员批准，相关资料应当至少保存至该批水产品全部销售后2年。

3. 做好卫生管理

做好养殖基地环境卫生管理，包括对养殖生产区土地环境、水环境、生活区周围环境的卫生管理是保障产品质量安全的重要措施，应通过人为的控制和维护，保证产品质量符合食品卫生质量要求。

（1）管理要求：制定养殖基地卫生管理制度，由专人负责养殖场环境卫生的检查与监督，做好卫生检查记录，发现问题要立即解决。相关部门要做好各自养殖生产区和生活区内的环境、生产工器具和生产设施设备等的清洁工作。场区环境应清洁卫生，无生物、化学、物理等污染物，在养殖区不得生产和存放有碍食品卫生的其他物品。生产生活垃圾、下脚料等放入垃圾桶，饲料、渔药、化学品等投入品废料放入指定存放区，并按照相关要求及时清理。

（2）生产区管理事项：① 定期对水源、水质等养殖环境进行各项指标监测；② 做好池塘清洁卫生工作，经常清除养殖池周边杂草，保持良好的池塘环境，随时捞去池内污物、死鱼等，如发现病鱼，应查明原因，采取相应的防范措施，以免病原扩散；③ 掌握好池水的注排，保持适当的水位，经常巡视养殖环境，合理使用渔业机械，及时做好水质处理和调控；④ 做好卫生管理记录和统计分析，包括水质管理、病害防治以及所有投入品等，及时调整养殖措施，确保生产全过程管理规范。

4. 做好生产记录

为进一步规范水产养殖行为，确保水产品质量安全，促进水产养殖业健康发展，依据《农产品质量安全法》有关规定，水产养殖企业要实行水产养殖生产记录制度，对养殖过程各个风险点的监控结果实行详细的记录，为风险分析做好原始档案。

（1）记录目的：控制与养殖场质量管理体系有关的所有质量记录，保持其完整性，以证明质量体系有效运行和生产的产品达到规定的要求，并作为质量体系改进的依据。对未建立或者未按规定保存水产养殖记录的，或者伪造养殖生产记录的，相关部门应按照《农产品质量安全法》相应规定给予处罚。

（2）记录基本要求：① 水产养殖生产记录应包含池塘号、养殖种类和面积、苗种来源及生长情况、水质监测情况等内容，水产养殖用药记录应包含病害发生情况、主要症状、用药名称、时间、用量等内容；② 生产原始记录必须保证准确性和及时性，应由专人负责填写，由主管人员复审，并正确登记记录时间、记录人。

生产记录应同时记录纸质版与电子版，作为原始记录，不得随意涂改、销毁，所有生产记录必须完整，在销售后保存两年以上，以备查阅。记录保存期满，经各部门负责人确认批准后即可销毁。

5. 日常监测检验

水环境是影响水产品质量的关键因素之一，定期进行水质监测，及时掌握水质的状况及其变化规律，才能及早发现问题，尽早采取相应措施，从而提升养殖生产的效率和质量。生产单位需配备水质、水生生物等检测仪器设备，检验苗种、饲料、养成品，检测生产过程中水质、水生生物，满足与养殖生产能力相适应的要求。

（1）监测检验职责：技术部负责各项检验工作，将有关检验结果反馈给责任部门或相关人员，并可以行使质量否决权，相关部门配合技术部门的检验工作。

（2）资质要求：检验工作人员需具备相应设备、实验操作资格，经培训合格后上岗；检验室需具备合格的仪器设备，制定操作规程，并按规定进行检验，做好检验记录和保存工作。

（3）监测检验要求：自检不合格的苗种、产品，应及时查明原因，销毁处理，对已售出的水产品发现质量存在问题的，应及时销毁处理。不能检测的项目，应进行委托检验，接受委托的实验室必须具备相应检测资格。苗种出池、养成品进入市场前必须完成所有的检验项目，经检验（检疫）或检验不符合规定要求的产品不得销售。检测人员要按规定认真填写相关化验记录，记录保存两年以上。

（4）产品标识追溯：使用正确和适当的标识，识别养殖产品和苗种、饲料、药品等物料及其检验状态，确保只有合格的物料和产品才能作为养殖投入品和运出养殖场，并能顺利追溯。生产部负责生产过程中物料状态的标识和记录，购销部负责仓库物料的标识，技术部负责苗种、材料检验的标识和养成品合格产品标签的使用。

第五章
水产加工质量控制

第一节　水产品加工潜在危害因子

水产品加工主要是指对海洋和淡水渔业生产的动植物进行加工。海洋渔业产品主要包括海水鱼类、海水虾类、海水蟹类、海水贝类及鱿鱼等其他海水动物，淡水渔业产品主要包括淡水鱼类、淡水虾类、淡水蟹类、淡水贝类及牛蛙等其他淡水动物。我国消费的主要水产品为鲜活、冷冻水产品。鲜活水产品的经济成本、营养价值和口感的综合评价较高。但随着当今社会经济的迅速发展，人们的生活质量在不断提高，高品质深加工的水产品越来越受到消费者青睐。不断提高水产品加工技术能力和水平，同时借助科技来提高产品技术水平和质量，是实现水产品品质优良化、品种多元化及优质资源高效利用的有效途径。

一、冰鲜制品潜在危害因子

（一）加工工艺

（1）冰鲜制品的加工是用天然冰或制冰机制冰把新鲜水产品的温度降至接近冰点但不冻结的一种保藏水产品的方法，加工工艺有2种：① 捕捞船操作工艺流程为将原料水洗后放血，然后去内脏再水洗，冷浸并装箱，加盖塑料布，加冰，贮存；② 加工船或加工基地操作工艺流程为收购渔船交来的水产品，进行挑选，过秤后装保温箱加冰，封盖，刷唛头，贮存后运输。

（2）采用冰鲜方法可以使水产品维持细胞活体状态，食用起来口味鲜美，故随着国民生活水平的不断提高，冰鲜水产品越来越受到大众的欢迎。由于部分冰鲜水产品可供直接食用，在致病微生物、寄生虫等方面存在较高的安全卫生风险，特别是生食冰鲜水产品中的致病菌直接威胁消费者健康安全。

（二）潜在危害因子

1. 生物性危害

水产品生物性危害可分为致病菌、病毒和寄生虫危害。生物性危害占全部危害的80%左右，且引起生物性危害的因素大多不确定，控制难度大。从污染的途径分析，在冰藏保鲜水产品过程中，生物性危害有2种污染途径，一是在养殖过程水产品本身被感染或携带病原，二是在加工过程引入的二次污染。

（1）主要致病菌：肉毒梭菌、弧菌属、单核细胞增生李斯特氏菌、沙门氏菌属、志贺氏菌属、金黄色葡萄球菌。

（2）主要病毒：水产品中的主要病毒是指能够感染水产品并引起相关疾病的病毒，常见的有甲型肝炎病毒（Hepatitis A virus，HAV）、诺如病毒（norwalk viruses，NV）等。病毒在水中或者水产品上不繁殖，水产品中的病毒一般是由携带病毒的食品加工者或者水体污染而致。滤食性贝类会过滤大量的水，例如，一只牡蛎每天过滤的水量高达700~1 000 L，因此这些贝类体内富集的病毒数量相当高。

（3）寄生虫：存在于我国水产品中且对人类健康危害较大的寄生虫有线虫、吸虫和绦虫。其中，比较常见的有线虫中的异尖线虫、广州管圆线虫和刚棘颚口线虫，吸虫中的肝吸虫和肺吸虫，绦虫中的曼氏迭宫绦虫。

2. 化学性危害

水产品中的化学性危害分为生物毒素、化学添加物和环境污染3大类。

（1）生物毒素类。

1）河豚毒素（tetrodotoxin，TX）：其毒性比氰化钠强1 000倍，是一种生物碱类天然毒素。在河鲀体内发现含河豚毒素的器官或组织有肝脏、卵巢、皮肤、肠、肌肉、精巢、血液、胆囊和肾等。

2）贝类毒素：海洋毒素种类繁多，其中贝类毒素是危害较大者之一。贝类毒素包括麻痹性贝类毒素（PSP）、腹泻性贝类毒素（DSP）、神经性贝类毒素（NSP）和记忆缺失性贝类毒素（ASP）。麻痹性贝类毒素是毒性很强的毒素之一，其毒性与河豚毒素相当。它由20多种结构不同的甲藻产生的毒素组成，这些甲藻可在热带水域和温带水域生长。这种毒素溶于水且对酸稳定，在碱性条件下易分解失活；对热也稳定，一般加热不会使其毒性失效。麻痹性贝类毒素的毒理主要是通过对细胞钠通道的阻断，造成神经系统传输障碍而产生麻痹作用。腹泻性贝类毒素是从紫贻贝的肝胰腺中分离出来的一种脂溶性毒素，因被人食用后产生以腹泻为特征的中毒效应而得名。它主要来自鳍藻属、原甲藻属等藻类，它们在世界许多海域都能生长。神经性贝类毒素是贝类毒素中唯一的可以通过吸入导致中毒的毒素，神经性贝类毒素主要来自短裸甲藻（*Gymnodinium breve*）、剧毒冈比甲藻（*Gambierdiscums toxincus*）等藻类。

神经性贝类毒素属于高度脂溶性毒素，结构为多环聚醚，与麻痹性毒素相似，作用于钠通道。主要为短裸甲藻毒素，是钠通道激活毒素，可以与钠通道受体部位结合，开启兴奋膜上的钠通道，可以增强细胞膜对钠离子的通透性，活化电压门控钠通道，产生较强的细胞去极化作用，引起神经-肌肉兴奋的传导发生改变。对新鲜的、冷冻的或罐装制品的牡蛎、蛤类和贻贝的神经性贝类毒素最大允许限量为20 MU/100g。

记忆缺失性贝类毒素的主要成分为软骨藻酸，主要来自硅藻（Diatom）和菱形藻（Nizschia）。软骨藻酸是一种强烈的神经毒性物质，可作用于中枢神经系统红藻酸受体，导致跨膜电位去极化、钙的内流，最终导致细胞的死亡。而且软骨藻酸与其他兴奋性氨基酸（如谷氨酸）的协同作用可使提取物的毒性更强。

3）蓝藻毒素：蓝藻所产生的次生代谢产物，也是藻源次生代谢产物中对水环境影响较大的物质。根据功能特性主要分为3类：① 作用于肝脏的肝毒素，② 作用于神经系统的神经毒素，③ 作用于神经系统的细胞毒素。

（2）化学添加物。

组胺：是广泛存在于动植物体内的一种生物胺，是由组氨酸脱羧而形成的，通常贮存于组织的肥大细胞中。大量检测表明，海产鱼中的青皮红肉鱼类含组胺较高，当鱼不新鲜或腐败时，鱼体中游离的组胺酸经脱羧酶作用产生组胺。美国食品药物管理局要求每千克新鲜鱼肉含有组胺的上限是50 mg，在此剂量内，正常情况下人体内的酶可以将其轻易分解。但如果鱼体遭到细菌污染，鲜度降低，就会生成大量组胺，此时食用就容易发生过敏性中毒。在其他鱼类中，鲭科鱼类，如鲭鱼、鲣鱼、鲔鱼等的生肉或加工品，特别容易带有较高量的组胺。

（3）环境污染物。

药物残留：在防治水产动物疾病中使用渔药、在饲养过程中使用饲料药物添加剂等均可导致药物在水产品中残留。由于养殖的集约化，饲料药物添加剂和亚治疗量的各类抗生素在生产中广泛应用，用药混乱、用药不合理等，使水产品药物残留问题日益突出。现在国际上比较重视的残留药物有抗生素类（链霉素、新霉素、四环素、氯霉素）、磺胺类、呋喃类、喹诺酮类等。

有毒有害元素和化合物：重金属作为一种持久性污染物已越来越多地被关注和重视。如加拿大、美国、日本，因河流被污染，大量鱼类、贝类的汞含量超过规定标准，诸如此类的问题给人类带来了严重危害。通常水产品中需要重点检测的重金属项目有无机砷、铅、镉和甲基汞。

其他化学药品：在对水产品养殖环境进行杀菌消毒或者保鲜贮存的过程中往往会用到次氯酸钠等消毒剂。我国对某些水产品如扇贝柱的加工中有时候会使用次氯酸钠浸泡，以降低细菌总数。此外，直接与食品接触的包装材料、标签等有可能含有或释放有毒害的化学品，以及为了增加产品的光鲜度涂抹于鱼体（常见的有黄鱼、带鱼等）表面和鱼鳃等部位的化学颜料，这些化学物质转移到水产品中很难清除。

3. 物理性危害

在冰鲜水产品中常见的物理性危害是金属，其来源：捕捞过程遗留在鱼体中的鱼钩，或在捕捞船上由捕捞工具混入的金属物质；生产过程中设备、工具损坏而混入；有意插入，如在虾、鲳鱼中插入钉子等。另外，玻璃碎片也常被发现混入冰鲜水产品中，主要来源于破碎的照明灯、玻璃温度计、紫外消毒灯等。

二、干制品潜在危害因子

干制品是通过水产品干燥制得的。水产品干燥是指在自然条件和人工控制条件下使水产品中水分蒸发的过程。水产品中水分蒸发由表面水分蒸发和内部水分向表面扩散两部分组成。具体干燥过程分为快速干燥阶段、等速干燥阶段和减速干燥阶段。干燥初期属于快速干燥阶段，此时在单位时间内水产品水分的蒸发速度不断提高，主要表现为水产品表面温度上升和水分的蒸发。随着干燥的进行，水产品表面的水分蒸发量与内部水分向表面扩散量逐渐趋于相等，此时蒸发与扩散速率相等，属于等速干燥阶段，主要表现为水分的蒸发，水产品表面的温度不再上升。当水分蒸发到一定程度时，物料的肌纤维收缩且相互间紧密连接，再加上水产品表层肌肉变硬，这时主要表现为水分蒸发减少，水产品温度又开始上升，至减速干燥结束时，水产品中的水分已很难再蒸发。

（一）干制工艺

（1）日光干燥脱水法：选择自然场地，将被干鱼品平摊，利用日光进行脱水干燥。该方法经济便利，受外界因素影响较大，不能根据各类鱼品的特性掌握其干燥脱水条件，以致在高温或阴雨季节会晒出不同类型的变质干制品。但近年来，结合人工干燥脱水的方法应运而生，如利用空气输送机械进行热风或冷风干燥，可提高干燥效率，避免不良天气影响。

（2）热风、冷风干燥脱水法：热风法是利用空气输送机械，使加热后的空气循环，流经水产品表面，加速水产品的水分蒸发，同时带走其表面的湿空气，从而达到干燥脱水的目的。冷风干燥脱水法是以除湿的冷风代替热风，在空气湿度增高时，通过制冷装置予以冷却除湿。

（3）自然冻干法：利用部分地区冬季夜间寒冷的气温，将被干物料置于室外冻结，白天则借着气温上升使被干物料解冻流出水分，水产品便自然冻干为干制品。

（4）真空冻干法：与自然冻干不同，真空冻干是将水产品冻结后置于真空状态下，使冰直接升华成为水蒸气而逸出，以达到干燥目的。

（5）烘干法：利用燃烧木柴、炭火、电能、煤气等热源，以较高温度将水产品烘熟的方法。

（6）真空干燥脱水法：将水产品放置在密封容器中，从外部缓缓加热，同时用真空泵排气使之干燥脱水的方法。

（7）微波真空干燥法：是由微波干燥技术和真空干燥技术发展起来的一种新型联合干燥方法，克服单纯依靠真空干燥热传导速度慢和干燥效率低的缺点，保持水产品原有的营养成分。

（8）远红外干燥法：利用远红外辐射加热物料使水分蒸发的干燥方法。

（二）潜在危害因子

干制水产品中存在的危害来源从源头污染、水质污染、饲料污染到饲养人为添加再到干制品生产加工阶段，几乎涵盖了所有污染物进入干制品的途径。

1. 生物性危害

干制品生物性危害主要是致病菌，大多来自养殖水域或加工环境。水产品自身原有致病菌有肉毒梭菌、霍乱弧菌、副溶血性弧菌、单核细胞增生李斯特氏菌等；非自身原有（生产过程中被污染）致病菌有沙门氏菌属、志贺氏菌属、金黄色葡萄球菌等。这些致病菌的生长受加工环境温度、pH、水分活度和含盐量的影响。

2. 化学性危害

（1）组胺（生物胺）：鲭科鱼类（金枪鱼等）在死后游离的组氨酸脱羧产生组胺。鲭科鱼类产生的组胺，经加热、冷冻等处理均不能被消除。组胺中毒属化学中毒，会导致食用者过敏，影响消化系统和神经系统。

（2）过氧化值和酸价：过氧化值和酸价是反映腌干水产品质量好坏的重要指标，具体反映水产品中脂肪酸败的程度。脂肪酸败的产物不但能破坏水产品本身的营养和影响感官气味，还能损害食用者体内的酶系统甚至可能引发癌变。我国干制鱼的加工主要还是沿用直接曝晒的方法，因此鱼体内脂肪极易酸败，贮存不当时，可使干制鱼过氧化值和酸价不断上升。

（3）甲醛：干制水产品（如鱿鱼类干制品）在贮存过程中会产生甲醛，且随着贮存时间的延长，甲醛含量会不断增加。甲醛具有强烈的刺激气味，对人的神经系统、肺、肝脏均可产生损害。

3. 外源添加物

非法使用化学添加物、超范围或超量使用食品添加剂是影响干制水产品质量与安全的重要因素，如用过氧化氢为不新鲜的虾脱色，使用工业染料酸性大红、亮藏花精、胭脂红及柠檬黄等为虾米"整容"，增加产品的新鲜感。

氟：氟在水产品中的蓄积与水体中的氟含量有密切关系。鱼和软体动物可以从水和食物链中吸收氟，富集部位主要集中在软体动物的外骨骼和鱼的骨头，并且最终通过食物链影响人类健康。

药物残留：在水产品养殖过程中，为防止鱼病、虾病等而使用抗生素类药物甚至使用禁用药物，这些药物及其代谢产物在水产品中易残留和积累，被消费者食用后可引发健康隐患。在我国使用或出现过水产品中药物残留超标的有氯霉素、嗯喹酸、土霉素、四环素、喹诺酮、呋喃唑酮及孔雀石绿等。

重金属：在水体污染或养殖过程中使用含有重金属的药物，可造成水产品中重金属含量超过国家标准。例如，渔药中含有硫酸铜、硫酸亚铁粉、高锰酸钾、硝酸亚汞、复方醋酸铅散剂、亚砷酸钾溶液、福尔马林、食盐或含氯石灰等，过量使用可引起水产品多种重金属污染。在水产养殖上国外已禁用氯化亚汞、硝酸亚汞、醋酸汞和吡啶基醋酸汞等化合物。

4. 物理性危害

物理性危害包括任何在干制水产品中发现的不正常的、潜在的有害外来物，消费者误食后可能造成伤害或其他不利于健康的问题。常见的物理性危害有鱼钩，设备、工作器具损坏而混入的金属物质以及玻璃碎片等。

三、腌制品潜在危害因子

使用食盐或其他辅佐材料腌渍鱼类等新鲜水产品，通过扩散和渗透作用使之进入组织内，以降低制品水分活度，并抑制微生物生长繁殖和酶的活性，从而延缓水产品的腐败，起到增加食品风味、稳定食品颜色、改善食品结构、延长保藏期的目的。

（一）腌制工艺

1. 干腌法

干腌法是将食盐直接撒布于原料表面进行腌制的方法。食盐产生的高渗透压使原料脱水，同时，食盐溶化为盐水并扩散到产品组织内部，使其在原料内部分布均匀。由于开始腌制时仅加食盐，不加盐水，故称为干腌法。此种方法最适宜腌制低脂水产品。

2. 湿腌法

湿腌法是将完整或剖开的鲜鱼或其他水产品原料，浸没在盛有配制好的一定浓度食盐溶液的容器中，利用溶液的扩散和渗透作用使盐溶液均匀地渗入原料组织内部进行腌制的方法。

3. 混合腌制法

混合腌制法是采用干腌法和湿腌法相结合的一种腌制方法。将敷有干盐的水产品逐层排列到底部盛有盐水的容器中，使之同时受到干盐和盐水的渗透作用。

4. 低温盐渍法

低温盐渍法是一种使水产品在盐渍容器中（碎冰冷却），在0～5℃的条件下进行盐渍的方法。利用温度为0～7℃的冷藏库盐渍也属此类方法。在后一种方法中，也应当在容器中的各层产品间撒布适量的碎冰，以加速其冷却作用，在腌制大型或肥壮的鱼体时更应如此。

5. 冷冻盐渍法

冷冻盐渍法与低温盐渍法的区别在于预先将产品冰冻，再进行盐渍。这种操作是为了防止在盐渍过程中产品深处发生变质，其盐渍过程一般较为缓慢。此种先经过冷冻再进行盐渍的方法，在保持产品质量上更加有效，因为冷冻本身就是一种保存手段，而且盐渍过程只有在冰融化时才能进行。冷冻盐渍法的操作较为烦琐，所以它只适用于制作熏制或干制的半成品，或用于盐渍大型而肥壮的贵重鱼品。

6. 糖渍法

对于水产品单纯采用糖渍进行腌制的较少，糖一般都作为盐腌的辅助腌制剂或调味的添加剂加入产品中。在不以腌制品为最终状态的水产制品中，采用糖进行中间过程的腌制要尤为注意，因盐腌和糖渍对制品的作用效果不同，直接影响着制品的贮存性。例如，传统的干海参是加盐腌制后干燥制得的（也有淡干海参，甚至冻干海参），而市场上所谓的"糖干海参"则是加糖进行腌制，掺糖的比例可达到30%甚至50%。采用糖进行腌制可使海参制品增重，使其成本大幅度降低，与其他盐干海参甚至淡干海参相比较更有价格优势，但缺点是不易贮存。符合标准的"盐干海参""淡干海参"，在常温条件下可保存3～5年，而"糖干海参"在常温阴凉处保存很容易发霉变质，保存期仅为数月。

7. 发酵腌制法

某些水产品在盐渍过程中，经自然发酵熟成或盐渍时直接添加各种促进发酵与增加风味的辅助材料，如酒糟、酒酿、醋等，称为发酵腌制法。比较典型的发酵腌制产品有酶香鱼、糟制品和醋渍品等。

（二）潜在危害因子

1. 亚硝酸盐

生产中添加：在腌制剂的使用上，除了食盐作为主要的腌制剂之外，硝酸盐和亚硝酸盐也常作为辅助添加物。它们具有多方面作用：能改善色泽（呈色或发色），具有抗氧化作用，使肉嫩化，提供特别的风味，最重要的是，它们能抑制腐败菌，尤其是肉毒杆菌的生长与繁殖。在腌制过程中，亚硝酸盐的生成量随着温度的升高而增加。当食盐含量为5%时，温度在37℃左右时所产生的亚硝酸盐含量最多；当盐含量为10%时，含量次之。当食盐含量为15%时，温度在15～20℃时，亚硝酸盐含量都没有明显的变化。此外，在最初2～4 d的腌制过程中，亚硝酸盐含量有所增加，7～8 d达到最高，至9 d后则趋于下降。

贮存中产生：除了添加之外，从渔船上运回工厂，加工处理水产品所用盐类多为粗盐。粗盐中含有硝酸盐、亚硝酸盐，其中硝酸盐在微生物作用下，可被还原成亚硝酸盐，这是水产腌制品中亚硝酸盐形成的主要原因。在自然界中有100多种菌株具有硝酸还原能力，在腌制过程中能使硝酸盐还原到亚硝酸盐的阶段而终止，从而使亚硝酸盐蓄积起来。此外，有些地区用苦井水（硝酸盐含量较多的井称为苦井）来加工水产品，并在不卫生的条件下存放过久，也会导致亚硝酸盐含量大幅增加，甚至会引起食物中毒。

2. 生物胺

除某些水产品原料中带有少量生物胺外，腌制水产品中生物胺的形成机理同其他种类食品（如发酵食品）一样，主要有两种途径：一种是醛或酮通过氨基化和转胺作用产生生物胺；另一种是游离氨基酸脱羧产生，即在适宜环境条件下，具有氨基酸脱羧能力的微生物分泌氨基酸脱羧酶作用于游离氨基酸，生成相应的生物胺，并伴随二氧化碳的产生。腌制水产品中生物胺的产生以第二种途径为主，具体需要3个基本条件：具有可充分利用的游离氨基酸、具有氨基酸脱羧酶活性的微生物存在和适合这些微生物生长以及氨基酸脱羧酶合成与作用的环境条件。

3. 微生物污染

水产品中比较常见的食源性致病菌有金黄色葡萄球菌、沙门氏菌、单核细胞增生李斯特氏菌、霍乱弧菌、创伤弧菌、副溶血性弧菌、溶藻弧菌等，这些致病菌数量在腌制过程中会有所减少，但是在腌制品贮存时间过长或者贮存环境不佳时，表面容易产生红色或者褐色的嗜盐菌，严重影响腌制水产品的感官评价，进入人体后甚至可能会引起肠道疾病。

研究者对不同种类的腌制水产品体内细菌的存在状态、新鲜状态、加工贮存前后的菌相组成进行比较后发现，存在于新鲜鳕鱼体内的李斯特氏菌不会因为长时间的盐渍而消失，并且会在腌制鳕鱼复水后重新恢复生长；腌制大黄鱼体内腐败菌，在贮存初期菌相比较单一，在贮存期间鱼体内菌相变化明显，在腌制鱼体中除了新鲜鱼体原有细菌之外，还出现了因盐渍而产生的嗜盐菌等。

四、发酵品潜在危害因子

利用盐渍防腐，并借助于机体自溶酶及微生物酶的分解作用，使水产品经长时间的自然发酵，变为具有独特风味的酱汁类制品，或使用曲、糠、酒糟类及其他调味料与食盐配合盐渍水产品，借助于食盐及醇类和有机酸类成分的抑菌作用增强贮存性，并利用其有益微生物产生的发酵作用，变为成熟的风味制品。传统发酵水产品大多数生产周期长，限制了发酵水产品的规模化发展，现代水产品新型发酵工艺，把目光着眼于发展快速发酵技术以缩短生产周期，且快速发酵在一定程度上能降低产品盐度和腥臭味。但是，因为快速发酵周期短，所以一些对发酵水产品风味性有特殊贡献的风味物质含量较少或还未形成，因此，快速发酵水产品的风味性往往不及传统发酵水产品。

（一）发酵工艺

1. 低盐保温法

传统水产品发酵主要是利用高盐方法抑制发酵过程中非目标菌株的生长与繁殖，但产生抑制效果的盐浓度对于各种微生物的影响程度不一样，如抑制一般腐败菌的盐浓度需8%～12%，抑制酵母菌和霉菌的盐浓度分别为15%～20%和20%～30%。提高盐浓度能有效抑制水产品发酵过程中腐败菌的生长与繁殖，但是蛋白酶活性和有助于发酵水产品风味形成的有益菌活性也受到一定程度的抑制。所以，水产品传统发酵法一般周期都很长，这样才能满足微生物和酶对原料的充分作用。

低盐保温法是水产品快速发酵中研究得较早且较成熟的方法，该方法主要是调节发酵早期的盐浓度和温度，在低盐条件下既能保证蛋白酶活性，又能抑制微生物腐败作用，使微生物分泌的酶系或原料自身酶处于最佳酶反应温度，加速对原料的水解作用。然后，在低盐发酵后期，采用高温方法，不仅继续抑制微生物腐败，还能够有效去除发酵液发出的臭味。但保温法一般常用在发酵前期，因为保温时间过长易产生腐败味，而且保温一般用蒸汽加热，提高了生产成本。但在水产品发酵后期采用短时保温方法可以促进产品的成熟度，提高风味性，如对鱼露风味性有重要作用的挥发性脂肪酸，在潮汕鱼露发酵1年时的相对含量为18.61%，经后期保温1周后增至25.34%。

2. 加酶法

加酶发酵法是直接往水产品原料中添加商品化外源酶来提高原料的水解速度，常用商品化酶制剂有胰蛋白酶、木瓜蛋白酶、枯草杆菌蛋白酶及胃蛋白酶等。研究发现，这些酶制剂能加快原料的水解，而且采用双酶法或多酶复合水解法较单一酶酶解程度更高，但是水产品原料不同、蛋白质中氨基酸构成及比例的差异性决定了酶解条件的不同。加酶法发酵得到的水解液总氮和氨基酸态氮含量，在较短时间可达到商业指标要求，但是由于发酵时间缩短，产品的风味形成不完全，甚至带来异味，所以加酶发酵水产品的总体感官质量远不如传统方法生产的发酵水产品。

另外，也有在水产品原料中添加一些蛋白酶丰富的鱼内脏，以提高原料的水解速度。如在北极小海鱼中加入5%～10%的富含酶的鳕鱼肠，在发酵6个月后蛋白质利用率达到60%；在沙丁鱼中加入25%的金枪鱼脾脏和15%的盐，发酵早期蛋白质的水解最快；而加入10%的金枪鱼脾脏和20%的盐，沙丁鱼发酵鱼露与商业鱼露有相似的可接受度；还有利用鱿鱼内脏中高活力的蛋白酶，鱿鱼的胃、肠及胰腺中的淀粉酶及脂肪分解酶等。

3. 加微生物（曲）法

水产品加曲发酵类似酱油的酿造过程，利用米曲霉制得曲分泌的蛋白酶、淀粉酶、脂肪酶等，将水产品原料中蛋白质、碳水化合物、酯类充分水解为小分子物质，再经过复杂的生化反应形成发酵水产品的独特风味。

4. 嗜盐和耐盐微生物发酵

传统水产品发酵为了抑制腐败微生物的生长与繁殖，通常需加入浓度为20%~30%的盐，如此高的盐浓度也会抑制水产品自身蛋白酶活性和有利于发酵的微生物生长。高盐浓度虽然有助于形成良好的发酵产品风味，却延长了水产品发酵时间。在水产品中添加高产蛋白酶的嗜盐微生物，是快速发酵技术研究热点之一。嗜盐微生物可在细胞内积累大量的甘油、单糖、氨基酸及它们的衍生物，这些小分子极性物质作为渗透调节物质，帮助细胞从高盐环境中获取水分，克服高盐环境下微生物对渗透压改变的不适应性。现已经从一些鱼露发酵液中分离出多株耐盐性和嗜盐性的高产蛋白酶的微生物，但是将这些嗜盐微生物用于水产品快速发酵生成产品的研究还较少。

（二）潜在危害因子

发酵水产品的主要质量与安全问题，就是产品中生物胺含量较高，易产生致癌物质N-亚硝基化合物。生物胺主要是由微生物氨基酸脱羧酶催化氨基酸脱羧生成，食品加工条件控制不当和外源性微生物污染是生物胺在食品中积累而达到或超过安全限值的主要原因。当生物胺在人体内积累到较高数量时，会产生一系列毒害作用，如外部血管膨胀，高血压和头痛，肠痉挛、腹泻和呕吐等。而且，这些胺类是合成N-亚硝基化合物的前体物质，N-亚硝基化合物具有很强的致癌性、致畸、致突变性和对肝、肺等许多组织器官的急性毒性。研究证实，90%的亚硝胺类化合物至少可诱导一种动物致癌，其中乙基亚硝胺、二乙基亚硝胺和二甲基亚硝胺至少对20种动物具有致癌活性。

1. 发酵水产品生物胺产生

在水产品发酵初期，游离氨基酸在细菌氨基酸脱羧酶的作用下，会分解成生物胺。生物胺是一系列含氮低分子有机碱，可分为单胺和多胺两类，具体包括酪胺、组胺、腐胺、尸胺、苯乙胺、色胺、精胺和亚精胺等多种物质。随着发酵的进行，盐分逐渐地渗入到肌肉中，并且分布均匀，盐浓度的增加和肌肉自身pH的升高有利于抑制生物胺产生菌的生长，同时生物胺产生菌总量增加，从而使得生物胺含量降低。当发酵水产品中产氨基酸脱羧酶细菌和生物胺产生菌达到了一种平衡时，水产品的生物胺含量趋于稳定。研究表明，发酵水产品的组胺含量随着发酵时间的延长，呈现出先升高、后降低的变化趋势，但是不同的发酵条件下组胺含量及变化规律有所不同。

2. N-亚硝基化合物

发酵水产品中N-亚硝基化合物的形成主要有两类途径：由发酵过程中产生的二级胺（R_2NH）或三级胺（R_3N）转化形成；腌制用的粗盐中含有亚硝酸盐，亚硝酸盐与水产品中的胺类物质在适宜条件下经亚硝基化作用后生成亚硝胺。人体内合成N-亚硝基化合物的部位主要是在胃，当患有萎缩性胃炎或胃酸不足时，N-亚硝基化合物更容易产生，而通过实验还未发现任何一种动物对N-亚硝基化合物的致癌性具有抵抗力。

五、熏制品潜在危害因子

烟熏是一种传统的食品加工保藏方法。烟熏是将经过浸渍的水产品原料置于烟熏室中，然后使熏材缓慢燃烧或不完全燃烧产生烟气，在一定的温度下使食品边干燥边吸收熏材烟气，熏制一段时间使制品水分减少至所需含量，使其具有特殊的烟熏风味并改善色泽，延长保藏期。

（一）烟熏工艺

1. 冷熏法

冷熏法是将原料鱼等水产品长时间盐渍，使盐分含量稍重，熏室温度控制在蛋白质不发生热凝固的温度区以下（15～30℃）进行连续、长时间（2～3周）熏干的方法。这是一种烟熏与干燥相结合的方法（实际上还包括腌制）。为了防止熏制初期的变质，采用高浓度的盐溶液盐渍再脱盐，使肉质易干燥，脱盐程度常控制在最终产品盐分含量为8%～10%，制品水分含量约为40%。冷熏法的熏干温度在25℃左右，因此在气温较高的夏季难以生产。冷熏法主要用于干制的香肠，如色拉米香肠、风干香肠等，也可用于带骨火腿及培根的熏制。在熏制水产品方面，该方法常用于鲢鱼、鳟鱼、鲱鱼、鲑鱼、鲐鱼、鳕鱼及远东线鱼等的熏制。

2. 湿熏法

湿熏法是使熏室温度控制在30～80℃范围，进行较短时间（3～8 h）熏干的方法，可进一步细分为中温湿熏法（30～50℃）和高温湿熏法（50～80℃）。在60℃以上温度区加热时，水产品原料的肌肉蛋白质将发生热凝固。最终熏制品的水分为55%～65%，盐分为25%～30%，保存性较差，可低温保藏，熏制产品得率为65%～70%。在熏制水产品方面，主要原料有鲑鱼、鲱鱼、鳕鱼、秋刀鱼、鱿鱼和章鱼等。

3. 热熏法

热熏法也称焙熏，采用高温（120～140℃）短时间（2～4 h）烟熏处理，水产品整体受到蒸煮致使蛋白质凝固，成为一种可以立即使用的方便食品。熏制品水分含量高，贮存性较差。

4. 液熏法

将阔叶树材烧制木炭时产生的熏烟冷却，除去焦油等，其水溶性部分称为熏液（木醋液）。预先用水或稀盐水将上述熏液稀释3倍左右，然后将水产品原料（如鱼）放在其中，浸渍10～20 h，也可用熏液对原料进行喷洒，然后干燥即可。为改善制品的色泽及提高干燥效果，有时也与普通的熏制法联合使用。使用熏液的优点：可调整烟熏制品的最佳香味浓度，且熏液及其香味成分容易渗入水产品中，香味均匀。若仅做表面处理，效果与普通烟熏法相同。

5. 电熏法

电熏法是在室内安装电线，通入10 000～20 000V的高压直流感应电，进行电晕放电，然后将鱼体挂在电线上，从熏室下部的炉床产生熏烟进行熏制。与普通烟熏法不同的是，由于电晕放电，熏烟带电渗入肌肉中，使产品具有较好的贮存性。将水产品以每2个组成1对，通入高压直流电，使水产品成为电极，产生电晕放电，由于放电作用带电附着在相反电极的水产品上，达到熏制效果。但由于水产品的尖突部位易于沉淀熏烟成分，加之设备运行成本高，该法较难以普及。

（二）潜在危害因子

1. 多环芳烃化合物

多环芳烃化合物（PAH）是指两个以上苯环连在一起的化合物，是最早发现且数量最多的致癌物，在已查出的500多种主要致癌物中，有200多种属于多环芳烃化合物。其中苯并［a］芘（Benzo［a］pyrene，BaP）是多环芳烃化合物中最具有代表性的强致癌稠环芳烃，它不仅是多环芳烃化合物中毒性最大的一种，也是所占比例较大的一种。苯并［a］芘通常被用来作为多环芳烃化合物总体污染的标志。多环芳烃化合物主要是由有机物的不完全燃烧产生的。在烟熏过程中，由于木材的不完全燃烧，会产生大量的多环芳烃化合物。在熏制过程中，熏烟中的苯并［a］芘等有害物质会附着在产品的表层，如熏肉制品表层黑色的焦油中，就含有大量的苯并［a］芘等多环芳烃化合物。

根据流行病学调查，人经常摄入含苯并［a］芘的食物与消化道癌发病率有关。日本、冰岛和智利等国患胃癌人数居世界首位，这与他们大量食用熏鱼有关。此外，经常饮酒的人，食管癌和胃癌的发病率比不饮酒的高，推测酒将食道或胃内的部分黏液溶解，此时摄入的食物中如含有苯并［a］芘可增加致癌机会。

2. 甲醛

熏肉制品表面含有大量的甲醛（formaldehyde），这主要是由于在烟熏过程中，木材在缺氧状态下干馏会生成甲醇，甲醇可以进一步氧化成甲醛，从而吸附聚集在产品表面。传统烟熏肉制品表层的甲醛含量可高达124.32 mg/kg。甲醛具有抗菌作用，可以防止熏肉腐败，但是它同时也具有很大的毒害作用。已有充足的人体和动物实验证明甲醛具有致癌性。在流行病学调查中，有证据证明甲醛能够引起鼻咽癌，也有证据证明其能引起白血病以及有限的证据证明其能造成鼻窦癌。

近年来比较系统地研究了甲醛对人体的呼吸系统、消化系统、循环系统、泌尿系统、生殖系统、免疫系统及神经系统的毒性作用机制，取得了突破性的研究进展。甲醛对上述人体系统均具有一定的毒性，而且其引起毒害作用的机制主要是抑制超氧化物歧化酶的活性，使体内的氧自由基清除减少，氧自由基增多导致脂质过氧化，进而通过增加膜的通透性引起细胞内钙超载。研究认为自由基的积累和钙超载是甲醛产生毒性的主要原因。氧自由基引起细胞凋亡的可能机制：氧自由基激活$P53$基因，耗竭ATP，生物膜脂质过氧化，激活Ca^+/Mg^{2+}依赖的核酸内切酶，激活核转录因子等。钙稳态失衡引起凋亡的可能机制：激活Ca^{2+}依赖的核酸内切酶，降解DNA链；激活谷氨酰胺转移酶，有利于凋亡小体形成；激活核转录因子，加速凋亡相关因子的合成，最终通过细胞凋亡引起各个系统的毒性。

六、罐藏品潜在危害因子

1. 罐藏工艺

罐藏工艺是食品原料经预处理后，密封在容器或包装袋中，通过杀菌工艺杀灭致病菌、腐败菌等微生物，并在维持密闭和真空的条件下，使食品能在常温下长期保存的食品保藏方式。

2. 潜在危害因子

（1）添加剂滥用。个别生产企业为确保罐藏水产品良好的产品外观和口感，可能会违规添加食品添加剂（如EDTA钠盐和亚硫酸盐等），造成产品添加剂使用不当。以我国出口欧盟的食品为例，2005—2008年出口欧盟的罐藏食品因使用食品添加剂超标和未批准使用品种而被通报的有35宗。其中22宗属于超标使用，涉及超标的食品添加剂包括亚硫酸盐、苯甲酸、山梨酸、诱惑红、日落黄；13宗为使用未批准的品种，涉及食品添加剂有赤藓红、柠檬黄、糖精、胭脂树橙。

（2）加工助剂污染。主要包括游离甲醛、氯乙烯单体、邻苯二甲酸酯、双酚A、氧化硅及重金属等。不论是玻璃瓶或其盖，马口铁空罐或其盖，还是铝制容器，在生产过程中都会加入相关的加工助剂，以提高其工艺性能。从食品安全角度来说，一部分有毒有害物质就可能随着加工助剂的不当使用而进入食品中。国内玻璃瓶盖垫圈中的增塑剂大部分是邻苯二甲酸酯（DEHP）。DEHP是日常生活中使用最广泛且毒性较大的一种酸酐酯。随着时间的推移，这类物质会慢慢从塑料制品中迁移出来而进入食品中，危害人体健康。

（3）蒸煮冷却不当。蒸煮冷却可以降低杀菌负担，然而蒸煮操作不当，引起温度波动及蒸煮时间不足以及冷却不及时、冷却水温过高、冷却水量不足或冷却水细菌超标等，都会引起微生物的污染。为此，要求严格控制蒸煮温度和时间，及时冷却，有条件时可以对冷却水采用紫外线或臭氧消毒。

（4）封口不当。封口是软罐头加工的一个重要环节，封口不当会引起某些部位形成棱角或封口处在杀菌时开裂，致使杀菌失败或导致软罐头在贮存过程中酸败胀袋。为此，必须严格控制真空度，调整好热合温度与时间。

（5）杀菌不足。杀菌过程是罐头生产的关键，它是保证罐藏水产品质量的最关键环节。杀菌不足，会造成细菌在贮存过程中增殖，致使罐头酸败胀袋；杀菌过度，会造成产品风味和营养下降。这就要求罐头生产者必须严格按杀菌公式执行，做好杀菌记录，在每锅杀菌过程中，严格执行手记记录和自动温度记录。

（6）加工用水污染。加工用水是微生物污染罐藏食品的主要途径及重要的污染源。加工过程中清洗、冷却等环节不当，引起微生物的污染，从而影响产品质量。为此，加工用水必须符合生活饮用水标准，必要时可采用紫外线或臭氧对水源消毒。

（7）包装材料选择不合适。包装材料是产生微生物危害的又一环节，对产品质量和保质期都有一定的影响。因此，包装材料必须具有良好的热封性、耐热性、耐水性和隔绝性。在对其进行危害分析时，应检查是否密封、折损和热封性，因为上述因素都可导致罐头内容物的再次污染，使内容物腐败变质，发生恶臭、胀袋等现象。

（8）加工人员、车间环境和加工器具卫生状况不良。加工人员、车间环境和加工器具，卫生状况也会造成微生物的污染，必须加强操作工人的卫生管理，采用定期和进入车间消毒制度，减少操作工人手和上呼吸道感染的带病率，降低罐藏水产品再污染的概率。因此，应加强车间环境卫生的消毒管理工作，采用紫外照射和消毒剂喷雾相结合的消毒方式，减少空气中细菌残留量；提高在低温环境下车间空气的流动量，将细菌的污染率降低到最低程度；坚持台面、加工器具的洗刷消毒制度，台面、加工器具必须冲洗干净后，再进行消毒工作。

第二节　水产品加工控制技术

我国是水产品生产加工和消费大国，水产品的质量安全问题关系到每一位消费者的切身利益，甚至影响着整个产业的兴衰荣辱。而随着我国市场经济的不断繁荣与发展，水产品加工过程中日益出现诸多质量安全问题，这对我国水产品加工行业产生了很多负面的影响，对产业发展极为不利。本节探析了水产品加工质量控制与提升的对策，以期提高水产品加工的质量安全系数，保证水产加工行业的健康发展和消费者的利益。

一、生物性危害控制技术

1. 低温保藏

多数病原菌和腐败菌的宿主主要为一些温血动物，这些菌主要为中温菌，最适生长温度为20~40℃，因此，低温能够显著抑制这些微生物的生长繁殖，从而防止或延缓食品腐败变质。在没有保护剂的情况下，冷冻处理使得细菌细胞中的游离水形成冰晶体，导致渗透压增大，pH和胶体状态发生改变，微生物活动受到抑制甚至死亡。此外，形成的冰晶体可造成细胞机械损伤，胞内物质外流，细菌裂解死亡。但是，该方法主要适用于动物性食品，含水量多的食品冷冻后会产生严重物理损伤，影响食品风味和营养。

低温保藏是应用最为广泛的一种手段，其主要是通过低温来抑制腐败菌的生长速率以及各种酶的活性，从而达到延长水产品贮存期的目的。根据保藏温度的不同，可将低温保藏技术划分为冷藏保鲜（0~4℃）、冰温保鲜（0~2℃）、微冻保鲜（-4~-2℃）和冷冻保鲜（-40~-18℃）。根据传热介质及手段，可分为冷海水（冷盐水）保鲜、超冷保鲜及无冰保鲜等。

（1）冷藏保鲜：是一种将新鲜水产品温度降低至冰点附近而又不冻结的保鲜手段，因其保鲜温度相对较高，在贮存过程中不会有冰晶生成，所以其被认为是一种最能保持水产品品质的低温保鲜技术。然而，冷藏保鲜下鱼体温度只能稳定在0~2℃，且对于大型海水鱼，通常使其中心温度从15℃降至2℃需2 h以上。这种保鲜手段不能完全抑制腐败菌尤其是嗜冷菌的繁殖，导致其保鲜期较短。

（2）冰温保鲜：是指将水产品置于0℃至生物体冰点温度的这一温度范围保藏。通常情况下，水产品的冰温范围为0~2℃，在此温度下水产品中的绝大多数微生物及酶的活性得到抑制，且自身细胞不会被破坏。与其他低温保鲜手段相比，冰温保鲜在确保贮存期的同时能够最大限度地保持水产品原有的风味及质感。然而，由于水产品的冰温范围较小，实际控温十分复杂，对控温设备要求较高，因此限制了冰温保鲜的广泛应用。

（3）微冻保鲜：与冰温保鲜相似，微冻保鲜主要通过降低水产品中心温度至略低于其细胞质液的冻结点，冻结鱼体部分水分，从而限制微生物、酶及脂质氧化作用。与冷冻保鲜相比，微冻保鲜能够大幅度降低产品冻结过程中的蛋白质变性及冰晶产生过程中的机械损伤，且其解冻时间更短，能有效减少水产品解冻后的汁液流失等问题。如，微冻保鲜能将鳕鱼货架期由11 d延长至15 d，在微冻保鲜下的三文鱼片在第21

天仍能保持良好的口感。

2. 加热杀菌

大部分微生物在一定加热条件下都可以被杀死，一般低温杀菌可杀灭大部分细菌，但也有些细菌或芽孢耐热性强，需要高热才能杀灭，细菌在干燥状态下耐热性更强。

3. 超高压杀菌

超高压技术是利用高压介质（一般为水或油等流体）的高挤压力（100～1 000 MPa）作用，在常温或低温（低于100℃）下作用于物料，以达到灭菌、改变物料理化特性的目的。

超高压杀菌的作用机理有以下三方面：① 超高压使细胞膜上的磷脂结晶，膜功能蛋白的通透性增大，功能丧失；② 超高压使蛋白质变性，酶系统被破坏；③ 超高压影响DNA的稳定性，影响生物DNA复制转录。

细胞膜损伤是超高压导致微生物失活的主要方式之一。超高压保鲜技术不仅能够杀死水产品的腐败菌，还能导致与水产品腐败相关的酶失活。超高压作用鱼肉组织时能够加速氧化效应，在较低的压力下不会引起鱼肉脂质的氧化，只有超过一定的压力范围，脂质氧化才会发生。

4. 辐照杀菌

辐照杀菌是利用放射性同位素（钴60或铯137）发出的γ射线，或电子加速器产生的电子束（能量不大于1.602×10^{-12} J），或X射线（能量不大于5.01×10^{-14} J）对水产品进行辐照，杀灭水产品中的病原微生物及腐败细菌，抑制某些水产品生物活性及生理过程，延长水产品货架期的一种技术。用于灭菌的电磁波有微波、紫外线、X射线和γ射线等。辐照杀菌可在常温或低温下进行，处理过程中食品升温幅度很小，有利于食品中营养物质的有效保留，维持食品的质量。射线穿透力强，可杀灭深藏在食品内部的微生物。辐照杀菌不仅没有残留物，而且节约能源，还能改善食品的工艺和质量。该方法需要完备的安全防护措施，控制辐照剂量，且须注明辐照食品。辐照对微生物活细胞的作用分为直接作用和间接作用两种。

（1）直接作用：是指微生物受到放射性粒子轰击而吸收辐射能量并导致机体损伤的作用过程。其中，DNA分子受辐照影响最大，导致其碱基降解或氢键发生断裂，进而干扰酶的活性或使酶受到破坏。辐照也可以使细胞内胶体物质的状态发生改变，破坏细胞完整性，进而导致细胞死亡。

（2）间接作用：是指电离辐射与水产品中的自由水分子相互作用，产生水合电子、氢原子、羟自由基等活性粒子，这些粒子再与生物分子（蛋白质）等作用，导致生物体的结构、功能及代谢发生改变而遭到损伤。水产品腐败菌中大部分是革兰氏阴性菌，而革兰氏阴性菌的细胞壁对射线较为敏感。

低剂量辐照可以保证水产品的风味及色泽无明显变化。但是，在高剂量辐照下，水产品的风味会出现不同程度的降低，且辐照剂量越大，降低的程度越大。因为辐照会导致一定的生物化学反应，使脂肪氧化，大分子物质分解或聚合等，因此会改变水产品的滋味和气味。为降低辐照对水产品感官品质的影响，一般采用低温辐照。我国现行《冷冻水产品辐照杀菌工艺》（NY/T 1256—2006）规定冷冻水产品辐照剂量为 4~7 kGy。

5. 干燥杀菌

微生物的生长繁殖都需要一定的水分活度，当水分活度降低到0.9以下时，大多数的细菌均不能生长，因此，将食物进行干燥处理可有效防止食物腐败变质。对干燥食品应注意包装和保存，避免吸湿。

6. 增加渗透压

若将微生物置于含有大量可溶性物质的溶液中，微生物细胞会因失水而发生质壁分离，代谢停止，甚至死亡。细菌抵抗渗透压变化的能力比酵母菌弱得多，因此，许多食品经过盐渍或糖渍可延长保质期。高渗透压抑制细菌繁殖。除了食品保藏中的微生物安全控制外，食品生产企业在生产中应当坚持卫生标准操作程序（Sanitation Standard Operation Procedure，SSOP）及良好操作规范（Good Manufacturing Practice，GMP），从原料选择、加工环境直至包装容器、运输过程都应遵循行业的危害分析与关键控制点，避免食品被细菌污染。另外，消费者应当选择新鲜的食品，尽量不食用过夜剩菜剩饭，肉、鱼、禽、蛋类食品最好烧熟煮透后再食用，到干净卫生的餐厅进餐，尽量避免在不正规、不卫生的环境中进食，才能避免食物中毒。

7. 气调保鲜

气调保鲜是指通过改变食品包装内气体的成分或浓度，创造不利于微生物生长的环境，从而抑制微生物的繁殖，减缓水产品腐败的一种食品保鲜技术。常用的气体主要有CO_2、N_2、O_2等。

（1）CO_2：是气调保鲜中最重要的气体，对需氧菌和霉菌具有较好的抑制作用。由于水产品含水量较高，CO_2气体能溶于水生成弱酸（$CO_2+H_2O \longleftrightarrow HCO_3^-+H^+ \longleftrightarrow CO_3^{2-}+2H^+$），导致pH下降，从而降低蛋白质的持水力，造成汁液流失。因此，在水产品气调保鲜中应用CO_2，关键是要寻找CO_2的最佳浓度，在延长货架期的同时保持较好的水产品品质。

（2）O_2：是导致海水鱼腐败变质的关键物质。在水产品气调保鲜贮存过程中，O_2能够有效抑制厌氧菌的生长，同时O_2还能防止三甲胺氧化物（TMAO）被还原为三甲胺（TMA），但O_2的存在却有利于好氧微生物的生长以及加速鱼肉的酶促反应，同时也会引起高脂鱼类的脂肪氧化。因此，O_2的添加量需根据水产品优势腐败菌的种类决定。

（3）N_2：是惰性气体，难溶于水和脂肪。由于N_2的稳定性、难溶性以及不易透过包装膜等特性，它在气调保鲜中主要用作充填气体，防止包装袋的瘪陷变形，使包装呈现饱满外观；同时用于置换包装袋内的O_2等，从而抑制好氧微生物的生长繁殖以及高脂鱼类、贝类中酯类物质的氧化酸败。

气调保鲜技术结合低温冷藏能够显著延长水产品的货架期，使水产品保持良好的感官品质。

8. 电解水杀菌

酸性电解水是一种新型机能水，是通过电解生成含ClO^-、ClO_2、O_3、H_2O_2和$NaCl$混合液的具有杀菌功效的功能水。酸性电解水具有广谱高效、安全环保的杀菌效果。电解水生成装置具有结构较简单及生产成本较低的优点，作为一种新型的安全环保杀菌剂，适用于生鲜水产品杀菌保鲜。研究表明，酸性电解水对大肠杆菌、单核增生李斯特氏菌、蜡样芽孢杆菌等多种细菌具有很强的杀灭作用。目前，酸性电解水在国内主要还处于实验研究阶段，得到应用和全面推广尚需时日。

9. 臭氧杀菌

臭氧是氧的同素异形体，有轻微臭味，故称臭氧。臭氧有极高的氧化能力，极易氧化细菌细胞壁中的脂蛋白，从而使细胞受到破坏，被公认为是一种通用、广谱性抗菌剂。臭氧既可以空气为媒介使用，也可以水为载体，广泛用于生产用水、养殖用水消毒、冷库消毒、加工车间杀菌除味，可显著降低食品中微生物菌群的种类及数量，延长产品货架期。水产品加工过程中合理利用臭氧可有效保证水产品品质并延长其货架期，但如果使用不当，臭氧同样可以降低水产品的感官品质，对产品质量造成一些有害影响。臭氧自发现以来，已作为一种高效杀菌剂而被广泛应用于食品领域。臭氧保鲜的机理主要依据其较强的氧化性，能够有效作用于水产品表面的微生物，破坏细胞的结构，降低水产品在贮存过程中微生物的数量，从而达到延长水产品货架期的目的。

臭氧杀菌包括以下几个方面：① 强氧化作用，臭氧能够氧化分解巯基（—SH），干扰微生物酶系统，巯基氧化是导致微生物死亡的主要原因之一；臭氧能够与细菌细胞壁中的脂蛋白或细胞膜中的磷脂发生化学反应，从而使细菌的细胞壁受到破坏，细胞膜通透性增强，细胞内物质外泄，使其失去活性。② 臭氧能够直接作用于细菌、病毒，破坏其核糖核酸、蛋白质、多糖和脂类等大分子物质，从而抑制微生物的生长繁殖或杀灭微生物，还可以侵入细胞膜内，作用于脂蛋白和脂多糖，导致细胞溶解死亡，从而起到杀菌作用。③ 臭氧分解后会产生氧气，其氧化能力较强，对微生物的生长繁殖能够起到抑制作用。臭氧可以明显抑制指状青霉（*Penicillium digitatum*）、灰葡萄孢霉（*Botrytis cinerea*）和匍枝根霉（*Rhizopus stolonifer*）等真菌的孢子萌发。

臭氧已经被广泛用于水产品保鲜，主要有比目鱼、鳗鱼、金枪鱼、章鱼、鱿鱼、魁蚶、蛏、毛蚶、文蛤等。臭氧不仅能有效地抑制鱼类、贝类表面的微生物，有效保持鱼类、贝类的鲜度，还可消除鱼类、贝类及加工制品的异臭等。

10. 化学保鲜

化学保鲜是利用化学制品的防腐作用，来提高水产品的耐藏性及品质的稳定性，但此法只能在特定的情况下使用。水产品加工过程中使用的化学防腐剂，主要有氧化型和还原型两类杀菌剂。氧化型杀菌剂包括过氧化氢、过氧乙酸、氯、漂白粉和漂白精，还原型杀菌剂包括二氧化硫、亚硫酸及其盐类和醇类。部分水产品化学防腐剂及应用范围和使用量见表5-1，其中应用最为广泛的化学防腐剂主要有亚硝酸盐、山梨酸盐、各种有机酸、苯甲酸钠和双乙酸钠等。与其他保鲜手段相比，化学保鲜具有成本更低、操作简便和保鲜效果显著等特点。

表5-1 部分化学防腐剂及使用

化学保鲜剂	主要应用范围	参考最大使用量/（g/kg）
苯甲酸及其钠盐	鲜鱼、鱼油、鱼露等	1.0
山梨酸及其钾盐	干制水产品	1.0
	熏制水产品	1.5
	其他水产品	1.0
稳态二氧化氯	鱼类、甲壳类、贝类、软体类、棘皮类及其加工制品	0.05
二氧化硫、亚硫酸盐等部分含硫化合物	干制水产品（海蜇、海藻）	0.05
亚硝酸钠	鱼糜制品	0.05
	鱼子制品	0.005
硫酸软骨素钠	鱼肠制品	3.0
丙烯乙二醇	熏制墨鱼	<2%（水溶液）
丁羟茴醚	冷藏水产品	1.0
丁基羟基茴香醚	干制鱼制品	0.2
二丁基羟基甲苯	干制鱼制品	0.2
没食子酸丙酯	干制鱼制品	0.1
特丁基对苯二酚	干制鱼制品	0.2

续表

化学保鲜剂	主要应用范围	参考最大使用量/（g/kg）
双乙酸钠	鱼肉制品	2.0
	鱼干制品	2.0
	鲜鱼	<10%（水溶液）

11. 生物保鲜

生物保鲜是通过浸泡、涂膜及喷洒等手段将生物保鲜剂作用于水产品中，有效延长水产品货架期的一种技术。生物保鲜剂是从动植物、微生物中提取的天然的或利用生物工程技术改造，而获得的对人体安全的保鲜剂。生物保鲜剂是一种广泛存在于自然界中的生物活性资源，具有传统化学保鲜剂无法比拟的安全优势，因此生物保鲜逐渐发展为一种成熟的新型水产品保鲜手段。为解决单一生物保鲜剂不能够达到预期保鲜效果的问题，可将具有不同功能特性的生物保鲜剂按一定比例混合成复合型生物保鲜剂，通过相互之间的协同作用提高水产品的保鲜效果。生物保鲜剂按照其主要来源，可以分为植物源、动物源以及微生物源保鲜剂。植物源生物保鲜剂主要包括茶多酚、迷迭香、大蒜素、生姜提取物、丁香以及桂皮等，具有来源丰富、价格低廉、无毒副作用等特点；动物源生物保鲜剂主要包括壳聚糖、蜂胶、溶菌酶等；微生物源生物保鲜剂主要包括乳酸链球菌素（nisin）和乳酸菌发酵液等。应用较为广泛的水产品生物保鲜剂主要有细菌素、生物酶制剂、壳聚糖、茶多酚、群体感应抑制剂、植物精油等。

（1）细菌素：是在微生物代谢过程中合成的具有抑菌作用的多肽类代谢产物。其能够抑制靶细胞肽聚糖的合成，并能作用于核糖体来抑制细胞合成蛋白质，具有安全、高效、无耐药性等特点。近年来细菌素已成功应用于海水鱼保鲜领域，其中应用最为广泛的是乳酸链球菌素。乳酸链球菌素作为乳酸链球菌的分泌物，能有效杀死单核细胞增生李斯特氏菌等革兰氏阳性食品腐败菌，对部分产芽孢菌也具有明显的抑制作用。在加工过程中加入乳酸链球菌素，能够有效缩短热杀菌时间，提高加工类水产品品质。

（2）生物酶制剂：是生物所产生的一类具有特殊用途的催化剂或抑菌剂。在水产品保鲜中，加入生物酶能够抑制氧化及微生物生长。常用的生物酶制剂主要有溶菌酶、纤维素酶以及葡萄糖氧化酶等。溶菌酶能够水解腐败菌细胞壁中的肽聚糖，使细菌细胞壁发生破裂，最终导致其死亡。葡萄糖氧化酶是一种经发酵产生的需氧脱氢酶，能够催化β-D-葡萄糖氧化为葡萄糖酸，从而降低贮存环境中的pH，达到抑制微生物生长的目的。该反应为耗氧反应，还能够有效降低贮存环境中的氧浓度，防止脂肪氧化。

（3）壳聚糖（Chitosan）：又名甲壳素，是一种直链多糖，由α-氨基-D-葡胺糖通过β-1，4糖苷键连接而成，具有良好的抑菌性及成膜性，在水产品贮存中得到了普遍应用。壳聚糖既可直接单独作用于水产品，也可与其他物质共同作用形成涂膜剂应用于水产品保鲜。小分子壳聚糖能够直接进入细胞体内，并与蛋白质通过电荷作用相结合，从而干扰细菌体内蛋白质的合成。而大分子壳聚糖能够吸附在细胞表面，从而阻止其营养物质的运输及代谢。

（4）茶多酚：是指花色苷类、黄酮类及黄烷醇（儿茶素）类等茶叶中的一类多酚类物质，其具有一定的抗癌、抗辐射、抗氧化及抑菌功效，被广泛应用于水产品保鲜中。茶多酚能通过清除自由基来抑制脂肪氧化的链式反应，还能螯合环境中的金属离子，抑制氧化酶活性等。

（5）群体感应抑制剂（QSI）：是一种能够抑制微生物群体感应现象的物质总称。通过干扰腐败菌的群体感应系统来抑制其致腐因子的分泌，从而在不造成生长压力的同时降低腐败菌的致腐能力，以达到延长水产品贮存期的目的。QSI主要有以下3种作用途径：① 抑制群体感应信号分子的合成；② 抑制群体感应信号分子的扩散；③ 竞争群体感应信号分子的受体。随着抗生素滥用及耐药性问题的愈演愈烈，使QSI作为一种更加温和、安全的微生物危害控制手段受到越来越多的关注。

（6）植物精油：是从植物中提取的一类具有强烈气味的挥发性化合物。通常一种植物精油中包含数十种不同类型的化合物，然而只有其中几种含量较高的化合物能够决定其生物活性。在传统的食品工业中，植物精油常被用作香料添加到食品中以改善食品的风味。近年来，随着对植物精油抑菌性及抗氧化性的大量报道，已被当作一种潜在的保鲜剂应用于海水鱼及其加工品中。

虽然上述生物保鲜剂能够有效延缓水产品的贮存期，但是单一的生物保鲜剂通常具有自身的局限性，不能对引起水产品腐败的所有因素加以控制。在实际使用过程中，通常根据不同生物保鲜剂的作用机制，将两种或多种保鲜剂复配使用，使其发挥协同作用。

12. 涂膜保鲜

涂膜保鲜作为一种良好的果蔬保鲜技术，近年来被应用到海水鱼保鲜领域。涂膜保鲜在食品表面形成一种具有抗菌、抗氧化等功效的薄膜，从而防止外界微生物及氧气对海水鱼的侵染及氧化作用，提高海水鱼在运输中抗损伤的能力。根据材料不同，涂膜可分为可食性涂膜及抗菌性涂膜。

（1）可食性涂膜：多以多糖、蛋白质及脂质为成膜材料，通过涂布或微胶囊的方式包裹在海水鱼表面，创造一个相对封闭的环境，以隔绝外界因素对水产品的影响。

最为常用的可食性涂膜材料有壳聚糖、海藻酸盐、蜂蜡、明胶等。

（2）抗菌性涂膜：是通过在可食性膜中加入某些无毒的抑菌剂来协同增强膜的抑菌性，以此增强涂膜保鲜的效果。被加入涂膜材料中的抑菌剂以缓释的方式作用于海水鱼，对微生物的生长具有持续的抑制作用。

13. 纳米保鲜

纳米保鲜是指在纳米尺度下对保鲜材料进行制备及应用的一类保鲜方法的统称。纳米保鲜的应用主要集中在"保鲜剂纳米化"及"纳米保鲜包装材料制备"两方面。与微观的原子或宏观的粉末颗粒相比，当物质处于纳米量级（1～100 nm）时具有明显的体积效应及界面效应等物理效应，使其获得原本不具备的特性。如纳米体系下物质的比界面巨大，键态严重失衡，使物质暴露更多的活性中心，因此将部分保鲜剂纳米化能够增强其生物活性。此外，将保鲜剂通过静电纺丝等纳米工艺制成的保鲜包装材料具有除臭、抑菌等特点。

二、化学性危害控制技术

（一）重金属控制

（1）水产品体内重金属的去除方法。活体暂养净化是一种使用比较多的活体重金属净化技术，主要适用于贝类。暂养技术指将重金属含量高的贝类暂养到洁净的水体环境中，通过其自身的代谢将体内的重金属污染物排出体外。暂养技术作为活体重金属脱除的唯一手段，具有耗时长、成本高、损耗率高、产生二次污染的特点。为了提高净化效率，有学者研究了在暂养过程中向贝类饵料中添加藻类、维生素C、EDTA等来提高贝类的代谢活力，从而加快体内重金属的排出。

（2）水产品在加工过程中重金属的脱除方法。水产品在加工过程中，将水产品组织制成匀浆或者酶解液，通过物理、化学和生物等方法脱除重金属。报道比较多的方法是化学沉淀法、离子交换法、絮凝法、壳聚糖法、络合法、吸附法和螯合树脂法等。研究结果表明，在多种脱除方法中，阳离子树脂对扇贝内脏多糖中的重金属Cd的脱除效果最好，脱除率达到90.72%，为扇贝内脏多糖产业化生产提供了可行性依据。在贻贝蒸煮液中按体积比加入0.7%～1.0%的植酸，调节pH至8～10，在70～90℃条件下反应10～20 h，在2 000～10 000 r/min条件下离心10～60 min，滤去沉淀。该方法在较大程度上保留贻贝蒸煮液中蛋白质和总糖含量的同时，有效地降低贻贝蒸煮液中的重金属Cd和Cr的含量。贝类在加工过程中的重金属脱除技术虽然达到了一定的效果，但在实际应用中，对于不同的产品和不同的重金属，很难达到均一的效率。因此，寻找一种针对不同产品、不同重金属污染均能达到较高效率的脱除方法，是今后研究的热点。

（二）药物残留控制

（1）完善水产品安全法律、法规、标准体系。西方各国都很重视水产品质量安全法制建设。美国有食品和药品监督管理局（FDA）、美国农业部（USDA）、美国国家环境保护机构（EPA）三个食品安全管理机构负责食品法则的建立，欧盟有统一的质量安全管理标准，日本、加拿大等国家的法规也都做了一些规定。相比而言，我国的法制、标准体系还不够健全，不能涵盖水产品生产各个环节，突出反映在渔药、渔用饲料管理体制的缺乏。笔者认为可以通过完善立法、建立标准体系来严禁水产品在生产、供应、运输等过程中出现药物残留超标。具体应做到以下两点。

1）加快制订和完善有关法律、法规及其实施细则。为渔业生产、贸易提供约束机制，为水产品质量安全监管提供法律支撑，从法律上保障水产品质量，使监管有机构、行动有队伍、处罚有依据。

2）加快制订渔业相关标准的步伐，充分研究和借鉴发达国家的有关标准，力争在较短时期内形成一个既符合我国国情又与国际接轨的具有较高水平的，由国家标准、地方标准和企业标准共同组成的比较完善的水产标准体系，使我国水产品在国内外市场的竞争力得到提高。

（2）源头管理。水产品药物残留主要是在生产过程受到污染，解决的方法是要从源头抓起。笔者认为应采取基地管理、企业自控、政府全过程监控、认证管理来预防和杜绝水产品的药物残留。

1）基地建设。大部分水产品没有固定的原料供应基地，养殖业、捕捞业一家一户分散生产，其产品出现药物残留难以溯源。建议有条件的大中型水产企业改过去"公司＋收购"模式为"公司＋基地"一条龙管理模式，创建一批无公害水产品生产基地，推行标准化养殖和标准化加工。

2）企业自控体系的建立。企业应有健全的药物残留控制体系、质量控制体系，使产品得到全程控制。生产企业可以建立生产管理体系、卫生防疫体系、残留监控体系、检测体系、产品追溯体系及纠正体系等质量自控体系。可以广泛推广先进质量管理方法，如GMP、GAP、HACCP、GB/T 19000—ISO9000等质量管理控制体系，严格按国际标准生产产品和组织出口。

3）积极推行认证制度。加强无公害水产品产地认定、产品认证和标识管理工作。在水产品生产中积极推行GAP、HACCP体系、绿色食品、有机食品论证等多种形式的质量认证和管理工作，实行生产准入、市场准入制度，以此做好水产企业源头管理工作。

（3）全过程监控。只有提高各环节的质量安全才能提高水产品质量安全，水产养殖产品全过程监控：苗种—饲料—水质—渔药—形成养殖—水产品贸易—贮存—运输—市场准入—餐桌的全过程监控。海洋捕捞产品全过程监控：水域环境—渔船—形成捕捞—保鲜—水产品贸易—运输—市场准入—餐桌的全过程监控。有关行政执法单位应依据法律、法规及有关标准实施渔业行业全过程质量管理制度，切实做好"鱼苗至餐桌""渔船至餐桌"全过程质量管理，努力提高水产品质量安全水平。在实施全过程监控时必须清楚健康养殖不等于不用药。因为水域环境尤其是集约化养殖的水产动物环境是病原体滋生的场所，水产动物无时无刻不受病原体的侵袭，因此，应该提倡科学用药，即从病原、环境、水生动物药物等方面综合考虑，有目的、有计划地用药。

（4）完善水产品检测体系。国外绿色技术壁垒日益森严，需要我们不断提高检测水平、检测业务人员的整体素质及检测机构的管理水平。因此，要加大科技投入力度，加强力量研究检测方法，更新检测设备，经常对有关人员进行技术培训。

（三）加工过程中污染物控制

1. 生物胺

生物胺多由于运输、生产加工和销售过程中具有氨基酸脱羧酶或脱氢酶活性的微生物对其前体物质进行脱羧或脱氢作用而产生。因此，控制生物胺就必须抑制其前体物质的脱羧或脱氢反应，即减少微生物的污染、抑制微生物生长及降低相关酶的活性；而对于已经产生的生物胺，则需寻找能降解生物胺的方法。生物胺的控制方式多样，可以归为物理、化学和生物三个方面。

（1）物理控制：主要包括对水产品的前处理、低温贮存、臭氧处理、辐照杀菌、超高压灭菌、气调控制等。物理控制方法一般操作简单、方便，是较常用的方法，无二次污染，不会造成水产品营养损失及质地、风味、口感的破坏，但需相应的设备，能耗大。前处理一般是对水产品在运输和贮存前进行相应清理，如鱼表面的黏液、鱼鳃及肠道内存在着大量包括生物胺产生菌在内的微生物，在贮存与运输前对鱼的体表、内脏、头部进行清理，均能抑制生物胺的形成。低温贮存利用低温条件下生长缓慢，氨基酸脱羧酶活性较低以抑制生物胺的形成。贮存需及时和充分，臭氧处理是利用氧原子的氧化作用在短时间内损坏微生物的细胞结构，导致其最终失去生存能力以抑制生物胺的生成。

1）辐照杀菌是利用物理射线（一般是γ射线）直接或间接破坏微生物的核糖核苷酸、蛋白质、细菌细胞膜等以抑制生物胺的形成。

2）超高压灭菌是以液体（如水等）作为介质对水产品施于100～1 000 MPa的压力，能够杀灭产品中的微生物以及使钝化酶失活，从而抑制生物胺的形成。

3）气调控制主要是利用一种气体或数种混合气体改变贮存库或包装内的空气组成，以抑制微生物的生长及相关酶的活性，从而抑制生物胺的形成。

（2）化学控制：主要是对水产品添加不同类化合物（糖、食盐、酸、山梨酸钾等）或天然提取物（茶多酚、壳聚糖、溶菌酶等），成本较低且不需要昂贵的仪器设备，但有些添加物质对水产品的风味影响较大。糖在高温下能与羰基化合物发生美拉德反应，柠檬酸、琥珀酸、苹果酸、山梨酸钾、亚硝酸盐、双乙酸钠等具有一定的防腐作用，通过抑制产胺菌的生长从而控制水产品中生物胺的产生。

（3）生物控制：包括影响产胺菌的生长、筛选具有生物胺降解作用的酶、抑制游离氨基酸的脱羧反应。生物法较安全可靠，可较好地保持水产品原有的风味，产品的质量更稳定，但需提前筛选具有相关酶活性的菌株，此过程需要开展大量的研究。

2. 甲醛

冷藏状态、冷藏温度、包装气体和添加物质都不同程度地影响水产品中甲醛的形成。因此，应深入研究水产品自身代谢产生甲醛的机理，有效减少水产品中甲醛的本底含量。研究表明，在不同贮存温度下，水产品中的甲醛含量不同，这主要是水产品中的氧化三甲胺在微生物的作用下还原成三甲胺和在氧化三甲胺酶的作用下产生二甲胺和甲醛共同作用的结果。氧化三甲胺酶广泛分布于海水鱼中，且在白肉鱼中的含量比在红肉鱼中的多，在乌贼、贝类中也有一定的含量，在淡水鱼中则没有氧化三甲胺酶或者含量极微。水产品一般采用冰鲜、冷冻和冷藏贮存，低温抑制了微生物的作用，而氧化三甲胺酶的活化能很低，因此，在贮存过程中氧化三甲胺酶是影响甲醛含量的主要因素。氧化三甲胺酶大部分位于鱼体肾脏和脾脏，很少在肌肉中发现，并需辅助因子才能完全被激活。因此，亟须针对氧化三甲胺酶进一步研究合适的海水鱼贮存和包装条件，从而改善海水鱼的贮存条件和提高安全性。

建立科学的水产品养殖加工体系，有效控制水产品养殖加工过程中的污染。我国的水产品养殖加工面临渔业水域污染严重，水产品养殖者、加工者、销售者和渔药生产者的质量安全意识淡薄，相关法律法规不够健全，缺乏统一的行业标准，缺乏高效的管理机制等问题。为改善水产品的安全现状，首先需控制渔业养殖水域的水源和土质等环境条件，重视水质的改良，科学指导渔药的使用，使水质符合《无公害食品　淡水养殖用水》的规定；其次，各职能部门应明确分工、协力共管，建立健全水产品质量可追溯体系，在水产品生产、流通、销售各环节建立相应的管理和记录制度，并妥善保存生产记录档案，以便在发生质量安全事故时追溯；最后，应建立和完善我国水产品质量监管体系，统一行业标准，并针对我国国情，进行水产品行业深层次的研究，根据不同种类的水产品、不同的加工工艺进行危害分析，建立符合我国国情、具有我国特色的水产品养殖加工体系。

加强宣传和监管力度，杜绝水产品中甲醛的人为污染。尽管甲醛对人体的危害很大，但由于其能改善水产品感官品质的特征，在水产品中非法添加甲醛的现象屡禁不止，这是由经营商对甲醛危害的认识不够及相关部门的监管力度不够所造成的。因此，需积极加大关于甲醛的危害、自身代谢产生甲醛的水产品种类、减少甲醛本底含量的方法，以及辨别非法添加甲醛的水产品的技巧等相关知识的宣传力度。食品药品监督管理、卫生、质量监督、工商行政管理、检验检疫等部门负责水产品加工企业和批发、零售市场的监督管理，建立市场准入制度，充分运用产品生产许可制度、产品质量监督抽查、强制性检验等手段，加大监管力度，加大抽查结果为不合格样品的处理力度，有效减少人为非法向水产品中添加甲醛的现象。

3. 脂质氧化产物

脂质氧化酸败是水产品在贮存过程中发生腐败变质的主要原因，是指水产品中的不饱和脂肪酸或空气经氧化而分解成低分子羰基化合物（醛、酮、酸等）、过氧化物和酸价，而使水产品具有特殊气味。脂质氧化包括3种类型：自动氧化、光敏氧化和酶促氧化。自动氧化是在诱发剂如金属离子、光、热等存在下，活化的含烯底物（如不饱和脂肪酸）与单线态氧发生的游离基反应。光敏氧化是光敏物如血红素、肌红蛋白等在光能激发下将吸收的能量传递给空气中的氧分子，使它激活后能和脂肪酸或酯发生反应，形成氢过氧化物。酶促氧化是由脂肪氧合酶催化脂肪氧化形成氢过氧化物。光敏氧化和酶促氧化产生的氢过氧化物可分解产生自由基，诱发或启动自动氧化反应。

（1）添加天然抗氧化剂。水产品由于含有大量的不饱和脂肪酸而极易发生脂质氧化。研究表明，天然抗氧化剂对水产品的抗氧化机制有以下4种：① 清除自由基，阻断链式反应；② 螯合金属离子，降低活性氧的产生；③ 再生体内高效抗氧化剂；④ 抑制或激活相关氧化酶系和抗氧化酶系。以某一多不饱和脂肪酸为例，天然抗氧化剂抑制其氧化的作用机制如图5-1所示。

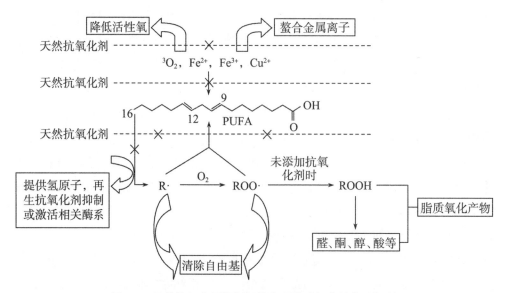

图5-1 天然抗氧化剂抑制不饱和脂肪酸氧化的作用机制

果蔬提取物在控制脂质氧化中的应用。果蔬类植物中富含大量的抗氧化活性物质，如洋葱的外表皮含有大量的槲皮素和原儿茶酸，菠菜叶中含有大量的黄酮类物质，十字花科的蔬菜和苹果中含有大量的酚类物质，等等。这些物质因具有天然无毒副作用的特点，在食品和医药上得到了广泛的应用。

中草药在控制脂质氧化中的应用。中草药是中医所使用的独特药物，主要由植物药（根、茎、叶、花、果实、种子等）、动物药（内脏、皮、骨等）和矿物药组成。因植物药占中药的大多数，所以中药也称中草药。中草药的抗氧化能力归因于其中的黄酮类、苯酚类、皂苷类、鞣质类、生物碱类和多糖类等物质。从甘草中提取出来的含有黄酮类功能的抗氧化物可以螯合金属离子、清除自由基、终止自由基链式反应，所以有显著的抗氧化和防腐保鲜功能，并且安全高效。厚朴乙酸乙酯提取物在鱼油中的抗氧化活性应用效果与天然维生素E相当，而没食子酸辛酯、没食子酸十二酯对厚朴乙酸乙酯提取物具有较强的协同增效作用。很多中草药具有抗氧化活性，但其在水产品上的应用研究较少，因此，开发中草药提取物，并将其抗氧化活性应用于水产品贮存保鲜上是很有潜力的。

香辛料提取物在控制脂质氧化中的应用。香辛料是天然植物抗氧化剂的重要来源，主要有迷迭香、鼠尾草、百里香、牛至草、丁香、薄荷、胡椒、生姜、大蒜等。香辛料具有较强的抗氧化活性，主要的抗氧化成分为酚类及其衍生物。

茶叶提取物在控制脂质氧化中的应用。茶多酚是一种从茶叶中提取的天然多酚类物质，包括黄烷醇类、花色苷类、黄酮类、黄酮醇类和酚酸类，其中黄烷醇类中的儿茶素类化合物是茶多酚的主要活性成分，占茶多酚总量的60%～80%。它可以直接清除活性氧自由基、抑制脂质过氧化反应、螯合金属离子和激活细胞内抗氧化防御系统，因此值得大力研究和开发，目前茶多酚已被广泛应用于水产品贮存。

维生素类物质在控制脂质氧化中的应用。维生素是维持身体健康所必需的一类有机化合物，对机体的新陈代谢、生长、发育、健康起到重要的作用。在研究天然抗氧化剂抑制水产品脂质氧化的过程中发现，维生素A、维生素C、维生素E及其衍生物在一定程度上可以抑制脂肪氧化。β-胡萝卜素是生物体内合成维生素A的前体物质，具有很好的抗氧化性能，能猝灭单线态氧、清除自由基，减少光敏作用对脂质氧化的影响。维生素C又称抗坏血酸，多存在于水果蔬菜中，具有与没食子酸丙酯（PG）相类似的抗氧化能力，可以有效地作为PG的替代物。维生素E又称生育酚，有4种同分异构体，其中活性最强的是α-异构体，可以有效地阻断自由基链式反应，抑制不饱和脂肪酸的氧化反应。

其他天然抗氧化剂在控制脂质氧化中的应用。一些从植物中提取纯化的物质如咖啡酸、单宁酸、白藜芦醇、芦丁等，同样具有较强的抗氧化能力，已经被广泛应用在水产品的贮存保鲜上。很多从动物中提取的天然物质对脂肪的氧化也起到显著的抑制效果。通过酶法制备的鲢鱼蛋白抗氧化肽可作为一种天然食品抗氧化剂添加到鱼肉中，抑制鱼肉在保藏过程中发生脂质氧化，以保证鱼肉原有的风味。肌肽是一种由两种氨基酸构成的优质天然二肽，呈结晶状固体，多存在于肌肉和脑部组织。肌肽是一种脂质抗氧化剂，能够有效抑制由金属离子、血红蛋白、单线态氧、自由基等引起的脂质氧化，多作为食品添加剂使用。虾青素的抗氧化能力是β-胡萝卜素、叶黄素、角黄素等的10倍，比维生素E高100倍，被称为"超级维生素E"。它同多酚类化合物一样具有清除自由基、抑制脂质过氧化的作用，此外，还有增强免疫力、吸收紫外线的功能，经常用于抑制鱼类贮存过程中脂质的氧化。

（2）降低贮存温度。部分水产品中脂肪含量较高，且脂肪中不饱和脂肪酸占相当高的比例，在加工生产过程中，水产品与空气接触，又因自身存在的血红素、游离铁离子的促氧化作用，使水产品在冷藏过程中TBA值迅速增大，被迅速氧化，-18℃低温冷冻贮存会降低脂肪氧化。

4. 亚硝胺

水产品中亚硝胺的主要来源：① 水产品加工中人为添加的或者在加工过程产生的亚硝酸盐，② 水产品中的蛋白质会被分解为胺类物质，胺类物质再与亚硝酸盐反应，即产生亚硝胺类化合物。基于腌制水产品加工技术，可从以下几方面进行控制。

（1）保证腌制原材料的新鲜度。水产品具有低脂肪、高蛋白等特点，而蛋白质容易因腐败分解产生大量的胺类物质，应尽量避免其产生，减少亚硝胺的形成。

（2）避免或减少微生物的侵入。水产品在腌制过程中易被微生物，如红色嗜盐菌、乳酸菌、李斯特氏杆菌等污染，这些微生物可能会促进腌制水产品中N-亚硝胺的合成。

（3）降低腌制水产品中亚硝酸盐残留量。运用化学方法或生物方法降低水产品腌制中亚硝酸盐的含量，从而阻断N-亚硝胺的合成，如添加天然产物、利用微生物发酵和酶法等。

（4）改进腌制水产品加工贮存方法。水产腌制品中硝酸盐、亚硝酸盐及N-亚硝胺的含量会受到腌制温度、腌制时间、盐的添加量、pH等因素影响。同时，在加工水产时，亚硝胺类化合物也会受外界条件及水产品本身的影响。因此，选择在适宜的条件下生产、加工、贮存水产品也是非常重要的，且贮存时间不宜太久。

5. 多环芳烃化合物

多环芳烃化合物（PAH）是一类分子中含有两个或两个以上苯环的碳氢化合物，最初是在化石燃料和木材等有机物燃烧烟雾中被发现的。它广泛分布在自然环境中，水产品中的PAH主要是在烟熏过程中产生的。

（1）控制加工温度和时间。食物中的有机物（脂肪、蛋白质、碳水化合物等）在高温下会分解、聚合产生PAH。加工温度和加工时间不同，PAH的生成量也不同，如熏烤温度越高，PAH生成量越多。用较低的加工温度和缩短加工时间可以减少熏烤肉制品中PAH的产生。

（2）避免热源直接接触。熏材的不完全燃烧会产生大量的PAH，这些PAH遇冷凝结在肉制品表面，随着时间的推移不断向食物内部渗透，是熏烤肉制品PAH的来源之一，而采用间接发烟的方式，避免热源的直接接触可以有效减少PAH的产生。

（3）采用液熏法。液体烟熏液以天然植物（如枣核、山楂核等）为原料，经干馏、提纯精制而成，主要用于制作各种烟熏风味肉制品、豆制品等。液熏法代替传统木熏法有诸多优点。首先，相对于木熏法，烟熏液里含有碳氢化合物、酚类及酸类等烟雾成分，保持了传统熏制食品的风味；其次，烟熏液里的PAH等有害物质含量少，在发烟过程中又可以过滤掉大部分PAH，这也减少了向大气排放污染物的量。因此，在符合绿色发展理念的前提下，开发新的风味更佳、更丰富的烟熏液产品十分必要，尤其可以注重研发不同种类的果木烟熏液，开发出烟熏风味丰富的复合烟熏液。

（4）添加外源性物质。现代化工业生产中，利用微生物降解PAH是安全可行的新方法。微生物具有分解能力强、代谢速率快和种类繁多的特点，有些微生物将PAH作为降解途径的唯一碳源，因此可利用微生物降解食品中的PAH。许多天然产物被证明可以降低氧化反应，防止肉类氧化，并表现出螯合铁离子的活性，这些抗氧化活性可以减少PAH和杂环胺等有害污染物的生成量，另外，某些天然产物的抗菌活性可以用于抑制微生物代谢过程中生物胺的形成。PAH的形成与自由基反应有关，在加工过程中加入天然抗氧化物可以有效清除自由基，从而减少PAH的产生。

（5）产品贮存期间的处理。对于熏烤肉制品，加工过程中大部分PAH最初附着在产品表面，但随着贮存时间的延长，PAH可能逐渐迁移到产品内部。因此，在贮存期间对产品进行PAH的降解处理和选用合适的包装材料有助于降低产品中的PAH含量。

（6）利用紫外线降解PAH。研究表明，紫外线处理能够降低肉制品中有害物含量，特别是PAH的生成量。

6.氟

干制水产品中氟含量较高，世界卫生组织和我国干制水产品的规定对氟含量的要求：建议成人每日烤鱼片摄入量不超过160 g，15岁以下儿童每天最多摄入不超过96 g烤鱼片。

降低水产品中的氟含量，可采取的措施：① 保护环境，严禁向环境中排放含氟的"三废"物质，加强对养殖水体中氟含量的监测。② 改进干制品制作工艺，降低干制品中的氟含量。如鱼片和海米的加工，在鱼片和海米熟化前先将鱼骨、虾壳剔除，避免氟从鱼骨、虾壳转移到鱼肉和海米中。③ 研究开发水产品降氟剂，从加工工艺角度对干制水产品中氟含量进行风险性评估，为消费者安全食用提供参考。

三、物理性危害控制技术

物理性危害主要指加工过程中机械操作带来的杂质。根据水产品加工企业生产车间的特点，带入产品内的异物种类主要有毛发、饰物、修饰性的化妆物、竹木具、硬塑料碎块、软塑料碎片、塑料线、棉线、橡皮筋、碎玻璃、昆虫、泥沙、涂料碎片、纸张碎片、刺骨、虾须、碎贝壳、鱼鳍、金属异物等。为了对异物进行有效控制、防止异物混入产品，可通过分析以上各种异物的来源，结合水产品加工企业的实际情况制定相应的预防措施。

（1）毛发。员工的工作衣帽由洗衣房统一清洗消毒、烘干，不得带出公司，不得在室外露天晾晒。洗衣房工作人员在工作时也须同食品加工人员一样穿衣戴帽，保持头发不外露，以保证头发不掉落在工作服上。生产车间的入口处应设置更衣室。

（2）对于卷竹席用的橡皮筋，在使用前须进行检查，剔除断裂或较细的橡皮筋，并点清数量。使用过程中应小心谨慎，不得用力拉扯，以免扯断。使用时如发生断裂，应放入带有"断橡皮筋"等相关标识的容器内，不得随意放于工作台面或其他地方，以免混入产品中。生产结束后，点清未断的橡皮筋数量及断裂的橡皮筋数量，检查使用后总数与使用前所点数量是否相符合，当发现有缺少时应隔离可疑产品进行仔细排查，直至找到为止。如果未能找到，则应由主管部门负责人书面批准对可疑产品做下脚料处理。

（3）碎玻璃。车间内使用的玻璃主要有玻璃隔墙、玻璃门窗、照明灯、紧急指示灯、叉车灯、温湿度计、钟表面、消防箱面板、温度或压力电子监控箱面板等。生产车间内所用的玻璃墙、门、窗等应使用不易碎材料，若使用普通玻璃，应采用必要的措施防止玻璃破碎后对原料、包装材料及食品造成污染。如需在暴露食品和原料的正上方安装照明设施，应使用安全型照明设施或采取防护措施；紧急指示灯、叉车灯、温湿度计、钟表面、消防箱面板、温度或压力电子监控箱面板均贴膜处理，并且安装处远离裸露食品生产线，以防玻璃破碎时污染产品、包装物料及其他食品接触面。

（4）原辅料及成品运输工具的车轮在进车间前须清洗消毒，以杜绝车间内有泥沙出现。当产品在加工过程中掉落地面时，应立即收集到有"掉地产品"标识的专用容器内或立即进行清洗处理。

（5）刺骨、虾须、碎贝壳、鱼鳍等。原料处理过程中产生的各种下脚料存放于带盖的下脚料桶内，不得放于工作台面上或掉落地面，以防污染产品。原料清洗时应逐条检查，将原料表面所附杂物及内脏中的刺骨、虾须、碎贝壳、鱼鳍等去除干净。同一加工间内不得同时生产2种或2种以上产品，以防造成交叉污染。对于无骨鱼产品要求每50片鱼片中，长≥5.0 mm、直径≥0.3 mm的鱼刺残留不得超过2枚。通过试验绘制各原料鱼种的鱼刺分布图，再对去刺、验刺人员进行培训。在原料去头、去内脏、剖片之后由2个工人对鱼片进行拔刺处理，再由1个工人进行摸刺全检，然后由专职验刺员进行抽查，最后进X射线机验刺。

（6）金属异物。金属异物来源于原料中混入的鱼钩及设备设施和工器具的铁锈、零部件、缺口、铁丝等。原料鱼处理干净后，用手捏鱼体，感觉鱼体中有硬物时应去除。与食品直接接触的各种设备设施及工器具均须采用不生锈的材料制作，其他设备设施及工器具一般也采用不易生锈的材料，或定期做防锈处理。每天开班前、生产结束后检查各种工器具、设施、设备的完好情况，当发现零部件脱落时应及时找到零部件进行修复，并隔离可疑产品，对其进行评估处理；当发现有缺口时应立即隔离，停止使用，更换或修复该工器具或设施设备，并隔离可疑产品，对其进行评估处理。当车间内设备设施发生故障时，应及时维修，维修人员进出生产车间应遵守以下规定：进入车间修理时，要带好专用的工具包，在修理时放在合适的位置，不要将工具放在操作台上；对可移动的设备要远离加工区域进行维修，对不可移动的设备，同一加工区域内应停止生产，并将操作台上的原辅料、半成品等撤离，以免受到污染；修理结束后，所有的修理工具和更换的零部件要清点、核对，发现有任何遗漏零件、工具或设备构件的情况应立即通知管理人员，不能私自隐瞒，只有核对无误后才能离开生产车间。铁丝的来源主要有设备或工作台的输送带、金属筛、金属清洁球、临时维修用的铁丝等。每天开班前、加工过程中、生产结束后不定时由专门人员进行巡查，当发现设备工作台的输送带上有铁丝断裂或脱落时应及时关闭电源，隔离、评估、处理可产品，并对输送带进行修复；当发现金属筛上有铁丝断裂或脱落时，应及时清理生产车间，并找到脱落的铁丝；金属清洁球不允许在车间内使用；临时修理用的铁丝一般不允许使用，如确实需要时最多临时使用10 d，并在这期间内由使用员负责检查，不得遗失。对最终的成品采用金属探测器逐个或逐袋进行金属探测，并在金属探测器使用前、使用过程中和使用后每隔0.5 h用标准试块对金属探测机的灵敏度进行检测，以保证金属探测器的正常运行。对于探测出有金属异物的产品，要隔离存放，在生产结束后由专职人员统一处理，防止因管理不善致使异物再次混入产品中。

第三节　水产品质量与安全控制体系

一、GMP

GMP是一种特别注重生产过程中产品品质与质量安全的自主性管理制度。

1. GMP概念及发展概况

（1）GMP概念：一种对生产、加工、包装、储存、运输和销售等加工过程的规范性要求。GMP所规定内容，强调食品生产过程（包括生产环境）和储运过程的品质控制，尽量将可能、能够发生的危害从规章制度上加以控制，这是食品加工企业应该达到的最基本条件。

（2）GMP发展概况：GMP起源于美国，并首先应用于制药工业中。1962年，美国坦普尔大学6名教授编写了最早的药品GMP文件，美国FDA于1963年通过美国国会将此GMP文件颁布成法令，即药品CMP。1967年，WHO在其出版物《国际药典》附录中对此文件进行了收载；1969年，在第22届世界卫生大会上向各成员国首次推荐了GMP。1975年，日本开始制定各类食品卫生规范，并将功能性食品也加入GMP控制的范围中。东南亚地区各国也于20世纪90年代前后，在本国水产食品加工行业中建立了GMP体系，并在此基础上较早地实施了HACCP体系，使本国水产食品加工业质量控制水平有了极大的提高。我国根据国际食品贸易要求，在1984年由国家进出口商品检验局，首先制定了类似GMP的卫生规范《出口食品厂、库最低卫生要求》，对出口食品生产企业提出了强制性的卫生规范；1994年，又陆续发布了出口畜产肉、罐头、水产品、饮料、茶叶、糖类、速冻方便食品和肠衣等9类食品的企业注册卫生规范。

2002年，国家质量监督检验检疫总局颁布了《出口食品生产企业卫生注册登记管理规定》。我国现行的水产品GMP是2007年颁布实施的《水产品食品加工企业良好操作规范》（GB/T 20941—2007），该标准规定了水产食品加工企业的厂区环境、厂房和设施、设备与工器具、人员管理与培训、物料控制与管理、加工过程控制、质量管理、卫生管理、成品贮存和运输、文件和记录以及投诉处理和产品召回等方面的基本要求。

2. GMP基本内容

GMP主要内容是要求生产企业具备合理的生产过程和控制方法（method）、良好的生产设备（machine）、合格的从业人员（man）和优质的原料（matera），防止出现质量低劣的产品，保证产品的质量。具体来看主要包含以下基本内容。

（1）对食品原材料采购、运输和贮存的规范性要求，包含原料的采购、运输及贮存要求等。

（2）对食品工厂设计与设施的规范性要求，包含工厂选址、建筑设施、工厂卫生设施等。

（3）对工厂卫生管理的规范性要求，包含设置机构及职责、维修与保养、清洗和消毒、除虫和灭害、有毒有害物质管理、污水和污物管理、副产品管理、卫生设施管理、工作服管理、健康管理等。

（4）对生产过程卫生管理的规范性要求，包含管理制度、原材料卫生要求、生产过程卫生要求。

（5）对卫生和质量检验管理的规范性要求，包含卫生与质量检验室、检验室设备、检验方法、检验设备维护与管理等方面的要求。

（6）对成品贮存、运输卫生要求的规范性要求，包含成品贮存库要求、运输工具要求等。

（7）对个人卫生和健康的规范性要求，包含个人健康状态、岗前卫生培训、个人卫生和防止污染等。

3. GMP在水产品生产企业中的实施与应用

以GMP在某水产有限公司冷冻水产品生产中的应用为例，介绍GMP实施包含的具体内容。依据《水产品食品加工企业良好操作规范》（GB/T 20941—2007）及其他相关GMP以及该企业在单冻鲐鱼加工过程中的管理与控制措施。

（1）材料采购、运输和贮存：从获得主管部门许可的捕捞船、加工船或运输船直接购买鲐鱼原料，对购买来的原料进行卫生、理化指标和质量等级检验，并保留相关记录。

加工过程中辅料和食品添加剂的使用应符合《食品安全国家标准　食品添加剂使用标准》（GB 2760—2014）的规定，不使用未经许可的食品添加剂。

运输工具符合有关安全卫生要求，使用前彻底清洗消毒，保持卫生。运输时不得与其他可能污染水产品的物品混装。根据产品特点为运输工具配备制冷、保温等设施，运输过程中应保持适宜的温度。

（2）厂区环境：厂区建在交通便利、水源充足的区域，厂区周围无物理、化学和生物污染源，不存在害虫滋生环境，厂区周界应有适当防范外来污染物的设计与构筑。

厂区内路面坚硬平整，有良好的排水系统，无积水；主要通道铺设硬质路面如混凝土或沥青路面，无裸露地面，空地进行绿化；厂区内没有有害（毒）气体、煤烟或其他有碍卫生的设施。

厂区建有与生产能力相适应的符合卫生要求的原料、辅料、化学品、包装物料贮存设施以及废弃物、垃圾暂存设施；厂区排水畅通，锅炉房远离车间，并设在下风向。

厂区内废弃物、垃圾应用加盖、不漏水、防腐蚀容器盛放及运输，废弃物和垃圾及时清理出厂，废水、废料、烟尘排放分别符合《污水综合排放标准》（GB 8978—2002）、《大气污染物综合排放》（GB 16297—1996）、《一般工业固体废物贮存、处置场污染控制标准》（GB 18599—2001）的规定。

员工宿舍和食堂等生活区与生产区域隔离。

（3）厂房和设施：

1）加工车间要求。车间布局合理，防止交叉污染，符合单冻鲔鱼加工工艺流程和加工卫生要求。加工车间面积、高度应与生产能力和设备安置相适应。车间依据单冻鲔鱼加工工艺划分作业区、准清洁作业区、清洁作业区，并设有明显的标识区分与隔离。车间设置人流、物流单独出口，与外界相连的排水口、通风处应安装防鼠、防蝇、防虫及防尘等设施。车间的墙和隔板有适当高度，其表面易于清洁，地面耐腐蚀、耐磨、防滑并有适当坡度。地面易排水、无积水，易于清洗消毒并保持清洁，地面和墙壁的交界处应呈弧形。车间内墙壁、屋顶或者天花板应使用无毒、浅色、防水、耐腐蚀、不脱落、易于清洗的材料修建，屋顶或天花板和车间上方的固定物在结构上能防止灰尘和冷凝水形成以及杂物脱落。车间门、窗都应用浅色、平滑、易于清洗消毒、不透水、耐腐蚀的坚固材料制作，结构严密。车间应设有满足工器具和设备清洗消毒的区域，清洗消毒操作对加工过程和产品不会造成污染。直接接触单冻鲔鱼产品的工作台面应采用光滑、不吸水、易清洁的无毒材料，且在正常条件下，不与物料及消毒剂、清洁剂起化学反应。

2）贮存库要求。原料贮存库与成品、半成品贮存库分开，库内贮存物品与墙壁距离不少于30 cm，与地面距离不少于10 cm。贮存库内设置准确显示温度的温度指示计、测温装置或温度记录装置，且安装能调节温度的自动控制装置，或安装人工操作温度发生重大变化的自动报警装置。预冷库（或保鲜库）温度控制在0～4℃，冷藏库温度控制在-18℃，速冻冷库温度控制在-30℃。

3）供水系统。能保证各个部位用水的流量和压力符合要求。加工用水管道采用无毒、无害、防腐蚀材料制成。加工用水、生活用水分别采用独立的管线系统，避免各种用水管线交叉；加工区域有非生产用水水源出水口时，给出明确标志和用途说明以防错用；在车间内指定并标志允许直接伸入液面的出水口，并安装防虹吸装置。

4）排水系统。排水入口有防止固体废物进入的装置，排水沟底角呈弧形，易于清洗，排水管有防止异味溢出的水封装置以及防鼠网，任何管道和下水道应保持排水畅通、不积水，禁止由低清洁区向高清洁区排放加工用水。

5）加工用水。根据当地水质特点和产品要求增设水质净化设施，储水设施采用无毒无害的材料制成，定期清洗消毒，并有安全防护措施。

6）供电系统。供电应满足生产需要，车间内所有用电设施应防水、防潮，确保安全。

7）垃圾及废料。需及时有效地处理垃圾及废料，防止对水产品、食品接触面、供水及地面产生污染，使用不渗水材料制成的、可加盖密封的容器放置鲐鱼原料的内脏和废弃物，并做明显标识。

8）照明设施。设有充足的自然采光或照明，生产区域光照度在100 lx以上，分解、称重、摆盘等加工区域光照度在220 lx以上，所采用光线不能改变被加工产品的本色，车间内照明设施安装防护装置。

9）卫生设施。设有充足便利的洗手、消毒和干手设施、卫生间设施，且卫生间与生产区有效隔离；洗手龙头应为非手动开关，洗手排水直接接入下水管道；卫生间门能自动关闭，且设置排气通风设施和防蝇防虫设施。不同清洁程度要求的区域设有单独的更衣室，面积与车间人数相适应，温度和湿度适宜，保持清洁卫生、通风良好，有适当照明。

（4）设备和工器具：设备和工器具材料采用无毒、无味、不吸水、耐腐蚀、不生锈、易清洗消毒、坚固的材料制作，在正常操作条件下与水产品、洗涤剂、消毒剂不发生化学反应。不使用竹木器具。

设备和工器具的设计和制作应避免明显的内角、凸起、缝隙或裂口。车间内设备应耐用、易于拆卸清洗。设备安装应符合卫生要求，与地面、屋顶、墙壁保持一定距离，以便进行维护保养、清洁消毒和卫生监控。

专用容器有明显的标识，废弃物容器和可食产品容器不得混用，废弃物容器应防水防腐败，如使用管道输送废弃物，则管道的建造、安装和维护应避免对产品造成污染。

针对专用设备及工具制订预防性的维护计划，包括设备性能检查、日常维护、清洗消毒、记录保存等，并有效执行。

（5）人员管理和培训：

1）人员卫生与健康。工作人员的疾病或受伤情况需向有关管理部门报告，以便进行医疗检查或调离与食品生产有关的岗位。

2）教育与培训。负责监督食品安全的人员应受过专业教育或具有经验，操作及监管人员应在食品加工技术及保护原理方面受过适当培训，直接或间接接触食品的从业人员应经过食品安全知识的培训。定期审核和修订培训计划，定期评价培训效果并进行常规督查，确保各类人员培训计划的有效实施。

（6）生产过程控制：

1）环境温度控制。有温度要求的工序或场所，安装温度显示装置和温度调整设备。保证车间内温度在21℃以下（加热工序除外），包装间温度控制在10℃以下。加工过程中，应控制产品内部温度和暴露时间。若在加工过程中产品内部温度在21℃及以上，加工产品累计暴露时间不超过2 h。若在加工过程中产品内部温度在21℃以下、−10℃以上，加工产品累计暴露时间不超过6 h。

2）生产过程危害控制。生产过程危害控制是对水产品中存在的危害进行分析并建立危害控制程序。这些危害包括化学危害（天然毒素、化学污染、杀虫剂、农药残留或其他分解毒素、未经许可的食品添加物或其他添加物）、生物性危害（微生物污染、寄生虫）、物理危害（异物掺杂）。对于冷冻鲐鱼制品的加工，还应符合《鲜、冻动物性水产品卫生标准》（GB 2733—2015）的规定。

（7）成品贮存与运输：

贮存。储存方式及环境应避免日光、雨淋、撞击、温度或湿度的剧烈变化。定期查看贮存库中物品，如有异状应及早处理，并保存记录。贮存库出货顺序，遵循先进先出的原则。

运输。运输过程不应对产品和包装造成污染；对运输工具可进行有效的清洁，必要时进行消毒；运输工具可保持温度、湿度等必要条件，避免产品中有害或不利的微生物滋生和产品变质；成品和半成品运输工具内部使用光滑、不渗水的防腐材料。

（8）质量管理：

质量管理机构设置。设置独立于生产部门之外的质量管理部门，行使质量管理职能，对产品质量具有获准权。设置与生产能力相适应的检验部门，配备必要的标准资料、检验设备，定期按规定对检验设备进行校准，并保存标准记录。

质量管理标准与体系。企业可制定单冻鲐鱼产品质量管理标准，或采用国家标准、行业标准、地方标准，由质量管理部门主管签字，经生产部门认可后确实遵循，以确保生产的产品适合食用。

卫生管理。建立相应的卫生管理机构，宣传与贯彻食品安全规章制度与法规，制定和修改本单位的各项卫生管理制度和规划，定期培训从业人员，组织本单位人员进行健康检查。

建立健全维修保养制度，定期检查、维修设施设备，杜绝隐患，防止污染食品。

制定有效的清洗及消毒方法和制度，以确保所有场所清洁卫生，防止污染食品。使用清洁剂和消毒剂时，应采取适当措施，防止人身、产品受到污染。

建立有效措施防止蚊、蝇、虫、鼠等的聚集和滋生，使用杀虫剂或其他药剂前，做好对人身、产品、设备工具的污染和中毒的预防措施。

建立有毒有害物管理制度，并安排受过培训的人员管理。

对洗手池、消毒池、更衣室、淋浴室、厕所等卫生设备，设立专人管理。给从业人员配备的工作服包括工作衣、工作裤、发帽、鞋靴等。建立相应的清洗保洁制度。

卫生管理记录制度。建立SSOP并做好记录，确保加工用水（冰）、人员卫生、食品接触面、有毒害物质、虫害等处于受控状态。确定影响产品加工的关键程序，制定操作规程，实施连续监控，并保存记录。对有产品质量问题的有关记录，制定并执行标识、收集、归档、存储、保管及处理等管理规定。

二、SSOP

1.SSOP概念及发展概况

（1）SSOP概念：SSOP是企业为了满足食品安全的要求，确保在加工过程中消除不良的因素，使其加工的食品符合卫生要求而制定的，是用于指导食品生产加工过程中如何实施清洗、消毒和卫生保持的卫生控制作业指导文件。

（2）SSOP发展概况：1995年2月颁布的《美国肉、禽产品HACCP法规》中第一次提出了要求建立一种书面的常规可行程序——SSOP，确保生产出安全、无掺杂的食品。同年12月，美国FDA颁布的《美国水产品的HACCP法规》中，进步明确了SSOP必须包括的8个方面及验证等相关程序，从而建立了SSOP的完整体系。

2.SSOP基本内容

SSOP至少包括8项内容：① 食品接触或与食品接触物表面接触的水（冰）的安全。② 与食品接触的表面（包括工器具、设备、手套、工作服等）的卫生状况和清洁程度。③ 防止发生食品与不洁物、食品与包装材料、人流与物流、高清洁度区域的食品与低清洁度区域的食品、生食与熟食之间的交叉污染。④ 手的清洗消毒设施以及厕所设施的维护与卫生保持。⑤ 保护食品、食品包装材料和食品接触面免受润滑剂、燃油、杀虫剂、清洁剂、冷凝水、涂料、铁锈和其他化学、物理和生物性外来污染物的污染。⑥ 有毒化学物质的正确标记、贮存和使用。⑦ 直接或间接接触食品的员工健康的控制。⑧ 虫害的控制及去除（防虫、灭虫、防鼠、灭鼠等）。

3.SSOP在水产品生产中实施与应用

水产品的加工过程，一般需符合以下基本卫生要求。

（1）加工用水（冰）安全：① 我国水产品生产企业加工用水必须符合国家《生活饮用水卫生标准》（GB 5749—2022），此外，还应符合《渔业水质标准》（GB 11607—1989）或《海水水质标准》（GB 3097—1997）的规定。向国外出口水产品注册企业的加工用水的水质还要符合进口国或地区的有关规定。② 供水设施要完好，有准确的供水、供气网络图，并易于维修保养。同时，供水设施的设计要采取防回流措施（如止回阀等），避免出现交叉连接、压力回流、虹吸管回流现象。注重生产用水和非生产用水的混淆与区分标识（如不同颜色管路标识、不同清洁度的水源等）。对供水、供气系统中管路、阀门及相关部件进行定期检查与维护，以保持良好状态。③ 生产污水及废水处理和排放不当是水源和生产用水最大的交叉污染来源，同时也是影响生产环境的污染源，所以在水产品加工厂中需要对厂区特别是车间内的污水和废水处理加以特别关注。

（2）食品接触表面的卫生状况和清洁程度。食品接触表面是指"接触食品的表面以及在正常加工过程中会将水溅在食品或食品接触面上的那些表面"。通常，典型的食品接触面包括加工设备、案台和工器具、加工人员手套和工作服、传送带、制冰机、储冰池、包装材料等。这些食品接触面应易于清洁、消毒。保持食品接触面的清洁度是为了防止污染食品。

首先，食品接触表面所用的材料必须是安全的，即采用无毒、无化学物质渗出、不吸水、不积水、干燥、抗腐蚀，不与清洁剂产生化学反应的材料制成。生产设备及配套管路、阀门等应选用不锈钢材料，以避免接触面与清洗水中的氯或氧化剂发生反应。因此，一般不宜采用木制品、纤维制品、镀锌金属等。其次，食品接触表面应设计与制造得易清洁和消毒，其缝隙或连接处应光滑，表面平整，不可导致水或污物的积累。加工设备的设计应避免有尖角或妨碍正常清洁和消毒的结构。再次，对于加工设备和工器具的清洗和消毒，一般先用清水彻底清除、冲洗，然后再用82℃的热水、碱性清洁剂、含氯碱、酸、消毒剂等溶液进行消毒；对于工作服、手套，应集中由洗衣房进行清洗和消毒，且保证不同清洁度的工作服和手套分别处理；对于加工车间、存放工作服房间等，宜采用臭氧消毒、紫外线照射消毒等。

（3）防止交叉污染。交叉污染指通过生的食品、食品加工者和食品加工环境把物理、生物或化学性污染转移到食品中的过程。水产品加工厂中交叉污染的主要原因包括不合理的工厂选址、设备设计、车间布局，加工操作人员不良的个人卫生状况和卫生习惯，生产过程中卫生操作不当、清洁消毒不力，原材料和成品没有隔离。为防止交叉污染，首先，工厂的选址、设计及工厂车间布局要合理，工厂周围环境符合卫生要求，避免对产品造成污染；其次，产品初加工、精加工、成品包装的区域要分开，生、熟加工的区域要分开，清洗消毒间与加工车间要分开；再次，合理布局人流、物流、水流及气流方向，人流从高清洁区向低清洁区，物流采用时间上或空间上的隔离，避免交叉，水流从高清洁区向低清洁区，气流采用人气控制、正压排气；最后，注重员工操作不当造成的交叉污染，例如，操作工人用手接触污染物后应及时消毒清洗。

（4）手清洁、消毒和厕所设施维护。① 手的清洁、消毒设施要求：在更衣间出口、卫生间出口、生产车间必要位置均需设置用于员工洗手的专门区域，配备充足的洗手消毒设施，以每10~15人设一个水龙头为宜，采用非手动式出水方式，使用流动水，并有温水（温度最好43℃左右）供应，洗手盆采用不锈钢洗池或优质陶瓷洗池，地面光滑，配备洗手消毒液和干手设施，清洗与消毒区域和设备安装符合卫生要求。

② 厕所设施要求：厕所位置应与车间相连接，厕所门不能直接面向车间，配有更衣、换鞋区域，数量与每班操作工人数相适应（每10~15人设置一个厕所）；设有防蚊蝇设施，整体厕所设施应通风良好，照明良好，地面干燥，保持清洁卫生。

（5）防止外部污染。水产品加工过程中可能的外来污染物主要指各种生物、化学、物理物质对水产品、包装材料和水产品接触面的污染，具体包括水滴和冷凝水，不清洁的飞溅水，空气中的灰尘、颗粒，外来物质，地面污物，无保护装置的照明设备，润滑剂、清洁剂、杀虫剂等，化学药品的残留，不卫生的包装材料等。

需针对以上污染物的来源及污染途径制定有效的控制措施。具体来讲，对于外来污染物的控制需贯穿于产品加工前、加工中、加工后的各个环节。如产品加工前的控制，应当从原料进厂时即开始实施，避免以上各种外来污染物的污染。同时，控制包装材料的卫生状态，任何时候都不能将其放置在地面或不洁净的地板上，保证其贮存环境的干燥、通风，防霉、防尘、防虫鼠等。

对于冷凝水和水滴的控制：注意保持车间内的良好通风，控制车间温度（0~4℃），车间顶棚、墙角、窗台角等设计成圆弧形，对冷凝水管做隔离保温处理等。如有需要，采用遮盖防止冷凝水溅落产品、包装材料及产品接触面等。对于车间通风系统，安装过滤装置，控制和减少空气中的悬浮颗粒和微生物数量，或在车间里（特别是清洁卫生区）采用适当的杀菌方法，在产品加工前和加工中对车间环境进行消毒。

对于清洁剂、杀虫剂、化学药品等化学品的使用和保管：车间内不得使用任何化学除虫或灭鼠药剂；凡有可能与产品接触处使用的润滑剂、密封剂等必须是食品级的，并严格按规定的清洗程序使用；定期检查设备的连接管路，并根据垫圈的使用寿命按时更换。

（6）有毒化合物的标记、贮存和使用。凡在水产品加工厂中出现和使用的清洗剂、消毒剂、洗涤剂、机械润滑剂、灭虫剂、杀虫剂等化学物质，都属于有毒、有害化合物，使用时需小心谨慎，并按照产品说明书使用，正确标记，确保贮存安全，否则产品就有被污染的风险。

编写有害化学物质一览表，标注所使用化合物主管部门批准生产、销售、使用说明及登记记录化合物的主要成分、毒性、使用剂量及注意事项等信息。使用单独的区域、带锁柜子进行贮存，由经过培训的人员进行管理，防止随便乱拿，并设置明显的警示标识。

（7）员工健康状况的控制。直接接触产品的生产人员（包括检验人员）的身体健康及卫生状况直接影响产品的质量与安全。因此，凡在工厂范围内工作的员工，包括正式职工、临时工以及要在车间和库房内工作的承包商和供应商等服务人员，都应该在上岗前进行规定的健康检查。只有取得当地卫生防疫部门或疾病控制部门核发的健康证的人员才能在工厂里工作。

组织员工按规定每年进行体检，确认和记录员工体检结果及健康状态。对于出现身体不适如呕吐、发烧、腹泻等胃肠道疾病症状，打喷嚏、咳嗽等感冒症状以及皮肤创伤的员工，安排就医并暂时调离车间工作岗位。此外，接触过痢疾、伤寒、病毒性肝炎、活动性肺结核等传染病患者的员工，需主动报告主管部门，并及时进行健康检查，待体检合格后方能返回工作岗位。

（8）害虫的清除。产品加工车间内防止虫害的措施包含预防措施和杀灭措施。预防措施可采用风幕、水幕、纱窗、黄色门帘、挡鼠板和翻水湾等防止虫害进入车间。杀灭措施可采用杀虫剂，车间口用灭蝇灯、粘鼠胶、鼠笼等，但不能使用灭鼠药。

三、HACCP

HACCP是一种操作简便、实用性和专业性很强的食品安全保证体系，主要针对食品中存在的微生物、化学和物理危害进行安全控制。

1. HACCP概念、发展及特点

（1）HACCP概念。HACCP是对食品原料、关键生产工序及影响产品安全的人为因素进行分析，确定加工过程中的关键环节，进而建立、完善监控程序和监控标准，采取规范的纠正措施，使危害得以防止、排除或降低到消费者可接受的水平，以确保食品在生产、加工、制造、准备和食用等过程中的安全。HACCP最显著的优点在于在生产过程中鉴别并控制潜在危害，将危害消除在食品链的最初环节。HACCP在国际上被认为是控制由食品引起疾病的最具经济效益的方法，并就此获得国际食品法典委员会（Codex Ali-mentarius Commission，CAC）的认同。

需要注意的是，HACCP是控制食品安全危害的预防性体系，但并不是一种零风险体系，而是使危害食品的安全风险降到最小或可接受水平的体系。对食品生产者而言，HACCP是保证食品安全生产的有效方法。对食品监督、管理者而言，HACCP是有关食品安全生产链的一种检查方法，它对原料、生产、贮存、运输、分发、销售直到消费者食用整个过程的每一环节都进行详细考察，估计造成病原微生物和其他化学、物理性等危害对食品安全影响的潜在因素。

（2）HACCP发展概况。HACCP最初是由美国太空总署（NASA）、陆军Natick实验室和美国Pillsbury公司为了生产百分之百安全的航天食品在20世纪60年代提出的食品安全控制系统。20世纪70年代，HACCP体系的雏形由Pillsbyryg公司在第一届美国国家食品保护会议上首次提出。1973年，美国FDA首次将HACCP食品加工控制的概念应用于罐头食品加工中，以防止腊肠肠毒菌感染。20世纪80年代，美国国家科学院建议与食品相关的各政府机构应将较具科学依据的HACCP方法用于稽核工作上，对食品加工业应予强制执行；美国海洋渔业服务处（National Marine Fisheries Service，NMFS）制定了一套以HACCP体系为基础的水产品强制稽查制度。

20世纪90年代，美国FDA决定强制性要求国内及进口水产品生产者实施HACCP体系，并于1994年公布了强制水产品HACCP实施草案。1996年，美国农业部食品安全检查署对国内外肉、禽业颁布实施了《减少致病菌、危害分析和关键控制点系统》法规。1997年，国际食品法典委员会颁布了《HACCP体系及其应用准则》，并先后被多个国家采用。21世纪，美国FDA对果蔬汁产品实施HACCP体系。

HACCP体系在20世纪80年代传入中国。20世纪90年代，国家进出口商品检验局在出口冻肉类、水产品类及罐藏食品类等中实施HACCP体系。2002年，国家市场监督管理总局首次强制性要求某些食品生产企业建立和实施HACCP管理体系，将HACCP体系列为出口食品法规的一部分，并要求水产品（除活品、冰鲜、晾晒、腌制品外）加工出口企业在2003年12月31日前均通过HACCP体系的认证。

2011年，国家认监委发布实施的第23号公告《出口食品生产企业安全卫生要求》中，明确要求列入实施HACCP体系验证的22类出口食品（含水产品类）生产企业应按照国际食品法典委员会《HACCP体系及其应用准则》的要求建立和实施HACCP体系。

（3）HACCP基本特点。HACCP作为食品安全保障体系所具有的重要意义在于，它提出了对食品生产过程的控制，其具有以下显著特点：① HACCP是预防性食品安全控制保证体系，其并不是一个孤立体系，而是建立在现行食品安全计划的基础上，例如GMP、设备维护保养、卫生状况等。② 每个HACCP体系都反映了某种食品加工方法的专一性和特殊性，其重点在于预防，防止危害因素进入食品。③ HACCP作为食品安全控制方法已被全世界认可，虽然HACCP不是零风险控制体系，但HACCP可尽量减少食品安全危害的风险。④ HACCP肯定了食品行业对生产安全负有基本责任，将保证食品安全的责任首先归于食品生产商和销售商。⑤ HACCP强调在加工过程中需要有工厂与监控部门的交流与沟通。监控部门通过确定危害是否正确地得以控制，来验证工厂HACCP的实施情况。⑥ HACCP弥补了传统食品安全控制方法（如现场检验、终成品测试）的缺陷。当食品管理者将力量集中于HACCP计划制订和执行时，会使食品安全控制更加有效。⑦ HACCP可使监控部门集中精力于加工过程中最易发生的危害因素上。传统现场检查只能反映检查当时的情况，而HACCP可使检查员通过重查工厂监控和纠正记录，了解在工厂发生的所有情况。⑧ HACCP概念可推广、延伸应用到食品质量其他方面，控制各种食品缺陷。⑨ HACCP有助于改善工厂与监控部门的关系以及工厂与消费者的关系，树立消费者的食品安全信心。

上述诸多特点的根本在于，HACCP是使食品生产厂或供应商从以最终产品检验为根本的控制系统转变为建立在食品从收获到消费全过程中，鉴别并控制潜在危害，保证食品安全的全面控制系统。

2. HACCP基本原理

HACCP是一个确认、分析、控制生产过程中可能发生的生物、化学、物理危害的系统方法。从HACCP的名称可明确看出，它由食品的危害分析（Hazard Analysis，HA）和关键控制点（Critical Control Point，CCP）两部分组成。经过实际应用与修改，HACCP的原理已被CAC确认。由以下7个基本原理组成。

（1）危害分析（HA）。确定与食品生产各阶段有关的潜在危害，包括原材料生产、加工过程、产品贮运、消费等各环节。危害分析不仅要分析其可能发生的危害（可能性）及危害程度（严重性），也要涉及有何防护措施来控制这种危害。

（2）确定关键控制点（CCP）。CCP是指能控制生物、物理或化学因素的任何点、步骤或过程，包括原材料及其收购或其生产收获、运输、产品配方及加工贮运等。经过对以上步骤的控制可使潜在危害得以防止、排除或降至消费者可接受的水平。

（3）确定关键限值，保证CCP受控制。对每个CCP需确定一个标准值或范围，以确保每个CCP限制在安全值以内。这些关键限值常是一些食品加工与保藏相关的参数，如温度、时间、水分活度及pH等。

（4）确定监控CCP的措施。监控（包含监控对象、方法、频率和人员）是有计划、有顺序的观察或测定以判断CCP是否在控制中，并有准确记录。需尽可能通过各种方法对CCP进行连续监控，若无法连续监控关键限值，应有足够间歇频率来观测CCP的变化特征，以确保CCP在有效控制中作业。

（5）确立纠偏措施。当监控程序显示出现偏离关键限值时，要采取纠偏措施。虽然HACCP系统已有计划防止偏差，但从总的保护措施来看，应针对每个CCP设立合适的纠偏计划，以便万一发生偏差时能有适当手段来恢复或纠正问题，并有维持纠偏措施的记录。

（6）确立有效的记录保存程序。要求把确定的危害性质、CCP、关键限值、HACCP计划有关信息、数据记录文件完整地保存下来。

（7）建立验证程序。建立审核程序以证明HACCP系统是否在正确运行中，包括审核关键限值是否在能够控制有效的范围内，保证HACCP计划正常执行。审核的记录文件应确保不管在任何点上执行计划的情况都可随时被检出。验证要素包含确认、CCP验证活动、HACCP计划有效运行验证和执法机构。

3. HACCP在水产品生产中的实施与应用

根据FAO/CAC有关法规，HACCP体系在水产品生产中的实施可分为以下12个步骤。

（1）组建HACCP小组。HACCP实施小组由不同部门、不同专业知识的人员组成，其成员需熟悉企业产品的实际生产情况，有对不安全因素及其危害进行分析的知识和能力，能够提出防止危害发生的方法和技术，并采取可行的实施监控措施。

（2）产品描述。对产品进行全面描述，包括成分、物理化学结构、加工方式、包装、保质期及贮存条件等。

（3）确定预期用途与消费者。预期用途应基于最终用户和消费者对产品的使用期望，在特定条件下还必须考虑易受伤害的消费群体。

（4）描绘生产流程图。生产流程图由HACCP实施小组制定，在绘制流程图过程中要对潜在危害进行确认并提出相应控制措施。当HACCP应用于特定操作时，应对特定操作的前后步骤予以考虑。

（5）现场验证流程图。HACCP小组应检查实际操作过程与流程图步骤是否一致，如果有误，应加以修改调整。

（6）危害分析并确定控制措施。HACCP小组应列出操作过程中有可能存在或产生的所有危害，从原料生产、加工、制造、销售直到消费，并对这些过程中潜在危害确定控制措施。

（7）确定关键控制点。基于危害分析，确定CCP以预防或消除潜在危害或使危害降到可接受的程度。

（8）建立关键限值。关键限值决定了产品的安全与质量。关键限值的确定可参考有关法规、标准、文献和实验结果等，通常采用的指标包括温度、时间、水分、pH等，以及感官指标。

（9）确定关键控制点的监控措施。监控是通过一个有计划、有序的观测或测定来证明CCP在控制中，并产生准确记录用于未来验证。监控方法必须能够检测CCP是否失控，进而能及时提供信息，以便做出调整，确保加工控制，防止超出关键限值。

（10）建立纠正措施。纠正措施是针对关键控制点控制限值所出现的偏差而采取的行动。纠正行动必须保证CCP重新处于受控状态。

（11）建立验证程序。验证目的是确认HACCP体系是否正确地运行，通过验证得到的信息可以用来改进HACCP体系。验证活动包括HACCP体系和记录的审核、偏差和产品处置的审核、确定CCP处于控制状态等。

（12）建立文件和保持记录。应用HACCP体系必须有效、准确地保存记录，HACCP程序应文件化，文件和记录的保持应合乎操作的特性和规模。

第六章
水产品流通质量控制技术

第一节　捕捞水产品质量控制

评估捕捞水产品质量安全风险，提高水产品质量安全水平，具有重要的意义，因此，应该从渔业捕捞许可、人员、渔船卫生、捕捞作业、渔获物冷却处理、渔获物冻结操作、渔获物装卸操作、渔获物运输和贮存等各方面进行控制，提高捕捞水产品质量。

一、渔业捕捞许可和人员要求

渔船应向相关部门申请登记，取得船舶技术证书，方可从事渔业捕捞。捕捞应经主管机关批准并领取渔业捕捞许可证，在许可的捕捞区域进行作业。从事海洋捕捞的人员应培训合格，持证上岗。从事海洋捕捞及相关岗位的人员应每年体检一次，必要时应进行临时性的健康检查，具备卫生部门的健康证书，建立健康档案。凡患有活动性肺结核、传染性肝炎、肠道传染病以及其他有碍食品卫生的疾病者，应调离工作岗位。应注意个人卫生，工作服、雨靴、手套应及时更换，清洗消毒。

二、渔船卫生要求

生产用水和冰的要求：渔船生产用水及制冰用水应符合《生活饮用水卫生标准》（GB 5749—2006）的规定。使用的海水应为清澈海水，经充分消毒后使用，并定期检测。饮用水与非饮用水应有明显的识别标志，避免交叉污染。冰的制造、破碎、运输、贮存应在卫生条件下进行。

化学品的使用要求：清洗剂、消毒剂和杀虫剂等化学品应有标注成分、保存和使用方法等内容的标签，单独存放保管，并做好库存和使用记录。

基本设施要求：存放及加工捕捞水产品的区域应与机房和人员住处有效隔离并确保不受污染。存放水产品的容器应由无毒害、防腐蚀的材料制作，并易于清洗和消毒，使用前后应彻底清洗和消毒。与渔获物接触的任何表面应无毒、易清洁，并与渔获物、消毒剂、清洁剂不应起化学反应。配备温度记录装置，并应安装在温度最高的地方。

塑料鱼箱的要求：应符合《塑料鱼箱》（SC 5010—1997）的规定。生活设施和卫生设施应保持清洁卫生，卫生间应配备洗手消毒设施。

三、捕捞作业要求

捕捞机械及设备应保持完好、清洁。捕捞作业的区域和器具应防止化学品、燃料或污水等的污染。捕捞操作中应注意人员安全，防止渔获物被污染、损伤。渔获物应及时清洗，进行冷却处理，并应防止损伤鱼体。无冷却措施的渔获物在船上存放不应超过8 h。作业区域、设施以及船舱、贮槽和容器每次使用前后应清洗和消毒。保存必要的作业和温度记录。

四、渔获物冷却处理要求

冰鲜操作要求：鱼舱底层应用碎冰铺底，厚度一般为200～400 mm。鱼箱摆放整齐，鱼箱之间、鱼箱与鱼舱之间的空隙用冰填充。鱼箱叠放不应压损渔获物。冰鲜过程中要经常检查松冰或添冰，防止冰结壳或缺冰（或脱水）。污染、异味或体形较大的渔获物应和其他渔获物分舱进行冰鲜处理。渔获物入舱后应及时关鱼舱舱门，需要开启鱼舱时，应尽量缩短开舱时间，及时抽舱底水，勿使水漫出舱底板。食品添加剂的使用应符合《绿色食品　食品添加剂使用准则》（NY/T 392—2000）的规定。

冷却海水操作要求：船舱海水应注入和排出充分，鱼舱四周上下均需设置隔热设施，并配备自动温度记录装置。冷却海水应满舱，舱盖需用水密封，以避免船体摇晃时引起渔获物擦伤，舱内海水温度应保持在$-1～1℃$，以确保渔获物和海水的混合物温度在6 h内降至3℃，16 h内降至0℃。

五、渔获物冻结操作要求

冻结基本要求：冻结用水应经预冷，水温不应高于4℃，冻结设施可使产品中心温度达到$-18℃$以下，冻藏库温度应保持在$-18℃$以下。冻结温度：应在冻结之前使渔获物的中心温度低于$-20℃$。冻结前其房间或设备应进行必要的预冷却。吹风式冻结：室内空气温度不应高于$-23℃$。接触式（平板式、搁架式）冻结：设备表面温度不应高于$-28℃$。冻结终止，冻品的中心温度不应高于$-18℃$。冻结房间应配备温度测定装置，并在计量鉴定有效期内使用，保持温度记录。冻结时间：冻结过程不应超过20 h，单个冻结及接触式平板冻结的冻结时间不应超过8 h。镀冰衣：渔获物冻结脱盘后即进行镀冰衣，用于镀冰衣的水需经预冷或加冰冷却，水温不应高于4℃，镀冰衣应适量、均匀、透明。

六、渔获物装卸操作要求

渔获物装卸操作要求：装卸渔获物的设备（起舱机、胶带输送机、车辆或吸色泵等）应保持完好、清洁，设备运行作业时对鱼体不应有机械损伤，不应有外溢的润滑油污染鱼体；运输工具应保持清洁、干燥，每次生产任务完成后应清洗并消毒备用；装卸场地应清洁，并有专用保温库堆放箱装渔获物，地面平整，不透水积水，内墙、室内柱子下部应有1.5 m高的墙裙，其材料应无毒，易清洗；应有畅通的排水系统，且便于清除污物；应设有存放有毒鱼的专用容器，并标有特殊标识，且结构严密、便于清洗；卸下的渔获物应及时进入冷藏库或冷藏车内暂存，并按品种、等级、质量分别堆放；对有毒水产品应进行严格分拣和收集管理。

七、渔获物运输和贮存要求

运输工具应保持清洁，定期清洗消毒，运输时不应与其他可能污染水产品的物品混装。运输过程中，冷藏水产品温度宜保持在0～4℃；冻藏水产品温度应控制在-18℃以下。贮存库内，物品与墙壁距离不宜少于30 cm，与地面距离不宜少于10 cm，与天花板保持一定的距离，并分垛存放，标识清楚。冷藏库、速冻库、冻藏库应配备温度记录装置，并定期校准。冷藏库的温度宜控制在0～4℃，冻藏库温度应控制在-18℃以下，速冻库温度应控制在-28℃以下。贮存库内应清洁、整齐，不应存放可能造成相互污染或者串味的食品，应设有防霉、防虫、防鼠设施，定期消毒。

捕捞水产品的其他加工规定应符合《食品安全国家标准　水产制品　生产卫生规范》（GB 20941—2016）的要求。

第二节　市场水产品质量控制

随着生活水平的不断提高，人们对水产品的需求日益增长，对其营养、安全的要求越来越高。全面提高市场交易水产品质量安全水平，必须从源头抓起，实施流通全过程质量管理，对与市场水产品有关的各个环节，即对水产品市场交易环境、交易设施设备、交易过程、人员管理和记录管理，进行严格控制。

一、市场环境

市场选址应考虑当地气候、交通条件和周围环境，远离工业区，尽量避开闹市区和人群聚集的地方；应根据市场的交易量，合理考虑场区道路的宽度，设置专用的机动车停车场，道路和停车场地面应承重、耐磨、防滑，出入口、停车场、水产品交易区、结算区、配套服务区等功能区应明确标识，应保持良好卫生，无明显异味，无污水，无蚊蝇；应根据鲜活、冷冻、干制等水产品类别进行分区交易，场内地面应做到硬化、平整、清洁，便于清洗。

二、交易设施设备

应配备市场服务、卫生安全信息包装、运输、消防、治安等设施设备，相关设备应符合《农产品批发市场管理技术规范》（GB/T 19575—2004）的要求。根据交易品种、交易量，应配备相应的冷冻冷藏设施，冷库库容不宜小于水产品周转期交易量的20%。冰鲜水产品应配备冰台、中温柜（库）或急冻库，活水产品应配备制冷、供氧设备等必要的暂养设施设备。宜根据水产品交易的需要配备相应的制冰、贮冰设施设备。鲜活交易市场应合理布局设置给排水系统，公用垃圾桶和垃圾中转密闭间。污水排放应符合《污水综合排放标准》（GB 8978—1996）的规定。水产品交易应配备检测甲醛、水质的设备，相关设备应符合《农产品批发市场管理技术规范》（GB/T 19575—2004）的要求。应设置水产品交易结算中心，宜配备相应的电子结算设施设备。宜配备水产品可追溯设施系统，并参照《全国肉类蔬菜流通追溯体系建设规范（试行）》执行。水产品交易有码头的，宜配备从渔船到交易场所的产品输送设备。应配备叉车、货架、托盘等设施设备。应配备分割与包装设备，包装设备应符合《农产品批发市场管理技术规范》（GB/T 19575—2004）的要求。应配备电子监控设备。应设有信息发布公告栏，有条件的市场应配备大型电子显示屏幕。

三、交易

入场应建立水产品准入管理制度，查验入场经销商经营资质证明材料，索要水产品合格证明、产地证明等票证，并存档备案。应建立经销商信息档案，详细记录经销商身份信息、联系方式、经营产品、信用记录和培训情况等基本信息，并动态更新。应做好水产品入场登记工作，详细记录经销商名称、联系人、联系方式、车辆牌号、产品名称、数量、产地等信息。产品检测应做好巡查工作，定期和不定期对产品进行抽样检测，抽查数量按每批次检测不少于万分之五，产品检测项目及检测结果的处理等参照《农产品批发市场食品安全操作规范》执行，经检测质量安全不合格的水产品不得交易。产品陈列与贮存制冰所用水质应符合《生活饮用水卫生标准》（GB 5749—2006）的要求，贮存期间应保持温湿度的相对稳定，应定时检测。应配备泡沫箱、铁盘等贮存容器，贮存设备及器具应清洁卫生、定期消毒，鼓励使用物理消毒。水产品应挂牌陈列，标明其产品名称、品种、规格等级、产地等信息。结算和交割应按照统一格式开具购销单，购销单内容应包括购销双方名称、联系人、联系方式、产品名称、等级规格、成交量、成交价格等信息。

四、人员

应有负责质量安全检验、环境卫生、设施设备检修，装卸搬运、治安管理、信息宣传、消防安全管理等方面的从业人员。特种作业人员应按有关规定具备相应从业资格。市场应设置现场交易管理员，维护交易现场秩序。与水产品直接接触的人员应具有健康证，每年进行健康检查。

五、记录管理

建立商户档案、购销台账、库存管理记录、产品安全等文件，鼓励电子化管理。档案文件应至少保存6个月。

第七章
水产品质量安全监测与追溯

第一节　水产品质量安全监测内容

为推进水产品质量安全治理体系和治理能力现代化，扎实做好水产品质量安全监测工作，落实好习近平总书记提出的"四个最严"要求，守住水产品质量安全底线，要抓好重点领域和关键环节，针对频出的水产品质量安全问题及影响到人民群众健康安全的指标进行监测。

一、生物性危害物质

生物性危害物质（biological hazard或biohazard）指对人类及环境产生危害的一切有生命的可以生长的有机物质。造成生物性危害的物质包括但不限于动物、植物、微生物、病毒等。在水产品中可能存在的生物性危害物质有细菌、病毒、寄生虫等。

1. 细菌

细菌（bacteria），广义上指原核生物，即一大类细胞核无核膜包裹，只存在称作拟核区（nuclear region）（或拟核）的裸露DNA的原始单细胞生物，包括真细菌（eubacteria）和古生菌（archaea）两大类群。人们通常所说的细菌是狭义的细菌，为原核微生物的一类，是一类形状细短、结构简单、多以二分裂方式进行繁殖的原核生物，是在自然界分布最广、个体数量最多的有机体，是大自然物质循环的主要参与者。

水产品中的细菌主要来源于环境中（养殖用水）的污染、运输过程中的污染、从业人员的污染，所涉及的细菌种类主要有沙门氏菌属、单核细胞增生李斯特氏菌、大肠杆菌、副溶血性弧菌等。

沙门氏菌属有的专对人类致病，有的只对动物致病，有的对人和动物都致病。通常，沙门氏菌属的感染途径是通过感染沙门氏菌的人或带菌者的粪便污染食品。人食用被沙门氏菌属感染的食品可发生食物中毒。据统计，在世界各地发生的细菌性食物中毒事件中，由沙门氏菌属引起的食物中毒居于首位。

单核细胞增生李斯特氏菌（*Listeria monocytogenes*）是一种人畜共患病的病原菌。单核细胞增生李斯特氏菌可引起人类败血症、脑膜炎、脓毒血症、无败血症性单核细胞增多症。该菌在4℃的环境中仍可生长繁殖，是冷藏食品中威胁人类健康的主要病原菌之一，因此，在食品的微生物检验中要对该菌引起足够的重视。

大肠杆菌（*Escherichia coli*），又被称大肠埃希氏杆菌，是一种革兰氏阴性菌。人感染大肠杆菌容易引起腹泻、尿道炎、膀胱炎、腹膜炎等。致病性大肠杆菌可分为6类：肠致病性大肠杆菌（EPEC）、肠产毒性大肠杆菌（ETEC）、肠侵袭性大肠杆菌（EIEC）、肠出血性大肠杆菌（EHEC）、肠黏附性大肠杆菌（EAEC）和弥散黏附性大肠杆菌（DAEC）。

副溶血性弧菌（*Vibrio Parahemolyticus*），为革兰氏阴性菌，呈弧状、杆状、丝状等多种形状，无芽孢。广泛存在于海水、海产品、海底沉积物中。进食含有该菌的食物可致食物中毒，也称嗜盐菌食物中毒。临床上以腹痛、呕吐、腹泻及水样便为主要症状。此菌对酸敏感，在普通食醋中5 min即可杀死；对热的抵抗力较弱。

2. 病毒

病毒（virus，中文旧称"滤过性病毒"），不具有细胞结构，是由一个核酸分子（DNA或RNA）与蛋白质外壳构成的非细胞形态。

病毒不能独立生存，只有寄生在活细胞里才能进行生命活动，一旦离开就会失去所有生命活动且不能独立自我复制，但仍保留感染宿主的潜在能力。各类水体中存在大量能吸附病毒的颗粒物，大大延长了病毒的存活时间，使其有更多的时间接触潜在的宿主。研究表明，许多肠道病毒对环境的耐受力大大高于大肠菌群，且许多病毒的致病剂量要远小于细菌。饮水、呼吸和皮肤接触常常是人体受到病毒感染的主要途径。水产品中经常出现的食源性病毒主要有诺如病毒等。

诺如病毒，又名诺瓦克样病毒（Norovirus），属杯状病毒科诺如病毒属。诺如病毒感染性腹泻在全世界范围内均有流行，全年均可发生感染，寒冷季节呈现高发，感染对象主要是成人和学龄儿童。

3. 寄生虫

寄生虫的种类较多，FAO列出了10种重要的人鱼共患寄生虫，分别为裂头绦虫、异尖线虫、颚口线虫、毛细线虫、广州管圆线虫、后睾吸虫、并殖吸虫、异形吸虫、华支睾吸虫及棘口吸虫。

二、化学性危害物质

化学性危害物质是指引起化学性危害的物质，主要指内源性有害物质（天然动植物毒素）、外部污染的化学物质以及人为添加的过量或非法添加的渔用投入品。

1. 内源性有害物质

水产品中的内源性有害物质主要有腹泻性贝类毒素、麻痹性贝类毒素、河豚毒素等。

腹泻性贝类毒素是由有毒赤潮藻类鳍藻属和原甲藻属的一些种类产生的脂溶性多环醚类生物活性物质。腹泻性贝类毒素可在贝类等滤食性动物体内富集，危害食用者健康。

麻痹性贝类毒素是一种神经毒素，因人误食了含有此类毒素的贝类而产生麻痹性中毒的现象，所以称之为麻痹性贝类毒素。麻痹性贝类毒素在贝类毒素中属于毒性最强的毒素，经常造成食用者中毒死亡事件的发生，并且具有广布性与高发性。

河豚毒素是鲀科鱼类产生的氨基全氢喹唑啉型化合物，是一类毒性很强的生物碱。河豚毒素在人体肠道被吸收并迅速作用于神经末梢和神经中枢，引起神经麻痹，甚至死亡。河豚毒素的化学性质非常稳定，一般的烹饪温度很难降低其毒性，因误食河鲀而中毒死亡的事件时有发生。

2. 外部污染的化学物质

（1）有害重金属。有害重金属进入人体内会干扰正常的生化过程或生理功能，会引起暂时或永久性的病理变化，甚至会危及生命。常见的有害重金属有铅、镉等。

（2）药物残留。在水产养殖过程中，发生病害是常见现象，养殖者为了有效防治病害而不得不使用渔药。但是渔药虽然能快速有效地防治水产病害，使用不当或使用过量也会引发诸多的质量安全问题。因为渔药的使用不当或使用过量而引发的食品安全事件时有发生，如"出口欧盟对虾检出氯霉素""出口日本鳗鱼检出恩诺沙星超标""水产品中检测出孔雀石绿"等。因此，水产养殖单位和养殖个体户应该提高对水产品中药物残留危害性的认识，应当按照水产养殖用药使用说明书的要求或在水生生物病害防治员的指导下科学用药。

渔药进入水产动物体内后，一般要经过吸收、代谢、排泄等过程，不会立即从体内消失，药物或其代谢物以蓄积、贮存或者其他方式保留在器官或组织中，具有较高的浓度。食用药物残留量超标的水产品会对人类健康造成影响。

1）禁用药。农业农村部第250号公告规定食品动物中禁止使用的药品及其化合物清单中，与水产动物有关的有氯霉素、孔雀石绿、硝基呋喃类等。

氯霉素是一种广谱抗生素，在水产养殖中曾用于鱼类细菌性疾病的防治，但是其存在严重的毒副作用，能抑制人体骨髓造血功能，因此，动物食品中的氯霉素残留对人类健康构成巨大威胁，已被禁止使用。

孔雀石绿是一种有毒的三苯甲烷类物质，曾被用于治疗鱼类或鱼卵的寄生虫、真菌或细菌感染。但是孔雀石绿具有较高的毒性，可以在水产养殖生物体内残留，对水生动物具有潜在的致癌、致畸、致突变作用，已被禁止使用。

硝基呋喃类药物是一种化学合成的广谱抗菌药，具有抑菌和杀菌的作用，曾被广泛用于水产养殖业。但长时间或大剂量使用硝基呋喃类药物会对动物产生毒性作用。硝基呋喃类抗菌药主要包括呋喃唑酮、呋喃它酮、呋喃西林和呋喃妥因，其中呋喃西林的毒性最大。

2）停用药。农业部第2292号公告和第2638号公告规定氧氟沙星、培氟沙星、洛美沙星、诺氟沙星和喹乙醇属于食品动物中停止使用的兽药。

氧氟沙星、培氟沙星、洛美沙星、诺氟沙星属氟喹诺酮类抗菌药，具有抗菌活性强、抗菌谱广等特点。曾被广泛应用于水产养殖业，但在养殖过程中的不合理使用和滥用，使得水产品中氟喹诺酮抗菌药残留累积呈上升趋势，对人类健康造成潜在风险。这4种氟喹诺酮类药物已被停止使用。

喹乙醇作为抗菌促生长剂曾被广泛使用，其残留具有潜在的致突变、致畸和致癌性，我国已将其列入停用药物名单。

3）农药。《农药管理条例》第三十四条规定：农药使用者应当严格按照农药标签标注的使用范围、使用方法和剂量、使用技术要求和注意事项使用农药，不得扩大使用范围、加大用药剂量或者改变使用方法。《农药管理条例》第三十五条规定"严禁使用农药（如甲氰菊酯、扑草净等）毒鱼、虾、鸟、兽等"。

甲氰菊酯和扑草净等农药是一种具有触杀和一定驱避作用的杀虫剂，对于防治常见淡水鱼类体表寄生的原虫、吸虫等寄生虫有较好的效果，但农药在水产品养殖过程中的使用对水生生物和水体生态会造成重大的影响，严重时可造成急性中毒，导致水生生物大量死亡，存活下来的水生生物吸收并富集于体内的农药通过食物链进入人类体内，威胁人类的身体健康和生命安全。因此，在水产品养殖过程中应禁止使用农药。

3. 人为添加的过量或非法添加的渔用投入品

所有渔用投入品，均应按照兽药、饲料和饲料添加剂管理，必须取得相应生产许可证和产品批准文号，市场上所谓"水质改良剂""底质改良剂""微生态制剂"等产品中，用于预防、治疗、诊断水产养殖动物疾病或者有目的地调节水产养殖动物生理机能的，均应按照兽药监管管理。水产养殖用兽药的研制、生产、进口、经营、发布广告等行为，应严格按照《兽药管理条例》监督管理。水产养殖用饲料和饲料添加剂的审定、登记、生产、经营和使用等行为，应严格按照《饲料和饲料添加剂管理条例》监督管理。常用易混淆渔用投入品主要有以下几种。

（1）外用消毒剂：主要用于养殖水体消毒、清塘和养殖用具消毒等。具体有漂白粉、含氯石灰、二氯异氰尿酸等。

（2）外用杀虫剂：主要是用于养殖水体中的外用杀虫剂。具体有硫酸锌、硫酸铜、硫酸亚铁等。

（3）化学增氧剂：主要是用于养殖过程中缺氧急救及鱼体保活用的过氧化物类化学试剂。具体有过氧化钙、过氧碳酸钠、过氧化氢等。

（4）水质调节剂和底质改良剂：主要是用于调节养殖水质、改善底质。主要有碳酸氢钙、过磷酸钙、有机酸类等。

三、物理性危害物质

物理性危害物质是指食用后导致物理性伤害的异物。物理性危害物质包括碎骨头、碎石头、铁屑、木屑、碎玻璃以及其他可见的异物，不包括食品中发现存在的昆虫、头发、污物和腐败物质。

第二节　水产品质量安全监测方式

一、监督抽查

为切实加强水产品质量安全监督管理，提高水产品质量安全水平，确保人民群众消费安全，国家建立农产品质量安全监测制度。县级以上人民政府农业行政主管部门应当按照保障农产品质量安全的要求，制定并组织实施农产品质量安全监测计划，对生产中或者市场上销售的农产品进行监督抽查。监督抽查指质量技术监督部门为监督产品质量，依法组织对中华人民共和国境内养殖、生产、销售的产品进行有计划的随机抽样、检查，并对抽检结果公布和处理的活动。监督抽查结果由国务院农业行政主管部门或者省、自治区、直辖市人民政府农业行政主管部门按照权限予以公布。监督抽查检测应当委托具有相应的检测条件和能力的农产品质量安全检测机构承担，并不得向被抽查人收取费用，抽取的样品不得超过国务院农业农村行政主管部门规定的数量。上级农业行政主管部门监督抽查的农产品，下级农业行政主管部门不得另行重复抽查。

1. 监测种类及检验项目（以北方水产品质量安全状况为例）

监督抽检包括水产苗种质量安全监督抽检和产地水产品质量安全监督抽检。抽检产品的范围是在监督抽查目录内，检验项目是根据市场情况选择标准范围之内的符合性检测。

水产苗种质量安全监督抽查：主要包括海参、大菱鲆、对虾（中国对虾、日本对虾、南美白对虾）、黑鲷、许氏平鲉、斑石鲷、石斑鱼、梭子蟹、大泷六线鱼、圆斑星鲽、绿鳍马面鲀、松江鲈鱼、钝吻黄盖鲽、半滑舌鳎、牙鲆、黄姑鱼、鲢鱼、鳙鱼、鲤鱼、鲽鱼、三疣梭子蟹等。

产地水产品质量安全监督抽查：主要包括海参、大菱鲆、半滑舌鳎、鲽鱼、三疣梭子蟹、对虾（中国对虾、日本对虾、南美白对虾）、许氏平鲉、斑石鲷、石斑鱼、鲢鱼、鳙鱼、鲤鱼、草鱼等。

2. 样品的来源渠道

样品抽取要按照《水产苗种渔药残留检测抽样技术规范》（DB 37/T 714—2018）和《水产品抽样规范》（GB/T 30891—2014）有关规定执行。同一个池塘或育苗池只能抽取1个样品，每个被检企业抽取同一品种数量不超过2个，样品总数不超过4个。

3. 结果及处理

《中华人民共和国农产品质量安全法》第五十一条规定，农产品生产经营者对监督抽查检测结果有异议的，可以自收到检测结果之日起5个工作日内，向实施农产品质量安全监督抽查的农业农村主管部门或者其上一级农业农村主管部门申请复检。复检机构与初检机构不得为同一机构。

采用快速检测方法进行农产品质量安全监督抽查检测，被抽查人对检测结果有异议的，可以自收到检测结果时起4 h内申请复检。复检不得采用快速检测方法。

复检机构应当自收到复检样品之日起7个工作日内出具检测报告。

因检测结果错误给当事人造成损害的，依法承担赔偿责任。

《中华人民共和国农产品质量安全法》第六十四规定，县级以上地方人民政府农业农村、市场监督管理等部门在履行农产品质量安全监督管理职责过程中，违法实施检查、强制等执法措施，给农产品生产经营者造成损失的，应当依法予以赔偿，对直接负责的主管人员和其他直接责任人员依法给予处分。

《中华人民共和国农产品质量安全法》第六十五条规定，农产品质量安全检测机构、检测人员出具虚假检测报告的，由县级以上人民政府农业农村主管部门没收所收取的检测费用，检测费用不足1万元的，并处5万元以上10万元以下罚款，检测费用1万元以上的，并处检测费用5倍以上10倍以下罚款；对直接负责的主管人员和其他直接责任人员处1万元以上5万元以下罚款；使消费者的合法权益受到损害的，农产品质量安全检测机构应当与农产品生产经营者承担连带责任。

因农产品质量安全违法行为受到刑事处罚或者因出具虚假检测报告导致发生重大农产品质量安全事故的检测人员，终身不得从事农产品质量安全检测工作。农产品质量安全检测机构不得聘用上述人员。

农产品质量安全检测机构有前两款违法行为的，由授予其资质的主管部门或者机构吊销该农产品质量安全检测机构的资质证书。

二、风险监测

1. 水产品质量安全风险监测

为进一步掌握水产品质量安全风险状况，掌握食品中潜在的危险因子，及时进行风险评价、风险预警，进一步提高水产品质量安全水平，国家建立食品安全风险监测制度，对食源性疾病、食品污染以及食品中的有害因素进行检测。风险监测是指为了及时发现和掌握产品质量安全风险，通过产品检验检测、数据分析、资料收集等方式，系统和持续地收集食源性疾病、食品污染以及食品中有害因素的监测数据及相关信息，并进行综合分析和通报的活动。

国务院卫生行政部门会同国务院食品药品监督管理、质量监督等部门，制定、实施国家食品安全风险监测计划。国务院食品药品监督管理部门和其他有关部门获知有关食品安全风险信息后，应当立即核实并向国务院卫生行政部门通报。对有关部门通报的食品安全风险信息以及医疗机构报告的食源性疾病等有关疾病信息，国务院卫生行政部门应当会同国务院有关部门分析研究，认为必要的，及时调整国家食品安全风险监测计划。省、自治区、直辖市人民政府卫生行政部门会同同级食品药品监督管理、质量监督等部门，根据国家食品安全风险监测计划，结合本行政区域的具体情况，制定、调整本行政区域的食品安全风险监测方案，报国务院卫生行政部门备案并实施。

（1）监测目的。收集食源性疾病信息和食品中污染物及有害因素污染数据，分析危害因素及其可能来源，主动发现食品中存在的安全隐患，为开展食品安全风险评估和标准制定、修订、跟踪评价以及风险预警和风险交流、监督管理等提供科学支持。

（2）监测内容。风险监测的被检产品除目录中的产品以外，还可以是消费者关注度较高的可能存在安全风险的产品。检测项目可以是标准内的质量安全指标，可以是探索性项目。

1）食品污染、食品有害因素监测。对食品中化学污染物及有害因素、微生物及其致病因子开展常规和专项风险监测。

2）食源性疾病监测。开展食源性疾病病例监测、食源性疾病暴发监测、食源性疾病主动监测、食源性致病菌分子溯源。对沙门氏菌、大肠埃希氏杆菌、志贺氏菌、副溶血性弧菌和金黄色葡萄球菌等食源性致病菌进行监测。

（3）监测种类及抽样范围。以北方水产品质量安全风险状况为例，风险监测的种类主要分为两种：专项监测和常规监测。专项监测根据实际情况展开。常规监测种类和抽样范围如下。

1）常规监测种类：

产地养殖水产品风险监测（不包含贝类）：主要包括海参、鲆鱼、鲽鱼、鲷鱼、许氏平鲉、对虾、海带、中华绒螯蟹、乌鳢、鲤鱼、鲫鱼、鳊鱼、鲢鱼、草鱼、罗非鱼、虹鳟、鲟鱼、鲍、克氏螯虾等。

捕捞水产品风险监测：主要包括鱼类（鲅鱼、鳀鱼、鲐鱼、鲳鱼、带鱼、玉筋鱼、大泷六线鱼、短鳍红娘鱼、鳎鱼、沙丁鱼、鲬鱼、绿鳍马面鲀、小黄鱼、梭鱼、许氏平鲉、鲅鳒、虾虎鱼、斑鰶鱼等）、虾蟹类（对虾、毛虾、口虾蛄、鹰爪虾、三疣梭子蟹、日本蟳、鼓虾等）等大宗捕捞水产品，增加品种须由市级渔业行政主管部门向省厅提出申请。

养殖贝类产品风险监测：主要包括牡蛎、扇贝、蛤、贻贝、鲍、螺、蛏等品种。

市场例行监测：主要分为产地水产品监测和异地水产品监测。

2）抽样范围：

产地养殖水产品风险监测：产地养殖生产单位。

捕捞水产品风险监测：主要是在沿海渔货码头、上岸地点和捕捞渔船。

养殖贝类产品风险监测：主要为浅海贝类养殖单位，应在海水养殖贝类主要分布海区内抽取样品，兼顾吊笼、底播等贝类养殖方式。

（4）结果及处理：

《中华人民共和国食品安全法》第十六条规定，食品安全风险监测结果表明可能存在食品安全隐患的，县级以上人民政府卫生行政部门应当及时将相关信息通报同级食品药品监督管理等部门，并报告本级人民政府和上级人民政府卫生行政部门。食品药品监督管理等部门应当组织开展进一步调查。

《中华人民共和国食品安全法》第十七条规定，国家建立食品安全风险评估制度，运用科学方法，根据食品安全风险监测信息、科学数据以及有关信息，对食品、食品添加剂、食品相关产品中生物性、化学性和物理性危害因素进行风险评估。

国务院卫生行政部门负责组织食品安全风险评估工作，成立由医学、农业、食品、营养、生物、环境等方面的专家组成的食品安全风险评估专家委员会进行食品安全风险评估。食品安全风险评估结果由国务院卫生行政部门公布。

2.海水贝类产品生产区域划型监测

海水贝类产品生产区域划型是实行分类管理的关键技术和建立卫生控制体系的关键点。随着贝类产业的发展升级，水产品质量安全意识的提高和国际卫生控制规范的推出，自2007年开始，海水贝类产品生产区域划型工作在海水贝类主产区的山东、辽宁、江苏、福建等11个省（区、市）全面展开。

海水贝类产品生产区域划型一般可表述为由行政主管部门主持并实施，以提高贝类产品质量安全水平、保障消费者身体健康和生命安全、打破贝类产品出口壁垒为目的，通过检测生产区出产的单位产品中对人体健康存在危害的致病微生物（如大肠埃希氏菌、副溶血性弧菌、李斯特氏菌等）、重金属（如镉）以及内源性有害毒素（如腹泻性贝类毒素、麻痹性贝类毒素等）等相关物质的含量为划型指标对生产区划分不同等级类型。

以北方海水贝类养殖为例：

（1）海水贝类生产区划型工作流程见图7-1。

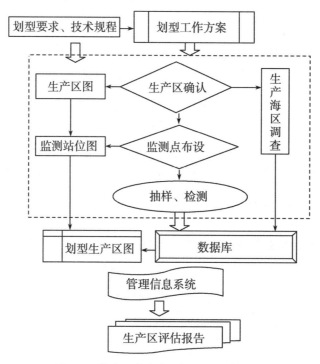

图7-1　海水贝类生产区划型工作流程图

（2）海水贝类产品生产区域分类：

一类生产区：每100 g贝肉内大肠杆菌值低于230 MPN（含）。该区域生产的贝类产品可直接上市。

二类生产区：每100 g贝肉内大肠杆菌值大于230 MPN且低于4 600 MPN（含）。该区域生产的贝类产品可上市，不可生食。

三类生产区：每100 g贝肉内大肠杆菌值大于4 600 MPN且小于46 000 MPN。该区域生产的海水贝类产品须进行暂养或净化，达到二类生产区标准后方可上市；或者在加贴完整信息标签的前提下，直接运往加工厂进行密封杀菌或热处理。

长期受污染、短期内难以改善或大肠杆菌值高于46 000 MPN的区域，禁止从事海水贝类养殖和采捕活动。

（3）海水贝类产品生产区域监测点设置：每个划型区内不得少于6个监测站点，

样品点位要严格确定，靠近排污口的两个点位间距不得大于2 km，在靠近各类生产区的边界线区域应尽量多设置监测点，且两个点位间距不得大于2 km，其他位置任意两个点位之间距离应为2 ~ 10 km。

（4）海水贝类养殖要求：当地海洋发展和渔业（主管）局应对本辖区内所有海水贝类生产者（包括养殖、采捕单位和个体户）、暂养和净化单位进行登记备案，建立数据库，并引导和督促其建立放养、采捕、销售记录。海水贝类生产单位数据库应及时更新。

贝类的非选择性滤食习性和生长位置相对稳定的特点，使其在海域生长过程中极易被感染，积累环境中的有害物质。为防止食用贝类中毒，在夏季高温季节，要加大检测频次。当海域环境受到突发性污染或发生赤潮，发现多批次贝类产品检出重金属或毒素含量超标，不能满足贝类安全消费标准时，县级以上渔业主管部门应发布临时公告，对该区域进行关闭并实行跟踪监测，若48 h内连续两次监测结果合格，予以重新开放。

用于海水贝类暂养、净化的区域应用明显标志显示边界；暂养区与养殖生产区之间最小间距应在300 m以上。暂养区应符合一类生产区标准，暂养区内要有分隔设施，防止各批混合。海水贝类净化厂的卫生条件应符合水产品加工企业卫生管理规范。

三、快速检测

快速检测是指包括样品制备在内，能够在短时间内出具检测结果的行为。食品安全快速检测分为实验室快速检测和现场快速检测。实验室快速检测着重于利用实验室一切可以利用的仪器设备对检测样品进行快速定性与定量检测；现场快速检测着重于利用现场一切可以利用的手段对检测样品进行快速定性与半定量检测。现场的食品快速检测方法要求：① 实验准备简化，使用的试剂较少，配制好的试剂保存期长；② 样品前处理简单，对操作人员要求低；③分析方法简单、准确和快速。

食品安全监督检查人员可以使用经认定的食品安全快速检测技术进行快速检测，及时发现和筛查不符合食品安全标准及有关要求的食品、食品添加剂及食品相关产品。使用现场快速检测技术发现和筛查的结果不得直接作为执法依据。对初步筛查结果表明可能不符合食品安全标准及有关要求的食品，应当依照《中华人民共和国食品安全法》的有关规定进行检验。

四、企业自检

企业自检指的是企业自身通过企业内部检测部门对每批出厂产品随机抽样进行检

测，从而判定产品是否合格的一种方法。企业自检不合格的产品不得出厂。食品生产者通过自检自查、公众投诉举报、经营者和监督管理部门告知等方式知悉其生产经营的食品属于不安全食品的，应当主动召回。食品生产者应当主动召回不安全食品而没有主动召回的，县级以上市场监督管理部门可以责令其召回。

第三节　水产品抽样规范

一、抽样要求

1. 原则

抽样应严格按照《水产品抽样规范》（GB/T 30891—2014）规定的程序和方法执行，确保抽样的公正性和样品的代表性、真实性、有效性。

2. 抽样人员要求

每个抽样组由2人或2人以上组成，抽样人员应经过专门的培训，具备相应的资质。抽样过程中，抽样人员应携带身份证、工作证或单位介绍信、任务书和抽样通知书等证件，出示或佩戴资质证或执法证。

3. 抽样工具要求

根据样品特性，需准备以下工具：天平、样品袋、封样袋（盒）、保温箱、橡胶手套、照相及定位设备、抽样表（单）、封条等。应用无菌容器盛装用于微生物检验的样品，并做好保温工作。

二、抽样过程

1. 样品要求

活体样品应选择能代表整批产品群体水平的生物体，不得特意选择特殊的生物体（如畸形、有病的）作为样本；鲜品的样品应选择能代表整批产品群体水平的生物体，不能特意选择新鲜或不新鲜的生物体作为样品；作为进行渔药残留检验的样品应为已经过停药期的、养成的、即将上市进行交易的养殖水产品；处于生长阶段的，或使用渔药后未经过停药期的养殖水产品可作为查处使用违禁药的样本；用于微生物检验的样本应单独抽取，取样后应置于无菌的容器中，且存放温度为0～10℃，应在48 h内送到实验室进行检验。

2. 抽样规则

捕捞及养殖水产品的抽样见表7-1。

表7-1　捕捞及养殖水产品的抽样

样品名称	样品量	检样量/g
鱼类	≥3尾	≥400
虾类	≥10尾	≥400
蟹类	≥5只	≥400
贝类	≥3 kg	≥700
藻类	≥3株	≥400
海参	≥3只	≥400
龟鳖类	≥3只	≥400
其他	≥3只	≥400

注：样本量为最少取样量，实际操作中需根据所取样品的个体大小，在保证最终检样量的基础上，抽取样品。

养殖活水产品以同一池塘或同一养殖场中养殖条件相同的产品为一检验批次；捕捞水产品、市场销售的鲜品以同一来源及大小相同的产品为一检验批次。

三、抽样记录

抽样时填写抽样单、样品袋标签和封样袋（盒）标签，将填好的标签分别粘贴在样品袋和封样袋（盒）上。抽样单一式四份，由抽样人员和受检单位代表共同填写，一份交受检单位，一份随同样品转运或由抽样人员带回检测单位，一份抽样单位留存，一份交渔政部门。

样品袋标签填写内容为样品名称、样品编号、抽样人姓名和抽样日期；封样袋（盒）填写的主要内容为样品名称、样品编号、抽样人和受检单位代表姓名、抽样单位和受检单位的名称及封样日期；同一样品填写在抽样单、样品袋标签、封样袋（盒）标签上的样品名称和样品编号必须一致。

四、样品封存与运输

1.样品封存

封样前，抽样人员和受检单位代表共同确认样品的真实性、代表性和有效性；将每份样品分别封存，粘贴封条，抽样人员和受检单位代表分别在封条上签字盖章；封存好的样品应处于低温状态，保证样品不变质；封存包装材料应清洁、干燥，不会对样品造成污染；包装容器应完整、结实、有一定抗压性。

2. 样品运输

运输过程中应保证样品不变质且防止运输和装卸过程中可能造成的污染和损伤。

第四节　水产品质量安全追溯体系

食品质量安全实现可追溯是保证食品质量安全的有效方法和手段，随着我国经济发展水平的不断提高、人们生活条件的不断改善，人们对食品质量安全的关注度也逐渐提高。习近平总书记在2013年中央工作会议上指出，要抓紧建立健全农产品质量和食品安全追溯体系，尽快把全国统一的农产品和食品安全信息追溯平台建起来，实现农产品生产、收购、储存、运输、销售、消费全链条可追溯，用可追溯制度倒逼和引导生产。2015年，国务院办公厅文件中也提出推进食用农产品追溯体系建设，建立食用农产品质量安全全过程追溯协作机制，以责任主体和流向管理为核心，以追溯码为载体，推动追溯管理与市场准入相衔接，实现食用农产品"从农田到餐桌"全过程追溯管理。推动农产品生产经营者积极参与国家农产品质量安全追溯管理信息平台运行。

《中华人民共和国食品安全法》第四十二条规定，国家建立食品安全全程追溯制度。食品生产经营者应当依照本法的规定，建立食品安全追溯体系，保证食品可追溯。国家鼓励食品生产经营者采用信息化手段采集、留存生产经营信息，建立食品安全追溯体系。国务院食品安全监督管理部门会同国务院农业行政等有关部门建立食品安全全程追溯协作机制。

一、追溯体系介绍

1. 可追溯的由来

1986年英国疯牛病（BSE）暴发是可追溯体系的产生及其在国际范围内发展的导火线。疯牛病的暴发对英国的政治、经济等造成了巨大的损失，因为当时没有相应的追溯体系，所以不能追溯到疯牛病的发病根源。在疯牛病暴发前后，ISO9001、GAP、GMP、HACCP等一些认证手段被引入食品安全领域，取得一定效果。但这些手段主要是针对企业内部生产过程环节的控制，缺乏一个将整个供应链连接起来的监管手段。

欧盟在2000年出台了相关法规，要求自2002年1月1日起，所有在欧盟国家上市销售的牛肉产品必须具备可追溯性，标签上必须标注牛的出生地、饲养地、屠宰场和加工厂，否则不允许上市销售。

"可追溯"最初也是由法国等部分欧盟国家在CAC生物技术食品政府间特别工作组会议上提出的。食品的可追溯性被定义为通过等级的识别码，对商品或行为的历史或位置予以追踪的能力。目的是一旦发现危害人类健康安全问题时，可按照从生产源头至最终消费各个环节所必须记载的信息，追溯流向，切断源头，消除危害。区别两个概念，分别是跟踪和追溯。跟踪是指从食品供应链的上游到下游，跟踪一个单元或食品运行过程的能力。追溯是指从食品供应链的下游到上游，识别一个特定单元或食品来源的能力，即通过记录标识的方法，回溯某个实体的来源、用途和位置的能力。

2.追溯的分类

追溯分为内部追溯和外部追溯。

内部追溯具有内部性，是指企业根据管理需求，以企业内部生产流程为线索的企业内部产品的跟踪、记录行为。目的是掌握农产品在企业内部各环节流动情况，强化企业内部管理，落实标准化生产要求。

外部追溯具有外部性，是指产品离开企业后的流向信息的跟踪和记录，为政府管理和消费者提供追溯依据。

二、追溯体系目标

建立追溯体系的目标是实现"信息可查询、来源可追溯、去向可追踪、责任可追究"。水产品质量安全追溯体系是从供给侧出发，利用质量信号传递，将产品供应链条的全过程信息加以链接，根据育苗、养殖、加工、流通各环节信息明确企业（业户）主体责任，使水产品的各个环节信息可查询、可追溯，能够有效解决水产品市场的信息不完全和信息不对称问题。

三、追溯平台组成

本节介绍的水产品质量安全追溯体系是以山东省烟台市水产品质量追溯平台为例，该平台由烟台市渔业主管部门倡导、第三方参与技术开发。烟台市水产品质量追溯平台开通于2015年，经过不断升级完善，已涵盖以海参、鱼类、虾类、蟹类、贝类、藻类为主的全部水产品源头企业的监管和其产品的追溯。平台的运营理念是"服务产业，造福民生"，平台的主要作用是引导企业规范生产过程、公开批次化可追溯信息链，并面向全国消费者推荐烟台本土优秀水产企业，面向大众推荐优质、安全、可追溯的水产品。

烟台市水产品质量追溯平台主要包括公众溯源平台、监管平台、企业端平台、质检端平台、数据采集端平台。

1. 公众溯源平台

消费者通过各种渠道购买可追溯水产品后，可以通过手机扫码了解该产品的合格证信息、完整可追溯信息，做到买得放心、吃得放心。除了追溯查询外，公众溯源平台（公众端，图7-2）主要用于展示企业，推广优质产品，发布新闻动态、食品标准、政策法规、消费知识、监管动态、海洋牧场推介等。

图7-2　公众溯源平台

2. 监管平台

通过监管平台（图7-3），渔业主管部门能够监管全市企业信息，可以按照区市进行排列检索。各区市渔业主管部门能够监管本区市企业的信息。

主要功能：企业信息监管、地图检索、产品信息检索、生产批次监管、合格证监管、养殖过程记录监管、投入品使用监管等。

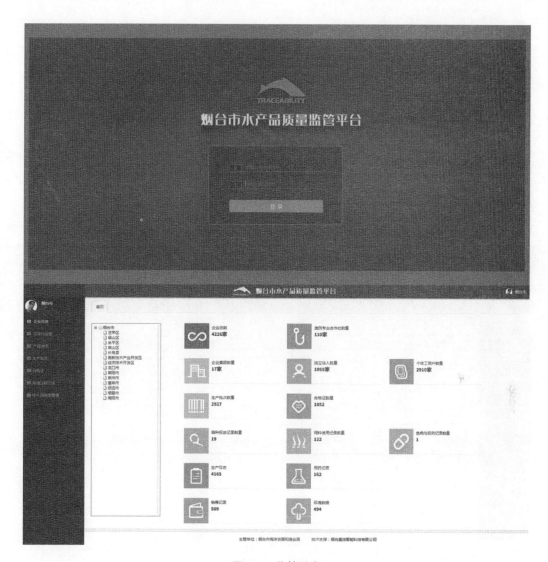

图7-3　监管平台

3. 企业端平台

企业端平台（图7-4），用于各类型水产品养殖企业、育苗企业、养殖合作社、养殖户进行食用水产品合格证和追溯信息管理、生产日志管理；用于水产品加工企业在原料、加工、包装、销售等各环节进行可追溯关键信息管理。

主要功能：企业信息管理、责任人管理、供应商管理、基本养殖信息管理、养殖单元（场、车间、池）管理、产品信息管理、基础追溯信息（生产批次、出厂合格证）管理、养殖过程记录、投入品及使用管理、产品去向管理（车辆、客户、销售批次）等。

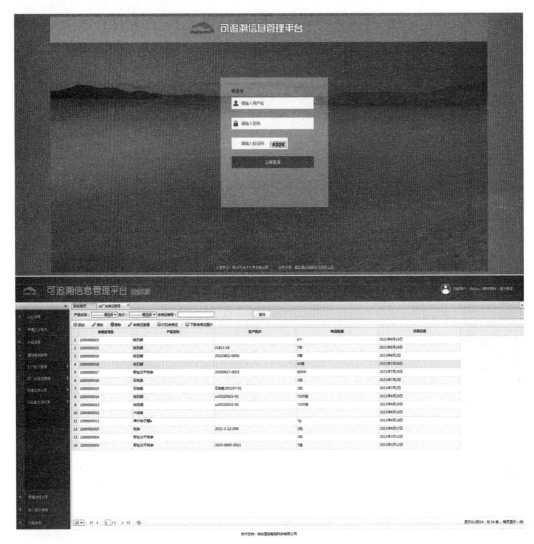

图7-4 企业端平台

4. 质检端平台

质检端平台（图7-5），又称检验检测信息管理平台，用于检验检测部门批量录入产品检验检测信息、上传质检报告。

主要功能：企业检索、新建企业（账号）、产品检索、新增产品、药残检测信息录入管理、污染物监测信息录入管理、上传质检报告等。

图7-5　质检端平台

5. 信息采集端平台

信息采集端平台（图7-6），用于第三方批量录入企业可追溯信息。

主要功能：企业信息管理、责任人管理、供应商管理、基本养殖信息管理、养殖单元（场、车间、池）管理、产品信息管理、投入品（苗种、饲料、添加剂、渔药）管理、销售信息（客户管理、销售记录）管理。

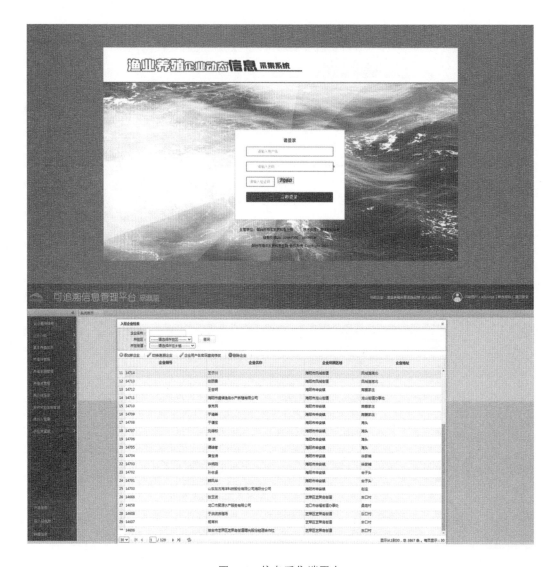

图7-6　信息采集端平台

四、追溯体系任务

追溯重点任务为企业动态信息采集、产品批批快检、政府部门监管（动态信息采集和快检服务以购买第三方服务的形式开展）。

1.企业动态信息采集（以水产养殖企业为例）

企业动态信息采集中的基本信息包括企业名称、地址、养殖品种、养殖模式、养殖面积、产量、联系人信息、养殖变化情况及原因、病害信息、生产批次、养殖过程记录（生产日志、用药记录、销售记录）、投入品使用管理（苗种投放记录、饲料使用记录、渔药使用记录）等。

2.产品批批快检

快检项目包括硝基呋喃类代谢物、孔雀石绿、氯霉素、甲砜霉素、氟苯尼考、喹诺酮类、四环素类、磺胺类（总量）等项目。快速检测试剂为通过农业农村部质量检测能力验证合格产品。

3.政府部门监管

（1）提供软硬件支撑：按工作程序要求，为企业配备追溯中所需要的设备。

（2）培训指导：对监管人员及企业技术人员进行相关培训工作。

（3）监督检查：不定期对平台的使用情况进行检查，并督促各区市渔业监管部门和全市所有水产养殖企业完善平台信息。

第八章
水产养殖病害控制

第一节　水产病害种类及诊断

了解病原、症状与流行情况，是诊断水产病害和提出有效的病害控制措施的根据，本章将介绍鱼、虾、贝、两栖及水生爬行类、棘皮动物和藻类的几种典型细菌性、病毒性、寄生虫性等疾病，概述每种疾病的病原、症状与流行情况，并给出诊断方法。

一、鱼病

（一）病毒病

1. 鲤春病毒血症

（1）病原。病原为鲤春病毒（Spring viremia of carp virus，SVCV），属弹状病毒科（*Rhabdoviridae*）鲤春病毒属（*Vesiculovirus*）的暂定种。

（2）流行、症状和病理学变化。鲤春病毒血症（Spring viremia of carp，SVC）是一种以出血为临床症状的急性传染病。流行于整个欧洲，2002年传至美国，我国也有报道。易感宿主包括鲤鱼和锦鲤、草鱼、鲢鱼、鳙鱼、鲫鱼、欧鲇等，其中，鲤鱼是最易感的宿主，任何年龄段均可被感染。该病通常于春季水温低于15℃时暴发，并引起幼鱼和成鱼死亡。患病鱼会出现明显的临床症状：无目的地漂游，体发黑，眼突出，腹部膨大，皮肤和鳃渗血。解剖后可见腹水严重带血；肠炎，心、肾、鳔有时连同肌肉也出血，内脏水肿。

（3）诊断。将病鱼的肝、脾、肾、脑，或精液、卵巢液接种到胖头鲹肌肉细胞系（FHM）、鲤上皮瘤细胞系（EPC）、草鱼性腺细胞系（GCO），20℃培养，分离病毒，出现细胞病变效应（CPE）后，再用中和试验、免疫荧光或PCR技术鉴定病毒。

2. 病毒性出血性败血症

（1）病原。病原为鱼粒弹状病毒（Piscine novirhabdovirus），属弹状病毒科粒外弹状病毒属（*Novirhabdovirus*）。

（2）流行、症状和病理学变化。病毒性出血性败血症（Vrial hemorrhagic septicemia，VHS）是一种能感染各年龄段的养殖鲑、鳟、大菱鲆、牙鲆等以及多种淡水和海洋野生鱼类的传染病。该病一般在水温4~14℃时发生，流行于整个欧洲大陆、北美、日本和韩国。该病传染性极强，9~12℃死亡率最高。患病鱼鳃发白，鳍条基部充血。解剖可见肌肉、内脏水肿和出血，肝、脾、胰出现纤维状血纹坏死。

（3）诊断。将病鱼样品接种到蓝鳃太阳鱼苗细胞系（BF-2）、虹鳟性腺细胞系（RTG-2）、FHM，在15℃下培养，分离病毒，然后用中和试验、免疫荧光、ELISA、酶染色等免疫学方法，或者用PCR技术等分子生物学方法进行确诊。由于患病，鱼体免疫力急剧下降，易继发水霉病。所以诊断时遇有在低温出现真菌感染时，也应当考虑是否患有病毒性出血性败血症。

3. 传染性造血器官坏死

（1）病原。病原为传染性造血器官坏死病毒（Infectious hematopoietic necrosis virus，IHNV），属弹状病毒科粒外弹状病毒属。

（2）流行、症状和病理学变化。传染性造血器官坏死（Infectious hematopoietic necrosis，IHN）是一种感染大多数鲑、鳟、大菱鲆、牙鲆等鱼类的急性暴发的病毒性疾病。鱼苗感染后的死亡率可达100%。该病流行于北美、欧洲和亚洲，在水温8~15℃时发病。该病的症状是行为异常，如昏睡、狂暴乱窜、打转等；体表发黑、眼突出、腹部膨胀；有些病鱼的皮肤和鳍条基部充血；肛门处拖着不透明或棕褐色的长管形黏液状"假粪"是本病较为典型的特征，但并非该病所独有。剖检时最典型的是脾、肾组织坏死，偶尔可见肝、胰坏死，因此肝和脾往往苍白。

（3）诊断。首先分离病毒。IHNV在13~18℃时能在EPC、FHM、RTG-2、大鳞大麻哈鱼胚胎细胞系（CHSE）等鱼类细胞系中增殖，并出现CPE。常用中和试验、免荧光、DNA探针和PCR技术来鉴定病毒。

4. 牙鲆弹状病毒病

（1）病原。病原为牙鲆弹状病毒（Hirame rhabdovirus，HIRRV），属弹状病毒科粒外弹状病毒属。

（2）流行、症状和病理学变化。牙鲆弹状病毒病（Hirame rhabdovirus disease，HIRRVD）主要危害海水鱼类，尤其是鲆、鲽、平鲉及香鱼易感。该病流行于日本、韩国等国家。当水温低于15℃时流行，10℃时为发病高峰。病鱼的鳍条发红，腹部膨大。解剖可见肌肉有出血点，生殖腺充血。

（3）诊断。可将病料接种到FHM、EPC、RTG-2等鱼类细胞，在15~20℃培养后能出现类似接种IHNV的CPE。然后，用PCR技术或者ELISA方法鉴定病毒。

5. 鲤痘疮病

（1）病原。病原鲤疱疹病毒1型（Cyprinid herpesvirus1，CyHV-1），属异样疱疹病毒科鲤病毒属（Cyprinivirus）。

（2）流行与症状。鲤痘疮病（Carp pox disease）是与环境因子密切相关的皮肤增生性传染性鱼病。该病在14~18℃时发展最快，当温度高于18℃时痘疮即消失，而低于10℃发展慢，危害较轻。任何年龄段的鲤均可患痘疮病，并能反复发作。患病鱼体表出现石蜡状的白色增生物，即痘疮。增生物与体表结合非常紧密，用小刀都难以刮除干净。在适宜条件下，增生物能不断增多增大，以至遍及体表，但多见于头、尾及鳍条处，内部器官无异常变化。痘疮病不会直接造成死亡，但在初春时鲤身上长满痘疮，会使鱼体能消耗过大，拖累而死。

（3）诊断。根据特征性的临床症状即可确诊。

6. 斑点叉尾鮰病毒病

（1）病原。病原为斑点叉尾鮰病毒（Channel catfish virus，CCV），又称鮰疱疹病毒I型（Ictalurid herpervirus-1），属异样疱疹病毒科（Alloherpesviridae）鮰病毒属（Ictalurivirus）。

（2）流行、症状和病理学变化。斑点叉尾鮰病毒病（Channel catfish virus disease，CCVD）是自然暴发于斑点叉尾鮰鱼苗或鱼种的急性致死性传染病。北美有流行报道。刚孵化的鱼苗死亡率可达100%，8月龄以后的鱼苗则很少患病。病鱼表现为嗜睡、打旋或水中垂直悬挂，然后沉入水中死亡。病鱼眼突出，体表发黑，鳃发白，鳍条和肌肉出血，腹部膨大。解剖后可见到体内有黄色渗出物，肝、脾、肾出血或肿大。胃内无食物，最显著的组织病理变化是肾管和肾间组织的广泛性坏死。

（3）诊断。将患病鱼的肾和脾接种到棕鮰细胞系（BB）、斑点叉尾鮰卵巢细胞系（CCO）后，在28~30℃培养18 h开始出现CPE，表现为形成核内包涵体、合胞体及细胞崩解。然后，用中和试验、免疫荧光、ELISA或PCR技术等方法鉴定病毒，但上述方法都不能对无症状的带毒鱼进行可靠的检测。可用PCR技术检测CCV的基因，或者检测鱼的血清抗体，但仅用于实验性感染鱼。

7. 草鱼出血病

（1）病原。病原为草鱼呼肠孤病毒（Grass carp revovirus，GCRV），属呼肠孤病毒科（Reoviride）水生呼肠孤病毒属（Aquareovirus）。病毒为直径70 nm的球状颗粒，有双层衣壳，无囊膜，含有11个双链RNA片段。不同地区存在不同的毒株。

（2）流行、症状和病理学变化。草鱼出血病（Hemorrhage disease of grass carp）主要在我国中部及南方区域流行，主要感染当年草鱼鱼种和青鱼，死亡率可超过80%。2龄以上的鱼较少生病，症状也较轻。在水温高于20℃以上可发病，25~28℃为流行高峰。在高温季节，极易继发细菌感染。病鱼体表可见口腔、鳃盖和鳍条基部出血。撕开表皮，可见肌肉出现点状或块状出血。剖检腹腔，可见肠道充血，肝、脾充血或因失血而发白。因此，渔民把该病分为"红肌肉""红肠子"和"红鳍红鳃盖"三类，实际上病鱼可以有其中一种或几种临床症状。

（3）诊断。将样品接种到草鱼肾脏组织细胞系（CIK），在25℃培养，有些病毒株能出现CPE，然后用凝胶电泳直接观察RNA带、免疫学实验（如中和试验和ELISA）等方法鉴定病毒；对不能产生CPE的病毒株，可用PCR技术或者直接用凝胶电泳观察病毒的11条RNA带进行病毒检测。

8. 流行性造血器官坏死病

（1）病原。病原为流行性造血器官坏死病病毒（Epizootic haematopoietic necrosis virus，EHNV），属虹彩病毒科（Iridoviridae）蛙病毒属（*Ranavirus*）。

（2）流行、病理学变化。流行性造血器官坏死病（Epizootic haematopoietic necrosis，EHN）在自然状况下仅导致河鲈和虹鳟致病，幼鱼更为易感。相比之下，河鲈的感染率和死亡率都很高，严重时导致整个野生鱼群灭绝。对虹鳟的危害相对较小，感染率低而死亡率高，从刚出生到体长125 mm的虹鳟鱼苗感染后最容易发生死亡。EHN仅分布于澳大利亚。病鱼的肝、脾、肾造血器官和其他组织坏死，并由此致病鱼死亡。

（3）诊断。取病鱼肝、脾、肾以及精液、卵巢液接种到BF-2、CHSE或RTG-2细胞中，在22℃条件下培养，分离病毒，然后用免疫学方法（ELISA、间接免疫荧光等）鉴定病毒，或者对病鱼组织直接用免疫学方法检查病毒的抗原，也可以用PCR技术检测病毒的DNA。

9. 石斑鱼昏睡病

（1）病原。病原为石斑鱼昏睡病虹彩病毒（Grouper sleepy disease iridovirus，GSDIV），属虹彩病毒科巨大细胞病毒属（*Megalocytivirus*）。中国台湾和新加坡曾分别从患病石斑鱼中分离到虹彩病毒，并分别命名为台湾石斑鱼虹彩病毒（TGIV）和新加坡石斑鱼虹彩病毒（SGIV）。曾认为两者为同一病原，统称为石斑鱼虹彩病毒（即GIV）。经国际病毒分类委员会（ICTV）确认，SGIV为蛙病毒属的暂定种，而TGIV和GSDIV均属巨大细胞病毒属的正式成员。

（2）流行、症状和病理学变化。石斑鱼昏睡病（Grouper sleepy disease，GSD）流行于东南亚各国石斑鱼网箱养殖中。死亡时没有明显的临床症状，但在脾等内脏中可以观察到巨大细胞。病原感染石斑鱼小鱼和成鱼后，有较高的死亡率。

（3）诊断。通过观察脾组织切片或压片中的巨大细胞，或者用电镜检测病毒。

10. 淋巴囊肿病

（1）病原。病原为淋巴囊肿病毒（Lymphocystis disease virus，LCDV），属虹彩病毒科淋巴囊肿病毒属（*Lymphocystivirus*）。

（2）流行、症状和病理学变化。淋巴囊肿病（Lymphocystis disease，LCD）或称淋巴囊肿（Lymphocyst），是一种非急性病，在世界各地都有流行。100多种海水、淡水鱼类均能患病，病鱼体表出现多个大小不等的囊肿，肉眼可以见到其中有许多细小颗粒。取淋巴囊肿做组织切片染色观察，可发现那些小的颗粒是巨大细胞，直径最大达500 μm，体积是正常细胞的数万倍，有很厚的细胞膜。细胞质里有许多网状的嗜伊红包涵体。

（3）诊断。淋巴囊肿病有特异的临床症状，做组织病理切片就可确认，但需要注意和其他各种不同的体表病相区别。如被霉菌感染的鱼体表霉菌呈丝状或者絮状，在光镜下能看见菌丝；患痘疮病的鲤，体表布满石蜡状的光滑的增生物，并与体表结合很紧密；患白云病的鱼，全身有粉末状白色覆盖物，粗看像痘疮，但容易脱落；被小瓜虫感染而患的白点病，体表布满白点，在显微镜下能看到小瓜虫的形态。

11. 传染性胰坏死病

（1）病原。病原为传染性胰坏死病毒（Infectious pancreatic necrosis vivus，IPNV），属双链RNA病毒科（Birnaviridae）水生双链病毒属（*Aquabirnavirus*），有多个不同毒力的血清型。

（2）流行、症状和病理学变化。传染性胰坏死病（Infectious pancreatic necrosis，IPN）是感染鲑、鳟鱼类的高度传染性疾病，流行于欧洲、亚洲和美洲各国。幼鱼从开口吃食起到6个月内为发病高峰，发病水温为10～14℃。病鱼苗表现为日死亡率突然上升并逐日增加，病鱼做螺旋状运动，体色发黑，眼突出，腹部膨大，皮肤和鳍条出血。肠内无食物且充满黄色黏液，胃幽门部出血。组织切片可见胰腺组织坏死，黏膜上皮坏死，肠系膜、胰腺泡坏死。

（3）诊断。可用BF-2、CHSE、RTG-2等鲑、鳟鱼类细胞分离病毒，在15～20℃培养2～3 d即出现明显的CPE。再用中和试验、ELISA或免疫荧光方法等免疫学方法鉴定病毒，也可以用免疫荧光技术直接在组织切片中查找抗原。

12. 鲑传染性贫血病

（1）病原。病原为传染性鲑贫血症病毒（Infectious salmon anaemia virus，ISAV），属正黏病毒科（Orthomyxoviridae）传染性鲑贫血症病毒属（*Isavirus*）。

（2）流行、症状和病理学变化。鲑传染性贫血病（Infectious salmon anaemia，ISA）是一种传染性疾病。在加拿大、美国、挪威、英国、智利等国家有报道。自然条件下，感染大西洋鲑、虹鳟、银鲑、褐鳟和鳟。实验条件下，褐鳟、鳟、虹鳟、远东红点鲑、鲱和大西洋鳕对其易感。发病时出现致死性全身临床症状：贫血，腹水，肝脾肿大变黑，脾充血肿大，腹膜上出现淤血，有时可见到眼睛出血。组织病理学特征是肝细胞变性、坏死及肾小管坏死、出血。

（3）诊断。对患病鱼，可以通过观察临床症状、组织病理学以及血液病理学方面的变化初步判断。样品接种CHSE、鲑头肾细胞系（SHK）细胞以分离病毒，或者用间接免疫荧光抗体试验直接检测病鱼组织确诊，也可以用RT-PCR技术检测ISAV的核酸片段。

（二）细菌和真菌病

1. 流行性溃疡综合征

（1）病原。病原为丝囊霉菌（*Aphanomyces invadans*）。属水霉科（Saprolegniaceae）丝囊霉属（*Aphanomyces*）。

（2）流行与症状。流行性溃疡综合征（Epizootic ulcerative syndrome，EUS）是流行于淡水、半咸水水域野生或养殖鱼类中的季节性疾病，长期低水温和暴雨之后更容易发生。该病主要流行于日本、澳大利亚、东南亚、南亚和西亚等地。该病在合并病毒和细菌继发感染时，会加重病情和鱼体的损伤。病鱼的早期症状是厌食、体发黑，在体表、头、鳃盖和尾部可见红斑。后期会出现体表、头部大面积溃疡，并常伴有棕色的坏死，大多数鱼死于这一个阶段。对于特别敏感的鱼如乌鳢，损伤会逐渐扩展加深至身体较深的部位，使脑部或内脏暴露出来。

（3）诊断。主要依据临床症状并通过组织学方法确诊。取有损伤的活鱼或濒死的鱼，将病灶四周感染部位的肌肉做组织病理切片，可以看到无孢子囊的丝囊霉菌的菌丝。用HE染色或一般的霉菌染色，可以看到典型的肉芽肿和入侵的菌丝。也可以用PCR技术进行检测。

2. 细菌性肾病

（1）病原。鲑肾杆菌（*Renibacterium salmoninarum*），是革兰氏阳性杆菌中肾杆菌属的唯一一种。

（2）流行、症状和病理学变化。细菌性肾病（Bacterial kidney disease，BKD）流行于日本、智利以及欧洲西部、北美地区，给当地的鲑科鱼类尤其是大麻哈鱼养殖业造成巨大的损失。发病水温多在7～18℃。该病是一种典型的慢性传染病，潜伏期较长，病鱼从感染到死亡需要较长时间。患病鱼体表出血并出现病变、眼突出、腹部膨胀。解剖可见肾脏具肉芽肿病变、肿大和坏死。感染后鱼体渐进性消瘦。当鱼群受感染并出现渐进性消瘦或其他明显的症状时为时已晚，毫无治疗价值，且无药可治。

（3）诊断。① 选择有典型的临床症状和病理变化的，特别是有肉芽肿的肾脏等病变组织做涂片或印片，染色后镜检可以见到大量的小杆菌。② 用半胱氨酸增菌培养基分离鲑肾杆菌，进行诊断。③用PCR技术进行鉴定。

3. 鮰爱德华氏菌病

（1）病原。病原为鮰爱德华菌（*Edwardsiella ictaluri*），属哈夫尼亚菌科（Enterobacteriaceae）爱德华氏菌属（*Edwardsiella*）。

（2）流行、症状和病理学变化。鮰爱德华氏菌感染也叫鮰肠败血症（Enteric septicaemia of catfish，ESC）。该病主要流行于美国东南部、泰国和澳大利亚等地，水温在22～28℃时容易发病。感染鮰爱德华菌后的症状有两种：一是肠道败血症，除了一般的细菌感染所表现出的症状外，贫血和眼球突出是主要症状，在肝脏及其他内脏器官有出血点和坏死点分布；二是慢性脑膜炎，症状最初发生在嗅觉囊，缓慢发展到脑组织，形成肉芽肿性炎症，这种慢性的脑膜炎会改变行为表现，伴有交替的倦怠和不规则游动，后期则出现典型的"头颅穿孔"，即颅骨深度糜烂，以至暴露出脑部。

此病可分为急性、亚急性和慢性3种。急性症状：淡黄色腹水，眼突出，头与鳃盖部位有瘀斑性出血，脾大。亚急性症状：在外部有2～3 mm的溃疡性损伤，肝脏有坏死的病灶，肠道出血并伴有血性腹水。慢性症状：在颅骨中有溃疡性损伤，溃疡中带有炎症反应的分泌物。

（3）诊断。初步诊断主要根据临床症状，确诊必须通过分离病原菌和做生化试验进行鉴定。当然也可以用免疫学方法中的凝集试验、IFT、ELISA和酶染色等方法进行鉴定。

4. 迟缓爱德华氏菌病

（1）病原。病原为迟缓爱德华氏菌（*Edwardsiella tarda*），属哈夫尼亚菌科（Enterobacteriaceae）爱德华菌属（*Edwardsiella*）。

（2）流行、症状和病理学变化。该病呈世界性分布，广泛分布于北美和中美洲、欧洲、亚洲、澳大利亚、非洲和中亚等地区。发病水温为10～18℃，发病期间水温越高，发病期越长，危害性也越大。除日本鳗鲡对它特别易感外，还有多种养殖的淡水鱼和海水鱼都会因感染而发病。鳗鲡感染该菌后鳍和肠道出血，腹部具瘀斑，肝和肾具坏死病灶，所以又称为肝肾坏死病。鮰科鱼类感染该菌后造成皮肤溃疡，组织出现脓疮，发病部位具刺鼻性恶臭，一般还出现败血症。罗非鱼感染后眼球外突，头与鳃盖部位出现较深的溃疡性损伤。

（3）诊断。同鮰爱德华菌感染。

5. 嗜水气单胞菌病

（1）病原。病原为嗜水气单胞菌（*Aeromonas hydrophila*），属气单胞菌科（Aeromonadaceae）气单胞菌属（*Aeromonas*）。

（2）症状与流行。嗜水气单胞菌可以感染多种鱼类，并显示相似或不同的外部和内部症状。能引起各种流行性疾病，如淡水鱼细菌性败血症、金鱼穿孔病、鳗鲡红鳍病、鲤红皮病、泥鳅赤斑病和鲢打印病等。鱼受感染后心脏、肝、脾、肾等实质器官出现病变。该细菌在自然水域中普遍存在，并且有许多毒力不同的株型，因此引起的症状及其严重程度具有很大的差异，有些强毒株甚至会导致感染鱼迅速死亡，而不呈现任何临床症状。

（3）诊断。取可疑、患病或濒死鱼的肝、肾或血液，用营养琼脂、TSA或RS培养基于25～28℃做细菌分离培养，经鉴定为嗜水气单胞菌即可确诊。嗜水气单胞菌广泛存在于水环境中，并且有各种毒力差异很大的菌株，因此，诊断过程中不仅要分离细菌，同时应对毒力因子进行检测，以了解菌株的致病力。

6.杀鲑气单胞菌感染

（1）病原。病原为杀鲑气单胞菌（*Aeromonas salmonicida*），也称为灭鲑气单胞菌，属弧菌科（Virbrionaceae）气单胞菌属（*Aeromonas*）。

（2）流行、症状和病理学变化。杀鲑气单胞菌在世界各地都有分布，可引起疖疮病和金鱼溃疡病等，主要危害鲑科鱼类的成鱼。该病无明显的流行季节。病鱼体色发黑，先在鱼体躯干出现数个小范围的红肿脓疮向外隆起，逐渐出血坏死，溃烂后形成溃疡灶。最容易侵犯肝、脾、肾。肠道充血发炎，肾脏软化、肿大呈淡红色或暗红色。肝脏褪色，脂肪增多，最后发展为败血症。

（3）诊断。从有临床症状的病鱼皮肤坏死处采样，无临床症状的感染鱼则取肾组织，分离细菌然后鉴定。

7.链球菌病

（1）病原。病原为海豚链球菌（*Streptococcus iniae*）、无乳链球菌（*Streptococcus agalactiae*）、副乳房链球菌（*Streptococcus parauberis*）、格氏链球菌（*Lactococcus garvieae*）等一类球形的革兰氏阳性菌，属链球菌科（Streptococcaceae）链球菌属（*Streptococcus*）。

（2）流行与症状。链球菌可感染多种淡水、海水养殖的鱼类，是一种致死性疾病，死亡率从5%～50%不等。从稚鱼到2～3龄鱼均可受其感染。虽然全年均可发病，但以7—9月高温期最容易发病。高温季节病情发展很快，呈急性感染，甚至在未出现症状时感染鱼已死亡。当水温低于20℃时发病较少。水温较低或低剂量感染时，呈慢性感染，通常会出现各种症状。链球菌有时易与其他病原性细菌如弧菌、爱德华氏菌混合感染，加重病情。

病鱼呈急性嗜神经组织病症，行为异常。如螺旋状或旋转式游泳，在水面做头向上或者尾向上的转圈游动。身体呈C形或逗号样弯曲。眼睛异常，如眼眶周围和眼球内出血，眼球混浊，眼球突出。鳃盖内侧发红、充血或强烈出血。

（3）诊断。可根据眼球突出和鳃盖内侧出血，以及神经性运动等典型症状初步诊断。确诊需从病灶组织分离细菌，进行细菌学鉴定，或者将上述组织进行涂片，经革兰氏染色和镜检观察到革兰氏阳性链状球菌。

8. 弧菌病

（1）病原。病原主要为鳗弧菌（*Vibrio anguillarum*）、副溶血弧菌（*V. parahaemolyticus*）、溶藻胶弧菌（*V. alginolyticus*）等，属弧菌科（Vibrionaceae）弧菌属（*Vibrio*）。

（2）流行与症状。弧菌病流行于世界各地的海水养殖鱼、虾、贝类。发病水温为15～25℃。鱼类感染后，食欲缺乏，体表皮肤溃疡，病灶部出血性溃疡，肛门红肿，眼内出血。

（3）诊断。先分离病原菌，然后采用细菌的生化实验或免疫学方法进行鉴定。

9. 假单胞菌病

（1）病原。荧光假单胞菌（*Pseudomonas fluorescens*）、恶臭假单胞菌（*P. putida*）、病鳍假单胞菌（*P. anguilliseptica*）等。属假单胞菌科（Pseudomonadaceae）假单胞菌属（*Pseudomonas*）。

（2）症状与流行。假单胞菌为多种鱼类的病原菌，能引起鲤白云病、鳗鲡红点病等。鳗感染病鳍假单胞菌引起的红点病，其体表、胸鳍基部、腹部和肛门四围出现点状出血。

（3）诊断。仅从外观上判断疾病是否由假单胞菌感染引起是困难的，必须从病鱼的脾脏和肾脏取样做细菌分离和鉴定来确诊。

10. 分枝杆菌病

（1）病原。病原为海分枝杆菌（*Mycobacterium marinum*）、龟分枝杆菌（*M. chelonae*）和偶发分枝杆菌（*M. fortuitum*），均属分枝杆菌科（Mycobacteriaceae）分枝杆菌属（*Mycobacterium*）。

（2）流行与症状。发病水温为30～32℃。流行于世界各地，包括西班牙、葡萄牙、美国、马来西亚、英国、意大利、斯洛文尼亚以及南非地区等。分枝杆菌能感染各种海、淡水鱼类。鱼被感染后的主要症状是，在内脏中形成许多灰白色或淡黄色的小结节。

（3）诊断。将内脏中的结节制成涂片后进行抗酸染色，镜检发现长杆形的抗酸菌就可以确诊。

11. 上皮囊肿病

（1）病原。病原为一种衣原体（*Chlamydia* spp.）。该菌是革兰氏阴性菌，仅在细胞内繁殖。形态有菌丝状的细长细胞，还有小圆形、卵形、蝌蚪状的细胞。核浓染。

大小一般为（0.3～0.5 μm）×（1.5～2.0 μm）（注意淋巴囊肿细胞比它要大很多）。

（2）流行、症状和病理学变化。上皮囊肿病（Epitheliocystis）是由衣原体感染引起的疾病。衣原体能感染50类种以上的淡水、海水鱼类，感染部位为鳃及体表，但鲑科、鳟科、鲤科和鲷科等鱼类不会发生囊肿。该病在全球范围流行。轻度感染的鱼没有任何症状，感染加重后鳃的周围有很多黏液；病鱼食欲减退、游动迟缓，无精打采，鳃盖张开，呼吸急速。鳃感染衣原体后形成上皮囊、鳃丝肿胀，出现小的白色椭圆形或球形的亮点。上皮囊肿细胞呈白色或黄色，其大小从10 μm到几十微米不等，囊肿细胞破裂后可以见到很厚的细胞膜。

（3）诊断。采集呼吸困难、生长缓慢的鱼，检查鳃、上皮增生物，如有许多小白点，可以初步诊断。在成熟阶段，上皮囊肿细胞明显增大，并包有一层厚厚的透明囊膜。细胞质空间含有巨大的与细胞膜相连的嗜碱性细胞包涵体，粒度均匀或透明的状态，核与核仁增大好几倍。上皮囊肿细胞核通常位于偏心并保留完好正常结构（相比之下，淋巴囊肿的细胞是巨大细胞，比上皮囊肿细胞大很多；细胞核通常位于中央，并显得严重不规则；巨大细胞的胞质中有一些嗜伊红的网状包涵体）。上皮囊肿细胞往往被一层或多层正常的上皮细胞所包围，提示有细胞增生。细胞包涵体以透明层为边界，并嗜酸性染色。依据这些特征可初步诊断为衣原体，也可以用细胞免疫化学方法、原位杂交确诊。

12. 其他细菌感染引起的鱼病

鱼类细菌性疾病，有的为单一细菌感染后发病的，如水型点状假单胞菌（*Pseudomonas punctata* f. ascitae）能导致鱼类患竖鳞病，有的则由不同的细菌感染后引起同一症状，如黏细菌（Myxobacteria）、柱状屈挠杆菌（*Flexibacter columnaris*）都能导致尖吻鲈患烂尾病。

诊断：必须采用先进行细菌分离，再进行生化鉴定的方法确诊。

13. 其他真菌感染引起的鱼病

真菌和霉菌也能导致鱼类患感染性疾病。霉菌在水中分布很广，腐生于淡水中的动植物尸体上，但也可寄生于鱼卵或者鱼的受伤处，导致鱼生病。真菌则能进入鱼体内，形成肉芽肿，导致溃疡发生。

诊断：根据临床症状，并结合显微镜观察来确诊。

（三）寄生虫病

1. 刺激隐核虫病

（1）病原。病原为刺激隐核虫（*Cryptocaryon irritans*），属凹口科（Ophryoglenidae）隐核虫属（*Cryptocaryon*）。海水小瓜虫（*Ichthyophthirius marinus*）是其同物异名。

（2）流行与症状。刺激隐核虫病（Cryptocaroniasis）也称海水小瓜虫病或海水白点病，是刺激隐核虫寄生于海水硬骨鱼类的皮肤、鳃上的一种传染性疾病。刺激隐核虫为世界性分布，因此本病流行地区很广。从晚春到初秋，水温在20～30℃时最容易发病。感染后鱼的皮肤和鳃分泌大量的黏液，严重时体表被一层混浊白膜所包裹。寄生后形成的小白点肉眼清晰可见。

（3）诊断。根据症状和刺激隐核虫形态学特征可确诊，也可用PCR技术扩增DNA片段做辅助诊断。

2. 小瓜虫病

（1）病原。病原为多子小瓜虫（*Ichthyophthirius multifiliis*），属凹口科（Ophryoglenidae）小瓜虫属（*Ichthyophthirius*）。

（2）流行与症状。小瓜虫病（*Ichthyophthiriasis*）在世界各地广为流行。小瓜虫繁殖适宜水温为15～25℃，因此该病有明显的发病季节，北方春、秋季，南方初冬为流行季节。小瓜虫无宿主特异性，可感染各种淡水鱼类和洄游性鱼类，鱼苗较为易感。小瓜虫寄生在鱼类体表和鳃上形成白点，所以又称为淡水白点病。寄生部位具有大量的黏液，有时伴随糜烂。

（3）诊断。根据临床症状并结合显微镜观察多子小瓜虫的形态确诊。

3. 指环虫病

（1）病原。病原为多指指环虫属（*Dactylogyrus*）和伪指环虫属（*Pseudodactylogyrus*）的单殖吸虫，主要致病种类有小鞘指环虫（*Dactylogyrus vaginulatus*）、页形指环虫（*D. lamellatus*）、鳙指环虫（*D. aristichthys*）和坏鳃指环虫（*D. vastator*）等。

（2）流行与症状。指环虫病（Dactylogyrusis）是指环虫寄生于鱼的鳃上引起的疾病。这一类小型单殖吸虫，个体体长通常小于0.5 mm。该病易在春、秋季水温20～25℃时流行。我国已发现有400多种，多数种类具有特异性宿主，可感染草鱼、鳙鱼、鲤鱼、鲫鱼、鲈鱼等多种鱼类，而伪指环虫则主要感染鳗鲡。感染部位主要是体表和鳃，鳃感染后黏液增多，并具不规则的小白色片状物，病鱼一般瘦弱。

（3）诊断。在低倍显微镜下检查鳃组织，根据形态学方法鉴定指环虫，每个视野能见到5～10只虫体时，可以判定为指环虫病。

4. 三代虫病

（1）病原。三代虫（*Gyrodactylus* spp.）。属三代虫科（Gyrodactylidae）三代虫属（*Gyrodactylus*）。已报道有400余种，常见的种类有大西洋鲑三代虫（*G. salaris*）、鲩三代虫（*G. ctenopharyngodontis*）、鲢三代虫（*G. hypopthalmichthysi*）、金鱼中型三代虫、（*G. medius*）、金鱼细锚三代虫（*G. sprostonae*）和金鱼秀丽三代虫（*G. elegans*）等。

（2）流行与症状。三代虫病（Gyrodactylosis）指鱼类体表和鳃寄生三代虫后引起的疾病。多数三代虫广泛分布于世界各地海水和淡水水域，寄生于绝大多数野生及养殖鱼类。4—5月为发病季节。分布于欧洲的大西洋鲑三代虫能感染虹鳟、北极红点鲑和鲴等。我国养殖的草鱼、鲢鱼、鳙鱼、鲫鱼、金鱼、虹鳟、鳗鲡等备受其害。病鱼体色发黑、瘦弱，体表有一层薄的呈灰白色的黏液。

（3）诊断。用显微镜检查其形态，根据后吸器上钩及连接棒的形态和大小进行种的鉴定。大西洋鲑三代虫也可用DNA探针和PCR技术鉴定。

5. 黏孢子虫病

（1）病原。黏孢子虫的种类很多，已报道的有近千种。对鱼类危害较大及常见的黏孢子虫，有碘泡虫科（Myxobolidae）碘泡虫属（*Myxobolus*）的鲢碘泡虫（*M. driagini*）、饼形碘泡虫（*M. artus*）、圆形碘泡虫（*M. ratundus*）等，四极虫科（Chloromyxidae）四极虫属（*Chloromyxum*）的鲢四极虫（*C. hypophthalmichthys*）等，单极虫科（Thelohanellidae）单极虫属（*Thelohanellus*）的鲮单极虫（*T. rohitae*）等，黏体虫科（Myxosomatidae）黏体虫属（*Myxosoma*）的时珍黏体虫（*M. sigini*）等。

（2）症状。黏孢子虫全部营寄生生活，大部分黏孢子虫是鱼类的寄生虫，感染不同的黏孢子虫所表现的临床症状各不相同。

（3）诊断。根据疾病的流行季节、水温，观察病鱼体表和鳃上的包囊，体内寄生的必须通过剖检找到包囊，然后在显微镜下观察包囊内的虫体，并依形态学加以判断。

6. 斜管虫病

（1）病原。病原为鲤斜管虫（*Chilodonella cyprini*），属斜管虫科（Chilodonellidae）斜管虫属（*Chilodonella*）。

（2）流行与症状。斜管虫病（Chilodontiasis）发生在各种淡水鱼中，鲫鱼、鲤鱼、草鱼、鳙鱼、鲇鱼、黄颡鱼、鳜鱼等备受其害，其鱼苗、鱼种尤为严重。

该病主要发生在水温15℃左右时，当水质恶劣时更易发生，冬季和夏季也可发生。寄生部位为体表和鳃。病鱼体表和鳃有大量黏液，体瘦且发黑，呼吸困难。

（3）诊断。用显微镜观察其形态加以确诊。

7. 本尼登虫病

（1）病原。病原为本尼登虫（*Benedeniasis*），属分室科（Capsalidae）本尼登虫属（*Benedenia*）。

（2）症状与流行。本尼登虫病主要危害鲕鱼、大黄鱼等海水鱼类，其他鱼如真鲷、黑鲷和石斑鱼也较易感。该病多见在鲕鱼、真鲷、鲻鱼、石斑鱼和大黄鱼等养殖中，虽然全年均可发生，但以春季、秋季最为常见。本尼登虫常寄生在鱼体头部和背部。寄生部位黏液增多，局部变为白色或暗蓝色。

（3）诊断。可肉眼观察，结合镜检确诊。

二、虾病

（一）病毒病

1. 白斑综合征

（1）病原。病原为白斑综合征病毒（White spot syndrome virus，WSSV），是线头病毒科（Nimaviridae）白斑病毒属（*Whispovirus*）的唯一成员。WSSV为有囊膜的杆形病毒，呈卵圆形或椭圆形，直径120～150 m，长270～290 nm，其最显著的特征是病毒粒子一端的细丝状或鞭毛状突起。

（2）流行与症状。该病最初在亚洲流行，后来扩散到美洲。WSSV可感染多种对虾，并造成严重的死亡。该病发病急，死亡率高。虾患病初期停止摄食，随后有濒死虾在池塘边的水面上游动，其表皮具圆形的白色颗粒或白斑。但外界环境应激因素如高pH或细菌病，也可以导致对虾甲壳上出现白斑，而有时患白斑病的濒死虾甲壳上白斑很少或不出现白斑。因此，白斑症状不能完全作为感染WSSV的诊断依据。

（3）诊断。用PCR技术、Western blot技术和DNA原位杂交技术来检测WSSV。

2. 黄头病

（1）病原。病原为黄头病毒（Yellow head virus，YHV），属杆套病毒科（Roniviridae）头甲病毒属（*Okavirus*）。黄头病毒的病毒粒子呈杆状，属RNA病毒，大小为（150～200 nm）×（40～60 nm）。在黄头病症候群中有6个基因型的病毒，YHV为基因1型，是黄头病的唯一病原。鳃联病毒（GAV）为基因2型，其他的几个基因型很少引起疾病。

（2）流行与症状。黄头病（Yellow head disease，YHD）流行于亚洲、美洲各国的养殖斑节对虾和南美白对虾等。对虾患病初期食欲特别旺盛，然后突然停止吃食，在2～4 d内出现死亡。其临床症状为头胸部因肝胰腺发黄而变成黄色，显得特别软。

（3）诊断。在发病期间，可以用组织病理做初步诊断。将濒死虾的鳃、皮下组织制成压片或切片，并用HE染色，可以观察到大量圆形的强嗜碱性细胞质包涵体。用外观正常的感染虾制备血淋巴涂片，能看到中度到大量的血细胞核发生固缩和破裂；而濒死虾由于血淋巴已丢失，则通常看不到。YHD的确诊，需要用RT-PCR、Western blot或核酸原位杂交分析等方法。对无症状带毒虾和其他甲壳动物的检测，仅用组织病理方法检查难以确诊。

3. 桃拉综合征

（1）病原。病原为桃拉综合征病毒（Taura syndrome virus，TSV），是双顺反子病毒科（Dicistroviridae）中一个未定名的种，属于RNA病毒，无囊膜，球状。

（2）流行与症状。桃拉综合征（Taura syndrome，TS）是主要感染南美白对虾和南美蓝对虾的对虾传染病。人工感染还能感染褐对虾、桃红对虾、中国对虾、斑节对虾和日本对虾。该病最初在美洲许多国家流行，现已扩散到亚洲很多国家。

TSV主要感染14～40日龄仔虾。该病可分为急性期、过渡期和慢性期3个症状明显不同的阶段。急性期病虾全身呈暗淡的红色，而尾扇和游泳足呈明显的红色，用放大镜观察细小附肢（如末端尾肢或腹肢）的表皮可见到上皮坏死的病灶；过渡期的病虾表皮出现多处随机、不规则的、黑色沉着的病灶，可据此对疾病做出初步诊断；慢性期病虾无明显症状，但淋巴器官会有病毒。淋巴器官中的球状体是唯一最明显的病灶，这是由细胞形成的球状堆积，导致正常淋巴器官小管的中心导管缺失。

（3）诊断。可以通过观察临床症状、组织学进行初步诊断，用cDNA探针和PCR等方法确诊。

4. 传染性皮下和造血器官坏死病

（1）病原。传染性皮下和造血器官坏死病毒（Infectious hypodermal and haematopoietic necrosis virus，IHHNV）。国际病毒分类委员会（ICTV）将其列为细小病毒科（Parvoviridae）简短病毒属（*Brevidensovirus*）的一个暂定种，也称为南美蓝对虾浓核病毒（PstDNV）。病毒粒子直径为20～22 nm，是无囊膜的二十面体。

（2）症状与流行。传染性皮下和造血器官坏死病（Infectious hypodermal and haematopoietic necrosis，IHHN）流行于世界各地（美洲、东亚、东南亚和中东地区）的养殖对虾，引起南美蓝对虾90%的死亡率；但对南美白对虾和斑节对虾而言，则只引起生长缓慢和表皮畸形，不造成死亡。IHHNV主要感染表皮、前肠和后肠的上皮、性腺、淋巴器官和结缔组织的细胞，很少感染肝胰腺。

（3）诊断。IHHNV的初步诊断：用组织学方法观察到上述组织的细胞核内有明显的嗜伊红包涵体，边缘常出现光环，带包涵体的细胞其细胞核肥大，染色质呈边缘分布。IHHNV的确诊：取血淋巴或取附肢（如腹肢），用PCR技术、DNA探针检测IHHNV。

5. 肝胰腺细小病毒病

（1）病原。肝胰腺细小病毒（Hepatopancreatic parvovirus，HPV）。病毒粒子为二十面体，无囊膜，直径22 nm。该病毒可能是细小病毒科（Parvoviridae）的成员。

（2）流行与病理学变化。病毒能感染海水和半咸水中的各种养殖和野生对虾。流行区域有印度洋和太平洋地区、西非、马达加斯加、中东和美洲。病毒主要感染消化腺，即肝胰腺。取被感染虾的肝胰腺压片或切片，可以观察到细胞中形成核内包涵体，被感染细胞的细胞核也变得肿大，并像一顶帽子罩在包涵体上方。

（3）诊断。可以用PCR方法检测，但没有一种PCR引物可以检测各地区所有的HPV株，要根据不同地区选用不同的引物。也可以用特异性的DNA探针做原位杂交来确诊。

6. 白尾病

（1）病原。罗氏沼虾野田村病毒（*Macrobrachium rosenbergii* Nodavirus，MrNV）是主要病原。这是一种直径为26~27 nm、无囊膜的二十面体RNA病毒，属野田村病毒科（Nodaviridae），属的分类地位尚未确定。在感染虾中还同时发现另一种直径为14~16 nm的超小型病毒（Extra small virus，XSV），是MrNV的卫星病毒，这两个病毒都和疾病有关，但它们两者之间的关系还不是很清楚。

（2）流行与症状。白尾病（White tail disease，WTD）也叫白肌肉病（White muscle disease，WMD），国内也叫罗氏沼虾肌肉白浊病（*Macrobrachium rosenbergii* Whitish muscle disease）。该病流行于南美洲北部和亚洲。已知在西印度群岛、多米尼加、中国、印度等地流行，可引起罗氏沼虾和马来西亚虾的幼体、仔虾生病，甚至大量死亡。虾苗被感染后受影响的组织是腹部和头胸部的横纹肌和肝胰腺内管的结缔组织。病虾在腹部（尾部）出现白色或乳白色混浊块，并逐渐向其他部位扩展，最后除头、胸部外，全身肌肉呈乳白色。感染后的仔虾呈乳白色，不透明，出现这些症状后通常随后就会死亡，死亡率超过95%。

（3）诊断。通过临床症状和组织病理检查能初步诊断。组织病理变化的特点是，在大多数组织和器官的结缔组织细胞中有浅色到深色嗜碱性（伊红）网状细胞质包涵体。派洛宁–甲基绿染色可以用来区分典型的染成绿色的MrNV病毒包涵体和血细胞的细胞核。用RT-PCR方法或者LAMP方法检测可以确诊。

7. 传染性肌肉坏死

（1）病原。病原为传染性肌肉坏死病毒（Infectious myonecrosis virus，IMNV），可能是单分病毒科（Totiviridae）的成员，这是该科首个感染甲壳类的病毒。属的分类地位还未确定。病毒是直径为40 nm的二十面体颗粒，含有一条双链RNA。

（2）流行、症状和病理学变化。传染性肌肉坏死（Infectious myonecrosis，IMN）发生在海水和半咸水养殖的南美白对虾中。该病毒能感染幼体、虾苗和成虾。流行于巴西东北部和东南亚（印度尼西亚的爪哇）地区。养殖南美白对虾的虾苗和半成虾感染后，出现大量病虾和高死亡率，但发展到慢性阶段则是持续的低死亡率。虾被感染后横纹肌（骨骼肌）出现大量白色坏死区域，尤其是在腹部远端部分和尾扇，个别虾可见这些部位坏死和发红。该病和发生在罗氏沼虾的白尾病在临床症状和组织病理学变化方面比较相似。

（3）诊断。用常规的石蜡切片和HE染色观察做初步诊断。用RT-PCR或者cDNA探针的原位杂交检测确诊。

8. 斑节对虾杆状病毒病

（1）病原。病原为斑节对虾杆状病毒（*Penaeus monodene baculovirus*，MBV），

是一种产生球形包涵体的杆状病毒。ICTV也称它为PmSNPV（从斑节对虾分离出的单层囊膜的核多角体病毒），但通常仍称为MBV。

（2）流行与病理学变化。MBV是对虾幼体、仔虾和稚虾早期阶段的潜在病原。病毒宿主范围广，在养殖和野生对虾中广泛分布。但在正常情况下并不会生病，只在环境恶劣时会暴发疾病，引起斑节对虾大量死亡。该病的特征是，在肝胰腺和中肠腺感染了病毒的细胞核内出现成堆的球状包涵体，或在粪便中裂解的细胞碎片内有游离的包涵体。

（3）诊断。镜检肝胰腺中有无球状的包涵体是最简单的诊断方法。用基因探针做原位杂交和PCR技术检测病毒也可以诊断。

9. 对虾杆状病毒病

（1）病原。病原为对虾杆状病毒（Baculovirus Penaei，BP），是一种能产生三角形包涵体的杆状病毒。ICTV也称它为pvSNPV（从南美白对虾分离出的最具代表性的BP本地株），但通常仍称为BP。

（2）流行与病理学变化。BP是严重威胁对虾幼体、仔虾和稚虾的病原，广泛感染南美洲和北美洲（包括夏威夷）的养殖和野生对虾。对虾感染病毒后，在肝胰腺和中肠腺的上皮细胞内出现大量的三角形的核内包涵体，或在粪便中裂解的细胞碎片内有游离的三角形包涵体。

（3）诊断。镜检肝胰腺中有无特征性的三角形包涵体是最简单的诊断方法。用基因探针作原位杂交或用PCR技术检测病毒也可以诊断。

10. 产卵死亡病毒病

（1）病原。病原为产卵死亡病毒（Spawner-isolated mortality virus，SMV），是直径为20 nm的DNA病毒，暂被划分到细小病毒科（Parvoviridae）。

（2）流行、症状和病理学变化。产卵死亡病毒病（Spawner-isolated mortality virus disease，SMVD）是在澳大利亚和菲律宾引起养殖的斑节对虾稚虾和未成年虾大量死亡的流行病。SMVD没有特异性的临床症状和组织病理学变化。感染病毒的稚虾可能会表现出体色变浅、昏睡、体表污损和厌食。在肝胰腺、中肠和盲肠部分的切片中，会观察到血细胞渗透、坏死，细胞脱落到中肠和肝胰腺的内腔。

（3）诊断。该病没有特别的临床症状或组织病理学损伤作为初步诊断的参考。取肠组织做电镜切片观察病毒粒子，或者用PCR技术和原位杂交方法才能确诊。

11. 中肠腺坏死杆状病毒病

（1）病原。病原为中肠腺坏死杆状病毒（Baculoviral midgut gland necrosis virus，BMNV），属C型杆状病毒。

（2）流行与病理学变化。中肠腺坏死杆状病毒病（Baculoviral midgut gland

necrosis，BMN）是引起对虾幼体大规模死亡的传染病。主要感染日本对虾，并可人工感染斑节对虾、中国对虾和短沟对虾。该病在日本、韩国、菲律宾、澳大利亚和印度尼西亚流行。BMNV感染的主要靶器官是肝胰腺。幼体和仔虾患病后，首先可看到白浊的肝胰腺（中肠腺）呈雾状，随着疾病的发展，白浊化越来越明显。

（3）诊断。肝胰腺湿压片或切片后做组织病理观察，感染BMNV濒死的幼虾出现中肠腺（肝胰腺）细胞核肥大，但不产生核型包涵体，根据这些特征即可确诊。

12. 莫里连病毒病

（1）病原。莫里连病毒（Mourilyan virus，MoV），是分节段的负链RNA病毒，可能是布尼病毒科（Bunyaviridae）的成员。病毒呈球状或卵形，直径为85～100 nm，有囊膜。病毒在细胞质里复制，在内质网膜上成熟出芽。

（2）流行与病理学变化。莫里连病毒病（Mourilyan virus disease，MoVD）是引起对虾急性感染和大量死亡的疾病。斑节对虾和日本对虾从幼虾到成虾都能被该病毒感染。在澳大利亚、斐济、马来西亚、泰国和越南等国家流行。病毒会聚集在斑节对虾的眼球神经丛、淋巴、鳃、肝胰腺和中肠等组织处。病虾头胸部组织的HE染色切片中，有一些细胞核肥大的细胞聚集在一起，被称为球状体，这是莫里连病毒在淋巴器官中引起的最明显的病理变化。

（3）诊断。组织病理检查能做初步诊断。用原位杂交技术检测组织切片，或者用嵌套式RT-PCR、实时荧光RT-PCR等方法可以确诊。

（二）细菌病

1. 螯虾瘟

（1）病原。丝囊霉菌属的变形藻丝囊霉（*Aphanomyces astaci*），也有人称龙虾瘟疫真菌。

（2）流行、症状和病理学变化。螯虾瘟（Crayfish plague）是危害小龙虾的高度传染病，实验条件下可感染中华绒螯蟹。在欧洲及北美洲流行。患螯虾瘟的病虾失去正常的厌光性，如白天在开阔水域可见到病虾，有些运动完全失调，背朝下且不易纠正其姿态。临床上，患病螯虾的薄表皮透明区域下面的局部肌肉组织，特别是前腹部和足关节处初期会变白，并经常伴随局部的褐色黑化。

（3）诊断。根据临床症状可以做初步诊断，应检查的部位包括胸腹部和尾部的软表皮、肛门周围的表皮、尾部甲壳的表皮、步足，特别是身体的结合部和鳃，有时能在受感染的表皮上看见菌丝。确诊需要通过病原分离鉴定，PCR、DNA探针做原位杂交等方法。

2. 肝胰腺坏死病

（1）病原。一种类立克次氏体，即肝胰腺坏死菌（Necrotizing hepatopancreatitis

bacterium，NHP-B）。该病原的分类地位还不确定，归为α-蛋白菌（α-*Proteobacterium*）。该菌为革兰氏阴性菌，仅感染虾肝胰腺中的各种类型的肝胰腺细胞，在细胞质中生长。大多数为棒状（0.25 μm × 0.9 μm），也有呈螺旋状［0.25 μm ×（2～3.5）μm］。

（2）流行、症状和病理学变化。肝胰腺坏死（Necrotizing hepatopancreatitis，NHP）病流行于美洲各国的海水、半咸水和淡水中的各种对虾，死亡通常发生在养成阶段的中期。临床症状都是非特异性的，如没有活力、无食欲、消瘦、软壳、黑鳃、生长变缓；病理学变化为肝胰腺萎缩、颜色变淡或发白等。如果不对感染虾做任何治疗处理，则死亡率高达95%。

（3）诊断。根据临床症状和组织病理可做初步诊断。用PCR技术或者DNA探针确诊。

3.其他对虾细菌病

养殖对虾有多种细菌感染引起的疾病，如烂尾病、烂鳃病和红体病等，有些具有很高的死亡率。然而，多数疾病不是固定地由某种细菌引起的（如红体病），好几种细菌（甚至由白斑病毒）都可以引起这样的症状。而白斑，除了白斑综合征病毒，也有由细菌感染引起的。所以只能根据这些症状判断虾是生病了，至于是由什么细菌感染则需要通过做细菌分离和鉴定来判断。

三、贝病

（一）病毒病

1.鲍疱疹样病毒感染病

（1）病原。鲍疱疹样病毒（Abalone herpes-like virus，AbHV）。ICTV建议将鲍疱疹样病毒归为贝类疱疹病毒科（Malacoherpesviridae），作为继牡蛎疱疹病毒 I 型（Ostreid herpesvirus- I ）后的第二个成员。但对在世界各地分离到的不同病毒株之间的关系尚不清楚。

（2）流行、症状和病理学变化。鲍疱疹样病毒感染（Infection of abalone herpes-like virus）也称鲍病毒性死亡（Abalone viral mortality），或称鲍病毒性神经节神经炎（Abalone viral ganglioneuritis，AVG），是在亚洲和大洋洲流行的一种接触传染性病毒病。病毒能感染九孔鲍、杂色鲍等，从苗种到成鲍都能发病。通常水温在24℃以下才表现出临床症状。患病鲍活力很低，无食欲，怕光，生长速度变慢，黏液增多，足变黑变硬，附着能力降低，翻转能力变弱。病鲍口部肿胀和突出，齿舌凸出，足边缘向内蜷曲，导致暴露出清洁光亮的壳。由于濒死和死亡的鲍被掠食而有大量空壳。被感染的鲍不断出现死亡，死亡率超过90%。受感染的组织有消化道、肝胰腺、肾、血细胞和神经组织，死亡的鲍表现出肝胰腺和消化道肿大。组织切片用HE染色后，常见到所有器官中的结缔组织坏死，血细胞和上皮细胞坏死。

（3）诊断。根据临床症状和组织病理变化可以初步诊断，确诊须用PCR、原位杂交和免疫学方法。

2. 其他贝类病毒感染病

感染贝类的病毒还有很多，如虹彩病毒（Iridovirus）、细小病毒（Papovirus）、乳多空病毒（Papovavirus）、水生呼肠孤病毒（Aquabiranvirus）、Akoya病毒（Akoya virus）等。

（二）细菌病

鲍立克次氏体病

（1）病原。加州立克次氏体（Xenohaliotis californiensis），是立克次氏体科乏质体（也译作无形体Anaplasmataceae）家族中的一种细胞内生活的细菌。病原有杆状和球状两种形态，杆状时菌体大小平均332 nm×1 550 nm，而球状时平均直径为1 405 nm，在细胞质内的空泡中繁殖。

（2）流行与症状。加州立克次氏体感染（Infection with Xenohaliotis californiensis）也叫鲍枯萎综合征（Withering syndrome of Abalone，WSA）。该病原只在海水和半咸水环境中存在，能感染各种鲍，但不同种的鲍对病原敏感程度不同，所有的生命阶段都能受到感染，水温偏高（通常18℃以上）时容易发病。该病在北美洲的西南海岸多发，但实际的分布范围要更大。患病鲍吃食减少，身体消瘦，结缔组织增多，消化腺变形发炎，足部肌肉萎缩，不能附着在物体上，最后不是被捕食者吃掉就是饿死。

（3）诊断。组织切片用HE染色后，用200或400倍镜头观察，或用PCR技术诊断。通过原位杂交、PCR扩增并测序或者组织病理观测到病原时进行确诊。

（三）寄生虫病

1. 包拉米虫病

（1）病原。病原主要有牡蛎包拉米虫（*Bonamia ostreae*）和杀蛎包拉米虫（*Bonamia exitiosa*）。

（2）流行与症状。包拉米虫感染（Infection with *Bonamia*）是一种侵袭牡蛎血细胞的致死性传染病。牡蛎包拉米虫分布在欧洲和美国的部分地区；杀蛎包拉米虫分布在澳大利亚和新西兰。患病牡蛎的鳃及外套膜有时褪色成黄色，并出现广泛的损伤，导致死亡。但大多数受感染的牡蛎外表正常。

（3）诊断。可用组织切片和压片染色的方法进行诊断，但在感染初期检测不到。取牡蛎卵或心脏组织在玻片上印片，光镜下在血细胞内外均可看到寄生虫（2~5 μm），或者在结缔组织、鳃、内脏或外套膜上皮中看到游离的寄生虫。光镜下观察包拉米虫的细胞质呈嗜碱性，但是只有在血细胞中看到寄生虫，才能确定是阳性而不是假阳性。

2. 单孢子虫病

（1）病原。病原主要有尼氏单孢子虫（*Haplosporidium nelsonia*＝*Minchinia nelsoni*，通常称作MSX）和沿岸单孢子虫（*H. costale*＝*Minchinia costalis*，通常称作SSO）。

（2）流行与病理学变化。单孢子虫感染（Infection with *Haplosporidium*）已知在美国、韩国等地发生。美洲牡蛎和太平洋牡蛎是易感宿主。尼氏单孢子虫感染血细胞、结缔组织和消化道上皮，感染造成消化道上皮的逐步损坏。仅在患病牡蛎消化道上皮细胞中出现孢子，在结缔组织里不形成孢子，沿岸单孢子虫的孢子则存在于结缔组织中。患病牡蛎的鳃和外套膜变成红褐色。

（3）诊断。通过印片或压片染色并镜检进行诊断。因为尼氏单孢子虫主要发生在牡蛎幼苗阶段，所以最好取幼苗做样品。切取消化腺和鳃部作为样本观察，单孢子虫的各期细胞质嗜碱性（呈蓝色），有多个嗜伊红的细胞核（染成红色，颜色可能因用不同染料而不同），它们主要感染鳃、触须、结缔组织、消化腺的上皮。

3. 马尔太虫病

（1）病原。病原主要有折光马尔太虫（*Marteilia refringens*）和悉尼马尔太虫（*M. sydney*）。注意世界动物卫生组织（OIE）颁布的《水生动物疾病诊断手册》中提及的马尔太虫并未鉴定到种的水平。

（2）流行、症状和病理学变化。马尔太虫的易感宿主包括牡蛎、鸟蛤、巨蛤和贻贝等。其中，折光马尔太虫主要感染欧洲牡蛎，流行于欧洲部分国家。悉尼马尔太虫则主要感染商品化囊形牡蛎，流行于大洋洲。折光马尔太虫早期感染发生在触须、胃、消化道和鳃的上皮，但以感染消化道的上皮为主。患病的牡蛎消瘦，消化道变色，停止生长并死亡。悉尼马尔太虫感染会导致消化腺上皮细胞的破坏，感染后不到60 d就会饿死。

（3）诊断。取消化腺做切片或印片，染色后观察。各期成虫都可以在消化管的上皮中找到，在肠腔还可以观察到游离的孢子囊。细胞质嗜碱性，而细胞核则是嗜伊红的。病原可用电镜观察、PCR扩增并测序、DNA探针做原位杂交等方法确诊。

四、两栖动物和水生爬行动物病害

1. 蛙病毒病

（1）病原。根据OIE颁布的《水生动物卫生法典》，两栖类动物感染虹彩病毒科蛙病毒属中除EHNV外的任何成员都称作蛙病毒感染（Infection with *Ranavirus*）。目前，已分离到十几种不同的病毒株，并且种数还在增加。

（2）流行与病理学变化。两栖类所有的成员都被认为是易感的。该病只在淡水中发生，在亚洲、美洲、大洋洲、欧洲都有流行，温度高时发病率较高。急性死亡的两栖类通常没有外部病变，而慢性疾病则以皮肤溃疡和远端肢体坏死为特征。在HE染色的皮肤切片中，常可见到多个坏死病灶，而最明显的是在肾脏、肝脏和脾脏中能看到坏死病灶。

（3）诊断。突然发生两栖类高死亡率，并伴随皮肤溃疡和/或远端肢体坏死的慢性病迹象初步提示有病毒感染。可用PCR技术检测主要衣壳蛋白的基因（在蛙病毒属中是高度保守的），或者用免疫化学方法进行确诊。

2. 蛙红腿病

（1）病原。病原有好几种细菌，如嗜水气单胞菌、不动杆菌等。可见这只是依症状命名的疾病。

（2）症状与病理学变化。蛙红腿病的症状：体表有红色溃疡或出血症状，内脏病变因感染不同细菌可能有所不同。

（3）诊断。用细菌学方法分离鉴定细菌来确诊。

3. 鳖病

给鳖病所起的病名大多数都只是对症状的描述，如红脖子、白底板、白斑病和腐皮病等，因此很难将症状和病因一一对应。经常有从不同症状的病鳖中分离到相同致病菌和从相似症状的病鳖中分离到不同致病菌的报道，也存在继发感染和混合感染的情况。

在鳖病调查中，最经常分离到的和在人工感染中最容易复制临床症状的，主要是嗜水气单胞菌。感染该菌的鳖会呈现不同的临床症状。导致该菌引起各种症状的主要因子是溶血毒素（Haemolytic toxin）。溶血现象可以在患病动物的不同部位发生，感染途径不同，引起的症状不同，如红脖子、红斑病和细菌性败血病是比较直接的症状。而白点病可能是毒素在表皮的血管部位释放，引起溶血，再继发腐败和溃疡。这时如有其他细菌再来感染，会使溃疡面积更大，特别有外伤时会因伤口在不同部位而出现不同症状。如外伤后浸泡感染可以引起白点病，而注射感染不能引起白点病，划痕感染可以引起穿孔症状等。但其内部病理变化都是相似的，即肝、脾、肠道肿大充血，是典型的败血症特征。所以，把这一群症状不同的病统称为细菌性败血症比较合适。

从患病鳖体内已经分离到各种病毒和细菌，而对病的诊断和检疫，必须依赖于病原的分离和鉴定来完成。

五、棘皮动物病害

棘皮动物中关于刺参的腐皮综合征的研究较多，下面简要介绍该病的病原，流行、症状和病理学变化，以及诊断等情况。

（1）病原。刺参腐皮综合征的病原主要是细菌，同时会有霉菌及寄生虫等。研究发现细菌病原有灿烂弧菌（*Vibrio splendidus*）、黄海希瓦氏菌（*Shewanella marisflavi*)、溶藻弧菌（ *V. alginolyticus* ）、哈维氏弧菌（ *V. harveyi*)、副溶血弧菌（ *V. parahaemolyticus* ）、假交替单胞菌（ *Pseudoalteromonas nigrifacien*)、中间气单胞菌（ *Aeromonas media* ）、塔式弧菌（ *V. tubiashii* ）以及蜡样芽孢杆菌（ *Bacillus cereus* ）等。

（2）流行、症状和病理学变化。每年1—4月，水温在8℃以下时该病多发，发病高峰期是2—3月。该病具有发病急、发病率高和死亡率高的特点。幼参和成参均可被感染，其中幼参的发病率和死亡率均明显高于成参，死亡率超过90%。发病初期刺参出现"摇头"现象，厌食，口部局部肿胀感染，触手出现黑浊，对外界刺激反应迟钝；发病中期刺参出现身体僵直、收缩，口部小面积溃疡、出现白色斑点，肉刺发白，大部分刺参出现排脏现象；发病后期刺参出现体壁大面积溃疡、自溶等。

（3）诊断。通过常规诊断方法：从患病刺参病灶处分离优势菌，进行形态学观察和生理生化鉴定，并结合16S rRNA技术进行病原菌检测。还可通过分子生物学、免疫学诊断技术进行检测。

六、藻类病害

我国是大型海藻养殖大国，海带、紫菜等藻类养殖过程中也会发生病害，造成经济损失。下面以海带幼苗绿烂病和条斑紫菜丝状体黄斑病为例，简要介绍藻类病害情况。

1. 海带幼苗绿烂病

（1）病原。绿烂病是海带育苗期间常见的一种病害，国内学者研究发现该病害是一种由环境因子和微生物相互作用引发的生理病变。营养盐过量、氮磷加富、海带表面褐藻酸降解菌大量繁殖等都是海带苗绿烂的原因。从患病海带中分离到的海洋细菌（ *Glaciecola* ）会加重绿烂的情况，而太平洋杨氏菌（ *Yangia* ）在低温时可能对海带幼苗的绿烂有抑制作用。

（2）流行与症状。该病在室内育苗和海上栽培期间都可能发生，尤其是在育苗后期，幼孢子体出现后即可发生，发病率高，影响范围大，7 d内可导致大量死亡。发病时海带苗叶片的中带部或尖端叶缘部分先出现绿色烂斑，逐渐向基部蔓延，最终发展到整个叶片，苗体腐烂脱落死亡。成体期的绿烂病与苗期绿烂病类似，通常发生在成体海带叶片靠近尖端的边缘部分，有时也会发生在基部，病烂部位的颜色为绿色，与藻体本身的褐色有明显对比。发病初期先出现一个绿色的斑点，随后向四周蔓延，后期病烂部分腐烂脱落，严重时危及整棵海带。

（3）诊断。根据临床症状可以初步诊断。

2. 条斑紫菜丝状体黄斑病

（1）病原。关于该病的致病源，国内外还没有统一的结论。20世纪70年代国外学者将该病命名为"鲨皮病"，国内学者研究发现河豚毒素交替假单胞菌

（*Pseudoalteromonas tetraodonis*）、浅黄假单胞菌（*Pseudomonas luteola*）等是条斑紫菜育苗期丝状黄斑病的病原菌。

（2）流行与症状。条斑紫菜丝状体育苗期黄斑病的传染力强、传播速度快，是危害条斑紫菜育苗的重要疾病之一，可导致紫菜丝状体全部死亡，危害大。当海区光线偏强、温度快速升高、盐度有变化时黄斑病发病率高。发病初期在附着基贝壳的磨损处或边缘的壳面上出现2~5 mm的黄色针状小斑，后逐渐增多和扩大，互相连成大斑，大黄斑中心发白，边缘变红。

（3）诊断。根据临床症状可以初步诊断。通过革兰氏染色、电镜负染观察、16S rDNA鉴定、生理生化分析、药物敏感性等技术对病原菌进行鉴定。

第二节　水产疾病防控

一、常见水生生物疾病防控措施

病害的发生和流行涉及种苗、养殖环境、管理措施等多方面因素，需要根据本地区水生生物的发病特点，从多环节开展防病措施。

1. 改善和优化养殖生态环境

在设计养殖场时，选择符合防病及环保要求的养殖场地，应考虑水的循环利用，发展封闭式循环水养殖，有养殖尾水处理设施系统。养殖场的布局要合理，并要加强宏观管理，实施养殖许可证制度。

定期清整池塘，清出的淤泥要运离养殖区，清淤后采用生石灰进行消毒。合理放养，包括养殖密度、混养种类、养殖管理等。保持良好的养殖水质，如溶氧氧、氨氮、硫化氢、pH等。有必要适时、适当采用生物、物理和化学等方法改良水质。科学使用药物，不滥用药物。

2. 控制和消灭病原体

使用无病原污染的水源。如使用可能被病原污染的水，则需要对水进行消毒处理。

池塘是水生生物生活栖息的场所，也是病原体的滋生和贮存场所，池塘环境的优劣直接影响水生生物的生长和健康，所以要尽可能地定期清塘。

在水生生物放养前及分塘换池时都应该进行机体消毒，预防疾病的发生。机体消毒前，应认真做好病原体的检查工作，针对病原体的不同种类选择适当药物进行消毒处理。机体消毒通常采用药浴法。在疾病流行季节，定期在食场周围泼洒药物进行杀菌、杀虫，用量要根据食场的大小、水深、水质及水温而定。有些病原体以水生生物为中间宿主，而以鸟类等为终末宿主，消灭终末宿主及带有病原体的陆生动物也同样能达到消灭病原体的目的。

3. 加强饲养管理，增强养殖水生生物的抗病力

根据当地的条件、技术水平和防病能力进行合理的混养和密养。营造一个优良而稳定的生态环境，尽量减少环境对水生生物的各种刺激。如水中缺氧引起水生物窒息而死；水温变化过大引起水生物感冒直至死亡等，变化较小也将引起水生生物产生应激反应，抑制机体的非特异性和特异性的防御能力，从而大大降低机体的抵抗力。因此，在养殖过程或养殖系统中创造条件降低应激反应是维护和提高鱼体抗病力的措施之一。

投喂营养全面、优质适口的饲料，一般使用配合饲料。由于养殖对象和生长阶段不同，所需要的配合饲料从营养成分到饲料形状和规格都会有所不同。应用适合的优质配合饲料不但有利于水生生物的生长，更有利于提高抗病能力。有必要时，可在饲料中添加微生物制剂如益生菌等，不仅能促进机体消化吸收，更能提高免疫力，减少疾病的发生。

投喂要按"四定"原则。最好用投饲机投饲，减少残饲的污染。投喂时要精心操作，尽量减少人为的胁迫因子。

要加强日常管理。要勤巡塘、勤除害、勤排污、勤观察（观察水生生物的摄食和活动情况），发现问题及时解决。

二、重大水生生物疫病防控措施

世界动物卫生组织对于水生生物疫病的预防与控制给出了以下一般性建议：

1. 区域规划和生物安全隔离区划

区域规划和生物安全隔离区划是指为了控制某种疫病的引入而划定一定区域，通过一定管理措施保持区域内无疫病状态的一种疫病预防和控制的措施。区域规划主要是以地理区域为划分依据，在无法通过地理分隔进行区域区划时，可采用生物安全隔离区划，并且通过采取一系列的生物安全管理措施控制疫病的发生和流行。

对于本国养殖业来说，区域规划和生物安全隔离区划是控制疫病的有效方法，对于进出口贸易来说，是保护进口国疫病传入以及出口国疫病管控的非常有效的措施。

区域规划和生物安全隔离区划并不适用于所有疫病，而且对于适用的每种疫病均需制定不同的分隔要求，如水生生物的检测、标识和追溯措施。

在建立和维持区划时，应与具体情况相适应，根据疫病流行病学特点、环境因素、疫病传入和定殖风险以及适用的生物安全措施而定。

界定区域或生物安全隔离区域的原则：

（1）由水生生物卫生管理机构划定区域范围，并通过官方渠道予以公布。

（2）可在无疫地区建立保护区，保持区内无疫状况。为防止引入病原，应采取基于流行病学的防控措施，如加强监测以及接种疫苗、增强防病意识等。

（3）由水生生物卫生管理机构依据相关标准和养殖规范界定生物安全隔离区，并通过官方渠道予以公布。

（4）通过明确的流行病学隔离措施将区域内水生生物与其他有疫病风险的动物隔离、区分开来。

（5）对于区域或生物安全隔离区，水生生物卫生机构应详细描述已采取的措施，如登记区域内所有水产养殖场，以确保能确认区域内的水生生物群体，并通过生物安全计划建立和维护无疫状态。需依据疫病流行病学特点、环境因素、临近地区卫生状况，制定包括移动控制、采用自然和人工屏障、水生生物空间隔离、商业管理和养殖规范、监测工化等措施。

（6）对于生物安全隔离区，生物安全计划应规定相关企业或行业与水生生物卫生管理机构的各自责任，以及管理机构对其的监督措施。具体来讲，生物安全计划应规定日常运作程序、水生生物移动情况的监控、生产和繁殖记录、饲料来源、追踪系统、监测结果、外来人员参观日志、发病和死亡情况记录、用药记录、污水处理、相关人员培训情况、疫病风险情况、区域风险评估及调整措施等。

2. 生物安全隔离区划的应用

生物安全隔离区划的基本要求是严格执行管理措施和生物安全措施，病例记录应归档。在无疫病区域，应在疫病暴发前建立生物安全隔离区。在疫病暴发时，建立生物安全隔离区，可以在区划内控制疫病，保护贸易。

可针对一种或几种特定疫病建立生物安全隔离区。应明确界定并指明其中各个部分的位置，包括所有设施、厂房，如产卵场、孵化场、苗种场、养成池、加工厂等。应围绕特定疫病的流行病学因素、隔离区的水生生物种类、生产系统、生物安全措施、基础设施条件和检测工作来确定隔离区。

建立生物安全隔离区要考虑以下因素并制定相关管理措施：

（1）地理空间因素：地理位置相近的养殖单位位置，疫病情况和生物安全措施，邻近地区的水生生物种类以及移动情况，鱼类动物交易市场、展会、餐厅等水生生物集中地点情况。

（2）基础设施因素：供水系统，有效的隔离设施系统，控制人员出入的设施，控制车辆船只出入的设施系统，装卸设备，水生生物和物资设备的引进程序，饲料、兽药存储设施，废弃物处理设施系统，饲料供应来源，防止水生生物暴露于污染物、病原的措施，等等。

（3）生物安全计划：

1）病原潜在传入和传播途径，包括水生生物的移动、潜在病原载体、车辆、人员、生物制品、设备、污物、饲料、流水、排水系统、病原在环境中的存活能力。

2）每个关键因素的关键控制点。

3）每个关键控制点上的控制措施。

4）标准操作程序，包括降低风险措施、纠正措施、保存记录等。

5）应急计划。

6）报告程序。

7）人员教育培训计划。

8）监测计划。

（4）可追溯系统：应记录所有进、出生物安全隔离区的水生生物，需要时应由主管部门水生生物的移动进行审批。生物安全隔离区要建立全面的记录，以确保隔离区始终在有效执行生物安全和监测、追溯、管理等措施。记录应包括所有生产要素，如养殖网箱或池塘的情况、饲料来源、实验室检测、死亡记录、来访登记、发病史、污水处理、用药和疫苗接种记录，等等。记录应保存一定时间，并方便查阅。

（5）病原体和疫病的监测：包括内部监测和外部监测。

（6）实验室检测：官方应指定有诊断能力的实验室按照诊断程序对隔离区内的样本进行检测，检测实验室要设立向主管部门迅速报告疫病诊断结果的程序。

（7）应急处理和通报：在生物安全隔离区内发现规定疫病疑似病例时，应立即暂时取消隔离区的无疫状态。如确诊应立即撤销无疫状态资格。如生物安全隔离区周边地区出现相关疫病状况变化导致该隔离区风险发生变化，主管部门应立即重新评估，考虑是否需要采取额外的生物安全措施，以确保隔离区的完整性。

3. 关于消毒的一般性建议

消毒是水产养殖中一种常用的疫病管理手段，也是可以防控疫病发生的一种常规有效的卫生措施。应按照一定程序消毒养殖场所、设备和运输器械，以防止传染物的污染和扩散。有许多消毒剂和消毒程序可以用于水产养殖场设施和废弃物，在选择消毒剂时，应考虑其微生物杀灭效果及对水生生物和环境安全性的影响。应按生产厂商的说明书使用消毒剂，应建立水产养殖消毒剂正规适用程序。

消毒效果受温度、pH和存在的有机物等因素的影响。在高温条件，消毒剂只要不发生分解就会更快发挥作用，低温下大多数消毒剂灭菌效果会下降。许多消毒剂都有最佳pH范围，如新洁尔灭在碱性条件下更有效，碘和有机碘在中性或酸性条件下最有效。有机物和油脂可能会降低消毒剂的功效，因此，在使用消毒机前应对其进行彻底清洁。

4. 应急计划

为了控制疫病发生以及在发生疫病后能够及时处置，必须建立有效的应急计划。应急计划应包含计划执行人员的信息、明确的岗位职责、有效处置的执行体系。

具体应包括人员指导手册、诊断程序、确诊程序、汇报程序、养殖场处置和清除死亡动物程序、消毒程序、休渔程序、监测方法、赔偿方案、恢复程序、提高公众认知的程序等。

5. 休渔

实行休渔可以清除养殖场中的疫病源，切断感染途径。因此，在水产养殖中，休渔可以作为一种常规的防控疫病措施，尤其在向已经使用过的养殖场引进新的水生物前。当国家正在针对某种疫病实施官方扑杀政策时，应要求被感染的养殖场和官方确定的疫区内所有养殖场均休渔一段时间。

确定法定休渔期时限应基于科学依据，确定病原体在宿主体外和当地水生环境中是否仍保持传染性，并确认导致养殖场再度出现感染的风险水平，应考虑的因素包括疫病暴发范围、当地现有宿主种类、病原体存活能力，当地气候、地理和水温因素以及给当地水产养殖业带来的风险水平。

6. 废弃物的管理和处置

水生生物废弃物指已经死亡或者为控制疫病而宰杀的水生生物整个或部分胴体，以及被屠宰的不用于人类消费的水生生物或部分胴体。高风险废弃物指可能会对水生生物或人类健康构成严重威胁的水生生物废弃物。

根据相关法律法规规定的处置方法，在合规场所配备相关器材设施，制定处置管理要求。

（1）储存运输和标识。在收集水生生物废弃物后应尽量缩短存储时间，存储区域应与养殖场和水体隔开，将病原传播风险降到最低。容器要防漏并有效避免其他动物和人类接触废弃物。容器上应有明确标识，详细说明来源、装载物品和目的地。严格按要求对容器进行清洗消毒。

（2）处置场的审批和运行要求。所有水生生物废弃物处置厂都应由主管部门审批；远离能传播污染物的交通要道、水体和其他单位；设备应满足要求；将清洁区域和不清洁区域分开；有合理的工作流程；人员符合卫生规范；污水应经过收集和消毒后才能排放；建立登记和标识体系；内部控制程序；记录留存备案。

（3）高风险废弃物的处置方法。

化制法：在封闭系统中，在一定温度下经过一段时间对废弃物进行机械性处理的方法。该方法能灭活所有已知水生生物病原体。

焚化：在固定或可移动的焚烧炉里进行的可控燃烧方法。

灭菌：最低要求是核心温度至少为90℃且至少处理60 min。

堆肥：不能灭活所有病原体，因此高风险废弃物在用堆肥法前应85℃预加热25 min以上。全部原料要采用堆肥形式在55℃下至少发酵两周，在使用弥补容器时需要在65℃下发酵一周。

填埋：首先需要对水生生物卫生状况和可能造成的环境影响进行评估，在填埋前进行适当处理，以确保灭活病原体。

堆积焚烧：不适合处理数量较多的废弃物，废弃物应在48 h内完全被销毁，离开焚烧现场时应对车辆和装运设施进行消毒。

三、水产苗种病害监管措施

苗种携带传染性病原的现象比较普遍，病原传播速度快、扩散范围广、对养殖危害大。为此，渔业主管部门开展国家级和省级原、良种场监管工作，建立水产官方兽医队伍，明确检疫执法主体，落实苗种产地检疫制度，推动水生物苗种产地检疫等工作，并试点建设一批主要养殖品种的无规定疫病苗种场，从源头控制疫病传播。为规范水产苗种产地检疫工作，农业农村部按照《中华人民共和国动物防疫法》《动物检疫管理办法》制定了《鱼类产地检疫规程（试行）》《甲壳类产地检疫规程（试行）》和《贝类产地检疫规程（试行）》。

2017年，农业部批准江苏省依法开展水产苗种产地检疫试点。由江苏省海洋渔业局会同省农委联合下发《关于做好渔业官方兽医资格确认工作的通知》（苏海渔〔2017〕6号、苏农牧〔2017〕6号），确定了渔业官方兽医资格条件，即属于水生生物卫生监督机构编制内，且持有有效渔业行政执法证，在渔业行政执法岗位（水产苗种产地检疫、渔政执法、水产品质量安全和其他水生物卫生监督等）工作的人员可确认为渔业官方兽医。经各地组织申报，县级以上渔业行政主管部门逐级审核上报，确认渔业官方兽医433名。全年开展检疫120多批次，实质性启动了水产苗种产地检疫工作。江苏省的试点工作为水产苗种产地检疫在全国全面实施积累了成功经验。目前水产苗种产地检疫工作已在国内全面推进实施，从苗种源头防控重大水生动物疫病，保障水生生物安全。

我国水生生物疫病监测工作不断规范，监测体系能力不断提高，监测数据的准确性也不断提高。已在全国范围内组织开展了针对鲤春病毒血症、白斑综合征、传染性造血器官坏死病、鲫造血器官坏死病、草鱼出血病、锦鲤疱疹病毒病、病毒性神经坏死病、传染性皮下和造血器官坏死病等8种重大疫病监测工作，同时还开展了鲤浮肿病、虾肝肠胞虫病等新发疫病的调查、监测工作，并要求对阳性养殖场采取处置措施，避免疫病扩散。处置措施包括扑杀、销毁、消毒等无害化处理，对阳性样品苗种来源进行追踪溯源、监测，及时发布预警预报，宣传防控措施等。所设置的监测点包括辖区内的易发病水生生物的国家级和省级原、良种场，从常规测报点中选择的重点苗种场、养殖场以及近两年内出现过阳性结果的养殖场。监测点应填写监测点备案表。应根据水生物发病的适合温度、规格要求进行采样，如鲤春病毒血症的样品采集要求在春、秋季水温10~20℃条件下进行，每份样品应采集活鱼150尾，尽量采集鱼苗和鱼种，如果有条件可以采集亲鱼的卵巢液和精液，每尾3~5 mL。应按照《水生生物产地检疫采样技术规范》的要求进行采样，并填写《现场采样记录表》。如运送鲜活样品到其他地区检测，样品的包装和运输以不泄漏、不交叉污染以及保证样品存活为基本原则。包装内的现场采样记录表要用聚乙烯袋封装防水。空运样品时，包装应符合《水产品航空运输包装通用要求》（GB/T 26544—2011）。陆运或自检样品应用聚氯乙烯贴布革水产袋充氧，低温运输。

四、应急预案和疫情报告

1. 应急预案

为做好水生生物疫病预防和控制工作，提高快速反应和应急能力，切实有效地控制水生物疫病突发事件的危害，防止水生生物疫病扩散，最大限度地减少疫病造成的影响和损失，确保水产品质量与公共卫生安全，促进水产养殖健康持续发展，各地区需要结合各自实际情况制订应急预案。应急预案应至少包括以下内容：

（1）编制依据。

（2）适用范围。一般情况下，预案适用于农业农村部公布的水生生物疫病（鲤春病毒血症、染性造血器官坏死病等）及其他暴发性流行、突发性和涉及公共卫生安全的重大水生生物疾病。

（3）指导思想和工作原则。坚持预防为主、分类监测的原则，属地负责、依法管理的原则，分级控制、快速反应的原则，以及其他原则。

（4）建立健全组织体系及各部门分工。

（5）确定疫情分级标准及响应。

（6）疫情监测、预防和预警工作的开展。

（7）应急处置程序及措施。

（8）善后恢复工作。

（9）保障措施。

（10）培训、演练和宣传教育。

（11）监管。应急预案由水生生物疫病防控主管部门制定。

2. 疫情报告

病害防治员应熟悉本地区水生生物疫情应急预案的主要内容，发现规定的疫情应及时上报给本地区水生生物疫病预防控制主管部门，并按主管部门的要求协助做好疫情的应急处置工作，避免疫情扩散。

疫情报告程序：发现疫情或疑似疫情；记录（包括最初发病时间、地点、蔓延情况、分布、发病水生物种类、数量、规格、症状、死亡数量、发病温度等）；口头报告养殖场负责人；采取防疫措施，避免水生生物以及水、工具与外界接触；向本地水生生物疫病防疫主管部门立即报告；疫情确诊；配合主管部门做好进一步的防疫净化工作。

农业农村部渔业渔政管理部门统一管理并对外发布水生生物疫情，也可以授权省、自治区、直辖市人民政府渔业行政管理部门公布本行政区域内的水生生物疫情。未经授权，任何其他单位和个人不得以任何方式公布水生生物疫情。

水生生物疫情报告实行快报、月报和年报制度。报告格式由全国水产技术推广总站统一制订并对外发布。

（1）快报。有下列情形之一的必须快报：发生一类或者疑似一类水生生物疫病；二、三类或其他水生生物疫病呈暴发性流行；新发现的水生生物疫情；已经消灭又发生的水生生物疫情。

（2）月报。县级水生生物疫病预防控制机构对辖区内当月发生的水生生物疫情（发病面积、种类、损失等情况），按农业农村部要求报告给上一级水生生物疫病预防控制机构，并需逐级上报。

（3）年报。县级水生生物疫病预防控制机构对辖区内本年度发生的水生生物疫情（发病面积、种类、损失等情况），按农业农村部要求报告给上一级水生生物疫病预防控制机构，并需逐级上报。

动物防疫法规定，单位瞒报、谎报或者阻碍他人报告动物疫情的，由动物防疫监督部门给予警告，并处2 000～5 000元罚款；对负有直接责任的主管人员和其他责任人员依法给予行政处分。对逃避检疫，引起重大动物疫情，致使养殖业生产遭受重大损失或严重危害人体健康的，依法追究刑事责任。

第九章
渔用药物使用与控制

第一节　渔药特点与使用原则

一、渔药概念及作用

（一）渔药概念

1. 药物与渔药

药物是指可以改变或查明机体的生理功能及病理状态，可用于预防、治疗、诊断疾病，或者有目的地调节生理机能的物质。凡能通过化学反应影响生命活动过程（包括器官功能及细胞代谢）的化学物质都属于药物范畴。在水产养殖中，使用药物是防治病害的主要手段之一。

渔用药物（以下简称"渔药"）属于兽药，渔药是指专用于渔业方面、有助于水生动植物机体健康成长的药物。其范围限定于水产增养殖渔业，而不包括捕捞业和水产品加工业方面所使用的药物。渔药的使用对象为鱼、虾、贝、藻、两栖类、水生爬行类以及一些观赏性的水产经济动植物。按照《兽药管理条例》的规定，渔药是指用于预防、治疗、诊断水生动物疾病或者有目的地调节其生物机能的物质（包括药物饲料添加剂），主要包括血清制品、疫苗、诊断制品、微生态制品、中药材、中成药、化学药品、抗生素、放射性药品及外用杀虫剂、消毒剂。值得特别指出的是，兽用（渔用）麻醉药品、精神药品、毒性药品和放射性药品等特殊药品，须依照国家有关规定管理。

水产养殖行业在增加优质动物蛋白供应、增加农民收入、调整农业结构和保障粮食安全等方面发挥了重要作用。我国不仅是世界上最大的水产养殖国家（水产养殖产量占全世界总产量的60%以上），也是世界上最大的水产品使用国。在我国水产养殖业高速发展的过程中，渔药在病害防控等方面一直发挥着积极的作用。党的十九大提出实施乡村振兴战略，绿色发展成为水产养殖业转型升级、实现提质增效的主旋律。

渔药事关水产品质量安全、公共卫生安全和环境保护，更是水产品对外出口贸易中的关键技术支撑点。渔药的使用应严格遵循国家和有关部门的规定。新时代对渔药的发展提出了新的要求。

2. 渔药制剂与剂型

制剂是指某一药物制成的个别制品，通常是根据药典、药品质量标准、处方手册等所收载的应用比较普遍且效果较稳定的具有一定规格的药物制品，如复方甲苯咪唑粉、蛋氨酸碘粉等。

来自植物、动物、矿物以及化学合成和生物合成物质的药物原料一般均不能直接用于动物疾病的预防或治疗，必须进行加工，制成适于使用、保存和运输的一种制品形式，这种形式称为药物剂型。适宜的药物剂型可以充分发挥药效，减少药物的毒副作用，便于使用与保存。

渔药剂型可根据不同的方式进行分类，如有的按给药途径分类，有的按分散系统分类，但常以药物形态为依据，将剂型分为以下几类：

（1）液体剂型：是以液体（如水、乙醇、甘油和油类等）为分散介质。药物在一定条件下分别以分子、离子、胶粒、颗粒、液滴等状态分散于液体介质中，如溶液剂、注射剂（又称针剂）、煎剂和浸剂（指由中草药煎煮或浸润的液体剂型）等。

（2）固体剂型：水产药物中，固体剂型种类最多，应用最广，主要用于口服给药，也有部分用于泼洒（或浸浴）给药。口服是将药物混合在饲料中加工制成固体药饵，用于疾病的防治。现有的固体剂型有散剂、片剂、颗粒剂、微囊剂等。

（3）半固体剂型：又称软性剂型，主要有软膏剂和糊剂，其中糊剂是渔药中的常见剂型，是一种含较大量粉末成分（超过25%）的制剂。

药剂学界一般把药物剂型划分为第一代传统剂型、第二代常规剂型、第三代缓控释剂型、第四代靶向剂型。根据水产动物的种类和规格、发病情况、药物的性质等，通过改造药物化学结构，研制开发具窄谱性和针对性的"三效"（高效、速效、长效）、"三小"（毒性小、剂量小、副作用小）和"三定"（定量、定时、定位）的第三代和第四代剂型药物已是渔药剂型发展的重要方向。

3. 处方、处方药和非处方药

处方，俗称为药方，是临床治疗工作和药剂配制的一类重要书面文件，是药剂人员调配药品的依据，开具处方的人要承担法律、技术、经济责任。就水产养殖而言，水产用药处方是水生动物类执业兽医师诊断疾病时所开具的一个重要书面文件，它既是水产动物病害防治用药的指导，也是配制现成制剂的依据。处方的拟定应建立在对疾病正确诊断的基础上，根据药理学、药剂学原理和疾病状况提出安全、有效的用药依据。规范性、科学性、实用性、有效性和安全性是处方的关键。

处方包括处方前记、处方正方和处方后记3个部分，其中处方正方是处方的核心。处方前记所包括的内容有处方编号、处方日期、养殖单位（场、户）、养殖品种、养殖环境条件、养殖面积、发病情况和临床诊断结论等。处方正方主要包括药物的名称、数量、剂型、用法用量、休药期及注意事项等重要内容。常在空白的处方部分，以Rp或R起头，也有用中文"处方"二字作为开头的。然后按药物的名称、规格和数量，逐行书写，每药一行。所开药物应符合《兽药管理条例》《中华人民共和国兽药典》及相关文件的规定。同一处方中各种药物应按它们的作用性质依次排列。水生动物类执业兽医师在处方正方书写完毕及调剂师在处方配制完毕后，应仔细检查核对，然后在处方笺的最后签名。

为保障用药安全和水产养殖安全，我国实行渔药的处方药和非处方药分类管理制度。处方药是指凭水生动物类执业兽医师处方才可购买和使用的渔药，因此，未经水生动物类执业兽医师开具处方，任何人不得销售、购买和使用处方渔药。非处方药是指由国务院兽医行政管理部门公布的、不需要凭水生动物类执业兽医师处方就可以自行购买并按照说明书使用的水产药物。对处方药和非处方药的标签和说明书，管理部门有特殊的要求和规定。根据水生动物类执业兽医师开具的处方购买和使用水产药物，可以防止药物的滥用（特别是抗生素和合成抗菌药），或减少水产品中的药物残留，达到保障水产动物用药规范、安全有效的目的。

（二）渔药作用

渔药的作用主要包括以下几方面：

（1）预防和治疗疾病：如磺胺类药物和甲氧苄啶可分别抑制鱼类细菌病原中的二氢叶酸合成酶和二氢叶酸还原酶，导致四氢叶酸缺乏，从而抑制鱼类细菌病原的繁殖。

（2）消灭、控制敌害：如口服阿苯咪唑可驱杀寄生在鲤鱼体内的九江头槽绦虫（*Bothriocephalus* spp.）、长棘吻虫（Rhadinarhynchus spp.）以及黄鳝体内的毛细线虫（*Capillaria* spp.）等寄生虫。

（3）改善水产养殖环境：如含氯石灰的主要成分次氯酸钙遇水产生次氯酸和次氯酸离子，次氯酸不稳定，随即放出活性氯和初生态氧，从而对细菌原浆蛋白产生氯化和氧化反应，起到改善水产养殖环境的作用。

（4）增强水产动物抗病力：如芪参散中的黄芪、人参、甘草与饲料充分搅拌均匀后投喂水产动物，能增强其免疫功能，提高抗应激能力。

（5）促进水产动植物的生长及调节其生理功能：如维生素C经口服后能在鱼类小肠处被吸收，分布可达全身。维生素C参与机体氧化还原过程，影响核酸的形成、铁的吸收、造血机能、解毒功能。

二、渔药特点及种类

1. 渔药特点

相比人用药物、兽药及农药，渔药的应用对象特殊，且易受环境因素影响。渔药的应用对象主要是水生动物，其次是水生植物以及水环境。渔药需要以水作为介质作用于鱼体，因此其药效受水环境中诸多因素（如水质、水温等）的影响。渔药具有以下特点：

（1）渔药的使用对象广泛、众多。不同品种的水产动物对药物的耐受性、药物对它们所产生的效应以及药物在它们体内的代谢规律会存在较大的区别，相互之间很难借鉴。

（2）渔药给药以水作为媒介。渔药需通过水的媒介而被动物服用或通过水作用于动物。因此，渔药制剂在水中应具有一定的稳定性，口服药物应具有一定的适口性和诱食性，外用药物应具有一定的分散性和可溶性。

（3）渔药对水产动物是群体受药。在计算用药量时应考虑全体水产动物，而不仅仅是患病的个体，选择用药方法时要以群体疾病得以控制为目的，不能忽视那些亚健康或健康的个体。评价用药效果时不是仅仅以患病个体是否痊愈为依据，而是要考虑到整个水体中的养殖动物死亡趋势是否有所缓解，生理活动是否得以恢复。

（4）渔药的药效易受环境影响。水温是影响渔药效果的一个重要因素。一般而言，高温会促进渔药在水产动物体内的代谢过程。除了水温之外，水体盐度、pH、氨氮和有机质（包括溶解和非溶解态）等理化因子，以及微生物、浮游生物、养殖生物等生物因子也可影响渔药的作用效果。

（5）渔药具有一些特殊的给药方式。除了口服（包括口灌）和注射的体内用药方式外，还有将药物分散于水中使其作用于水产动物的短时间浸浴法、长时间浸浴法、流水浸浴法。此外，还有动物体表的体外用药方法，如遍洒法和浸浴法，还可以分为瞬间浸浴挂篓（袋）法、浸沤法、浅水泼洒法等。

（6）渔药的安全使用具有重要的意义。因为是通过媒介给药，所以渔药不能对水环境造成污染和难以修复的破坏。如果渔药的原型及其代谢产物或可能形成的化合物形成长期难以降解的有毒有害物质，那么它就有可能对周边水域生态环境造成严重破坏，导致许多环境不安全因素的出现。

（7）渔药应价廉、易得。经济、价廉、易得是选择渔药时考虑的重要因素。

2. 渔药种类

渔药按使用目的，一般可分为以下几类：

（1）抗微生物药物：指通过内服或注射，杀灭或抑制体内病原微生物（包括细菌、真菌等）繁殖、生长的药物。包括抗病毒药、抗细菌药、抗真菌药，如硫酸新霉素粉、氟苯尼考粉等。

（2）环境改良剂及消毒剂：指用以改良养殖水域环境的药物，包括底质改良剂、水质改良剂以及用以杀灭水体中的有害生物的药物，如生石灰、沸石粉、漂白粉、高锰酸钾等。

（3）杀虫驱虫药物：指通过药浴或内服，杀死或驱除体外或体内寄生虫的药物以及杀灭水体中有害无脊椎动物的药物，如硫酸铜、硫酸亚铁粉、精制敌百虫粉等。

（4）调节水产动物生理功能的药物：指以改善养殖对象机体代谢、增强机体抗病力、促进病后恢复及促进生长为目的而使用的药物。通常以饵料添加剂的方式使用，如维生素C粉等。

（5）中草药：指为防治水产动植物疾病或改善养殖对象健康状况而使用的经加工或未经加工的药用植物（或动物），又称天然药物。如大黄末、五倍子末等。

（6）生物制品：指通过生物化学、生物技术制成的药剂，通常有特殊功能。包括疫苗、免疫增强剂等。

（7）其他：包括增效剂、解毒剂等用作辅助治疗的药物。有些渔药具多种功能，如生石灰兼具改良环境与消毒杀菌的功效。

三、渔药使用原则及注意事项

1. 渔药使用必须遵守的原则

（1）不危害环境与健康。渔用药物的使用应以不危害人类健康和不破坏水域生态环境为基本原则。

（2）依规生产销售和使用。应严格遵守国家有关法规，选用符合国家规定、经过严格质量认证的药物，杜绝使用违禁药物，严禁生产、销售和使用未取得生产许可证、批准文号与没有生产执行标准的渔药。

（3）预防为主，防治结合。制定合理的用药方案，认真做好用药记录，坚持"预防为主，防治结合"的原则，提高用药效率，减少用药量；病害发生时应对症用药，防止滥用渔药与盲目增大用药量或增加用药次数、延长用药时间。

（4）"三效"和"三小"原则。积极鼓励研制、生产和使用"三效"（高效、速效、长效）、"三小"（毒性小、副作用小、用量小）的渔药，提倡使用水产专用渔药、生物源渔药和渔用生物制品。

（5）严格遵守休药期的规定。对大多数渔药在我国主要养殖的水产动物体内的休药期均有相应的规定。对于同一种水产动物，不同的渔药、不同的养殖水温以及不同的用药方法，其休药期是不同的。

2. 渔药使用注意事项

使用渔药的目的，是在保障水产养殖的安全的前提下控制水产动物病害的发生和蔓延。使用渔药时要注意以下几方面安全。

（1）靶动物安全。指所选择的一种或多种药物对施药对象不构成急性、亚急性、慢性毒副作用，并对其子代不具有致畸、致突变、致癌及其他危害。在制定用药方案时，需综合考虑水产动物疾病的类型、疗效、毒副作用，慎重地选用药物，采用合理的剂量。

（2）水产品安全。指所养殖的水产动物的任何可食用部分不存在损害或威胁人体健康的有毒有害物质，不会导致消费者患病或给消费者的健康带来不利影响。除了水产品因携带某些病原所引起的食源性疾病外，水产品药物残留超标也是影响水产品安全的一个重要因素。药物残留是指水产品的任何可食用部分所含药物的母体化合物或/和代谢产物，以及与药物母体有关的杂质的残留。药物的残留既包括原药，也包括药物在动物体内的代谢产物。此外，药物或其代谢产物还能与内源大分子共价结合，形成结合残留，它们对靶动物具有潜在毒性作用。

（3）环境安全。渔药的使用必须考虑药物给周边水域环境带来的影响，确保环境和生态安全。

第二节　渔药风险与公共卫生安全

2018年发布的中央一号文件《中共中央国务院关于实施乡村振兴战略的意见》中明确要求"实施食品安全战略，完善农产品质量和食品安全标准体系，加强农业投入品和农产品质量安全追溯体系建设"。

我国是水产养殖大国，也是渔药生产和使用大国。尽管渔药在水产动物疾病的控制上有着举足轻重的作用，但渔药的不合理甚至违规使用给公共卫生安全带来了极大的风险。相对落后的渔药风险认识和控制技术手段远远不能满足水产养殖业的高速发展和人民群众对安全水产品的需求。正确认识和控制渔药风险不但关系到水产养殖业的绿色发展和转型升级进程，更是推进生态文明建设的有力举措。

公共卫生是关系到一个国家或一个地区人民群众健康的公共事业。由于渔药直接作用于水环境及水产养殖对象，其造成的风险与公共卫生息息相关。

近二十年来渔药风险造成的公共卫生安全事件屡屡成为公众关注的焦点，对水产养殖业形象、政府公信力、对外出口贸易等造成了巨大的损害。例如，2002年，欧盟以我国出口的虾产品中氯霉素超标为由，正式通过2002/69/EC决议，宣布对中国出口的动物源性食品（包括水产品）实行全面禁运；2006年11月16日，上海市食品药品监督管理局公布来自山东的多宝鱼含硝基呋喃类等多种禁用药物残留，导致山东多宝鱼养殖行业元气大伤；2007年4月25日，美国亚拉巴马州从中国斑点叉尾鮰中检验出氟喹诺酮药物残留，全面停止销售中国斑点叉尾鮰鱼片；2019年4月2日，广州某企业销售的"花甲王"和"黄金贝"被检出氯霉素残留，再次暴露出当前水产品中存在的药残安全风险隐患。因此，应该加强渔药风险控制，完善政策法规，加强法律惩处力度，严格落实准用渔药及限用渔药休药期制度，加大水产品药残等问题的曝光力度，强化公众的公共卫生意识，营造人人关注水产品公共卫生安全的社会氛围。

总体来讲，渔药风险主要包括毒性风险、残留风险、耐药性风险和生态风险等。

一、毒性风险

毒性风险指渔药对于靶动物（鱼、虾、蟹、贝等）可能产生的任何有毒（有害）作用的风险。有毒和无毒是相对的，只要达到一定的剂量水平，所有的化学物均具有毒性，而如果低于某一剂量时，又都不具有毒性。

不同渔药在靶动物机体发挥药理作用及产生毒理作用的组织或器官可以完全不同，渔药被吸收进入机体分布于全身，可对其中的某些部位造成损害，只有被渔药损害的部位才是渔药毒害作用的靶部位（或称为靶点），被损伤的组织或器官相应地称为靶组织或靶器官；同一渔药可能有一个或若干个毒性靶部位，而不同渔药可能具有相同的靶部位。渔药对靶动物组织或器官的毒性作用可能是直接的，也可能是间接的。直接的毒性作用必须是渔药到达损伤部位；而间接的毒性作用则可能是渔药毒性作用改变了机体某些调节功能而影响其他部位。因此，药物产生毒性作用的靶部位并不一定是其分布浓度最高的部位。

渔药的毒性风险包括一般毒性风险和特殊毒性风险。其中，急性毒性、蓄积毒性、亚慢性毒性和慢性毒性为一般毒性风险；致突变、致畸、致癌等为特殊毒性风险。对渔药的毒性风险评价主要包括4个阶段：急性毒性试验阶段、蓄积毒性和致突变试验阶段、亚慢性毒性试验阶段（包括繁殖试验和致畸试验）、代谢毒性试验阶段和慢性毒性试验阶段。

1. 一般毒性风险

渔药的一般毒性风险主要有急性毒性、蓄积毒性以及亚慢性和慢性毒性。

（1）急性毒性。急性毒性是指在一次或在24 h内多次给予实验用水产动物受试渔药之后，在短时间内对水产动物所引起的毒性反应。它表现了受试渔药毒性作用的方式、特点以及毒性作用的剂量。用以测定渔药对水产动物所产生的毒性作用，评价渔药急性毒性的实验方法，称为急性毒性试验。

急性毒性试验的目的：根据起始致死浓度（ILL）、半数致死浓度（LC_{50}）、半效应浓度（EC_{50}）或半数耐受限量（TLm）等数据，结合受试渔药引起生物体中毒的症状和特点，评价被测试渔药毒性的强弱以及它对水环境的污染程度，为制定该渔药的最高用药量或环境中最大允许浓度（MATC）提供基本数据，阐明受试渔药急性毒性的浓度反应关系与水生生物中毒特征，为进一步进行亚慢性和慢性毒性试验以及其他特殊毒性试验提供依据。

在急性毒性试验期间，对受试水产动物（如鱼类）一般不投喂饵料，从致毒开始，观察记录受试动物的中毒表现，包括生理、生化变化和死亡情况。

（2）蓄积毒性。蓄积毒性是指机体多次反复接触低于中毒阈剂量的化学物，经一定时间后，化学物增加并潴留机体某些部位，机体所出现的明显中毒现象。这是由于化学物进入机体的速度大于机体消除的速度，化学物在机体内不断积累，达到了引起毒性的阈剂量而产生的。

外源化学物在水生生物体内的蓄积作用是其慢性毒性发生的基础。当机体反复接触外源化学物后，在体内检测到该物质的原型或其代谢产物的量逐渐增加时，称为物质蓄积；机体反复接触某些外源化学物后，在体内检测不出该化学物的原型或其代谢产物的量在增加，但却出现了慢性毒性作用，称为功能蓄积，也称损伤蓄积或机制蓄积。实际上两种蓄积的划分是相对的，它们可能同时存在，难以严格区分。

蓄积毒性是评价某些外源化学物亚慢性和慢性中毒的主要指标，也是评价渔药是否安全的指标之一。在蓄积毒性试验中，由于生物机体多次反复接触外源化学物，有时会出现机体感受性降低的现象，必须加大剂量，才能出现原有的反应。这意味着发生慢性中毒作用较难，说明受试生物对毒物产生了耐受性。例如，孔雀石绿可在鱼体内迅速积累，并传递给子代，且孔雀石绿在斑点叉尾鮰体内会迅速转化为隐性孔雀石绿，并呈现蓄积的趋势，必须加大剂量才能出现毒性作用。

（3）亚慢性毒性。亚慢性毒性试验是指受试动物在较长的时间内（一般在相当于1/10左右的生命周期时间内），少量多次地反复接触受试渔药所引起的损害作用或产生的中毒反应。进行亚慢性毒性试验的目的是进一步了解受试渔药在受试水产动物体内有无蓄积作用，以及受试水产动物能否对受试渔药产生耐受性；测定受试渔药毒性作用的靶器官和靶组织，初步估计出最大无作用剂量（NOEL）及中毒阈剂量，并确定是否需要进行慢性毒性试验，为慢性毒性试验剂量的选择提供依据。亚慢性毒性试验是评价渔药毒性作用的一个重要方法。

亚慢性毒性评价方法是将试验数据汇总成表，进行相应的统计处理和分析，并根据受试水产动物中毒时出现的症状，以及停药后组织和功能损害的发展和恢复情况做出综合性评价。

（4）慢性毒性。慢性毒性指水产动物在生命周期的大部分时间或终生接触低剂量外源化学物质所产生的毒性效应。慢性毒性试验的目的是观察受试水产动物长期连续接触药物对机体的影响。通过了解水产动物对渔药的毒性反应、剂量与毒性反应的关系、药物毒性的主要靶器官，以及毒性反应的性质、程度和可逆性等，确定动物的耐受量、无毒性反应的剂量、毒性反应剂量及安全范围，毒性产生的时间、达峰时间、持续时间及可能反复产生毒性反应的时间，有无迟发性毒性反应，有无蓄积毒性或耐受性等。慢性毒性试验一般是在急性毒性试验和亚慢性毒性试验的基础上进行的，根据急性和亚慢性毒性试验数据设置试验浓度。

慢性毒性试验可以确定渔药的毒性下限，了解短期试验所不能测得的反应，即长期接触该化学物质可以引起危害的阈剂量和NOEL，为进行该化学物质的危险性评价与制定水产动物接触该化学物质的安全限量标准提供毒理学依据，如每日允许摄入量、最高允许浓度或最高残留限量等。慢性毒性试验是临床用药前安全性评价的主要内容，可为临床安全用药的剂量设计以及毒副作用监测提供依据。

2. 特殊毒性风险

特殊毒性是指观察和测定药物能否引起某种或某些特定毒性的反应，以此为目的而设计的毒性试验称为特殊毒性试验。狭义的特殊毒性试验是指"三致"试验，即致畸、致突变、致癌试验；广义的特殊毒性试验还包括过敏性试验、局部刺激性试验、免疫毒性试验、光敏试验、眼毒试验和耳毒试验等。对于渔药的特殊毒性试验主要是"三致"试验。

（1）致畸试验。致畸试验是为了解受试渔药是否通过母体对胚胎发育过程（主要是胚胎的器官分化过程）产生不利影响而开展的一种试验。对水产动物的致畸试验可以利用亲鱼和受精卵进行。胚胎畸形是观察指标之一，其致畸原可以从两个方面分析：一方面是雌性亲鱼，药物通过母体的血液循环传递至生殖腺，如敌百虫等药物就易于在母体的生殖腺内积累，经卵母细胞的二次成熟分裂，脱离滤泡排卵，产卵受精直至孵化，于卵黄囊吸收阶段方显示出较强的毒性，胚胎出现畸形，导致发育迟缓、功能不全以致死亡；另一方面是受精卵直接接触外来药物，或者胚胎的早期发育阶段，尤其是在囊胚期之前接触外来药物，极易引起畸形。

（2）致突变试验。致突变试验的主要目的是检测药物是否具有引起基因突变作用或染色体畸变作用，即检测各种遗传终点的反应。目前致突变作用的检测方法已有100多种，可分为三大类：基因突变、染色体畸变和DNA损伤与修复。我国采用的新药致突变试验主要包括微生物回复突变试验、哺乳动物培养细胞染色体畸变试验和微核试验三项。

农业农村部《新兽药特殊毒性试验技术要求》规定，致突变试验必须至少做三项，其中回复突变试验和微核试验为必做项目；精子畸形试验、睾丸精原细胞染色体畸变试验、显性致死突变试验三项可任选一项；前二者任何一项为阳性，均必须做显性致死突变试验。

（3）致癌试验。致癌作用是导致癌症的一系列内在或外部因素的多步骤过程，其最基本的特征是癌症由异常基因表达引起。由于肿瘤一般在水生动物中比较常见，这可能与水生生物DNA的修复能力和效率较低有关，因此对致癌性强的渔药必须进行致癌试验。

实验动物的选择应根据动物对某种受试药物致癌作用反应的敏感性而定。大鼠或小鼠对多种致癌物的反应较敏感，故致癌试验一般多选用大鼠或小鼠。试验期限通常要求从断乳开始（有时在断乳前开始）直到自然死亡，几乎包括动物整个生命周期。试验过程中要求经常观察动物的一般状况，定期检查和记录肿瘤的总发生率、各种肿瘤发生率和肿瘤出现期限等指标。而病理学检查是评定受试药物致癌作用的主要依据。

致癌试验较为复杂，目前在我国新兽药的特殊毒性试验中暂未做出具体要求。

二、残留风险

动物源性食品中药物残留风险由来已久。国际食品法典委员会是药物残留监管的主要国际组织，早在1984年，在CAC的倡导下，由联合国粮食及农业组织和世界卫生组织（WHO）牵头倡导成立食品中兽药残留立法委员会（CCRVDF），该组织于1986年正式成立，此后每年在美国华盛顿召开一次全体委员会会议，制定和修订动物组织及其产品中的兽药最高残留限量（MRL）以及休药期等标准。

在我国水产养殖迅猛发展的历史进程中，病害日趋严重，由于对药用量、用药次数以及休药期的认识不够，渔药在水产品中残留风险备受公众关注。自1997年农业部先后颁布《动物性食品中兽药最高残留量的规定》和《关于开展兽药残留检测工作的通知》以来，渔药残留风险控制已取得初步成效。

渔药在水产动物体内的残留风险包括渔药的残留及各种代谢产物造成的风险。渔药的总残留由母体化合物、游离代谢物及与内源性分子共价结合的代谢物组成。例如，吡喹酮能在草鱼等淡水鱼类组织中迅速、大量转化成其代谢产物。组织中每种残留物的相对量和绝对量，随着所给药物的量和最后一次给药后的时间变化而变化。由于总残留中不同的化合物具有不同的潜在毒性，因此，不仅需要研究用药靶动物可食部分中总残留的数量、持续时间和化学性质，还要研究化学物质在毒性实验动物体内的代谢情况。

1. 残留风险的评价

放射性示踪法是迄今用于确定药物总残留常用的技术。^{14}C是最为广泛使用的同位素，因为它的标记不会出现分子间交换的问题。清除研究通常是通过对过去未用过该类化学物质的养殖动物给予放射性标记药物研究化学药物的清除作用，最后一次用药后，间隔一定时间将分组的动物处死。所给的化学物质具有很高的放射性纯度，因为放射性标记的污染物可能造成一种药物持续残留的假象。放射性标记的位置，应保证原型药物中很可能与毒性有关的部分得到了恰当的标记。

为了评价渔药的残留风险，需要评估渔药在水产动物可食用组织中的安全浓度。渔药在可食组织中的安全浓度是利用每日允许摄入量［ADI，简称日许量，单位为mg/（kg·d）］、人的平均体重（60 kg）和每日摄入值（g/d）计算的。具体计算方法如下：

$$安全浓度 = \frac{ADI \times 人的平均体重}{每日摄入值}$$

用NOEL除以安全系数，即可得到药物残留的日许量（ADI）。

为保证渔药总残留不超标，需要测量总残留：① 选择标示残留物；② 确定标示残留物与总残留之间的定量关系；③ 计算标示残留物在靶组织中的最大允许浓度，以保证有毒物质的总残留不超过允许浓度。

2. 残留限量及其确定依据

渔药残留限量一般是指存在于水产品中的不会对人体的健康造成危害的药物含量。它是确定水产品安全、保护人类健康的一个重要标准。

根据残留的水平，可将残留限量分为3类：

（1）零残留或零容许量。它是指药物的残留等于或小于方法的检测限。

（2）可忽略的容许量。即常说的微容许量，其残留量稍高于检测限而低于安全容许量。

（3）安全容许量。又称为有限的容许量或法定的容许量，即最高残留限量（maximum residue limits，MRLs或MRL）。它是指药物或其他化学物质允许在食品中残留的最高量。其值比较高（甚至没有残留上限），但即使食用了达到此残留水平的水产品，也不会对人体健康造成危害。

MRL属于国家公布的强制性标准，决定了水产品的安全性和渔药的休药期。MRL确定的依据：确定残留组分，测定NOEL，进行危害性评估（安全系数），确定ADI和接触情况调查（食物系数）。如果组织中含有多个残留组分，如原型药物和代谢产物，则制定MRL时需考虑监控总残留（total residues）。MRL可采用下式计算：

$$MRL = \frac{ADI \times 平均体重}{食物消费系数}$$

式中，MRL单位为mg/kg，ADI单位为mg/（kg·d），平均体重单位为kg，食物消费系数单位为kg/d。

制定MRL还要考虑以下几点：① 药物对人类健康的危害程度，如有致癌、致畸、致突变等"三致"作用的药物，最高残留限量要求就应比较苛刻，而一般毒性较小又不与人用药同源的药物最高残留限量则可适当高些；② 残留药物（或其代谢产物）会不会对人体内的有益菌群造成破坏，会不会导致耐药菌株或耐药因子的产生；③ 残留药物检测方法的灵敏度；④ 国际上有关国家和组织所制定的最高残留限量标准；⑤ 我国水产品生产和进出口的具体要求。

3. 休药期及其制定

休药期（withdrawal time，WDT）是指从停止给药到允许动物宰杀或其产品上市的最短间隔时间。也可理解为从停止给药到保证所有食用组织中总残留浓度降至安全浓度以下所需的最少时间。休药期的制定一般是根据水生动物生长旺盛季节，口服给药时的药动学规律而制定的。制定休药期应考虑以下几点：

（1）最高残留限量。休药期终了时渔药在水生动物可食部分的残留量应低于其最高残留限量。

（2）检测方法的检测限。检测限应该低于或等于渔药在水生动物体内的最高残留限量。

（3）消除速率方程和消除半衰期（$t_{\frac{1}{2}\beta}$）。因为二者能反映渔药在水生动物体内的消除情况，可据此计算出渔药消除至最低残留限量或以下时所需的时间。

（4）养殖水环境状况。其中以温度最为重要。

（5）具有危害作用的代谢产物的消除情况。如恩诺沙星，要根据其在水生动物组织中原型药物及其活性代谢产物的总残留浓度确定休药期。

（6）结合残留。如某些渔药与血浆蛋白结合后形成残留，可造成危害。

此外，制定休药期时还应满足以下条件：① 给养殖生产者提供一个高保险系数，使水产品品质能符合现行法规；② 与国家法律法规相一致；③ 具有可操作性，能使生产者自觉遵守。大多数药物在机体作用下都会发生生物转化，形成极性较强、水溶性较大的代谢产物。然而目前的研究多针对原型药物，对代谢产物的研究较少，但其残留的危害应引起足够关注和重视。

4. 渔药残留风险

食用含有渔药残留的水产品可使药物在人体内慢性蓄积而导致各器官功能紊乱或病变，严重危害人类的健康（表9-1）。

表9-1　部分渔药残留的危害

药物名称	危害情况
氯霉素	抑制骨髓造血功能，造成过敏反应，引起再生障碍性贫血，还可引起肠道菌群失调及抑制抗体形成。
呋喃类药物	能引起人体细胞染色体突变并具有致畸作用；引起过敏反应，表现为周围神经炎、药热、嗜酸性粒细胞增多等特征。
磺胺类药物	使肝、肾等器官负荷过重而引发不良反应，引起颗粒性白细胞缺乏症、急性及亚急性溶血性贫血，以及再生障碍性贫血等；引起过敏反应，表现为皮炎、白细胞减少、溶血性贫血和药热等。
孔雀石绿	产生"三致"作用，能溶解足够的锌，引起水生生物中毒。
己烯雌酚、黄体酮及雌激素	扰乱激素平衡，可引起恶心、呕吐、食欲缺乏、头痛等，损害肝脏和肾脏，导致儿童性早熟、男孩女性化，还可引起子宫内膜过度增生，诱发女性乳腺癌、卵巢癌以及胎儿畸形等疾病。
甲基睾丸酮、甲基睾丸素等雄激素	引起雄性化作用，对肝脏有一定的损害，可引起水肿或血钙过高，有致癌危险。

三、耐药性风险

耐药性又称抗药性，渔药的耐药是指微生物、寄生虫等病原生物多次或长期接触渔药后，它们对渔药的敏感性会逐渐降低甚至消失，致使渔药对它们不能产生抑制或杀灭作用的现象。

耐药性根据发生原因可分为获得性耐药（acquired resistance）和天然性耐药（natural resistance）。目前认为后一种方式是产生耐药菌的主要原因。自然界中的病原体，如细菌的某一株可存在天然耐药性，当长期使用抗生素时，占多数的敏感菌株不断被杀灭，耐药菌株就大量繁殖，代替敏感菌株，而使细菌对该种药物的耐药率不断升高。

根据耐药程度不同，可将获得性耐药分为相对耐药（relative resistance）和绝对耐药（absolute resistance）。相对耐药是指在一定时间内最低抑菌浓度（minimum inhibitory concentration，MIC）逐渐升高，其发生率随抗菌药物的敏感性折点标准不同而异；而绝对耐药则是由于突变或MIC逐步升高，亦不具有抗菌活性。

耐药性问题是公认的严重困扰现代渔业发展的"3R"（即"抗性""再增猖獗"和"残留"）问题之一。在水产养殖中，水环境是水产动物耐药病原体传播的重要渠道。然而遗憾的是，长期以来我国对水产动物病原耐药性问题的重视程度远远跟不上水产养殖业的迅猛发展。直到近年来，人们才逐渐意识到水产动物病原体的耐药性问题直接关系到水产品健康养殖和公共卫生安全，养殖过程中长期使用药物造成的水产动物病原耐药性危害和风险逐步为全社会所关注。耐药性状况主要依据病原菌对药物敏感性最低抑菌浓度或最低杀菌浓度（minimal bactericidal concentration，MBC）来评价。包括嗜水气单胞菌（*Aeromonas hydrophila*）、溶藻弧菌（*Vibrio aginolyticus*）、哈维氏弧菌（*Vibrio harveyi*）等在内的主要水产养殖病原菌均被发现对主要药物具有较强的耐药性。

1. 耐药性风险的特点

病原菌对抗菌药物的耐药性可通过3条途径产生，即基因突变、抗药性质粒的转移和生理适应性。以基因突变为例，耐药性的产生具有以下特点：

（1）不对应性。药物的存在不是耐药性产生的原因，而是淘汰原有非突变型（敏感型）菌株的动力。

（2）自发性。可在非人为诱变因素的情况下发生。

（3）稀有性。以极低的概率（百万分之一）发生。

（4）独立性。对不同药物的耐药性突变的产生是随机的。

（5）诱变性。某些诱变剂可以提高耐药性突变的概率。

（6）稳定性。获得的耐药性可稳定遗传。

（7）可逆性。耐药性菌株可能发生回复突变而失去耐药性。

2. 耐药性的产生机制

耐药性的产生机制主要有以下类型：

（1）产生灭活酶。细菌通过产生破坏或改变抗生素结构的酶，如β-内酰胺酶、氨基糖苷类钝化酶和氯霉素乙酰转移酶，使抗生素失去或降低活性。革兰氏阳性菌（如金黄色葡萄球菌）所产生的青霉素酶、革兰氏阴性菌所产生的β-内酰胺酶系水解或结合抗生素，使其不易与细菌体内的核蛋白体结合。

（2）膜通透性的改变。细菌细胞壁有屏障作用，包括降低细菌细胞壁通透性和主动外排两种作用机制，可阻止抗生素进入细菌或将抗生素快速泵出。鼠伤杆菌因缺乏微孔蛋白通道，对多种抗生素相对耐药。当敏感菌的微孔蛋白数量减少或微孔关闭时，能对大分子及疏水性化合物的穿透形成有效屏障，可转为耐药菌株。

（3）药物作用靶位的改变。抗生素可专一性地与细菌细胞内膜上的靶位点结合，干扰细菌细胞壁肽聚糖的合成而导致细菌死亡。DNA解旋酶和拓扑异构酶是喹诺酮类药物的主要作用靶位，其在大肠杆菌耐药性产生过程中起重要作用。

（4）改变代谢途径。对磺胺类药耐药的菌株，可产生较多的对氨苯甲酸或二氢叶酸合成酶，或直接利用外源性叶酸。

有的耐药菌存在两种或多种耐药机制。一般说，耐药菌只发生在少数细菌中，难以与占优势的敏感菌竞争，只有当敏感菌因抗菌药物的选择性作用而被抑制或杀灭后，耐药菌才得以大量繁殖，而继发各种感染。因此，细菌耐药性的发生、发展是抗生素的广泛应用，尤其滥用的后果。

3. 耐药性风险的流行特征

耐药性风险的流行具有以下特征：

（1）结构差异。耐药病原菌与相应敏感病原菌在分子水平上有明显差异，具体体现在超微结构和亚显微结构上。

（2）与新药使用伴随出现。新的耐药类型总是伴随新药的应用而出现。一般来说，耐药病原菌的出现稍迟于药物的应用，其出现的时间与病原菌的种类以及药物的品种、剂量、给药途径和使用频率等因素有关。

（3）区域差异。耐药病原菌的分布具有区域性差异，这种差异可能很显著。

（4）多重耐药。多重耐药是指耐药菌株对两种及以上的多种药物均表现为耐药。

（5）耐药性增强。由于抗菌药物的选择作用，病原菌的耐药程度不断提高。

（6）耐药逆转难。耐药性逆转的速度非常缓慢。

4. 水产养殖耐药性风险的特点及其控制难度

水产养殖病原菌耐药性风险具有自身的特点和较大的控制难度，主要体现在以下几方面：

（1）传播风险。水产动物病原菌的耐药性可随着水产养殖产品传播给人，由于目前专用兽药极少，许多渔用药物是由人药或畜禽用兽药转化而来的，由此造成人类公共卫生安全和食品安全隐患。

（2）耐药风险不确定。水域环境是水产养殖业依赖的载体和平台，水体的流动性和巨大的跨区域运输能力增加了水产养殖病原菌耐药性风险的不确定性，增大了对其风险监测和控制的难度。

（3）制约产业发展。药物是防治水产动物病害最重要的手段，特别是在我国水产品消费和对外出口贸易潜力巨大、养殖产业转型升级的背景下，绿色发展是水产养殖业发展的主题，水产动物病原菌的耐药性往往造成生产实践中病害防治"无药可用"的局面，水产养殖耐药性风险被认为是制约产业发展的重要因素。

（4）基础数据匮乏。我国水产养殖动物品种众多、区域性强、模式多样性强及水产养殖耐药性基础数据较为匮乏，均为风险控制增加了难度。

5. 主要水产养殖用抗菌药物的耐药机制

（1）喹诺酮类抗菌药物耐药机制：病原菌对喹诺酮类药物的耐药机制分为特异性和非特异性两类。特异性耐药机制是指拓扑异构酶氨基酸序列的突变和耐药性质粒的出现，导致药物作用靶位的改变，使药物不能对其产生作用；非特异性耐药机制包括细菌外排系统表达水平和膜通透性的改变，使药物的主动外排增加和（或）内流减少。病原菌对喹诺酮类的耐药机制：

1）药物作用靶位改变引起的耐药。氟喹诺酮类药物耐药的主要机制是编码药物作用靶位蛋白的基因发生突变。通常，一个靶位突变造成的最小抑菌浓度增大不会超过10倍；而高水平耐药（MIC增大10~100倍）菌株常常是由两种酶的编码基因共同突变造成的。

2）主动外排系统介导的耐药。主动外排系统是细菌细胞膜上的一类蛋白，在能量的支持下可将药物选择性或无选择性地排出细胞外。多数外排转运体可主动外排氟喹诺酮类药物和其他药物，造成胞内浓度下降而增大MIC。外排系统很大程度上决定了一个菌属对喹诺酮类药物和其他药物的固有敏感性，当这些转运体的表达上调后，会产生获得性耐药，增大MIC。

3）细菌细胞膜通透性改变引起的耐药。细胞膜的通透性以及抗菌药物进入胞内的能力是决定药物有效性的重要因素。外膜蛋白是革兰氏阴性菌外膜中的主要结构成分，具有通道作用，外膜孔蛋白的性质、数量或脂多糖的变化均可导致细胞膜通透性的改变，进而减少细菌对喹诺酮类药物的摄入而导致耐药。

4）质粒介导的耐药。质粒介导的喹诺酮类药物耐药（plasmid-mediated quinolone resistance，PMQR）主要与qnr基因、aac（6'）-lb-cr基因、oqxAB基因和qepA基因相关。

（2）氨基糖苷类抗生素耐药机制：病原菌对氨基糖苷类抗生素的耐药机制包括3个方面：

1）产生使抗生素失活的钝化酶。细菌产生的氨基糖苷类钝化酶作用于药物特定的氨基或羟基，导致氨基糖苷类抗生素发生钝化，很难与核糖体结合，从而导致高度耐药。氨基糖苷类钝化酶主要有3种类型：氨基糖苷磷酸转移酶（aminoglycosides phosphotransferases，APH）；氨基糖苷核苷转移酶（aminoglycosides nucleotidyltransferases，ANT）；氨基糖苷乙酰转移酶（aminoglycoside acyltransferases，AAC）。不同氨基糖苷类钝化酶具有不同的作用底物。氨基糖苷磷酸转移酶是一种利用ATP作为第二底物，且能磷酸化所有氨基糖苷类抗生素的羟基酶。氨糖苷类核苷转移酶利用ATP作为第二底物，通过将AMP转移到羟基上而修饰氨基糖苷类抗生素。氨基糖苷乙酰转移酶在乙酰辅酶A存在下使氨基糖苷类分子中2-脱氧链霉胺的氨基发生乙酰化。

2）核糖体蛋白或16S rRNA突变介导的耐药。2003年，在耐药肺炎克雷伯菌中发现了一种由质粒介导的耐药机制——16S rRNA甲基化酶（16S rRNA methylase），该酶导致革兰氏阴性杆菌对卡那霉素组和庆大霉素组的多种临床常用氨基糖苷类抗生素高度耐药。目前已发现的16S rRNA甲基化酶基因位于质粒或转座子上，易于传播，是病原菌对氨基糖苷类抗生素耐药的重要机制之一。

（3）四环素类抗生素耐药机制：病原菌对四环素类抗生素的耐药机制包括外排泵蛋白作用、核糖体保护蛋白作用、灭活酶作用、渗透性改变、靶位修饰。尽管病原菌对四环素类药物的耐药机制有多种，而真正起主要作用的耐药机制是外排泵作用和核糖体保护作用。这两种耐药机制是由于细菌获得了外源性耐药基因而产生的，其他机制虽可产生耐药性，但其发挥的作用较小。

1）外排泵蛋白作用。四环素类药物的外排泵蛋白作用主要由外排泵蛋白介导，而外排泵蛋白在敏感菌和耐药菌中均有表达，编码外排泵蛋白的基因位于染色体或可遗传质粒中，但是外排泵蛋白可通过作用底物诱导外排泵蛋白基因在耐药菌中过表达，甚至某些外排泵蛋白只在作用底物的诱导下才能表达。外排泵之所以使四环素类药物摄入减少或外排增加，主要是由于质子主动转运作用降低了胞内四环素的浓度。

2）核糖体保护蛋白作用。核糖体保护作用作为一种耐药机制最早在链球菌中发现，具有核糖体保护基因的细菌对四环素、多西环素中度耐药。四环素对细菌的作用机制是与核糖体30S亚基结合，阻止了肽链的延伸，抑制了细菌的生长。而耐药细菌可以产生一种核糖体保护蛋白（ribosomal protection proteins，RPP），能促使已结合的四环素移位，缩短游离四环素的半衰期，从而弱化四环素的抑制作用，导致耐药性。

3）灭活酶作用。灭活酶作用是对抗生素的修饰作用，即细菌产生灭活或钝化四环素的酶，使四环素失去抗菌作用。在有氧的条件下，灭活酶作为一种蛋白质合成抑制剂，对四环素类药物进行化学修饰使其失活。这种作用只存在于类杆菌（无芽孢厌氧菌）中，而在自然厌氧拟杆菌属中并不起作用。

4）渗透性改变。当细菌细胞膜接触某种药物后，其渗透性可能会发生改变，常引起抗生素抗菌作用减弱。渗透性降低对四环素耐药的产生也起到了一定作用。细菌的外膜结构因种属不同而差异很大，因此导致其对抗生素耐药程度也不同。当病原菌染色体基因突变使膜孔蛋白改变时，即对四环素产生耐药性。

5）靶位改变。靶位修饰能使病原菌对四环素类抗生素的敏感度显著降低，从而产生耐药性。关于靶位改变介导四环素类药物耐药的研究表明，16S rRNA的1 058位点突变（G→C）可引起耐药。

6. 控制水产养殖病原菌耐药性风险的原则

（1）改变水产养殖生产模式，减少疾病的发生。传统水产养殖模式养殖密度高，发生流行性疾病风险大，为了预防和治疗疾病，化学药物的使用量巨大。因此，改变传统养殖模式，践行绿色发展理念，加强健康养殖管理，是降低耐药性风险的最基本措施。

（2）降低药物的使用率。从诊断技术入手，提高疾病的诊断准确性和效率，精准、减量用药，针对病原菌用药，降低药物的使用率，避免药物滥用。

（3）提高或改进药物投喂技术。基于水产养殖用药的特殊性，优化药物的投喂技术，可以有效减少药物使用量，最大限度降低对环境的影响，降低耐药性风险。

（4）定位监测病原菌耐药性的变化。监测和评估病原菌耐药谱的变化及传播状况，积累、掌握和分析耐药菌的数据，是防范耐药性风险的有效依据。

四、生态风险

渔药与兽药最大区别是它们的使用环境不同。渔药作用于水生动物，需要以水体为媒介，有相当一部分的渔药（特别是消毒剂、抗生素等）会直接散失到水环境中，造成水环境的短期或长期退化。近年来由渔药造成的生态风险问题已经引起人们的广泛关注，主要表现在以下几个方面。

1. 对食物链的影响

渔药的大量使用可对食物链产生严重的影响。在水体或泥土中的渔药被水生植物等初级生产者吸收或是被二级食物链生物（如栖居在水底的软体动物）摄入，水禽等再摄食水生植物和软体动物等，导致了渔药残留的转移。此外，水中大量的浮游生物吸收水中的渔药，食肉昆虫又吃浮游生物，大部分鱼类又以食肉昆虫为食，人食鱼，鹤和鹰也食鱼，最终药物便进入人、鹤和鹰体内。某些重金属在水体中无法被微生物降解，只能迁移或转化，容易在水底淤泥及水生生物体内蓄积。水生生物体内蓄积的大量重金属不仅会危害水生生物本身的健康，当这些体内蓄积有大量药物的水生生物被人食用后，还会使人体产生过敏反应、中毒等，甚至致人死亡。

2. 对水体中微生物生态平衡的影响

养殖水体中，有益菌和有害菌共同生存。当光和细菌、硝化细菌等有益菌大量繁殖，占绝对优势时，制约了有害细菌的生长繁殖而有利于维持水体环境的稳定，大大降低了水产动物的发病概率。同时，有益菌还能产生抗菌物质和多种免疫促进因子，活化机体的免疫系统，强化机体的应激反应能力，增强抵抗疾病的能力并提高存活率。水产消毒剂、抗菌药物在抑制或杀灭病原微生物的同时，也会抑制这些有益菌，使水产动物体内和外环境中的微生物生态平衡被打破。此外，当正常的微生物生态系统受到干扰或破坏之后，污染物质的分解速率可能受到影响，导致水体自净能力降低，水质进一步恶化，造成微生物所处的生态环境恶化。

第三节　我国批准使用的渔药及安全使用

一、抗菌药物

抗菌药物是指对水产动物病原菌（主要包括细菌、真菌等）具有抑制或杀灭作用，用于治疗水产动物细菌性疾病和真菌性疾病的药物。抗菌药物使用是治疗水产动物细菌性感染、真菌性感染最主要的手段。

1.分类

根据其来源不同，抗菌药物包括抗生素和合成抗菌药。

（1）抗生素。指由生物体（包括细菌、真菌、放线菌、动物、植物等）在生命活动过程中产生的一种次生代谢产物或其人工衍生物，它们能在极低浓度时抑制或影响其他生物的生命活动，是一种最重要的化学治疗剂。抗生素的种类很多，其作用机制和抑菌谱各异。自青霉素被发现以来，人类已经寻找到9 000多种抗生素，合成70 000多种半合成抗生素。按化学结构性质的差异，可将水产养殖用抗生素分为氨基糖苷类、四环素类、酰胺醇类等。

（2）合成抗菌药。合成的抗菌药物主要包括磺胺类药物、喹诺酮类药物等。

1）磺胺类药物。指具有对氨基苯磺酰胺结构的一类药物。磺胺类药物通过干扰细菌的酶系统对氨基苯甲酸（para-aminobenzoic，PABA）的利用而发挥抑菌作用，PABA是细菌生长必需物质叶酸的组成部分。自20世纪30年代证明了磺胺类药物的基本结构后，人类相继合成了各种磺胺类药物，特别是甲氧苄啶和二甲氧苄啶等抗菌增效剂的发现，使磺胺类药物的应用更为普遍。由于其具有抗菌谱广、价格低廉、性质稳定、可以口服、吸收迅速、使用方便等特点，目前仍是包括水产在内的养殖业最常用的抗菌剂之一。

2）喹诺酮类药物。指人工合成的含有4-喹酮母核的一类抗菌药物，其通过抑制细菌DNA螺旋酶（拓扑异构酶Ⅱ）的作用而达到抑菌的效果。由于其具有抗菌谱广、抗菌活性强、给药方便、与常用抗菌药物无交叉耐药性、不需要发酵生产、性价比高等特点，是水产动物病害防治中使用最广泛的药物。其中恩诺沙星是目前应用最广的一种畜禽和水产专用的喹诺酮类抗菌药物。

3）其他。如抗真菌药物甲霜灵是由2，6-二甲基苯胺与2-溴丙酸甲酯反应，制得中间体-DL-N-（2，6-二甲基苯基）-a-氨基丙酸甲酯，再进行酰化反应合成制得。

2. 作用机制

抗菌药物主要是通过影响病原菌的结构和干扰其代谢过程而产生抗菌作用。其作用机制一般可分为以下几种类型：

（1）抑制细胞壁合成。大多数病原菌细胞的细胞膜外有一层坚韧的细胞壁，主要由黏肽组成，具有维持细胞形状及保持菌体内渗透压的功能。细胞壁黏肽的合成分为细胞质内、细胞质膜与细胞质外3个环节。在细胞质内合成黏肽的前体物质——乙酰胞壁酸五肽，磷霉素、环丝氨酸作用于该环节，阻碍了乙酰胞壁酸五肽的合成。在细胞质膜合成黏附单体——直链十肽，万古霉素、杆菌肽作用于该环节。在细胞质外，在转肽酶的作用下，将黏肽单体交叉联结，头孢菌素等作用于该环节。

（2）增加细胞膜的通透性。细胞膜是维持细胞内正常渗透压的屏障。多肽类抗生素（多黏菌素B和黏菌素）及多烯类抗生素（制霉菌素、两性霉素B）能增加细菌细胞膜通透性，导致其细胞质内核酸、钾离子等重要成分渗出，引发细胞凋亡，从而达到抑菌的目的。

（3）抑制生命物质的合成。

1）影响核酸的合成。如利福平能特异性地抑制细菌的RNA聚合酶，阻碍mRNA的合成。喹诺酮类药物通过作用于DNA螺旋酶，抑制敏感菌的DNA复制和mRNA的转录。甲霜灵能特异性抑制水霉的RNA聚合酶Ⅰ的活性，从而达到抑制水霉的目的。

2）影响叶酸代谢。如磺胺类药物和甲氧苄啶分别抑制二氢叶酸合成酶和二氢叶酸还原酶，导致四氢叶酸缺乏，从而抑制细菌的繁殖。

3）抑制蛋白质合成。四环素类药物和氨基糖苷类药物的作用靶点在核糖体30S亚单位，大环内酯类药物作用于核糖体50S亚单位，抑制蛋白质合成的3个阶段：① 起始阶段，氨基糖苷类药物抑制始动复合物的形成；② 肽链延伸阶段，四环素类药物阻止活化氨基酸和tRNA的复合物与核糖体30S亚基上的A位点结合，林可霉素抑制肽酰基转移酶，大环内酯类药物抑制移位酶；③ 终止阶段，氨基糖苷类药物阻止终止因子与A位点的结合，使得已经合成的肽链不能从核糖体上释放出来，从而使核糖体循环受阻。

3. 水产养殖允许使用的抗菌药物

（1）抗生素：

1）氨基糖苷类药物。氨基糖苷类抗生素具有如下特点：均为有机碱，能与酸形成盐；制剂多为硫酸盐，水溶性好，性质稳定；在碱性环境中抗菌作用增强；抗菌谱较广，对需氧的革兰氏阴性杆菌作用强，但对厌氧菌无效；对革兰氏阳性菌的作用较弱，但对金黄色葡萄球菌包括其耐药菌株却较敏感；口服吸收效果不好，几乎完全从粪便排出；注射给药效果良好，吸收迅速，可分布到体内许多重要器官中；不良反应主要体现为肾毒性，阻断脑神经；与B族维生素、维生素C配伍产生拮抗作用，与其他氨基糖苷类药物等配伍毒性增加。

2）四环素类药物。四环素类为一类具有共同多环并四苯羧基酰胺母核的衍生物，是由链霉菌等微生物产生或经半合成制取的一类碱性广谱抗生素。在水产动物疾病防治中应用的主要是经半合成制取的多西环素。使用四环素类药物应避免与生物碱制剂、钙盐、铁盐等同服；由于它能抑制动物肠道菌群，不要将它与微生物（或微生态）制剂同时使用。此外，四环素类药物与复方碘溶液配伍易产生沉淀。

3）酰胺醇类药物。应用于水产动物疾病防治的该类药物主要有甲砜霉素、氟苯尼考等。酰胺醇类药物与维生素C、B族维生素、氧化剂（如高锰酸钾）配伍易被分解；与四环素类、大环内酯类抗生素和喹诺酮类药物配伍有拮抗作用；与重金属盐类（铜等）配伍则生成沉淀而失效。

（2）合成抗菌药物：

1）喹诺酮类药物。自1962年人类发现第一个喹诺酮类抗菌药萘啶酸以来，相继研发了吡啶酮酸、诺氟沙星、环内沙星、氧氟沙星、洛美沙星等。目前，该类药物现已开发至第四代，在水产动物疾病防治中常用的是第三代的一些种类，如恩诺沙星、氧氟沙星等。喹诺酮类抗菌药与氯茶碱、金属离子（如钙、镁、铁等）配伍易沉淀，与四环素类药物配伍有拮抗作用。

2）磺胺类药物。目前在水产动物病害防治中常用的磺胺类药物有磺胺嘧啶、磺胺甲噁唑、磺胺二甲嘧啶、磺胺间甲氧嘧啶等。磺胺类药物与抗菌增效剂联合使用后，抗菌谱扩大、抗菌活性增强，应用更为普遍。磺胺类药物与酸性液体配伍易发生沉淀；与酰胺醇类药物配伍毒性增加。

二、抗寄生虫药物

1. 分类

抗寄生虫药物是指用于驱除宿主体内外寄生虫的药物，包括抗虫药（如抗球虫药）、驱虫药（如驱线虫药）和驱杀寄生甲壳动物药（如杀中华鳋药），所以又常称为驱杀虫药。水生动物用驱杀虫药是指通过药浴或内服方式来杀死或驱除体内外寄生虫以及杀灭水体中有害无脊椎动物的药物。根据其使用目的，可分为以下几类：

（1）抗虫药。指用来驱杀鱼类寄生原虫的药物。目前水产上对有许多原虫病（例如小瓜虫和孢子虫病）缺乏理想的药物，是目前鱼类病害防治中的难点。

（2）驱虫药。是能杀灭或驱除寄生于鱼体内蠕虫的药物，亦称抗蠕虫药。根据蠕虫的种类，又可将此类药物分为驱线虫药、驱绦虫药、驱吸虫药。由于单殖吸虫病在水产上危害最大，所以水产上的抗蠕虫药主要是针对这一类寄生虫的。目前抗吸虫药主要包括吡喹酮、阿苯达唑、甲苯咪唑和有机磷化合物等。

（3）驱杀寄生甲壳动物药。杀灭体表寄生的甲壳动物（如鳋、蚤、虱）的药物称为驱杀寄生甲壳动物药。

2. 作用机理

（1）抑制虫体内的某些酶。不少抗寄生虫药通过抑制虫体内酶的活性，而使虫体的代谢过程发生障碍。例如，左旋咪唑、硫双二氯酚、硝硫氰胺、硝氯酚等能抑制虫体内的琥珀酸脱氢酶的活性，阻碍延胡索酸还原为琥珀酸，阻断了ATP的产生；有机磷酸酯类能与胆碱酯酶结合，使酶丧失水解乙酰胆碱的能力，引起虫体兴奋、痉挛，最后麻痹死亡。

（2）干扰虫体的代谢。某些抗寄生虫药能直接干扰虫体的物质代谢过程，例如，苯并咪唑类能抑制虫体微管蛋白的合成，影响酶的分泌，从而抑制虫体对葡萄糖的利用；氯硝柳胺能干扰虫体的氧化磷酸化过程，影响其ATP的合成，从而使其头节脱离肠壁而被排出体外；氨丙啉的化学结构与硫胺相似，故在球虫的代谢过程中可取代硫胺，使虫体代谢不能正常进行；有机氯杀虫剂能干扰虫体内的肌醇代谢。

（3）作用于虫体的神经肌肉系统。有些抗寄生虫药可直接作用于虫体的神经肌肉系统，影响其运动功能或导致虫体麻痹死亡。例如，哌嗪有箭毒样作用，使虫体肌细胞膜超极化，引起弛缓性麻痹；阿维菌素类则能促进氨基丁酸的释放，使神经肌肉传递受阻，导致虫体产生弛缓性麻痹；噻嘧啶能与虫体的胆碱受体结合，产生与乙酰胆碱相似的作用，引起虫体肌肉强烈收缩，导致痉挛性麻痹。

（4）干扰虫体内离子的平衡或转运。聚醚类抗球虫药能与钠、钾、钙等金属阳离子形成亲脂性复合物，使其能自由穿过细胞膜，使子孢子和裂殖子中的阳离子大量蓄积，导致水分过多地进入细胞，使细胞膨胀变形，细胞膜破裂，引起虫体死亡。

3. 抗寄生虫药物的选择和合理使用

当前控制水生动物寄生虫疾病大多还是使用化学驱杀虫剂，虽然化学药剂可以控制病情，但却会污染环境、残留于水生动物机体和环境中，并可能造成不良反应。因此，在水产养殖中，科学、合理地选择驱杀虫药显得尤其重要。选择驱杀虫药，必须充分考虑其安全性、蓄积性及对环境的污染。一般说来，要想控制一种寄生虫疾病，选择药物除了遵循有效、方便、廉价等原则外，还应特别注意用药的安全。

水生动物用驱杀虫药极易造成水生动物中毒、药物在水产品中残留以及破坏养殖水环境或诱发寄生虫产生抗药性，对人体健康和水域环境造成潜在危害。因此，在水产养殖中尤其应注意选择对水生动物毒性小或安全程度高、不污染环境或轻微污染后消除速度快、在水生动物体内无残留或残留限量高或休药期短的药物。为尽量避免寄生虫产生抗药性，应足量用药和交替用药。对于某一种寄生虫疾病如果有多种制剂可以选择，要考虑环境因子对药效影响，选择那些环境因素对药效影响较小的药物。在水产养殖中，许多疾病暴发时都会伴随着寄生虫的感染，但只有寄生虫的感染达到一定的感染强度时才会致病，因此，诊断时一定要分清疾病的主次，有针对性地选药，而不仅是"有病先杀虫"。

理想的抗寄生虫药需要满足的条件：

（1）安全。凡是对虫体毒性大、对宿主和人的毒性小或无毒性的抗寄生虫药均是安全的。

（2）高效、广谱。指应用剂量小、驱杀寄生虫的效果好，而且对成虫、幼虫甚至虫卵都有较好的驱杀效果，最好能够对不同类别的寄生虫都有驱杀作用。

（3）具有适于群体给药的理化特性。内服药应适口性好，可混饲给药，不影响摄食，适用于群体给药。

（4）合适的药物油/水分配系数。水是药物转运的载体，药物在吸收部位必须具有一定的水溶解度，当药物处于溶解状态时才能被吸收，因此药物必须有一定的水溶性。同时，细胞膜的双脂质层结构要求药物有一定的脂溶性才能穿透细胞膜。因此，药物油/水分配系数大，脂溶性大，水溶性小，易透过生物膜，这类药物能在机体内滞留较长时间；药物油/水分配系数小，脂溶性小，水溶性大，较难透过生物膜，从而造成生物利用度较差，而且水溶性过大，在投喂过程中会因为溶解而丢失过多。由此可知，油/水分配系数过大或过小都会影响药物的吸收。外用药物的水溶性要好。

（5）价格低廉。在水产养殖生产上使用不会过多增加养殖成本。

（6）无残留。用于食品动物后，药物无残留或休药期短。

（7）针对性。尽量做到水产动物专用，不与人用和兽用药物相冲突。

三、环境改良及消毒类药物

环境改良及消毒类药物是指能用于调节养殖水体水质、改善水产养殖环境，去除养殖水体中有害物质和杀灭水体中病原微生物的一类药物。

1. 分类

环境改良剂是以改良养殖水域环境为目的的所使用的药物，是以去除养殖水体中有毒有害物质为目的的一类有机或无机的化学物质。它具有调节pH、吸附重金属离子、调节水体氨氮含量、提高溶解氧等作用，包括底质改良剂、水质改良剂和生态条件改良剂等。

水产消毒类药物是通过泼洒或浸浴等方式作用于养殖水体，以杀灭动物体表、养殖工具和养殖环境中的有害生物或病原生物，控制病害发生或传播的药物。消毒剂种类较多，按其化学成分和作用机理可分为氧化剂、表面活性剂、卤素类、酸类、醛类、重金属盐类等，常见的有含氯石灰、高锰酸钾、氯化钠、苯扎溴铵、聚维酮碘等。

2. 作用机理

水产养殖中所用的环境改良和消毒类药物主要通过以下几个方面发挥作用：① 使

用含氯石灰、三氯异氰脲酸粉等杀灭水体中的病原体；② 净化水质，防止底质酸化和水体富营养化；③ 降低硫化氢和氨氮的毒性；④ 补充氧气，增加鱼、虾摄食力；⑤ 补充钙元素，促进鱼、虾生长并增强疾病抵抗力；⑥ 抑制有害菌数量，减少疾病发生。

3. 水产养殖允许使用的环境改良及消毒类药物

（1）卤素类。卤素类药物主要包括卤素和容易游离出卤素的化合物，这类药物都有很强的杀菌作用，对原生质成分进行卤化作用。卤素类药物可分为以下3类：

1）碘和碘化物。分子态碘离解产生的游离碘呈现强杀菌作用，如聚维酮碘、碘酊。

2）氯和氯化物。是指能产生游离氯或初生态氯的化合物。可分为无机氯化物，如含氯石灰、次氯酸钠、复合次氯酸钠等；有机氯化物，如三氯异氰脲酸等。有机氯化物比无机氯化物稳定。

3）溴和溴化物。主要是有机溴化物，如溴氯海因，其作用机制与上述氯素类化合物相似。

（2）氧化物类。该类主要分为两类：一类为氧化剂，是指具有接受电子形成氧化能力而起杀菌作用的一类药物，如过氧化氢；另一类是增氧化合物，遇水可缓慢分解，释放氧气，如过氧化钙、蛋氨酸碘。

（3）醛、碱、盐类。按药物化学与性质不同，将其分为醛类、碱类、盐类，包括戊二醛、过硼酸钠、过碳酸钠、硫代硫酸钠、硫酸铝钾、复合亚氯酸钠、过硫酸氢钾复合物等。

（4）其他。包括苯扎溴铵（新洁尔灭）、戊二醛、氯硝柳胺等。

四、生殖及代谢调节药物

1. 分类

动物的代谢和生长主要是动物对能量的利用和转化。水产动物对能量的利用与许多因子有关，除了环境条件的变化、饲料营养水平、机体健康水平外，体内代谢所需各种营养因子的平衡情况亦是个重要的因素。参与生长和代谢的因子的不足或过剩都会产生代谢、生长和繁殖方面的疾病。

水产养殖者为了提高经济效益，常在养殖生产中使用一些能促进代谢和生长的药物，用来调控代谢、增强体质、提高免疫力，或促进水产动物的生长发育和性成熟，从而达到提高水产动物对能量的利用和转化的目的。目前，在水产养殖中常用的调节水产动物代谢及生长的药物主要有催产激素、维生素和促生长剂等几类。

2. 允许使用的生殖及代谢调节药物

（1）催产激素。激素（hormone）是动物内分泌器官直接分泌到血液中并对机体组织和器官有特殊效应的物质。激素对维持动物体正常生理功能和内环境的稳定起着重要作用，通常只需要纳克（ng）和皮克（pg）水平剂量就能对机体的生命活动起到重要作用。激素的主要作用：控制消化道及其附属结构的运动、控制能量产生、控制细胞外液的组成和容量、调节对敌害环境的适应、促进生长和发育、保证生殖等。催产素有选择性地使组织兴奋、促进排卵的作用，水产养殖中常用的催产激素包括绒毛膜促性腺激素和促黄体生成素释放激素类似物等。

（2）维生素。维生素是维持水生动物生长、代谢和发育所必需的一类微量低分子质量有机化合物，也是保持水生动物健康的重要活性物质。大多数必须从食物中获得，仅少数可在体内合成或由肠道内微生物产生。各种维生素的化学结构以及性质虽然不同，但它们却有着以下共同点：① 维生素不是构成机体组织和细胞的组成成分，也不会产生能量，它们的作用主要是参与机体代谢的调节；② 大多数的维生素，机体不能合成或合成量不足，不能满足机体的需要，必须通过食物获得；③ 许多维生素是酶的辅酶或者是辅酶的组成分子，因此，维生素是维持和调节机体正常代谢的重要物质；④ 水生动物对维生素的需要量很小，日需要量常以毫克（g）或微克（μg）计算，但一旦缺乏就会引发相应的维生素缺乏症，如代谢机能障碍、生长停滞、生产性能降低、繁殖力和抗病力下降等，严重的甚至可引起死亡。维生素类药物主要用于防治维生素缺乏症，临床上也可作为某些疾病的辅助治疗药物。

目前已知的维生素有几十种，可分为脂溶性和水溶性两大类。水溶性维生素不需消化，直接从肠道吸收后通过循环系统到达需要的组织中，多余的部分大多由尿排出，在体内储存甚少。脂溶性维生素溶解于油脂，经胆汁乳化，由小肠吸收，经循环系统进入体内各器官。体内可储存大量脂溶性维生素。

五、中草药

中草药主要由植物药、动物药和矿物药组成。在食品安全和环境安全极受关注的今天，中草药不但可以解决化学药物、抗生素等引发的病原菌抗（耐）药性和养殖鱼类药物残留超标等问题，而且完全符合发展无公害水产业、生产绿色水产品的需求。因此，中草药在水产养殖中具有广阔的应用前景。

1. 有效成分

水产用中草药主要来源于植物，种类繁多的中草药成分丰富而复杂。其中有机成分有生物碱、黄酮、苷类、鞣质、树脂、挥发油、糖类、油脂、蜡类、色素、有机酸、蛋白质、肽、糖肽、氨基酸；无机元素有钾、钠、钙、镁、硫、磷、铜、铁、锌、锰、硒、碘、钴、铬、硅、砷等。其中有些成分是中草药共有的，如蛋白质、糖类、油脂和无机成分；有些是某些植物药特有的，如生物碱、苷类、挥发油；有些中草药内有几种甚至十几种成分共存。中草药成分的单体或有效组分都是在水产养殖中可开发利用的资源。

常见的中草药主要有效成分如下。

（1）生物碱：存在于植物体中的一类除蛋白质、肽类、氨基酸及B族维生素以外的有含氮碱基的有机化合物，类似碱的性质，能与酸结合成盐。大多数生物碱为结晶形固体，不溶于水；少数生物碱为液体，如烟碱、槟榔碱。生物碱通常根据它所来源的植物命名，如从烟草中提取分离的生物碱称为烟碱。生物碱主要有抗菌等药理作用。

（2）黄酮类：广泛存在于植物中的一类黄色素，大都与糖类结合，以苷的形式存在。黄酮类化合物主要存在于一些有色植物中，如银杏叶和红花等。黄酮类化合物一般难溶或不溶于水，易溶于甲醇、乙醇、乙酸乙酯、乙醚等有机溶剂及稀碱液中。通常根据它所来源的植物命名，如来源于黄芩的称为黄芩苷。黄酮类主要药理功能为降血脂、降血糖、扩张冠状动脉、降低血管脆性、止血、提高免疫功能等。

（3）多聚糖：简称多糖，由10个以上的单糖基通过苷键连接而成。一般多糖由几百个甚至几千个单糖组成。多糖一般不溶于水，没有甜味。多糖来源于植物、动物、微生物等生物体中，可根据来源进行命名。如来源于黄芪的多糖就命名为黄芪多糖，来源于香菇的多糖称为香菇多糖。多糖具有提高水产动物免疫力的功能。

（4）苷：又称配糖体、糖杂体，是糖或糖的衍生物与另一类称为苷元的非糖物质通过糖端的碳原子连接而成的化合物。苷类可根据苷键原子不同而分为氧苷、硫苷、氮苷和碳苷，其中，氧苷最为常见。根据苷元不同，氧苷又可以分为醇苷、酚苷、氰苷、酯苷和吲哚苷等。如醇苷苷元中有不少属于萜类和甾醇类的化合物，其中，强心苷和皂苷是重要类型。黄酮、蒽醌类化合物通过酚羟基而形成黄酮苷、蒽醌苷，分解后产生具有药理活性的黄酮。

（5）挥发油（精油）：是一类混合物，其中常含数种乃至数十种化合物。主要成分是萜类及其含氧衍生物，具有挥发性，大多是无色或微黄色透明液体，具有特殊的香味，比水轻，微溶或不溶于水，能溶于醇、醚等。

（6）鞣质：又名单宁。鞣质多具收敛性、味涩，遇蛋白质、胶质、生物碱等能起沉淀，氧化后变为赤色或褐色。常见的五倍子鞣质亦称鞣酸，用酸水解时，分解出糖与五倍子酸。因此，也可将其看作苷，临床上用于止血和解毒。

2.组方原则与制备

（1）中药方剂的基本特色。中药方剂的复杂成分作用于动物体，往往会产生复杂的组合效应。一个良好的中药方剂，既包括辨证施治的基本理论和法则，又反映出用方遣药的丰富经验和灵活性。组合效应是中药方剂的主要特色和优势所在。

（2）方剂结构。方剂不是药味的随意凑合，而是以治法或药性为依据，按主次协调关系组成的。传统的中医药典籍将方剂的结构形象地比喻为一个国家机器，一个国家有君王、宰相、大臣等各种不同地位和职责的官吏，一个方剂中的若干药味按其主次功效也就分为"君、臣、佐、使"。君药，或称主药，是方剂中针对病因或主症起主要治疗作用的药味。臣药，或称辅药，是辅助君药以加强治疗作用的药味。佐药在方剂中大致有3种情况：一是治疗兼证或次要证候；二是制约君药的毒性或劣性；三是用作反佐，如在温热剂中加入少量的寒凉药，或在寒凉剂中加入少量的温热药，其作用在于消除病势拒药的现象。使药大多是指方剂中的引经药或调和药。当然，"君、臣、佐、使"并不是死板的格式，可各有一味，也可各有几味。有的方剂只有两三味甚至一味药，其中的一两味药既是君臣药，又兼有佐使药的作用，就不必另配佐使药了。由于药味在方剂中有主有次，其用量配比也往往有所体现。一般来说，君药用量较大，其他药味用量较小。当然，对于变温的水生动物而言，中医的辨证施治理论和法则是否同样适用，目前还没有定论。

（3）中草药处方配伍的一般原则。人类用药中，由单味中草药制剂向复方中草药制剂发展是现代人用中草药方剂的发展趋势，兽用中草药剂尤其如此。选择多组分或多成分或多功能的中草药组成的复方，可以获得药效互补、药效增强而不良作用减少的效果。复方制剂的配伍讲究按主药、辅药、矫正药、赋形药进行合理搭配。其要求是主治药物要突出，辅治药物要选择合理，矫正药与赋形药要配合恰当，去除配方中可用可不用的药物，力求达到安全、有效、低投入、高产出。安全是指要求配方中没有或尽量减少药物副作用或毒性，不致引起药物流行病，无药物残留危害。有效是指配方组分中相互不产生配伍禁忌。不易发生原体的耐药性，能产生预期的临床治疗效果，同时投入成本要合理。

（4）中草药配伍的目的。① 增效，就是通过配伍相须、相使的药物增强药效；② 减毒，就是对一些有一定毒性及不良反应的药物，通过炮制及配伍相畏、相杀的药物降低毒性。综上所述，各种中草药间具有协同作用（相须、相使）、拮抗作用（相畏、相恶、相杀）和相反作用（相反）。

（5）配伍禁忌。从理论上讲，两种以上药物混合使用或制成制剂时，可能发生体外的相互作用，出现使药物中和、水解、破坏、失效等理化反应，这时可能发生混浊、沉淀、产生气体及变色等外观异常的现象，称为配伍禁忌。按中医药理论，中草药的配伍禁忌主要是不将相畏或相反药物相配合使用。因为，将这些药物配伍，会使它们原有的治疗作用减弱或消失，甚至产生新的毒副作用。

（6）中西药复方制剂。近代的兽用中西药复方制品有以中草药为主加入西药的组方，或在西药中加入中草药的制剂，或将中西药合方制成饲料预混剂。只要遵循其配伍的规则，就会取得良好的防病效果。不少中西药复方制剂，比单用中草药或西药的疗效高。将一些中草药的有效成分提取纯化后与西药制成"中西合一"的产品，可获得协同或增效作用。例如，抗菌中草药鱼腥草、黄连、黄檗、马齿苋、蒲公英、苦参、白头翁与三甲氧苄胺嘧啶（TMP）合用，可产生抗菌协同或增效作用。能增强动物免疫功能的中草药如黄芪、刺五加、灵芝等与抗菌或抗病毒西药有协同作用，能提高对病毒病的疗效。有些中草药与抗菌化药合用，可减少西药的不良反应。中西合方时，中药与西药之间也存在协同与拮抗的作用。某些抗生素或化学抗菌药与清热解毒类中药合用时，不仅有增效作用，还可降低西药用量，大大减少西药引起中毒的可能性。由于中药和西药各有所长，合方应用时往往具有互补作用。例如，扶正固本中药与抗病原西药合方、具有调整功能的中药与抗病原西药合方、治本中药与治标西药合方等，往往能形成作用的互补效应。当然有些中药与西药配伍，也可降低疗效或增强毒性，属于配伍禁忌，应当注意。

六、免疫用药物

水产疫苗包括传统疫苗和新型疫苗两大类。传统疫苗主要是灭活疫苗和减毒活疫苗。灭活疫苗具有安全性好、制备容易等特点，但是由于部分抗原成分被破坏，故存在免疫效果不理想、免疫力持久性差等问题。活疫苗采用弱毒株制成，具有免疫效果好、免疫力较强且持久的优点，但它存在病原有可能在水体中回归和扩散的风险，因此，各国对水产活疫苗的使用均持谨慎态度。新型疫苗是随着分子生物学和基因工程技术而发展起来的，有亚单位疫苗、DNA疫苗、合成肽疫苗等。

疫苗以其不可替代的优势对水产养殖业的发展具有极大的推动力。研究开发疫苗的目的是有效地防治水产动物病害，提高养殖品种的生产性能，取得更好的经济效益和生态效益。因此，良好的应用前景要求疫苗一般具有下列特性：对特定的疾病，不论规格大小、养殖环境如何，在疾病流行期间，能起到免疫保护作用；免疫保护的期限相对较长，对特定的疾病，再次流行时也能起到保护作用；接种方便，如浸浴法接种；安全，不污染环境；价格可被生产者接受。

目前，我国获得国家新兽药证书的水产疫苗有4种（均为一类新兽药证书），分别为草鱼出血病细胞灭活疫苗，嗜水气单胞菌败血症灭活疫苗，牙鲆溶藻弧菌、鳗弧菌、迟缓爱德华菌病多联抗独特型抗体疫苗，草鱼出血病灭活疫苗。目前具有生产文号的只有草鱼出血病灭活疫苗和嗜水气单胞菌败血症灭活疫苗2种。

第十章
水产品质量认证

　　我国不仅是水产养殖大国，还是水产消费大国。在以往水产养殖业发展过程中，由于重数量、轻管理，过多地消耗资源、牺牲环境，水产品质量安全受到影响。随着我国经济进入中高速发展的新常态，渔业发展进入了转型升级的阶段，而水产品质量安全已成为渔业转型升级的必然要求。近年来各类水产品质量安全事件不仅给养殖户和相关企业带来了不可估量的经济损失，同时侵害了消费者的利益，使得全社会对整个水产行业的质量安全问题产生了信任危机。水产品质量安全事件时时刻刻提醒从业者，切实保证水产品质量安全是促进水产养殖业可持续发展至关重要的问题。建立健全水产品质量认证体系，既适应我国水产养殖业发展水平和水产品质量安全状况，也满足不同类型和层次消费者的市场选择，是水产品质量安全认证发展的客观必然。

第一节　水产品质量认证类型

一、水产品质量认证意义

1. 水产品质量认证是渔业发展转方式的重要任务

　　我国的水产行业发展至今，已基本形成了"养殖场/捕捞地（生鲜或初加工水产品）—水产品专业市场—市场、零售—餐饮业、消费者"的一整套完整的水产品产业链。产业链的形成与发展还带动了诸如设备制造、商业服务业、贸易、流通领域、仓储业、饲料产业等为水产业提供产品和服务的相关行业的发展，增加了就业岗位，极大地促进了国民经济的发展和社会的稳定、和谐。特别在目前情况下，提升水产品质量安全水平，对于渔业转方式、调结构更具有特别重要的意义。

2. 水产品质量认证是渔业发展调结构的重要举措

水产品是以低脂肪、低胆固醇、高蛋白、营养丰富、味道鲜美等优点，成为广大消费者青睐的食品之一。保障人民群众吃得安全是重大的民生问题。当前，老百姓对"吃得好""吃得安全"的关切与需求与日俱增，优质化、多样化、绿色化日益成为消费主流，安全、优质、品牌水产品市场需求旺盛，因此，必须调整水产品结构，以适应消费者消费观念、消费方式的变化，满足市场消费需求。因此，建立水产品质量认证制度是保障消费者食品安全的基础，也是优化产业结构调整，满足消费结构升级的重要举措。

二、水产品质量认证类型

质量认证是随着市场经济模式发展的工业发达国家为了贯彻标准、提高质量、保证安全，保护消费者利益，促进商品流动，全面开展国际交流，推动国际贸易的发展，由公正、客观的第三方来证实产品质量状况，而逐步发展起来的。水产品认证是农产品认证的一部分，目前用于水产领域的质量认证一般可分为产品质量认证和质量体系认证。我国水产品质量认证有"三品一标"及农产品合格证制度；质量体系认证有"三P"认证：GAP（良好农业操作规范）、GMP（良好生产规范）、HACCP（危害分析与关键点控制）。

1. 绿色水产品

绿色水产品的概念是从绿色食品延伸而来的，是指遵循可持续发展原则，按照特定生产方式，经中国绿色食品发展中心认可，许可使用绿色标志的无污染、安全、高效、优质的营养水产品。它具有环境友好性、生产控制性、产品安全性和可持续发展性的4个鲜明特征。绿色水产品具有"无污染"的鲜明质量特征，同时实行"从水体到餐食"的全过程质量管理模式。

绿色水产品AA级要求：生产产地环境质量符合《绿色食品　产地环境质量》（NY/T 391—2021）。生产过程中不使用任何化学合成农药、肥料、兽药、食品添加剂、饲料添加剂及其他有害于环境和身体健康的物质。按有机生产方式生产，产品质量符合绿色产品标准，经专门机构认定，许可使用AA级绿色食品标志的产品（在AA级绿色食品生产中禁止使用基因工程技术）。

绿色水产品A级要求：生产产地环境质量符合《绿色食品　产地环境质量》（NY/T 391—2021）。生产过程中严格按照绿色生产资料使用准则和生产操作规程要求，限量使用限定的化学合成生产资料。产品质量符合绿色食品产品标准，经专门机构认定，许可使用A级绿色食品标志的产品。

2. 有机水产品

有机水产品是指来自有机水产生产体系，根据有机认证机构的有机水产品标准和要求生产、加工的水产品。在有机水产品的生产、加工、包装、储存、运输、贸易过程中不允许使用化学合成物质和利用离子辐射技术，不允许采用任何基因工程技术，也不准使用任何转基因生物或其产物。有机水产品的生产应遵循自然规律和生态学原理，采取一系列维持水生生态系统平衡和优化水生生态系统结构的措施，从而使该系统得以持续稳定地发展。必须能够做到对有机水产品实行从苗种到餐桌的全过程跟踪审核。因此，对与有机水产品有关的养殖、捕捞、运输、储存、加工、贸易等所有活动都必须实施跟踪记录，并保存完整的记录档案，以供有机认证机构和相关部门随时检查审核。

3. 无公害农产品

无公害农产品是"三品"认证中最基本的一种。无公害农产品指产地环境、生产过程和产品质量符合国家有关标准和规范的要求，经认证合格获得认证证书并使用无公害农产品标志的未经加工或经初加工的食用农产品。简单而言，就是使用安全的投入品，按照规定的技术规范组织生产，产地环境和产品质量均符合国家强制性标准并使用特有标志的安全农产品。

2001年4月农业部按照国务院的指示精神启动了"无公害食品行动计划"，率先在北京、天津、上海和深圳4个大城市进行试点，并于次年在全国范围内全面加快推进。2003年3月，经中央机构编制委员会办公室批准和国家认证认可监督管理委员会登记注册，农业部成立了产品质量安全中心，专门负责无公害农产品认证的具体工作。至此，农业部正式启动了全国统一标志的无公害农产品认证与管理工作。2006年11月1日，《中华人民共和国农产品质量安全法》正式实施。

无公害农产品的六大特点：

（1）市场定位：是公共安全品牌，保障基本安全，满足大众消费。

（2）产品结构：无公害农产品认定执行无公害食品标准，认定对象主要是百姓日常生活中离不开的"菜篮子"和"米袋子"产品。

（3）技术制度：无公害农产品认定推行"标准化生产、投入品监管、关键点控制、安全性保障"的技术制度。

（4）认证方式：运用从"农田到餐桌"全过程管理的指导思想，打破了过去农产品质量安全管理分行业、分环节管理的理念。强调以生产过程控制为重点，以产品管理为主线，以市场准入为切入点，以保证最终产品消费安全为基本目标。

（5）发展机制：实行政府推动的发展机制，是为保障农产品生产和消费安全而实施的政府质量安全担保制度。

（6）标志管理：由农业农村部公告，实施全国统一管理。

无公害农产品认证申请主体应当具备国家相关法律法规规定的资质条件，具有组织管理无公害农产品生产和承担责任追溯的能力。从2009年5月1日起，不再受理乡镇人民政府、村民委员会和非生产性的农技推广、科学研究机构的无公害农产品认证申请。

无公害农产品产地环境必须经有资质的检测机构检测，灌溉用水（畜禽饮用、加工用水）、土壤、大气等符合国家无公害农产品生产环境质量要求，产地周围3 km范围内没有污染企业，蔬菜、茶叶、果品等产地应远离交通主干道100 m以上；无公害农产品产地应集中连片、产品相对稳定，并具有一定规模。

无公害农产品认证申报范围，严格限定在农业部公布的《实施无公害农产品认证的产品目录》内。从2009年5月1日起，凡不在《实施无公害农产品认证的产品目录》范围内的无公害农产品认证申请，一律不再受理。当前，无公害农产品认证已步入规范、有序、快速发展的轨道，形成全国"一盘棋"的发展格局。

4.地理标志

地理标志并非我国自然产生的法律名词，而是在我国加入WTO后，根据《与贸易有关的知识产权协定》（以下称为TRIPs协定）所被动接受的一个概念。根据TRIPs协定中的定义，地理标志是指"标示出某商品来源于（世界贸易组织）某成员的地域内，或来源于该地域中的某地区或地方，而该商品的特定质量、信誉或其他特征主要归因于其地理来源"。

原产地名称也是从外国传来的概念，一般认为原产地名称是地理标志的一个下位概念。原产地名称这一说法在我国主要存在于2005年之前，2005年7月15日国家市场监督管理总局颁布的《地理标志产品保护规定》的实施，《原产地域产品保护规定》同时废止，此后，我国普遍用地理标志代替了原产地名称这一概念。

我国对地理标志的保护主要有3个体系：以国家知识产权局为主导的，以《商标法》为主要依据的"集体商标"和"证明商标"注册保护体系；以国家市场监督管理总局为主导的，以《地理标志产品保护规定》为主要依据的"地理标志保护产品"登记保护体系；以农业农村部为主导的，以《农产品地理标志管理办法》为主要依据的"农产品地理标志"认证保护体系。

2018年，根据国务院机构改革方案，将国家知识产权局（商标局）纳入国家市场监督管理总局管理，因此从机构上来讲，地理标志的管理部门只有国家市场监督管理总局和农业农村部，但法律上仍未改变3个体系并行的状态。

（1）"地理标志商标"实际是指将地理标志作为集体商标或证明商标进行保护。集体商标是指以团体、协会或者其他组织名义注册，供该组织成员在商事活动中使用，以表明使用者在该组织中的成员资格的标志；证明商标是指由对某种商品或者服务具有监督能力的组织控制，而由该组织以外的单位或者个人使用于其商品或者服务，用以证明该商品或者服务的原产地、原料、制造方法、质量或者其他特定品质的标志。

主管部门：国务院工商行政管理部门商标局（2018年机构改革后为国家知识产权局）主管全国商标注册和管理的工作。国家市场监督管理总局（2018年3月国务院机构改革后为国家市场监督管理总局）统一管理全国的地理标志产品保护工作。

（2）"地理标志产品"是指产自特定地域，所具有的质量、声誉或其他特性在本质上取决于该产地的自然因素和人文因素，经审核批准以地理名称进行命名的产品。地理标志产品包括来自本地区的种植、养殖产品；原材料全部来自本地区或部分来自其他地区，并在本地区按照特定工艺生产和加工的产品。

主管部门：国家市场监督管理总局（2018年3月国务院机构改革后为国家市场监督管理总局）统一管理全国的地理标志产品保护工作。

（3）"农产品地理标志"是指标示农产品来源于特定地域，产品品质和相关特征主要取决于自然生态环境和历史人文因素，并以地域名称冠名的特有农产品标志。

值得注意的是，此处的农产品仅指来源于农业的初级产品，即在农业活动中获得的植物、动物、微生物及其产品，经过工业加工的非初级农产品，不能被认证为农产品地理标志，这与上文的"地理标志产品"是有区别的。

主管部门：农业农村部负责全国农产品地理标志的登记工作，农业农村部农产品质量安全中心负责农产品地理标志登记的审查和专家评审工作。省级人民政府农业行政主管部门负责本行政区域内农产品地理标志登记申请的受理和初审工作。

5. 农产品合格证制度

食用农产品合格证是指食用农产品生产经营者对所生产经营食用农产品自行开具的质量安全合格标识。2019年12月17日，农业农村部印发《全国试行食用农产品合格证制度实施方案》的通知，决定在全国试行食用农产品合格证制度。

食用农产品合格证是上市农产品的"身份证"，也是生产者的"承诺书"，是农产品质量安全监管的一种机制创新。农产品合格证制度是农产品种植养殖生产者在自我管理、自控自检的基础上，自我承诺农产品安全合格上市的一种新型农产品质量安全治理制度。农产品种植养殖生产者在交易时主动出具合格证，实现农产品合格上市、带证销售。通过合格证制度，可以把生产主体管理、种养过程管控、农药兽药残留自检、产品带证上市、问题产品溯源等措施集成起来，强化生产者主体责任，提升农产品质量安全治理能力，更加有效保障质量安全。

第二节　水产品认证程序

一、绿色水产品认证

申报绿色食品要具备两个条件：第一，申请人必须是企业法人、合作社或家庭农场。也就是说，个人是不能完成申请的。第二，申请企业首先要到所属县一级农业农村局环保站申请备案，后续等待上级的进一步审核。

1.绿色水产品的标准

产品或产品原料的产地，必须符合农业农村部制定的《绿色食品生态环境标准》。水产养殖及水产品加工，必须符合农业农村部制定的《绿色食品生产操作规程》。产品必须符合农业农村部制定的《绿色食品质量和卫生标准》。产品外包装，必须符合国家食品标签通用标准，符合绿色食品特定的包装、装潢和标签规定。

这些仅仅是理论上的绿色水产品标准。由于绿色水产品的生产程序较复杂，存在的问题也较多，它不仅涉及养殖业的养殖环境和条件，而且还与饲料加工、苗种培育、渔药生产、环保科学、营养学、食品卫生科学相结合。

2.绿色水产品的认证程序

（1）申请认证企业向市、县（市、区）绿色食品办公室（以下简称绿办），或向省绿色食品办公室索取并下载绿色食品申请表。

（2）市、县（市、区）绿办指导企业做好申请认证的前期准备工作，并对申请认证企业进行现场考察和指导，明确申请认证程序及材料编制要求，并写出考察报告报省绿办。省绿办酌情派员参加。

（3）企业按照要求准备申请材料，根据《绿色食品现场检查项目及评估报告》自查、草填，并整改，完善申请认证材料；市、县（市、区）绿办对材料审核，并签署意见后报省绿办。

（4）省绿办收到市、县（市、区）的考察报告、审核表及企业申请材料后，审核定稿。企业完成5套申请认证材料（企业自留1套复印件，报市、县绿办各1套复印件，省绿办1套复印件，中国绿色食品发展中心1套原件）和文字材料软盘，报省绿办。

（5）省绿办收到申请材料后，登记、编号，在5个工作日内完成审核，下发《文审意见通知单》，同时抄传中国绿色食品发展中心认证处，说明需补报的材料，明确现场检查和环境质量现状调查计划。企业在10个工作日内提交补充材料。

（6）现场检查计划经企业确认后，省绿办派2名或2名以上检查员在5个工作日内完成现场检查和环境质量现状调查，并在完成后5个工作日内向省绿办提交《绿色食品现场检查项目及评估报告》《绿色食品环境质量现状调查报告》。

（7）检查员在现场检查过程中同时进行产品抽检和环境监测安排，产品检测报告、环境质量监测和评价报告由产品检测和环境监测单位直接寄送中国绿色食品发展中心同时抄送省绿办。对能提供由定点监测机构出具的一年内有效的产品检测报告的企业，免做产品认证检测；对能提供有效环境质量证明的申请单位，可免做或部分免做环境监测。

（8）省绿色食品管理部门将企业申请认证材料（含《绿色食品标志使用申请书》《企业及生产情况调查表》及有关材料）、《绿色食品现场检查项目及评估报告》《绿色食品环境质量现状调查报告》《省绿办绿色食品认证情况表》报送中国绿色食品发展中心认证处；申请认证企业将《申请绿色食品认证基本情况调查表》报送中国绿色食品发展中心认证处。

（9）中心对申请认证材料做出"合格""材料不完整或需补充说明""有疑问，需现场检查""不合格"的审核结论，书面通知申请人，同时抄传省绿办。省绿办根据中心要求指导企业对申请认证材料进行补充。

（10）对认证终审结论为"认证合格"的申请企业，中国绿色食品发展中心书面通知申请认证企业在60个工作日内与中国绿色食品发展中心签订《绿色食品标志商标使用许可合同》，同时抄传省绿办。

（11）申请认证企业领取绿色食品证书。

二、有机水产品认证

有机农产品是食品的最高档次，在我国刚刚起步，即使在发达国家也是一些高收入、追求高质量生活水平的人士所追求的食品。申报有机认证条件：企业或合作社可以向有机认证机构提出申请，机构对企业提交的申请进行文件审核，如果审核通过则委派检查员进行实地检查并进行形式检查，进行颁证决议和制证发证。有机认证审核严格，成本也较高。

1. 有机水产品认证标准

有机水产品养殖业标准最初是由国际有机农业认证机构Naturland联合会提出的，其首要要求是不使用化学品，尤其禁止使用无机化学肥料以及杀虫剂。随着传统农业向有机农业的转变，有机水产品养殖业也迅速发展，越来越多的水产养殖业者愿意进行有机认证。但由于有机水产养殖业是一个全新的概念和领域，其标准也随着工业的发展及消费者和环境利益需要而不断地改写与完善。

国际有机农业运动联合会于2000年初步制定了有机水产养殖业标准。该标准从宏观角度提出了一些具体的规定和要求，包括标准应用范围、有机水产养殖的转换、养殖场的选择、养殖与繁殖、营养与饲料、环境保护、捕捞和加工等。

2. 有机食品认证程序

（1）申请者向认证中心提出正式申请，填写申请表和交纳申请费。

（2）认证中心核定费用预算并制定初步的检查计划。

（3）申请者交纳申请费等相关费用，与认证中心签订认证检查合同，填写有关情况调查表并准备相关材料。

（4）认证中心对材料进行初审并对申请者进行综合审查。

（5）实地检查评估。认证中心在确认申请者已经交纳颁证所需的各项费用后，派出经认证中心认可的检查员，依据《有机食品认证技术准则》，对申请者的产地、生产、加工、仓储、运输、贸易等进行实地检查评估，必要时需对土壤、产品取样检测。

（6）编写检查报告。检查员完成检查后，编写产地、加工厂、贸易检查报告。

（7）综合审查评估意见。认证中心根据申请者提供的调查表、相关材料和检查员的检查报告进行综合审查评估，编制颁证评估表，提出评估意见提交颁证委员会审议。

（8）颁证委员会决议。颁证委员会对申请者的基本情况调查表、检查员的检查报告和认证中心的评估意见等材料进行全面审查，作出是否颁发有机食品证书的决定。

（9）颁发证书。根据颁证委员会决议，向符合条件的申请者颁发证书。获证申请者在领取证书之前，需对检查员出具的报告进行核实，盖章，获有条件颁证申请者要按认证中心提出的意见进行改进并做出书面承诺。

（10）有机食品标志的使用。根据有机食品证书和《有机食品标志管理章程》，办理有机标志的使用手续。

三、无公害农产品认证

无公害农产品发展始于21世纪初，是在适应加入WTO和保障公众食品安全的大背景下推出的，农业农村部为此在全国启动实施了"无公害食品行动计划"；2001年农业部提出"无公害食品行动计划"，并制定了相关国家标准，如《无公害农产品产地环境》《无公害产品安全要求》和具体到每种产品如黄瓜、小麦、水稻等的生产标准。企业或个人可以申请无公害农产品产地认定和产品认证，无公害农产品认定申报业务通过县级工作机构、地级工作机构、省级工作机构、部级工作机构各部门的材料审核、现场审查、产品检测、初审、复审、终审完成对无公害农产品的认证工作。

1. 无公害农产品认证意义

加快发展无公害水产养殖业，生产出优质无公害水产品，已成为市场需求和水产养殖者的必然选择。无公害农产品认证的意义概括起来有5点：是提高生产和管理水平的重要手段，是市场准入的重要条件，是质量安全的根本保证，是提高竞争力和经济效益的有力武器，是申报大项目的基本要素。

2. 无公害农产品的产地认定

（1）无公害农产品产地条件。产地环境符合无公害农产品产地环境的标准要求；区域范围明确；具备一定的生产规模。

（2）无公害农产品生产管理条件。生产过程符合无公害农产品生产技术的标准要求；有相应的专业技术和管理人员；有完善的质量控制措施，有完整的生产和销售记录档案。

（3）无公害农产品生产管理要求。从事无公害农产品生产的单位或者个人，应当严格按规定使用农业投入品。禁止使用国家禁用、淘汰的投入品。无公害农产品产地应当树立标示牌，标明范围、产品品种、责任人。

（4）无公害农产品产地认定程序。

1）产地认定实施机关。省级渔业行政主管部门负责组织实施本辖区内无公害农产品产地的认定工作。

2）产地认定的申请、申述、检查检测与发证。

申请无公害农产品产地认定的单位或者个人，应当向县级农业行政主管部门提交书面申请。县级农业行政主管部门对申请材料进行初审，符合要求的，将推荐意见和有关材料逐级上报省级农业行政主管部门。

省级农业行政主管部门对推荐意见和有关材料进行审核，符合要求的，组织有关人员对产地环境、区域范围、生产规模、质量控制措施、生产计划等进行现场检查。经现场检查符合要求的，应当通知申请人委托具有资质资格的检测机构，对产地环境进行检测。对材料审核、现场检查和产地环境检测结果符合要求的，由省级渔业行政主管部门颁发无公害农产品产地认定证书，并报农业农村部和国家认证认可监督管理委员会备案。

从事无公害农产品的产地认定的部门不得收取费用。检测机构的检测可按国家规定收取费用。

3）无公害农产品产地认定证书。无公害农产品产地认定证书有效期为3年。期满需要继续使用的，应当在有效期满90日前按照规定的程序重新办理。任何单位和个人不得仿造、冒用、转让、买卖无公害农产品产地认定证书。

3. 无公害农产品认证程序

（1）产品认证实施机构。

无公害农产品管理工作是由政府推动，并实行产品认定的工作模式。

农业农村部负责全国无公害农产品发展规划、政策制定、标准制修订及相关规范制定等工作，中国绿色食品发展中心负责协调指导地方无公害农产品认定相关工作。各省、自治区、直辖市和计划单列市农业农村行政主管部门负责本辖区内无公害农产品的认定审核、专家评审、颁发证书及证后监管管理等工作。县级农业农村行政主管部门负责受理无公害农产品认定的申请。县级以上农业农村行政主管部门依法对无公害农产品及无公害农产品标志进行监督管理。

各级农业农村行政主管部门应当在政策、资金、技术等方面扶持无公害农产品的发展，支持无公害农产品新技术的研究、开发和推广。

（2）产品认证的申请、审核、检查检测与发证。

符合无公害农产品产地条件和生产管理要求的规模生产主体，均可向县级农业农村行政主管部门申请无公害农产品认定。

生产主体（以下简称申请人）应当向县级农业农村行政主管部门提交相应材料：

县级农业农村行政主管部门应当自收到申请材料之日起15个工作日内，完成申请材料的初审。符合要求的，出具初审意见，逐级上报到省级农业农村行政主管部门；不符合要求的，应当书面通知申请人。

省级农业农村行政主管部门应当自收到申请材料之日起15个工作日内，组织有资质的检查员对申请材料进行审查，材料审查符合要求的，在产品生产周期内组织两名以上人员完成现场检查（其中至少有一名为具有相关专业资质的无公害农产品检查员），同时通过全国无公害农产品管理系统填报申请人及产品有关信息。不符合要求的，书面通知申请人。

现场检查合格的，省级农业农村行政主管部门应当书面通知申请人，由申请人委托符合相应资质的检测机构对其申请产品和产地环境进行检测；现场检查不合格的，省级农业农村行政主管部门应当退回申请材料并书面说明理由。

检测机构接受申请人委托后，须严格按照抽样规范及时安排抽样，并自产地环境采样之日起30个工作日内、产品抽样之日起20个工作日内完成检测工作，出具产地环境监测报告和产品检验报告。

省级农业农村行政主管部门应当自收到产地环境监测报告和产品检验报告之日起10个工作日完成申请材料审核，并在20个工作日内组织专家评审。

省级农业农村行政主管部门应当依据专家评审意见在5个工作日内作出是否颁证的决定。同意颁证的，由省级农业农村行政主管部门颁发证书，并公告；不同意颁证的，书面通知申请人，并说明理由。

省级农业农村行政主管部门应当自颁发无公害农产品认定证书之日起10个工作日内，将其颁发的产品信息通过全国无公害农产品管理系统上报。

无公害农产品认定证书有效期为3年。期满需要继续使用的，应当在有效期届满3个月前提出复查换证书面申请。在证书有效期内，当生产单位名称等发生变化时，应当向省级农业农村行政主管部门申请办理变更手续。

从事无公害农产品认定的机构不得收取费用。检测机构的检测按国家有关规定收取费用。

四、农产品地理标志

实施地理标志产品保护制度对于保护我国民族精品和文化遗产，提高中国地理标志产品的附加值和在国外的知名度，扶植和培育民族品牌，保护资源和环境，促进地理标志产品的可持续发展，增强地理标志产品的国际竞争力具有重要意义。

1. 审批程序

（1）申请人：农产品地理标志登记申请人为县级以上地方人民政府根据下列条件择优确定的农民专业合作经济组织、行业协会等具有公共管理服务性质的组织，包括社团法人、事业法人等。

政府及其组成部门、企业（农民专业合作社）和个人不应作为申请人。

（2）申请材料：符合条件的申请人向省级人民政府农业行政主管部门递交申请材料，包括：

1）登记申请书。

2）产品典型特征、特性描述和相应产品品质鉴定报告。

3）产地环境条件、生产技术规范和产品质量安全技术规范。

4）地域范围确定性文件和生产地域分布图。

5）产品实物样品或者样品图片。

6）其他必要的说明性或者证明性材料。

2. 审批流程

省级农业农村局受理申请，在45个工作日内完成申请材料的初审和现场核查，并提出初审意见。符合申请条件的，将申请材料和初审意见报送农业农村部农产品质量安全中心。20个工作日内，质量安全中心对申请材料进行审查，提出审查意见，并组织专家评审。经专家评审通过的，由农业农村部农产品质量安全中心代表农业农村部对社会公示，公示期为20日。农业农村部农产品质量安全中心接收社会公众的异议，无异议或异议无效的，由农业农村部做出登记决定并公告，向申请人颁发中华人民共和国农产品地理标志登记证书，同时公布登记产品相关技术规范和标准。农产品地理标志登记证书长期有效。登记证书持有人或者法定代表人发生变化以及地域范围或者相应自然生态环境发生变化的，登记证书持有人应当按照规定程序提出变更申请。

3. 农产品地理标志的使用及日常监管

对于符合条件的单位和个人，可以向登记证书持有人申请使用农产品地理标志。为符合区域公用农产品品牌的特性，《农产品地理标志管理办法》明确规定，农产品地理标志登记证书持有人不得向农产品地理标志使用人收取使用费。

对于违反农产品地理标志使用规定的行为，主要由县级以上人民政府农业行政主管部门按照《农产品质量安全法》进行行政处罚。此外，地理标志农产品的生产经营者，应当建立质量控制追溯体系，农产品地理标志登记证书持有人和标志使用人，对地理标志农产品的质量和信誉负责。

五、农产品合格证制度

食用农产品合格证应至少包括产品名称和质量、食用农产品生产经营者信息（名称、地址、联系方式），确保合格的方式，食用农产品生产经营者盖章或签名和开具日期等内容，目的是实现主体责任追溯。

1. 政策扶持

各县农业农村部门要加强对农产品生产企业、农民专业合作社、家庭农场等生产主体开展专题培训。指导生产者正确开具合格证，确保合格证填写规范、信息完整、真实有效；指导生产者主动出具合格证，让农产品合格上市、带证销售。要建立合格证制度与项目补贴、示范创建、品牌认证等挂钩机制。对率先试行合格证制度的种植、养殖生产者提供政策倾斜和项目支持；未实行合格证制度的主体和产品一律不准予参加各类展示展销会，一律不准予参评各类品牌和奖项，一律不给予项目支持。

2. 开具要求

食用农产品合格证是指食用农产品生产者根据国家法律法规、农产品质量安全国家强制性标准，在严格执行现有的农产品质量安全控制要求的基础上，对所销售的食用农产品自行开具并出具的质量安全合格承诺证。

（1）试行主体：将食用农产品生产企业、农民专业合作社、家庭农场列入试行范围，其农产品上市时要出具合格证。鼓励小农户参与试行。

（2）试行品类：蔬菜、水果、畜禽、禽蛋、养殖水产品。

（3）基本样式：全国统一合格证基本样式、大小尺寸自定，内容应至少包含食用农产品名称、数量（质量）、种植养殖生产者信息（名称、产地、联系方式）、开具日期、承诺声明等。若开展自检或委托检测的，可以在合格证上标示。鼓励有条件的主体附带电子合格证、追溯二维码等。

（4）承诺内容：种植养殖生产者承诺不使用禁限用农药兽药及非法添加物，遵守农药安全间隔期、兽药休药期规定，销售的食用农产品符合农药兽药残留食品安全国家强制性标准，对产品质量安全以及合格证真实性负责。

（5）开具方式：种植养殖生产者自行开具，一式两联，一联给交易对象，一联留存一年备查。

（6）开具单元：有包装的食用农产品应以包装为单元开具，张贴或悬挂或印刷在包装材料表面。散装食用农产品应以运输车辆或收购批次为单元，实行一车一证或一批一证，随附同车或同批次使用。

第十一章
水产品质量管理技术标准

水产品含有丰富的蛋白质、脂肪、矿物质和维生素等，营养价值较高，是人类的主要食物来源之一。随着世界海洋渔业、水产养殖及水产加工业的迅速发展和全球经济一体化进程的加快，水产品贸易在我国国际贸易中的地位更加重要。与此同时，人们对水产品质量安全的要求也越来越高。为适应生产发展和国际贸易的需要，保护消费者利益，我国制定了相应的质量标准，并对水产品实施监管。

第一节　质量标准分类

水产品质量标准是指质量管理部门制定的，用来规定某类水产品中营养物质、颜色、气味等标准的衡量标准，覆盖了生产、加工、包装、储藏、运输、销售和消费等全过程控制措施。

根据标准制定质量控制措施，有效提高水产品质量，有利于提高营养价值，从而促进合理消费、构建健康生态环境。

《中华人民共和国标准化法》将标准划分为4种，既国家标准、行业标准、地方标准、企业标准。各层次之间有一定的依从关系和内在联系，形成一个覆盖全国又层次分明的标准体系。在新修订的标准化法中给出了标准的各自位阶，顺序是国家标准、行业标准、地方标准、团体标准、企业标准。

一、国家标准

国家标准简称国标，是包括语编码系统的国家标准码，由在国际标准化组织（ISO）和国际电工委员会（或称国际电工协会，IEC）代表中华人民共和国的会员机构——国家标准化管理委员会发布。在1994年及之前发布的标准，以2位数字代表年份。从1995年开始发布的标准，标准编号后的年份才改为以4个数字代表。强制性国家标准的代号为"GB"，推荐性国家标准的代号为"GB/T"。我国现行的与水产品质量安全相关的强制性国家标准有《食品安全国家标准　食品中农药最大残留限量》（GB 2763—2021）、《食品安全国家标准　鲜、冻动物性水产品》（GB 2733—2015）、《水产调味品卫生标准》（GB 10133—2005）、GB 10136《动物性水产品卫生标准》等，已形成了一个涉及多学科的较完善的标准体系。

二、行业标准

对没有国家标准又需要在全国某个行业范围内统一的技术要求，可以制定行业标准，作为对国家标准的补充，当相应的国家标准实施后，该行业标准应自行废止。行业标准由行业标准归口部门编制计划、审批、编号、发布、管理。行业标准的归口部门及其所管理的行业标准范围，由国务院行政主管部门审定。推荐性行业标准在行业代号后加"/T"，如"JB/T"即为机械行业推荐性标准，不加"T"为强制性标准。水产行业标准代码为"SC"，主要由农业农村部批准发布。2019年6月，中华人民共和国农业农村部发布的《即食海蜇》（SC/T 3311—2018）水产行业标准明确规定了即食海蜇的产品要求、试验方法、检验规则、标签、标志、包装、运输及储存，适用于以盐渍海蜇为主要原料，经切分、漂洗、热烫、包装等工序加工而成的即食产品。

三、地方标准

对没有国家标准和行业标准而又需要在省、自治区、直辖市范围内统一的技术要求，可以制定地方标准。地方标准的制定范围有工业产品的安全、卫生要求，药品、兽药、食品卫生、环境保护、节约能源、种子等法律、法规的要求，其他法律、法规规定的要求。地方标准由省、自治区、直辖市标准化行政主管部门统一编制计划、组织制定、审批、编号、发布。地方标准也分强制性与推荐性。农业的水产质量标准主要是2001年以来发布的无公害食品水产品标准，包括产品标准、养殖技术规范、环境（水质）要求、有毒有害物质残留限量标准。绿色食品鱼、虾、蟹、海水贝和鱼糜制品、海蜇、海参、藻类、水产调味品等多项绿色食品、水产品标准。

四、团体标准

团体是指学会、协会、商会、联合会、产业技术联盟等社会团体。团体标准属于自主制定。团体标准的制定和发布无需向行政管理部门报批或备案，是社会团体的自愿行为。团体标准的定制应当保证公正、透明、协商一致的原则。团体标准由团体采用，同时社会（包括企业）可以自愿采用，企业采用后，对企业的产品具有强制性。2022年5月20日，中国连锁经营协会与中国水产流通与加工协会按照团体标准管理规定批准《鲜活水产品购销要求》（T/CCFAGS 032-2022、T/CAPPMA 02-2022）为中国连锁零售行业、中国水产行业团体标准，规定了鲜活水产品采购、进货查验和收货、售卖、消费者投诉等管理要求。

五、企业标准

企业标准是对企业范围内需要协调、统一的技术要求、管理要求和工作要求所制定的标准。企业产品标准其要求不得低于相应的国家标准或行业标准的要求。企业标准由企业制定，由企业法人代表或法人代表授权的主管领导批准发布。企业产品标准应在发布后30日内向政府备案。我国国家或行业的产品标准多数为推荐性标准，企业可以结合本企业产品的实际参照执行或根据本企业产品特点制定企业标准。很多产品是企业根据市场需求开发的，这些产品在生产和经营过程中有可依据的上级标准，企业就可以参考相关标准和文献起草产品的企业标准。在企业标准起草的过程中，应当尽可能参考与其产品相关的上级标准。

第二节　主要质量标准

一、基础标准

基础标准见表11-1。

表11-1　基础标准

标准编号	标准名称	发布部门	实施日期
NY 5052—2001	无公害食品　海水养殖用水水质	中华人民共和国农业部	2001-10-01
NY 5070—2002	无公害食品　水产品中渔药残留限量	中华人民共和国农业部	2002-09-01
NY 5071—2002	无公害食品　水产品中渔药残留限量	中华人民共和国农业部	2002-09-01
NY 5072—2002	无公害食品　渔用配合饲料安全限量	中华人民共和国农业部	2002-09-01
GB 11607—89	渔业水质标准	国家环境保护局	1990-03-01
NY 5051—2001	无公害食品　淡水养殖用水水质	中华人民共和国农业部	2001-10-01

标准编号	标准名称	发布部门	实施日期
NY 5072—2002	无公害食品　渔用配合饲料安全限量	中华人民共和国农业部	2002-09-01
NY 5073—2006	无公害食品　水产品中有毒有害物质限量	中华人民共和国农业部	2006-04-01
NY 5070—2002	无公害食品　水产品中渔药残留限量	中华人民共和国农业部	2002-09-01
NY 5362—2010	无公害食品　海水养殖产地环境条件	中华人民共和国农业部	2010-12-01
NY 5071—2002	无公害食品　渔用药物使用准则	中华人民共和国农业部	2002-09-01
GB 2733—2015	食品安全国家标准　鲜、冻动物性水产品	中华人民共和国国家卫生和计划生育委员会	2016-11-13
GB 10136—2015	食品安全国家标准　动物性水产制品	中华人民共和国国家卫生和计划生育委员会	2016-11-13
GB 20941—2016	食品安全国家标准　水产制品生产卫生规范	中华人民共和国国家卫生和技术生育委员会和国家食品药品监督管理总局	2017-12-23
GB/T 4789.20—2003	食品卫生微生物学检验　水产食品检验	中华人民共和国卫生部和中国国家标准化管理委员会	2004-01-01
SC/T 3009—1999	水产品加工质量管理规范	中华人民共和国农业部	2000-01-01
NY/T 5361—2016	无公害农产品　淡水养殖产地环境条件	中华人民共和国农业部	2016-10-01

二、养殖标准

养殖标准见表11-2。

表11-2 养殖标准

标准编号	标准名称	发布部门	实施日期
DB37/T 456—2010	无公害食品 栉孔扇贝养殖技术规范	山东省质量技术监督局	2010-05-01
DB37/T 458—2010	无公害食品 太平洋牡蛎养殖技术规程	山东省质量技术监督局	2010-05-01
NY/T 5057—2001	无公害食品 海带养殖技术规程	中华人民共和国农业部	2001-10-01
NY/T 5153—2002	无公害食品 大菱鲆养殖技术规范	中华人民共和国农业部	2002-09-01
NY/T 5063—2001	无公害食品 海湾扇贝养殖技术规范	中华人民共和国农业部	2001-10-01
NY/T 5059—2001	无公害食品 对虾养殖技术规范	中华人民共和国农业部	2001-10-01
DB36/T 1129—2019	绿色食品 黄鳝池塘养殖技术规程	江西省市场监督管理局	2020-01-01
DB36/T 875—2015	绿色食品 大水面中华绒螯蟹养殖技术规程	江西省市场监督管理局	2016-03-15
DB36/T 871—2015	绿色食品 大水面鳜鱼养殖技术规程	江西省市场监督管理局	2016-03-15
DB36/T 874—2015	绿色食品 大水面鲢鳙养殖技术规程	江西省市场监督管理局	2016-03-15
DB36/T 873—2015	绿色食品 大水面加州鲈网箱养殖技术规程	江西省市场监督管理局	2016-03-15
DB22/T 2148—2014	有机鲢鳙生产技术规程	吉林省质量技术监督局	2014-12-25

续表

标准编号	标准名称	发布部门	实施日期
DB34/T 1869—2013	有机鲢鱼鳙鱼苗种培育技术规程	安徽省质量技术监督局	2013-04-07
DB32/T 883—2006	有机对虾养殖技术规范	江苏省质量技术监督局	2006-03-10
NY/T 3204—2018	农产品质量安全追溯操作规程水产品	中华人民共和国农业部	2018-06-01
NY/T 5287—2004	无公害食品 斑点叉尾鮰养殖技术规范	中华人民共和国农业部	2004-03-01
NY/T 5293—2004	无公害食品 鲫鱼养殖技术规范	中华人民共和国农业部	2004-03-01
NY/T 5290—2004	无公害食品 欧洲鳗鲡精养池塘养殖技术规范	中华人民共和国农业部	2004-03-01
NY/T 5289—2004	无公害食品 菲律宾蛤仔养殖技术规范	中华人民共和国农业部	2004-03-01
NY/T 5285—2004	无公害食品 青虾养殖技术规范	中华人民共和国农业部	2004-03-01
NY/T 5283—2004	无公害食品 裙带菜养殖技术规范	中华人民共和国农业部	2004-03-01
NY/T 5281—2004	无公害食品 鲤鱼养殖技术规范	中华人民共和国农业部	2004-03-01
NY/T 5279—2004	无公害食品 团头鲂养殖技术规范	中华人民共和国农业部	2004-03-01
NY/T 5277—2004	无公害食品 锯缘青蟹养殖技术规范	中华人民共和国农业部	2004-03-01
NY/T 5275—2004	无公害食品 牙鲆养殖技术规范	中华人民共和国农业部	2004-03-01

续表

标准编号	标准名称	发布部门	实施日期
NY/T 5273—2004	无公害食品　鲈鱼养殖技术规范	中华人民共和国农业部	2004-03-01
NY/T 5169—2002	无公害食品　黄鳝养殖技术规范	中华人民共和国农业部	2002-09-01
NY/T 5167—2002	无公害食品　鳜养殖技术规范	中华人民共和国农业部	2002-09-01
NY/T 5165—2002	无公害食品　乌鳢养殖技术规范	中华人民共和国农业部	2002-09-01
NY/T 5163—2002	无公害食品　三疣梭子蟹养殖技术规范	中华人民共和国农业部	2002-09-01
NY/T 5161—2002	无公害食品　虹鳟养殖技术规范	中华人民共和国农业部	2002-09-01
NY/T 5159—2002	无公害食品　罗氏沼虾养殖技术规范	中华人民共和国农业部	2002-09-01
NY/T 5157—2002	无公害食品　牛蛙养殖技术规范	中华人民共和国农业部	2002-09-01
NY/T 5155—2002	无公害食品　近江牡蛎养殖技术规范	中华人民共和国农业部	2002-09-01
NY/T 5069—2002	无公害食品　鳗鲡池塘养殖技术规范	中华人民共和国农业部	2002-09-01
NY/T 5067—2002	无公害食品　中华鳖养殖技术规范	中华人民共和国农业部	2002-09-01
NY/T 5061—2002	无公害食品　大黄鱼养殖技术规范	中华人民共和国农业部	2002-09-01
NY/T 5054—2002	无公害食品　尼罗罗非鱼养殖技术规范	中华人民共和国农业部	2002-09-01

标准编号	标准名称	发布部门	实施日期
NY/T 5065—2001	无公害食品 中华绒螯蟹养殖技术规范	中华人民共和国农业部	2001-10-01
DB 65/T 3536—2013	无公害食品 南美白对虾淡水池塘养殖技术规范	新疆维吾尔自治区质量技术监督局	2013-10-01
DB 22/T 1639—2012	无公害水产品 青鱼池塘养殖技术规程	吉林省质量技术监督局	2013-01-01
DB 37/T 436—2010	无公害食品 鲢、鳙鱼养殖技术规程	山东省质量技术监督局	2010-03-01
DB 37/T 437—2010	无公害食品 优质鲫鱼养殖技术规程	山东省质量技术监督局	2010-03-01
DB 37/T 439—2010	无公害食品 大菱鲆养殖技术规范	山东省质量技术监督局	2010-03-01
DB 37/T 440—2010	无公害工厂化淡水养殖技术规范	山东省质量技术监督局	2010-03-01
DB 37/T 441—2010	无公害食品 草鱼池塘养成技术规程	山东省质量技术监督局	2010-03-01
DB 37/T 442—2010	无公害食品 刺参养殖技术规范	山东省质量技术监督局	2010-03-01
DB 37/T 443—2010	无公害食品 短盖巨脂鲤养殖技术规程	山东省质量技术监督局	2010-03-01
DB 37/T 444—2010	无公害食品 菲律宾蛤仔养殖技术规范	山东省质量技术监督局	2010-03-01
DB 37/T 445—2010	无公害食品 刺参池塘养殖技术规范	山东省质量技术监督局	2010-03-01
DB 37/T 446—2010	无公害食品 黑鲷养殖技术规范	山东省质量技术监督局	2010-03-01

续表

标准编号	标准名称	发布部门	实施日期
DB 37/T 457—2010	无公害食品 皱纹盘鲍养殖技术规范	山东省质量技术监督局	2010-03-01
DB 37/T 429—2010	无公害食品 鲈鱼养殖技术规范	山东省质量技术监督局	2010-03-01
DB 37/T 447—2010	无公害食品 魁蚶养殖技术规范	山东省质量技术监督局	2010-03-01
DB 37/T 449—2010	无公害食品 罗非鱼养殖技术规范	山东省质量技术监督局	2010-03-01
DB 37/T 451—2010	无公害食品 日本对虾养殖技术规范	山东省质量技术监督局	2010-03-01
DB 13/T 1173—2010	无公害食品 鲤鱼成鱼网箱养殖技术规范	河北省质量技术监督局	2010-01-29
DB 13/T 1136—2009	无公害食品 美国大口胭脂鱼	河北省质量技术监督局	2009-08-25
DB 34/T 997—2009	无公害食品 黄颡鱼池塘主养技术操作规程	安徽省质量技术监督局	2009-08-19
DB 13/T 1068—2009	无公害食品 漠斑牙鲆海水养殖技术规范	河北省质量技术监督局	2009-06-16
DB 13/T 1028—2009	无公害食品 草鱼苗种池塘养殖技术规范	河北省质量技术监督局	2009-03-24
DB 34/T 903—2009	无公害河蟹池塘生态养殖技术操作规程	安徽省质量技术监督局	2009-03-12
DB 34/T 902—2009	无公害河蟹河沟生态养殖技术操作规程	安徽省质量技术监督局	2009-03-12
DB 330182/T 011—2008	无公害严州三江鳊网箱养殖技术规范	建德市质量技术监督局	2009-01-26

标准编号	标准名称	发布部门	实施日期
DB 34/T 741—2007	无公害食品 翘嘴红鲌池塘养殖技术规程	安徽省质量技术监督局	2007-10-18
DB 34/T 837—2008	无公害食品 细鳞斜颌鲴商品鱼养殖技术规程	安徽省质量技术监督局	2008-08-13
DB 34/T 741—2007	无公害食品 翘嘴红鲌池塘养殖技术规程	安徽省质量技术监督局	2007-10-18
DB 34/T 597—2006	无公害食品 青鱼养殖技术规范	安徽省质量技术监督局	2006-05-22
DB 34/T 600—2006	无公害池塘鱼鳖混养技术操作规程	安徽省质量技术监督局	2006-05-22
DB 46/T 52—2006	无公害食品 奥尼罗非鱼养殖技术规范	海南省质量技术监督局	2006-04-01
DB 13/T 518—2004	无公害食品 南美白对虾养殖技术规范	河北省质量技术监督局	2004-03-22
DB 3205/T 022—2003	无公害农产品 巴鱼人工繁殖技术规程	江苏省苏州质量技术监督局	2004-01-01
DB 3701/T 123—2010	无公害食品 鲤鱼养殖技术规程	济南市质量技术监督局	2010-12-20
DB 37/T 432—2010	山东省无公害淡水水产品生产技术操作规程	山东省质量技术监督局	2010-03-01
DB 3205/T 147—2007	无公害农产品 中华鳖池塘生态养殖	江苏省苏州质量技术监督局	2008-03-01
DB 37/T 2086—2012	泥鳅池塘无公害养殖技术规程	山东省质量技术监督局	2012-05-01
DB 37/T 2100—2012	文蛤健康养殖技术规范	山东省质量技术监督局	2012-05-01
DB 37/T 442—2010	无公害食品 刺参养殖技术规范	山东省质量技术监督局	2010-03-01

三、水产品加工标准

水产品加工标准见表11-3。

表11-3 水产品加工标准

标准编号	标准名称	发布部门	实施日期
GB/T 18108—2019	鲜海水鱼通则	国家市场监督管理总局	2019-10-01
SC/T 3211—2019	盐渍裙带菜	中华人民共和国农业农村部	2019-11-01
SC/T 3110—2019	冻虾仁	中华人民共和国农业农村部	2019-06-01
SC/T 3207—2018	干贝	中华人民共和国农业农村部	2019-06-01
SC/T 3311—2018	即食海蜇	中华人民共和国农业农村部	2019-06-01
SC/T 3208—2017	鱿鱼干、墨鱼干	中华人民共和国农业部	2017-10-01
SC/T 3308—2014	即食海参	中华人民共和国农业部	2014-06-01
SC/T 3202—2012	干海带	中华人民共和国农业部	2013-03-01
SC/T 3116—2006	冻淡水鱼片	中华人民共和国农业部	2006-04-01
GB/T 30889—2014	冻虾	国家质量监督检验检疫总局和国家标准化管理委员会	2015-03-01
SC/T 3124—2019	鲜、冻养殖河豚鱼	中华人民共和国农业农村部	2019-11-01
DB36/T 1018—2018	无公害、绿色和有机大宗淡水鱼制品加工操作规范	江西省质量技术监督局	2018-09-20
GB/T 36187—2018	冷冻鱼糜	国家标准化管理委员会，国家市场监督管理总局	2018-12-01
GB/T 31814—2015	冻扇贝	国家质量监督检验检疫总局和国家标准化管理委员会	2015-10-01
GB/T 21289—2007	冻烤鳗	国家质量监督检验检疫总局、国家标准化管理委员会	2008-03-01
SC/T 3114—2017	冻螯虾	中华人民共和国农业部	2018-06-01

标准编号	标准名称	发布部门	实施日期
SC/T 3902—2020	海胆制品	中华人民共和国农业农村部	2021-01-01
SC/T 3506—2020	磷虾油	中华人民共和国农业农村部	2021-01-01
SC/T 3312—2020	调味鱿鱼制品	中华人民共和国农业农村部	2021-01-01
SC/T 3115—2006	冻章鱼	中华人民共和国农业部	2006-04-01
SC/T 3117—2006	生食金枪鱼	中华人民共和国农业部	2006-05-01
SC/T 3111—2006	冻扇贝	中华人民共和国农业部	2006-10-01
SC/T 3112—2017	冻梭子蟹	中华人民共和国农业部	2017-10-01
SC/T 3118—2006	冻裹面包屑虾	中华人民共和国农业部	2007-02-01
SC/T 3206—2009	干海参（刺参）	中华人民共和国农业部	2009-10-01
SC/T 3119—2010	活鳗鲡	中华人民共和国农业部	2011-02-01
SC/T 3107—2010	鲜、冻乌贼	中华人民共和国农业部	2011-02-01
SC/T 3104—2010	鲜、冻蓝圆鲹	中华人民共和国农业部	2011-02-01
SC/T 3905—2011	鲟鱼籽酱	中华人民共和国农业部	2011-12-01
SC/T 3108—2011	鲜活青鱼、草鱼、鲢、鳙、鲤	中华人民共和国农业部	2011-12-01
SC/T 3306—2012	即食裙带菜	中华人民共和国农业部	2013-03-01
SC/T 3217—2012	干石花菜	中华人民共和国农业部	2013-03-01
SC/T 3209—2012	淡菜	中华人民共和国农业部	2013-03-01
SC/T 3204—2012	虾米	中华人民共和国农业部	2013-03-01
SC/T 3121—2012	冻牡蛎肉	中华人民共和国农业部	2013-03-01
SC/T 3404—2012	岩藻多糖	中华人民共和国农业部	2013-01-01
SC/T 3219—2015	干鲍鱼	中华人民共和国农业部	2015-05-01

续表

标准编号	标准名称	发布部门	实施日期
SC/T 3218—2015	干江蓠	中华人民共和国农业部	2015—05—01
SC/T 3210—2015	盐渍海蜇皮和盐渍海蜇头	中华人民共和国农业部	2015—05—01
SC/T 3602—2016	虾酱	中华人民共和国农业部	2017—04—01
SC/T 3502—2016	鱼油	中华人民共和国农业部	2017—04—01
SC/T 3220—2016	干制对虾	中华人民共和国农业部	2017—04—01
SC/T 3406—2018	褐藻渣粉	中华人民共和国农业农村部	2019—06—01
SC/T 3221—2018	蛤蜊干	中华人民共和国农业农村部	2019—06—01
SC/T 3310—2018	海参粉	中华人民共和国农业农村部	2019—06—01
SC/T 3216—2016	盐制大黄鱼	中华人民共和国农业部	2017—04—01
SC/T 3203—2015	调味生鱼干	中华人民共和国农业部	2015—05—01
SC/T 3205—2016	虾皮	中华人民共和国农业部	2017—04—01
SC/T 3106—2010	鲜、冻海鳗	中华人民共和国农业部	2011—02—01
SC/T 3103—2010	鲜、冻鲳鱼	中华人民共和国农业部	2011—02—01
SC/T 3102—2010	鲜、冻带鱼	中华人民共和国农业部	2011—02—01
SC/T 3101—2010	鲜大黄鱼、冻大黄鱼、鲜小黄鱼、冻小黄鱼	中华人民共和国农业部	2011—02—01
SC/T 3309—2016	调味烤酥鱼	中华人民共和国农业部	2017—04—01
SC/T 3302—2010	烤鱼片	中华人民共和国农业部	2011—02—01
SC/T 3301—2017	速食海带	中华人民共和国农业部	2018—06—01
SC/T 3120—2012	冻熟对虾	中华人民共和国农业部	2013—03—01

续表

标准编号	标准名称	发布部门	实施日期
SC/T 3215—2014	盐渍海参	中华人民共和国农业部	2014-06-01
SC/T 3307—2014	冻干海参	中华人民共和国农业部	2014-06-01
SC/T 3304—2001	鱿鱼丝	中华人民共和国农业部	2001-11-01
SC/T 3503—2000	多烯鱼油制品	中华人民共和国农业部	2000-04-01
SC/T 3601—2003	蚝油	中华人民共和国农业部	2003-10-01

第十二章
水产品质量安全管理规定

第一节　水产品质量安全管理法律法规

一、养殖证管理规定

1.《中华人民共和国渔业法》

第十一条　国家对水域利用进行统一规划，确定可以用于养殖业的水域和滩涂。单位和个人使用国家规划确定用于养殖业的全民所有的水域、滩涂的，使用者应当向县级以上地方人民政府渔业行政主管部门提出申请，由本级人民政府核发养殖证，许可其使用该水域、滩涂从事养殖生产。核发养殖证的具体办法由国务院规定。

集体所有的或者全民所有由农业集体经济组织使用的水域、滩涂，可以由个人或者集体承包，从事养殖生产。

第十二条　县级以上地方人民政府在核发养殖证时，应当优先安排当地的渔业生产者。

第四十条　使用全民所有的水域、滩涂从事养殖生产，无正当理由使水域、滩涂荒芜满一年的，由发放养殖证的机关责令限期开发利用；逾期未开发利用的，吊销养殖证，可以并处1万元以下的罚款。

未依法取得养殖证擅自在全民所有的水域从事养殖生产的，责令改正，补办养殖证或者限期拆除养殖设施。

未依法取得养殖证或者超越养殖证许可范围在全民所有的水域从事养殖生产，妨碍航运、行洪的，责令限期拆除养殖设施，可以并处1万元以下的罚款。

2.《完善水域滩涂养殖证制度试行方案》（农业部文件农渔发〔2002〕5号）

（1）国家对水产养殖水域、滩涂实行养殖证制度。利用水域滩涂从事养殖生产活动的单位和个人，必须依法取得养殖证。全民所有的水域滩涂依照《中华人民共和国渔业法》和《中华人民共和国土地管理法》的规定，确定水域滩涂养殖使用权。集体所有者或全民所有由农业集体经济组织使用的水域滩涂，依照《中华人民共和国渔业法》《中华人民共和国土地管理法》和有关土地承包经营的规定，确定水域滩涂养殖承包经营权。已领取土地承包权证书的农用土地改为养殖生产的，养殖证不改变原土地的权属性质及土地基本用途。

（2）对已养水域滩涂，符合养殖规划并持有养殖证的，可简化审核程序予以换证。尚未领取养殖证的应尽快审核补发。不符合养殖规划但已持有养殖证的，限期予以调整。无证使用水域滩涂从事养殖生产的，县级以上地方人民政府渔业主管部门应当进行登记，限期拆除养殖设施。

（3）新规划用于养殖开发的水域滩涂，应本着公平、公正、公开的原则，优先考虑因当地渔业产业结构调整需转产从事养殖业，或者因养殖规划调整需另行安排养殖场所的当地渔业生产者，以及当地传统养殖生产者。

二、养殖水域、生产环境管理规定

《中华人民共和国渔业法》

第十三条　当事人因使用国家规划确定用于养殖业的水域、滩涂从事养殖生产发生争议的，按照有关法律规定的程序处理。在争议解决以前，任何一方不得破坏养殖生产。

第十五条　县级以上地方人民政府应当采取措施，加强对商品鱼生产基地和城市郊区重要养殖水域的保护。

第二十条　从事养殖生产应当保护水域生态环境，科学确定养殖密度，合理投饵、施肥、使用药物，不得造成水域的环境污染。

第三十六条　各级人民政府应当采取措施，保护和改善渔业水域的生态环境，防治污染。

渔业水域生态环境的监督管理和渔业污染事故的调查处理，依照《中华人民共和国海洋环境保护法》和《中华人民共和国水污染防治法》的有关规定执行。

第四十七条　造成渔业水域生态环境破坏或者渔业污染事故的，依照《中华人民共和国海洋环境保护法》和《中华人民共和国水污染防治法》的规定追究法律责任。

三、水产苗种执法管理规定

《中华人民共和国渔业法》

第十六条　国家鼓励和支持水产优良品种的选育、培育和推广。水产新品种必须经全国水产原种和良种审定委员会审定，由国务院渔业行政主管部门公告后推广。

水产苗种的进口、出口由国务院渔业行政主管部门或者省、自治区、直辖市人民政府渔业行政主管部门审批。

水产苗种的生产由县级以上地方人民政府渔业行政主管部门审批。但是，渔业生产者自育、自用水产苗种除外。

第十七条　水产苗种的进口、出口必须实施检疫，防止病害传入境内和传出境外，具体检疫工作按照有关动植物进出境检疫法律、行政法规的规定执行。

引进转基因水产苗种必须进行安全性评价，具体管理工作按照国务院有关规定执行。

第四十四条　非法生产、进口、出口水产苗种的，没收苗种和违法所得，并处5万元以下的罚款。

经营未经审定的水产苗种的，责令立即停止经营，没收违法所得，可以并处5万元以下的罚款。

四、养殖生产执法管理规定

1.《水产养殖质量安全管理规定》

第八条　县级以上地方各级人民政府渔业行政主管部门应当根据水产养殖规划要求，合理确定用于水产养殖的水域和滩涂，同时根据水域滩涂环境状况划分养殖功能区，合理安排养殖生产布局，科学确定养殖规模、养殖方式。

第九条　使用水域、滩涂从事水产养殖的单位和个人应当按有关规定申领养殖证，并按核准的区域、规模从事养殖生产。

第十条　水产养殖生产应当符合国家有关养殖技术规范操作要求。水产养殖单位和个人应当配置与养殖水体和生产能力相适应的水处理设施和相应的水质、水生生物检测等基础性仪器设备。水产养殖使用的苗种应当符合国家或地方质量标准。

第十一条　水产养殖专业技术人员应当逐步按国家有关就业准入要求，经过职业技能培训并获得职业资格证书后，方能上岗。

第十二条　水产养殖单位和个人应当填写《水产养殖生产记录》，记载养殖种类、苗种来源及生长情况、饲料来源及投喂情况、水质变化等内容。《水产养殖生产记录》应当保存至该批水产品全部销售后2年以上。

第十三条　销售的养殖水产品应当符合国家或地方的有关标准。不符合标准的产品应当进行净化处理，净化处理后仍不符合标准的产品禁止销售。

第十四条　水产养殖单位销售自养水产品应当附具《产品标签》，注明单位名称、地址，产品种类、规格，出池日期等。

第十六条　使用水产养殖用药应当符合《兽药管理条例》和农业部《无公害食品渔药使用准则》（NY 5071—2002）。使用药物的养殖水产品在休药期内不得用于人类食品消费。

禁止使用假、劣兽药及农业部规定禁止使用的药品、其他化合物和生物制剂。原料药不得直接用于水产养殖。

第十七条　水产养殖单位和个人应当按照水产养殖用药使用说明书的要求或在水生生物病害防治员的指导下科学用药。

水生生物病害防治员应当按照有关就业准入的要求，经过职业技能培训并获得职业资格证书后，方能上岗。

第十八条　水产养殖单位和个人应当填写《水产养殖用药记录》，记载病害发生情况，主要症状，用药名称、时间、用量等内容。《水产养殖用药记录》应当保存至该批水产品全部销售后2年以上。

第十九条　各级渔业行政主管部门和技术推广机构应当加强水产养殖用药安全使用的宣传、培训和技术指导工作。

第二十条　农业部负责制定全国养殖水产品药物残留监控计划，并组织实施。

县级以上地方各级人民政府渔业行政主管部门负责本行政区域内养殖水产品药物残留的监控工作。

第二十一条　水产养殖单位和个人应当接受县级以上人民政府渔业行政主管部门组织的养殖水产品药物残留抽样检测。

2.《中华人民共和国农产品质量安全法》

第二十九条　农产品生产经营者应当依照有关法律、行政法规和国家有关强制性标准、国务院农业农村主管部门的规定，科学合理使用农药、兽药、饲料和饲料添加剂、肥料等农业投入品，严格执行农业投入品使用安全间隔期或者休药期的规定；不得超范围、超剂量使用农业投入品危及农产品质量安全。

禁止在农产品生产经营过程中使用国家禁止使用的农业投入品以及其他有毒有害物质。

五、饲料、添加剂管理规定

1.《中华人民共和国渔业法》

第十九条　从事养殖生产不得使用含有毒有害物质的饵料、饲料。

2.《饲料和饲料添加剂管理条例》

第二十九条　禁止生产、经营、使用未取得新饲料、新饲料添加剂证书的新饲料、新饲料添加剂以及禁用的饲料、饲料添加剂。

禁止经营、使用无产品标签、无生产许可证、无产品质量标准、无产品质量检验合格证的饲料、饲料添加剂。禁止经营、使用无产品批准文号的饲料添加剂、添加剂预混合饲料。禁止经营、使用未取得饲料、饲料添加剂进口登记证的进口饲料、进口饲料添加剂。

第三十条　禁止对饲料、饲料添加剂作具有预防或者治疗动物疾病作用的说明或者宣传。但是，饲料中添加药物饲料添加剂的，可以对所添加的药物饲料添加剂的作用加以说明。

3.《兽药管理条例》

第四十一条　国务院兽医行政管理部门，负责制定公布在饲料中允许添加的药物饲料添加剂品种目录。

禁止在饲料和动物饮用水中添加激素类药品和国务院兽医行政管理部门规定的其他禁用药品。

经批准可以在饲料中添加的兽药，应当由兽药生产企业制成药物饲料添加剂后方可添加。禁止将原料药直接添加到饲料及动物饮用水中或者直接饲喂动物。

禁止将人用药品用于动物。

第六十八条　违反本条例规定，在饲料和动物饮用水中添加激素类药品和国务院兽医行政管理部门规定的其他禁用药品，依照《饲料和饲料添加剂管理条例》的有关规定处罚；直接将原料药添加到饲料及动物饮用水中，或者饲喂动物的，责令其立即改正，并处1万元以上3万元以下罚款；给他人造成损失的，依法承担赔偿责任。

4.《中华人民共和国农产品质量安全法》

第三十六条　有下列情形之一的农产品，不得销售：

（1）含有国家禁止使用的农药、兽药或者其他化合物；

（2）农药、兽药等化学物质残留或者含有的重金属等有毒有害物质不符合农产品质量安全标准；

（3）含有的致病性寄生虫、微生物或者生物毒素不符合农产品质量安全标准；

（4）未按照国家有关强制性标准以及其他农产品质量安全规定使用保鲜剂、防腐剂、添加剂、包装材料等，或者使用的保鲜剂、防腐剂、添加剂、包装材料等不符合国家有关强制性标准以及其他质量安全规定；

（5）病死、毒死或者死因不明的动物及其产品；

（6）其他不符合农产品质量安全标准的情形。

对前款规定不得销售的农产品，应当依照法律、法规的规定进行处置。

第七十二条　违反本法规定，农产品生产经营者有下列行为之一的，由县级以上地方人民政府农业农村主管部门责令停止生产经营、追回已经销售的农产品，对违法生产经营的农产品进行无害化处理或者予以监督销毁，没收违法所得，并可以没收用于违法生产经营的工具、设备、原料等物品；违法生产经营的农产品货值金额不足1万元的，并处5 000元以上5万元以下罚款，货值金额1万元以上的，并处货值金额5倍以上10倍以下罚款；对农户，并处300元以上3 000元以下罚款：

（1）在农产品生产场所以及生产活动中使用的设施、设备、消毒剂、洗涤剂等不符合国家有关质量安全规定；

（2）未按照国家有关强制性标准或者其他农产品质量安全规定使用保鲜剂、防腐剂、添加剂、包装材料等，或者使用的保鲜剂、防腐剂、添加剂、包装材料等不符合国家有关强制性标准或者其他质量安全规定；

（3）将农产品与有毒有害物质一同储存、运输。

六、渔用药物管理规定

1. 食品动物中禁止使用的药品及其他化合物清单

根据中华人民共和国农业农村部公告第250号，食品动物中禁止使用的药品及其他化合物清单见表12-1。

表12-1　食品动物中禁止使用的药品及其他化合物清单

序号	药品及其他化合物名称
1	酒石酸锑钾（antimony potassium tartrate）
2	β-兴奋剂（β-agonists）类及其盐、酯
3	汞制剂：氯化亚汞（甘汞）（calomel）、醋酸汞（mercurous acetate）、硝酸亚汞（mercurous nitrate）、吡啶基醋酸汞（pyridyl mercurous acetate）
4	毒杀芬（氯化烯）（camahechlor）
5	卡巴氧（carbadox）及其盐、酯
6	呋喃丹（克百威）（carbofuran）
7	氯霉素（chloramphenicol）及其盐、酯
8	杀虫脒（克死螨）（chlordimeform）
9	氨苯砜（dapsone）
10	硝基呋喃类：呋喃西林（furacilinum）、呋喃妥因（furadantin）、呋喃它酮（furaltadone）、呋喃唑酮（furazolidone）、呋喃苯烯酸钠（nifurstyrenate sodium）
11	林丹（lindane）
12	孔雀石绿（malachite green）
13	类固醇激素：醋酸美仑孕酮（melengestrol acetate）、甲基睾丸酮（methyltestosterone）、群勃龙（去甲雄三烯醇酮）（trenbolone）、玉米赤霉醇（zeranal）
14	安眠酮（methaqualone）
15	硝呋烯腙（nitrovin）
16	五氯酚酸钠（pentachlorophenol sodium）

续表

序号	药品及其他化合物名称
17	硝基咪唑类：洛硝达唑（ronidazole）、替硝唑（tinidazole）
18	硝基酚钠（sodium nitrophenolate）
19	己二烯雌酚（dienoestrol）、己烯雌酚（diethylstilbestrol）、己烷雌酚（hexoestrol）及其盐、酯
20	锥虫砷胺（tryparsamide）
21	万古霉素（vancomycin）及其盐、酯

2. 无公害食品水产品中渔药残留限量

根据《无公害食品　水产品中渔药残留限量》（NY 5070—2002），水产品中渔药残留限量见表12-2。

表12-2　水产品中渔药残留限量

药物类别		药物名称		指标（MPL）/（μg/kg）
		中文	英文	
抗生素类	四环素类	金霉素	chlortetracycline	100
		土霉素	oxytetracycline	100
		四环素	tetracycline	100
	氯霉素类	氯霉素	chloramphenicol	不得检出
磺胺类及增效剂		磺胺嘧啶	sulfadiazine	100（以总量计）
		磺胺甲基嘧啶	sulfamerazine	
		磺胺二甲基嘧啶	sulfadimidine	
		磺胺甲噁唑	sulfamethoxazole	
		甲氧苄啶	trimethoprim	50
喹诺酮类		噁喹酸	oxilinic acid	300
硝基呋喃类		呋喃唑酮	furazolidone	不得检出
其他		己烯雌酚	diethylstilbestrol	不得检出
		喹乙醇	olaquindox	不得检出

3. 无公害食品渔用药物使用准则

根据《无公害食品　渔用药物使用准则》（NY 5071—2002），渔用药物使用方法如下：

（1）氧化钙（生石灰）。英文名：calcii oxydum。用于改善池塘环境，清除敌害生物及预防部分细菌性鱼病。用法与用量：带水清塘，浓度为200～250 mg/L（虾类：350～400 mg/L）；全池泼洒，浓度为20 mg/L（虾类：15～30 mg/L）。注意事项：不能与漂白粉、有机氧、重金属盐、有机结合物混用。

（2）漂白粉。英文名：bleaching powder。用于清塘、改善池塘环境及防治细菌性皮肤病、烂鳃病、出血病。用法与用量：带水清塘，浓度为20 mg/L；全池泼洒，浓度为1.0～1.5 mg/L。休药期≥5 d。注意事项：① 勿用金属容器盛装；② 勿与酸、铵盐、生石灰混用。

（3）二氯异氰尿酸钠。英文名：sodium dichloroisocyanurate。用于清塘及防治细菌性皮肤病溃疡病、烂鳃病、出血病。用法与用量：全池泼洒，浓度为0.3～0.6 mg/L。休药期≥10 d。注意事项：勿用金属容器盛装。

（4）三氯异氰尿酸。英文名：trichlorosisocyanuric acid。用于清塘及防治细菌性皮肤病溃疡病、烂鳃病、出血病。用法与用量：全池泼洒，浓度为0.2～0.5 mg/L。休药期≥10 d。注意事项：① 勿用金属容器盛装；② 针对不同的鱼类和水体的pH，使用量应适当增减。

（5）二氧化氯。英文名：chlorine dioxide。用于防治细菌性皮肤病、烂鳃病、出血病。用法与用量：浸浴浓度为20～40 mg/L，时间为5～10 min；全池泼洒，浓度为0.1～0.2 mg/L，严重时0.3～0.6 mg/L。休药期≥10 d。注意事项：① 勿用金属容器盛装；② 勿与其他消毒剂混用。

（6）二溴海因，用于防治细菌性和病毒性疾病。用法与用量：全池泼洒，浓度为0.2~0.3 mg/L。

（7）氯化钠（食盐）。英文名：sodium choiride。用于防治细菌、真菌或寄生虫疾病。用法与用量：浸浴，浓度为1%～3%，时间为5～20 min。

（8）硫酸铜（蓝矾、胆矾、石胆）。英文名：copper sulfate。用于治疗纤毛虫、鞭毛虫等寄生虫性原虫病。用法与用量：浸浴，浓度为8 mg/L（海水鱼类为8～10 mg/L），时间为15～30 min；全池泼洒，浓度为0.5～0.7 mg/L（海水鱼类为0.7～1.0 mg/L）；注意事项：① 常与硫酸亚铁合用；② 广东鲂慎用；③ 勿用金属容器盛装；④使用后注意池塘增氧；⑤不宜用于治疗小瓜虫病。

（9）硫酸亚铁（硫酸低铁、绿矾、青矾）。英文名：ferrous sulfate。用于治疗纤毛虫、鞭毛虫等寄生性原虫病。用法与用量：全池泼洒，浓度为0.2 mg/L（与硫酸铜合用）。注意事项：① 治疗寄生性原虫病时需与硫酸铜合用；② 乌鳢慎用。

（10）高锰酸钾（灰锰氧、锰强灰）。英文名：potassium permanganate。用于杀灭锚头鳋。用法与用量：浸浴，浓度为10～20 mg/L，时间为15～30 min；全池泼洒，浓度为4～7 mg/L。注意事项：① 水中有机物含量高时药效降低；② 不宜在强烈阳光下使用。

（11）四烷基季铵盐络合碘（季铵盐含量为50%）。用于杀灭病毒、细菌、纤毛虫、藻类。用法与用量：全池泼洒，浓度为0.3 mg/L。注意事项：① 勿与碱性物质同时使用；② 勿与阴性离子表面活性剂混用；③ 使用后注意池塘增氧；④ 勿用金属容器盛装。

（12）大蒜。英文名：crown's streacle，garlic。用于防治细菌性肠炎。用法与用量：拌饵投喂，每千克体重用量为10～30 g，连用4～6 d。

（13）大蒜素粉（含大蒜素10%）。用于防治细菌性肠炎。用法与用量：每千克体重用量为0.2 g，连用4～6 d。

（14）大黄。英文名：medicinal rhubarb。用于防治细菌性肠炎、烂鳃。用法与用量：全池泼洒，浓度为2.5～4.0 mg/L；拌饵投喂，每千克体重用量为5～10 g，连用4～6 d。注意事项：投喂时常与黄芩、黄柏合用（三者比例为5∶2∶3）。

（15）黄芩。英文名：raikai skullcap。用于防治细菌性肠炎、烂鳃、赤皮、出血病。用法与用量：拌饵投喂，每千克体重用量为2～4 g，连用4～6 d。注意事项：投喂时需与大黄、黄芩合用（三者比例为2∶5∶3）。

（16）黄柏。英文名：amur corktree。用于防治细菌性肠炎、出血。用法与用量：拌饵投喂，每千克体重2～6 g，连用4～6 d。注意事项：投喂时需与大黄、黄芩合用（三者比例为3∶5∶2）。

（17）五倍子。英文名：chinese sumac。用于防治细菌性烂鳃、赤皮、白皮、疖疮。用法与用量：全池泼洒，浓度为2～4 mg/L。

（18）穿心莲。英文名：common andrographis。用于防治细菌性肠炎、烂鳃、赤皮。用法与用量：全池泼洒，浓度为15～20 mg/L；拌饵投喂，每千克体重用量为10～20 g，连用4～6 d。

（19）苦参。英文名：lightyellow sophora。用于防治细菌性肠炎、竖鳞病。用法与用量：全池泼洒，浓度为1.0～1.5 mg/L；拌饵投喂，每千克体重用量为1～2 g，连用4～6 d。

（20）土霉素。英文名：oxytetracycline。用于治疗肠炎病、弧菌病。用法与用量：拌饵投喂，每千克体重用量为50～80 mg，连用4～6 d（海水鱼类相同。虾类，每千克体重用量为50～80 mg，连用5～10 d）。休药期：鳗鲡≥30 d，鲇鱼≥21 d。注意事项：勿与铝、镁离子及卤素、碳酸氢钠、凝胶合用。

（21）噁喹酸。英文名：oxslinic acid。用于治疗细菌肠炎病、赤鳍病，香鱼、对虾弧菌病，鲈鱼结节病，鲕鱼疖疮病。用法与用量：拌饵投喂，每千克体重用量为10～3 mg/kg，连用5～7 d（海水鱼类，每千克体重用量为1～20 mg，连用5～7 d；对虾，每千克体重用量为6～60 mg，连用5 d）。休药期：鳗鲡≥25 d，香鱼、鲤鱼≥21 d，其他鱼类≥16 d。注意事项：用药量不同的疾病有所增减。

（22）磺胺嘧啶（磺胺哒嗪）。英文名：sulfadiazine。用于治疗鲤科鱼类的赤皮病、肠炎病，海水鱼链球菌病。用法与用量：拌饵投喂，每千克体重用量为100 mg，连用5 d。注意事项：① 与甲氯苄氨嘧啶同用，可产生增效作用；② 第一天药量加倍。

（23）磺胺甲噁唑（新诺明、新明磺）。英文名：sulfamethoxazole。用于治疗鲤科鱼类的肠炎病。用法与用量：拌饵投喂，每千克体重用量为100 mg，连用5～7 d。注意事项：① 不能与酸性药物同用；② 与甲氧苄氨嘧啶同用，可产生增效作用；③ 第一天药量加倍。

（24）磺胺间甲氧嘧啶（制菌磺、磺胺-6-甲氧嘧啶）。英文名：sulfamonomethoxine。用鲤科鱼类的竖鳞病、赤皮病及弧菌病。用法与用量：拌饵投喂，每千克体重用量为50～100 mg，连用4～6 d。休药期：鳗鲡≥37 d。注意事项：① 与甲氧苄氨嘧啶同用，可产生增效作用；② 第一天药量价倍。

（25）氟苯尼考。英文名：florfenicol。用于治疗鳗鲡爱德华氏病、赤鳍病。用法与用量：拌饵投喂，每千克体重用量为10.0 mg，连用4～6 d。休药期：（鳗鲡）≥7 d。

（26）聚维酮碘（聚乙烯吡咯烷酮碘、皮维碘、PVP-1、碘伏）（有效碘1.0%）。英文名：povidone-iodine。用于防治细菌烂鳃病、弧菌病、鳗鲡红头病。并可用于预防病毒病，如草鱼出血病、传染性胰腺坏死病、传染性造血组织坏死病、病毒性出血败血症。用法与用量：全池泼洒，海、淡水幼鱼、幼虾，浓度为0.2～0.5 mg/L；海、淡水成鱼、成虾，浓度为1～2 mg/L；鳗鲡，浓度为2～4 mg/L；浸浴，草鱼鱼种，浓度为30 mg/L，时间为15～20 min；鱼卵，浓度为30～50 mg/L（海水鱼卵：25～30 mg/L），时间为5～15 min。注意事项：① 勿与金属物品接触；② 勿与季氨盐类消毒剂直接混合使用。

注意：用法与用量处未写明海水鱼类与虾类的均适用于淡水鱼类，休药期为强制性。

4. 无公害食品渔用配合饲料安全限量

根据《无公害食品　渔用配合饲料安全限量》（NY 5072—2002），渔用配合饲料的安全指标限量见表12-3。

表12-3　渔用配合饲料的安全指标限量表

项目	限量	适用范围
铅（以Pb计）/（mg/kg）	≤5.0	各类渔用配合饲料
汞（以Hg计）/（mg/kg）	≤0.5	各类渔用配合饲料
无机砷（以As计）/（mg/kg）	≤3	各类渔用配合饲料

续表

项目	限量	适用范围
镉（以Cd计）/（mg/kg）	≤3	海水鱼类、虾类配合饲料
	≤0.5	其他渔用配合饲料
铬（以Cr计）/（mg/kg）	≤10	各类渔用配合饲料
氟（以F计）/（mg/kg）	≤350	各类渔用配合饲料
游离棉酚/（mg/kg）	≤300	温水杂食性鱼类、虾类配合饲料
	≤150	冷水性鱼类、海水鱼类配合饲料
氰化物/（mg/kg）	≤50	各类渔用配合饲料
多氯联苯/（mg/kg）	≤0.3	各类渔用配合饲料
异硫氰酸酯/（mg/kg）	≤500	各类渔用配合饲料
噁唑烷硫酮/（mg/kg）	≤500	各类渔用配合饲料
油脂酸价（KOH）/（mg/g）	≤2	渔用育苗配合饲料
	≤6	渔用育成配合饲料
	≤3	鳗鲡育成配合饲料
黄曲霉毒素B_1/（mg/kg）	≤0.01	各类渔用配合饲料
六六六/（mg/kg）	≤0.3	各类渔用配合饲料
滴滴涕/（mg/kg）	≤0.2	各类渔用配合饲料
沙门氏菌/（CFU/25g）	不得检出	各类渔用配合饲料
霉菌/（CFU/g）	≤3×10^4	各类渔用配合饲料

5.《中华人民共和国兽药管理条例》

第三十八条　兽药使用单位，应当遵守国务院兽医行政管理部门制定的兽药安全使用规定，并建立用药记录。

第三十九条　禁止使用假、劣兽药以及国务院兽医行政管理部门规定禁止使用的药品和其他化合物。禁止使用的药品和其他化合物目录由国务院兽医行政管理部门制定公布。

第四十条　有休药期规定的兽药用于食用动物时，饲养者应当向购买者或者屠宰者提供准确、真实的用药记录；购买者或者屠宰者应当确保动物及其产品在用药期、休药期内不被用于食品消费。

第四十七条　有下列情形之一的，为假兽药：

（1）以非兽药冒充兽药或者以他种兽药冒充此种兽药的；

（2）兽药所含成分的种类、名称与兽药国家标准不符合的。

有下列情形之一的，按照假兽药处理：

（1）国务院兽医行政管理部门规定禁止使用的；

（2）依照本条例规定应当经审查批准而未经审查批准即生产、进口的，或者依照本条例规定应当经抽查检验、审查核对而未经抽查检验、审查核对即销售、进口的；

（3）变质的；

（4）被污染的；

（5）所标明的适应症或者功能主治超出规定范围的。

七、防疫检疫管理规定

1.《中华人民共和国渔业法》

第十七条　水产苗种的进口、出口必须实施检疫，防止病害传入境内和传出境外，具体检疫工作按照有关动植物进出境检疫法律、行政法规的规定执行。

2.《水产苗种管理办法》

第十八条　县级以上地方人民政府渔业行政主管部门应当加强对水产苗种的产地检疫。

国内异地引进水产苗种的，应当先到当地渔业行政主管部门办理检疫手续，经检疫合格后方可运输和销售。

检疫人员应当按照检疫规程实施检疫，对检疫合格的水产苗种出具检疫合格证明。

第二十八条　进口、出口水产苗种应当实施检疫，防止病害传入境内和传出境外，具体检疫工作按照《中华人民共和国进出境动植物检疫法》等法律法规的规定执行。

第二十九条　水产苗种进口实行属地监管。

进口单位和个人在进口水产苗种经出入境检验检疫机构检疫合格后，应当立即向所在地省级人民政府渔业行政主管部门报告，由所在地省级人民政府渔业行政主管部门或其委托的县级以上地方人民政府渔业行政主管部门具体负责入境后的监督检查。

第三十条　进口未列入水产苗种进口名录的水产苗种的，进口单位和个人应当在该水产苗种经出入境检验检疫机构检疫合格后，设置专门场所进行试养，特殊情况下应在农业部指定的场所进行。

3.《中华人民共和国动物防疫法》

第四条　根据动物疫病对养殖业生产和人体健康的危害程度，本法规定的动物疫病分为下列三类：

一类疫病，是指口蹄疫、非洲猪瘟、高致病性禽流感等对人、动物构成特别严重危害，可能造成重大经济损失和社会影响，需要采取紧急、严厉的强制预防、控制等措施的；

二类疫病，是指狂犬病、布鲁氏菌病、草鱼出血病等对人、动物构成严重危害，可能造成较大经济损失和社会影响，需要采取严格预防、控制等措施的；

三类疫病，是指大肠杆菌病、禽结核病、鳖鳃腺炎病等常见多发，对人、动物构成危害，可能造成一定程度的经济损失和社会影响，需要及时预防、控制的。

前款一、二、三类动物疫病具体病种名录由国务院农业农村主管部门制定并公布。国务院农业农村主管部门应当根据动物疫病发生、流行情况和危害程度，及时增加、减少或者调整一、二、三类动物疫病具体病种并予以公布。

人畜共患传染病名录由国务院农业农村主管部门会同国务院卫生健康、野生动物保护等主管部门制定并公布。

八、食品生产经营主体责任管理规定

《中华人民共和国食品安全法》

第四条 食品生产经营者对其生产经营食品的安全负责。

食品生产经营者应当依照法律、法规和食品安全标准从事生产经营活动，保证食品安全，诚信自律，对社会和公众负责，接受社会监督，承担社会责任。

第四十四条 食品生产经营企业应当建立健全食品安全管理制度，对职工进行食品安全知识培训，加强食品检验工作，依法从事生产经营活动。

食品生产经营企业的主要负责人应当落实企业食品安全管理制度，对本企业的食品安全工作全面负责。

食品生产经营企业应当配备食品安全管理人员，加强对其培训和考核。经考核不具备食品安全管理能力的，不得上岗。食品药品监督管理部门应当对企业食品安全管理人员随机进行监督抽查考核并公布考核情况。监督抽查考核不得收取费用。

第四十五条 食品生产经营者应当建立并执行从业人员健康管理制度。患有国务院卫生行政部门规定的有碍食品安全疾病的人员，不得从事接触直接入口食品的工作。

从事接触直接入口食品工作的食品生产经营人员应当每年进行健康检查，取得健康证明后方可上岗工作。

第四十七条 食品生产经营者应当建立食品安全自查制度，定期对食品安全状况进行检查评价。生产经营条件发生变化，不再符合食品安全要求的，食品生产经营者应当立即采取整改措施；有发生食品安全事故潜在风险的，应当立即停止食品生产经营活动，并向所在地县级人民政府食品药品监督管理部门报告。

第四十九条 食用农产品生产者应当按照食品安全标准和国家有关规定使用农药、肥料、兽药、饲料和饲料添加剂等农业投入品，严格执行农业投入品使用安全间隔期或者休药期的规定，不得使用国家明令禁止的农业投入品。禁止将剧毒、高毒农

药用于蔬菜、瓜果、茶叶和中草药材等国家规定的农作物。

食用农产品的生产企业和农民专业合作经济组织应当建立农业投入品使用记录制度。

县级以上人民政府农业行政部门应当加强对农业投入品使用的监督管理和指导，建立健全农业投入品安全使用制度。

第五十条　食品生产者采购食品原料、食品添加剂、食品相关产品，应当查验供货者的许可证和产品合格证明；对无法提供合格证明的食品原料，应当按照食品安全标准进行检验；不得采购或者使用不符合食品安全标准的食品原料、食品添加剂、食品相关产品。

食品生产企业应当建立食品原料、食品添加剂、食品相关产品进货查验记录制度，如实记录食品原料、食品添加剂、食品相关产品的名称、规格、数量、生产日期或者生产批号、保质期、进货日期以及供货者名称、地址、联系方式等内容，并保存相关凭证。记录和凭证保存期限不得少于产品保质期满后6个月；没有明确保质期的，保存期限不得少于2年。

第五十一条　食品生产企业应当建立食品出厂检验记录制度，查验出厂食品的检验合格证和安全状况，如实记录食品的名称、规格、数量、生产日期或者生产批号、保质期、检验合格证号、销售日期以及购货者名称、地址、联系方式等内容，并保存相关凭证。记录和凭证保存期限应当符合本法第五十条第二款的规定。

第六十四条　食用农产品批发市场应当配备检验设备和检验人员或者委托符合本法规定的食品检验机构，对进入该批发市场销售的食用农产品进行抽样检验；发现不符合食品安全标准的，应当要求销售者立即停止销售，并向食品药品监督管理部门报告。

第六十五条　食用农产品销售者应当建立食用农产品进货查验记录制度，如实记录食用农产品的名称、数量、进货日期以及供货者名称、地址、联系方式等内容，并保存相关凭证。记录和凭证保存期限不得少于6个月。

第六十六条　进入市场销售的食用农产品在包装、保鲜、贮存、运输中使用保鲜剂、防腐剂等食品添加剂和包装材料等食品相关产品，应当符合食品安全国家标准。

九、有机产品管理规定

根据《有机产品　生产、加工、标识与管理体系要求》（GB/T 19630—2019），有机产品管理体系的基本要求、文件要求、资源管理、内容检查等内容如下：

1. 基本要求

有机生产者、有机产品加工者、有机经营者（简称有机产品生产、加工、经营者）应有合法的土地使用权和/或合法的经营证明文件。

2. 文件要求

管理体系的文件应包括生产单元或加工、经营等场所位置图，管理手册，操作规程，系统记录。管理体系所要求的文件应是最新有效的，应确保在使用时可获得适用文件的有效版本。

3. 资源管理

有机生产、加工、经营者应具备与其规模和技术相适应的资源。应配备有机生产、加工、经营的管理者；应配备内部检查员。

4. 内部检查

应建立内部检查制度，以保证管理体系及有机生产、有机加工过程符合本标准的要求。内部检查应由内部检查员来承担，每年至少进行一次内部检查。

5. 可追溯体系与产品召回

有机生产、加工、经营者应建立完善的可追溯体系，保持可追溯的生产全过程的详细记录（如地块图、农事活动记录、加工记录、仓储记录、出入库记录、销售记录等）以及可跟踪的生产批号系统。有机生产、加工、经营者应建立和保持有效的产品召回制度，包括产品召回的条件，召回产品的处理、采取的纠正措施、产品召回的演练等，并保留产品召回过程中的全部记录，包括召回、通知、补救、原因、处理等。

6. 投诉

有机生产、加工、经营者应建立和保持有效的处理客户投诉的程序，并保留投诉处理全过程的记录，包括投诉的接受、登记、确认、调查、跟踪、反馈。

7. 持续改进

有机生产、加工、经营者应持续改进其管理体系的有效性，促进有机生产、加工和经营的健康发展，以消除不符合或潜在不符合有机生产、有机加工和经营的因素。有机生产、加工和经营者应确定不符合的原因，评价确保不符合不再发生的措施的需求，确定和实施所需的措施，记录所采取措施的结果，评审所出去的纠正或预防措施。

十、绿色产品管理

《绿色产品标识使用管理办法》（国家市场监督管理总局公告2019年第20号）

第一章　总则

第一条　为加快推进生态文明体制建设，规范绿色产品标识使用，依据国家有关法律、行政法规以及《生态文明体制改革总体方案》、《国务院办公厅关于建立统一的绿色产品标准、认证、标识体系的意见》（国办发〔2016〕86号）的相关要求，按照"市场导向、开放共享、社会共治"的原则，制定本办法。

第二条　市场监管总局统一发布绿色产品标识，建设和管理绿色产品标识信息平台，并对绿色产品标识使用实施监督管理。

结合绿色产品认证制度建立实际情况，相关认证机构、获证企业根据需要自愿使用绿色产品标识。使用绿色产品标识时，应遵守本办法所规定相关要求。

第三条　绿色产品标识适用范围。

认证活动一：认证机构对列入国家统一的绿色产品认证目录的产品，依据绿色产品评价标准清单中的标准，按照市场监管总局统一制定发布的绿色产品认证规则开展的认证活动；

认证活动二：市场监管总局联合国务院有关部门共同推行统一的涉及资源、能源、环境、品质等绿色属性（如环保、节能、节水、循环、低碳、再生、有机、有害物质限制使用等，简称绿色属性）的认证制度，认证机构按照相关制度明确的认证规则及评价依据开展的认证活动；

市场监管总局联合国务院有关部门共同推行的涉及绿色属性的自我声明等合格评定活动。

十一、地理标志产品的管理

《农产品地理标志管理办法》经2007年12月6日农业部第15次常务会议审议通过，2007年12月25日农业部令第11号发布，自2008年2月1日起施行。2019年4月25日农业农村部令2019年第2号修改。其主要内容介绍如下：

（1）为规范农产品地理标志的使用，保证地理标志农产品的品质和特色，提升农产品市场竞争力，依据《中华人民共和国农业法》《中华人民共和国农产品质量安全法》相关规定，制定本办法。

（2）本办法所称农产品是指来源于农业的初级产品，即在农业活动中获得的植物、动物、微生物及其产品。本办法所称农产品地理标志，是指标示农产品来源于特定地域，产品品质和相关特征主要取决于自然生态环境和历史人文因素，并以地域名称冠名的特有农产品标志。

（3）国家对农产品地理标志实行登记制度。经登记的农产品地理标志受法律保护。

（4）农业部负责全国农产品地理标志的登记工作，农业部农产品质量安全中心负责农产品地理标志登记的审查和专家评审工作。省级人民政府农业行政主管部门负责本行政区域内农产品地理标志登记申请的受理和初审工作。农业部设立的农产品地理标志登记专家评审委员会，负责专家评审。农产品地理标志登记专家评审委员会由种植业、畜牧业、渔业和农产品质量安全等方面的专家组成。

（5）农产品地理标志登记不收取费用。县级以上人民政府农业行政主管部门应当将农产品地理标志管理经费编入本部门年度预算。

（6）县级以上地方人民政府农业行政主管部门应当将农产品地理标志保护和利用纳入本地区的农业和农村经济发展规划，并在政策、资金等方面予以支持。

（7）申请地理标志登记的农产品，应当符合下列条件：称谓由地理区域名称和农产品通用名称构成；产品有独特的品质特性或者特定的生产方式；产品品质和特色主要取决于独特的自然生态环境和人文历史因素；产品有限定的生产区域范围；产地环境、产品质量符合国家强制性技术规范要求。

（8）农产品地理标志登记申请人为县级以上地方人民政府根据相关条件择优确定的农民专业合作经济组织、行业协会等组织。

（9）符合农产品地理标志登记条件的申请人，可以向省级人民政府农业行政主管部门提出登记申请，并提交申请材料。

（10）省级人民政府农业行政主管部门自受理农产品地理标志登记申请之日起，应当在45个工作日内完成申请材料的初审和现场核查，并提出初审意见。符合条件的，将申请材料和初审意见报送农业部农产品质量安全中心；不符合条件的，应当在提出初审意见之日起10个工作日内将相关意见和建议通知申请人。

（11）农业部农产品质量安全中心应当自收到申请材料和初审意见之日起20个工作日内，对申请材料进行审查，提出审查意见，并组织专家评审。

（12）经专家评审通过的，由农业部农产品质量安全中心代表农业部对社会公示。

（13）农产品地理标志登记证书长期有效。

（14）农产品地理标志实行公共标识与地域产品名称相结合的标注制度。公共标识基本图案见附图。农产品地理标志使用规范由农业部另行制定公布。

（15）符合下列条件的单位和个人，可以向登记证书持有人申请使用农产品地理标志。①生产经营的农产品产自登记确定的地域范围；②已取得登记农产品相关的生产经营资质；③能够严格按照规定的质量技术规范组织开展生产经营活动；④具有地理标志农产品市场开发经营能力。

（16）农产品地理标志使用人享有以下权利：可以在产品及其包装上使用农产品地理标志；可以使用登记的农产品地理标志进行宣传和参加展览、展示及展销。

（17）农产品地理标志使用人应当履行以下义务：自觉接受登记证书持有人的监督检查；保证地理标志农产品的品质和信誉；正确规范地使用农产品地理标志。

（18）县级以上人民政府农业行政主管部门应当加强农产品地理标志监督管理工作，定期对登记的地理标志农产品的地域范围、标志使用等进行监督检查。

（19）地理标志农产品的生产经营者，应当建立质量控制追溯体系。农产品地理标志登记证书持有人和标志使用人，对地理标志农产品的质量和信誉负责。

（20）任何单位和个人不得伪造、冒用农产品地理标志和登记证书。

（21）国家鼓励单位和个人对农产品地理标志进行社会监督。

（22）从事农产品地理标志登记管理和监督检查的工作人员滥用职权、玩忽职守、徇私舞弊的，依法给予处分；涉嫌犯罪的，依法移送司法机关追究刑事责任。

（23）违反本办法规定的，由县级以上人民政府农业行政主管部门依照《中华人民共和国农产品质量安全法》有关规定处罚。

（24）农业部接受国外农产品地理标志在中华人民共和国的登记并给予保护，具体办法另行规定。

第二节 执法程序与处罚

一、水产养殖与水产品质量安全执法检查程序和内容

1. 水产养殖与水产品质量安全执法检查应遵循的程序

（1）进入被检查场区：

1）向单位法人（或法人授权人）、养殖户主告知自己的执法身份；

2）出示渔业行政执法证件；

3）说明执法检查内容。

（2）检查办公场所：

1）检查水产苗种生产许可证及年审情况；

2）查看各种规章制度、操作规程是否完善。

（3）检查饵料、药品仓库：

1）检查仓库内有无违禁药品；

2）检查药品入库、出库记录是否完整齐全。

（4）检查育苗生产或养殖场所：

1）检查生产记录、用药记录、销售记录；

2）实地察看育苗池、养殖池塘，并仔细检查有无使用违禁药品情况；

3）根据实际情况决定是否执法抽样检查。

（5）根据本次执法检查情况做出总结：

1）对好的做法给予肯定；

2）对不足之处提出要求；

3）发现违法违规生产的，视具体情况依据有关法律、法规下达责令整改通知书。必要时，做好现场笔录、询问笔录；登记保存有关证据，立案处罚。

（6）结束检查。

2. 水产养殖执法检查应注意的问题

（1）实施水产养殖执法检查应当身着制服、佩戴标志、出示执法证件。

（2）实施水产养殖执法检查应有被检查人在现场，实施公开检查。

（3）实施水产养殖执法检查按照法定时间或正常时间进行。对于法律法规对检查行为的实施过程或特定方式的采取有时间规定的，检查主体必须予以遵守。

（4）严格按照执法检查的权限规定实施检查。

（5）检查过程中发现被检查单位或个人有轻微错误时，应以人为本，说服教育，促其改正。需要采取强制措施的应依法实行，无正当而充分的理由应当慎重使用。

（6）特别检查的实施应按法律规定进行。对涉及公民基本权利的某些特别检查，应当符合法定的特别要件和方式，如对公民住宅的检查，要有专门的检查证等。

（7）检查人员负有保守秘密的义务。

3. 水产养殖执法检查的范围

重点检查水产苗种生产经营企业（自繁自育的除外）、水产品养殖单位和个人以及县级以上水产品批发市场经营的水产苗种和水产品。

4. 水产养殖执法检查的检查重点及内容

根据《中华人民共和国渔业法》《中华人民共和国农产品质量安全法》《水产苗种管理办法》《水产养殖质量安全管理规定》等法律法规的规定，重点检查以下几个方面的内容：

（1）生产经营合法性检查，即"两证"检查。根据《中华人民共和国渔业法》规定，在全民所有水域滩涂从事水产养殖生产的单位和个人应依法申领养殖证；苗种生产经营企业应依法领取苗种生产经营许可证（渔业生产者自育、自用水产苗种的除外）。

（2）生产过程中水产品质量安全检查。

1）检查生产经营过程中标准、规范的执行情况。苗种生产经营及水产养殖企业（户）应严格执行国家、行业地方或企业制定的标准、生产操作规程。销售的苗种及水产品应符合相关质量标准。

2）检查质量安全管理制度建设及其执行情况。苗种生产经营及水产养殖企业（户）应建立和执行《水产养殖生产记录》（含苗种生产，下同）、《水产养殖用药记录》（含苗种生产，下同）和销售记录等质量安全管理制度。

3）查处使用禁用药物和不执行休药期规定的行为。苗种生产经营及水产养殖企业（户）不得购买、贮存和使用国家明令禁止使用的药物及其他化合物；生产的苗种和养殖产品必须符合相关质量标准，药残不得超标，禁用药物不得检出。重点检查硝基呋喃类、孔雀石绿、氯霉素、己烯雌酚等禁用药物和销售尚在用药期、休药期内的水产品用于消费的行为。

5. 水产品批发市场检查的内容

对县级以上水产品批发市场应建立和实施市场准入情况检查。重点检查水产品批发市场对完善产地证明、抽查检测进场水产品等质量安全管理措施的落实情况。

6. 执法人员实施水产养殖执法检查应具有的知识

（1）必须会识别《水域滩涂养殖证使用》《水产苗种生产许可证》《无公害农产品产地认定证书》《无公害农产品认证证书》及其填写内容和证书标准样式，及时发现相关违法行为。

（2）要了解国家规定的水产养殖企业或个人必须填写的池塘养殖档案内容和要求。

（3）熟悉国家、农业农村部颁布的有关法律法规，熟悉禁用渔药等水产养殖投入品的类别、名称、主要化学成分，把握国家对渔用兽药标签的要求。坚持执法与服务相结合，边检查边向水产品生产和经营单位或个人宣传国家的法律法规，热情地为生产者提供相关的服务，为开展水产养殖执法检查创造良好的条件。

（4）全面掌握本地区水产苗种生产经营、水产品养殖企业（户）及水产品批发市场基本情况（主要包括企业法人或生产者名称、地址、生产规模、许可证或养殖证号、主要生产品种、年产量、联系方式等），建立数据库和相关企业（户）档案，为开展水产养殖执法检查工作奠定好的基础。由于水产养殖执法检查面对的群体和内容相当复杂，有大企业，也有个体养殖户；有证件检查，也有投入品检查。水产养殖水面分散偏远，特别是当前开展水产养殖执法的对象与过去传统的渔政执法有根本的不同，渔业行政执法人员对其基本情况了解很少，甚至不了解，因此，做好调查摸底，掌握第一手资料，是做好水产养殖执法检查的基础性工作，也是一项重要的工作。

7. 水产养殖相关突发事件的处理要点

对于发生的消费者中毒事故、人鱼共患疫病、水产养殖相关的突发事件，必须快速反应，有效控制事态发展。

（1）按规定迅速报告。渔业行政执法主体应敏锐地觉察到此类事件可能存在的重大严重后果。执法机构须及时向渔业主管部门报告。如果事态重大，渔业主管部门应尽快报告当地政府和上级渔业主管部门。

（2）冷静制定对策。根据事件发生的原因和渔业行政主管部门应承担的职责，渔业行政主管部门应尽快召集有关单位制定有效的应急对策，有预案的要尽快启动预案。

（3）寻求相关部门的支持。对涉及食安、工商、质监、卫生、农业、公安等部门的事件，要尽快通报或移交。对本部门难以独立承担的，要积极寻求其他部门的支持配合。

（4）控制事态发展。迅速查明问题水产品生产源头，防止问题水产品继续流失、扩散。

（5）妥善处置。查明原因并控制事态后，对由于养殖生产者主观原因引起的水产品质量安全问题，必须追究责任，做出处罚；对不属于养殖生产自身原因而遭受损失的，应争取政府予以一定补偿；对最终证实不存在质量安全问题的，要尽快通过公示等方式恢复养殖生产者的声誉。

二、水产养殖与水产品质量安全调查取证要点

1. 养殖用药违法的调查取证

（1）检查药房、饲料仓库。查看药品标签、说明书以及标签上的产品批准文号、兽用标志、有效期等信息，以初步判断是否存有或使用禁用兽药、假劣药（过期、变质、无批准文号）、原料药、人用药。一般情况下，用无任何标识的塑料袋分装的"白包药"很可能是原料药，有的甚至是禁用药，使用者也可能不知道真实品名。35 kg大桶装的一般是原料药。人用药无兽药标志。

（2）检查养殖用药记录。

（3）检查养殖场现场。① 池边塘头随意遗弃的药物包装袋（瓶），这些迹象往往比药房检查看到的更真实；② 水桶等器皿、水泥池壁、加热管、充氧管等是否残留有禁药痕迹（主要指孔雀石绿的墨绿色金属光泽，需区分的是高锰酸钾残留呈紫红色，硫酸铜残留呈天蓝色）；③ 水产品体表特别是伤口是否呈绿色。

（4）抽取涉嫌使用禁药的水产品做药残检测。① 采集足够样本，包括复检的备样；② 防止抽样过程中被调包；③ 做好现场笔录和抽样取证凭证；④ 当场封样，并要求当事人签字确认，若当事人拒签则摄录当事人及整个封样过程；⑤ 送交具备资质的检测机构委托检验。

（5）针对性选择药残检测项目。一般只检测禁用兽药残留，如孔雀石绿、硝基呋喃类（呋喃唑酮、呋喃西林、呋喃它酮）、氯霉素和已烯雌酚是最常见的禁用兽药。

（6）调查邻近养殖场。如使用五氯酚钠禁用兽药清塘或者使用非兽药的三唑磷、氰化物等剧毒化学晶清塘的，可能引起邻近养殖场死鱼事故，可作为旁证。

2. 监督抽查呈阳性样品案件的调查取证

（1）由执法机构送达检验报告，同时启动调查程序。

（2）检查药房、饲料仓库、养殖现场和用药记录。

（3）询问当事人（包括负责人、技术人员、操作员工）。分开询问以防止串供。

（4）告知申请复检权利。通常检验报告格式中载明的复检期限为15 d。按照有利于相对人原则，告知当事人复检期限以检验报告送达后15 d为宜。

（5）不得重新现场抽样。因为重新抽样检测结果可能不一致，复检只能采用原抽样时的备样。重新抽样唯一的例外是，当初官方抽样程序存在严重问题，其检验报告已不能作为有效证据的情形。

（6）清点并封存涉案水产品。以登记保存或查封扣押的方式对涉嫌使用禁药的水产品作就地封存，结案前不得擅自转移，但暂时允许继续喂养。

3. 养殖用药记录调查的内容

随着执法检查的深入，养殖场向执法人员展示的用药记录一般不会记载禁用兽药等内容。外观过于整齐干净、墨迹一致、填写流畅的用药记录，其真实性往往较差。当事人不能提供或不愿提供用药记录时，往往声称其因生态养殖而从不用药。因此，在检查时从以下几方面着手：

（1）使用过的兽药与用药记录不符。证据的调查主要包括当事人口述笔录、存放的药物及开封使用的迹象、药物包装袋和施药用具等。

（2）用药记录的内容难以理解，如使用他人无法正确理解的符号、图形，或采用的药物简称导致可能做出多种解读。

（3）部分时段、部分养殖地的用药记录缺失。

（4）用药记录的具体项目较规定格式严重缺少。

4. 养殖证违法的调查要点

（1）确定水域权属。首先要确定养殖水面是否为国有水域（非集体所有土地或水域）。一般而言，河流、湖泊及其附属水体以及大中型水库属全民所有。

（2）确定对航行、行洪的影响。如认定当事人养殖设施影响航行、行洪，必须找出政府部门发布的有关航道、行洪道的规定或公告。必要时也可商请海事、水利部门进行现场勘验，并出具鉴定意见。

5. 水产苗种生产许可违法问题的调查要点

（1）确定未经许可生产的事实。如果苗种场的名称、场地、生产品种等主要许可内容与许可证内容不符或发生了重大改变，即便当事人使用了他人证书或沿用的原许可证未作变更，仍视为非法（未经许可）生产水产苗种。

（2）确定生产苗种的用途。由于生产自育自用的苗种无须申领许可证，一些苗种场可能以此为借口规避法律责任。因此，要找出销售证据（如相关记录、合同、账目、收据和客户证词等）。此外，还可要求当事人提供其自养面积的证明，或通过育苗规模、自养面积、常规养殖密度等资料，判断是否所有生产出来的苗种均用于自养。

（3）确定已生产和销售的苗种数量及价值。这是没收违法所得和没收非法生产的水产苗种的前提。

三、水产养殖与水产品质量安全违法行为认定与处罚

（一）水产养殖类认定与处罚

1. 未依法取得水产养殖证在全民所有的水域从事养殖生产行为的处罚

（1）违法主体：全民所有的水域从事水产养殖的单位和个人。

（2）认定标准：

1）养殖水域是否为国有水域；

2）是否实施了养殖行为；

3）是否持有有效的水产养殖证；

4）养殖范围和场所是否与养殖证相符。

（3）违反条款

《中华人民共和国渔业法》第十一条　国家对水域利用进行统一规划，确定可以用于养殖业的水域和滩涂。单位和个人使用国家规划确定用于养殖业的全民所有的水域、滩涂的，使用者应当向县级以上地方人民政府渔业行政主管部门提出申请，由本级人民政府核发养殖证，许可其使用该水域、滩涂从事养殖生产。核发养殖证的具体办法由国务院规定。

集体所有的或者全民所有由农业集体经济组织使用的水域、滩涂，可以由个人或者集体承包，从事养殖生产。

（4）行政处罚及依据：

1）处罚主体：县级以上人民政府渔业行政主管部门。

2）处罚依据：

《中华人民共和国渔业法》第四十条第二款　未依法取得养殖证擅自在全民所有的水域从事养殖生产的，责令改正，补办养殖证或者限期拆除养殖设施。

2. 超越养殖证许可范围在全民所有的水域从事养殖生产的处罚

（1）违法主体：全民所有的水域从事水产养殖的单位和个人。

（2）认定标准：

1）养殖水域是否为国有水域；

2）是否持有有效的水产养殖证；

3）养殖范围和场所是否与养殖证相符。

（3）违反条款内容同"1. 未依法取得水产养殖证在全民所有的水域从事养殖生产行为的处罚"。

（4）行政处罚及依据：

1）处罚主体：县级以上人民政府渔业行政主管部门。

2）处罚依据：

《中华人民共和国渔业法》第四十条第三款　未依法取得养殖证或者超越养殖证许可范围在全民所有的水域从事养殖生产，妨碍航运、行洪的，责令限期拆除养殖设施，可以并处1万元以下的罚款。

3. 使用全民所有的水域、滩涂从事养殖生产，无正当理由使水域、滩涂荒芜满一

年的行为的处罚

（1）违法主体：全民所有的水域从事水产养殖的单位和个人。

（2）认定标准：

1）养殖水域是否为国有水域；

2）是否实施了养殖行为；

3）是否持有有效的水产养殖证。

4）是否无正当理由使水域、滩涂荒芜满一年。

（3）违反条款内容同"1.未依法取得水产养殖证在全民所有的水域从事养殖生产行为的处罚"。

（4）行政处罚及依据：

1）处罚主体：县级以上人民政府渔业行政主管部门，其中吊销养殖证需由发放养殖证的县级以上人民政府。

2）处罚依据：

《中华人民共和国渔业法》第四十条第一款　使用全民所有的水域、滩涂从事养殖生产，无正当理由使水域、滩涂荒芜满一年的，由发放养殖证的机关责令限期开发利用；逾期未开发利用的，吊销养殖证，可以并处1万元以下的罚款。

4.未建立或者未按规定保存水产品生产记录的，或者伪造水产品生产记录的行为的处罚

（1）违法主体：水产品生产企业和专业合作经济组织。

（2）认定标准：

1）是否建立《水产养殖生产记录》；

2）《水产养殖生产记录》是否真实、完整；是否与其养殖情况相符；是否按规定期限保存《水产养殖生产记录》。

（3）违反条款：

《中华人民共和国农产品质量安全法》第二十七条　农产品生产企业和农民专业合作经济组织应当建立农产品生产记录，如实记载下列事项："① 使用农业投入品的名称、来源、用法、用量和使用、停用的日期；② 动物疫病、植物病虫害的发生和防治情况；③ 收获、屠宰或者捕捞的日期；农产品生产记录应当保存两年；禁止伪造农产品生产记录；国家鼓励其他农产品生产者建立农产品生产记录"。

（4）行政处罚及依据：

1）处罚主体：县级以上人民政府渔业行政主管部门。

2）处罚依据：

《中华人民共和国农产品质量安全法》第六十九条　农产品生产企业、农民专业

合作社、农业社会化服务组织未依照本法规定建立、保存农产品生产记录，或者伪造、变造农产品生产记录的，由县级以上地方人民政府农业农村主管部门责令限期改正；逾期不改正的，处2 000元以上2万元以下罚款。

（二）水产苗种生产经营类认定与处罚

1. 未取得水产苗种生产许可证或取得苗种生产许可证而未按许可规定生产水产苗种的行为的处罚

（1）违法主体：非法生产水产苗种的单位和个人（自育、自用水产苗种的除外）。

（2）认定标准：主要检查行为人从事水产苗种生产是否取得水产苗种生产许可证及是否按照许可所规定的生产范围、种类进行生产。

（3）违反条款：

《中华人民共和国渔业法》第十六条第三款　水产苗种的生产由县级以上地方人民政府渔业行政主管部门审批。但是，渔业生产者自育、自用水产苗种的除外。

（4）行政处罚及依据：

1）处罚主体：县级以上人民政府渔业行政主管部门或者其所属的渔政监督管理机构。

2）处罚依据：

《中华人民共和国渔业法》第四十四条第一款　非法生产、进口、出口水产苗种的，没收苗种和违法所得，并处5万元以下的罚款。

2. 非法进口、出口水产苗种行为的处罚

（1）违法主体：非法进口、出口水产苗种的单位和个人。

（2）认定标准：主要检查进口、出口的水产苗种是否有相关部门的批准证明。

（3）违反条款：

《中华人民共和国渔业法》第十六条第二款　水产苗种的进口、出口由国务院渔业行政主管部门或者省、自治区、直辖市人民政府渔业行政主管部门审批。

（4）行政处罚及依据：

1）处罚主体：县级以上人民政府渔业行政主管部门或者其所属的渔政监督管理机构。

2）处罚依据：同"1. 未取得水产苗种生产许可证或取得苗种生产许可证而未按许可规定生产水产苗种的行为的处罚"。

3. 经营未经审定并由国务院渔业行政主管部门批准的水产新品种的行为的处罚

（1）违法主体：经营水产苗种的单位和个人。

（2）认定标准：主要检查经营的水产新品种是否经全国水产原种和良种审定委员会审定，并由国务院渔业行政主管部门批准后推广。

（3）违反条款：

《中华人民共和国渔业法》第十六条第一款　国家鼓励和支持水产优良品种的选育、培育和推广。水产新品种必须经全国水产原种和良种审定委员会审定，由国务院渔业行政主管部门公告后推广。

（4）行政处罚及依据：

1）处罚主体：县级以上人民政府渔业行政主管部门或者其所属的渔政监督管理机构。

2）处罚依据：

《中华人民共和国渔业法》第四十四条第二款：经营未经审定的水产苗种的，责令立即停止经营，没收违法所得，可以并处5万元以下的罚款。

4.苗种生产不符合质量标准的违法行为的处罚

（1）违法主体：有苗种生产许可证从事苗种生产的单位和个人。

（2）认定标准：主要检查生产的水产苗种是否按生产技术操作规程，是否符合有关质量标准。

（3）违反条款：

《水产苗种管理办法》第十六条　水产苗种的生产应当遵守农业部制定的生产技术操作规程，保证苗种质量。

（4）行政处罚及依据：

1）处罚主体：县级以上人民政府渔业行政主管部门。

2）处罚依据：

《国务院关于加强食品等产品安全监督管理的特别规定》第三条第一、第二、第三、第四款：生产经营者应当对其生产、销售的产品安全负责，不得生产、销售不符合法定要求的产品。依照法律、行政法规规定生产、销售产品需要取得许可证照或需要经过认证的，应当按照法定条件、要求从事生产经营活动。不按照法定条件、要求从事生产经营活动或者生产、销售不符合法定要求产品的，由农业、卫生、质检、商务、工商、药品等监督管理部门依据各自职责，没收违法所得、产品和用于违法生产的工具、设备、原材料等物品，货值金额不足5 000元的，并处5万元罚款；货值金额5 000元以上不足1万元的，并处10万元罚款；货值金额1万元以上的，并处货值金额10倍以上20倍以下的罚款；造成严重后果的，由原发证部门吊销许可证照；构成非法经营罪或者生产、销售伪劣商品罪等犯罪的，依法追究刑事责任。生产经营者不再符合法定条件、要求，继续从事生产经营活动的，由原发证部门吊销许可证照，并在当地主要媒体上公告被吊销许可证照的生产经营者名单；构成非法经营罪或者生产、销售伪劣商品罪等犯罪的，依法追究刑事责任。依法应当取得许可证照而未取得许可证照从事生产经营活动的，由农业、卫生、质检、商务、工商、药品等监督管理部门依据各自职责，没收违法所得、产品和用于违法生产的工具、设备、原材料等物品，货值金额不足1万元的，并处10万元罚款；货值金额1万元以上的，并处货值金额10倍以上20倍以下的罚款；构成非法经营罪的，依法追究刑事责任。

（三）无公害水产品生产类认定与处罚

1. 擅自扩大无公害水产品产地范围行为的处罚

（1）违法主体：无公害水产品生产单位及个人。

（2）认定标准：查验无公害水产品产地认证证书及核准面积是否与标示牌标明的范围、产品品种及实际相符。

（3）违反条款：

《无公害农产品管理办法》第十二条　无公害农产品产地应当树立标示牌，标明范围、产品品种、责任人。

（4）行政处罚及依据：

1）处罚主体：省级农业行政主管部门。

2）处罚依据：

《无公害农产品管理办法》第三十六条　获得无公害农产品产地认定证书的单位或者个人违反本办法，有下列情形之一的，由省级农业行政主管部门予以警告，并责令限期改正；逾期未改正的，撤销其无公害农产品产地认定证书：

a. 无公害农产品产地被污染或者产地环境达不到标准要求的；

b. 无公害农产品产地使用的农业投入品不符合无公害农产品相关标准要求的；

c. 擅自扩大无公害农产品产地范围的。

2. 伪造、冒用、转让、买卖无公害水产品产地认定证书、产品认证证书和标志、标牌行为的处罚

（1）违法主体：水产品生产、销售单位及个人。

（2）认定标准：查验无公害水产品产地、无公害水产品认证证书及核准面积、产品包装是否取得证书及其证书的真实性。

（3）违反条款：

1）《中华人民共和国农产品质量安全法》第三十二条　销售的农产品必须符合农产品质量安全标准，生产者可以申请使用无公害农产品标志。农产品质量符合国家规定的有关优质农产品标准的，生产者可以申请使用相应的农产品质量标志。禁止冒用前款规定的农产品质量标志。

2）《农产品包装和标识管理办法》第十二条　销售获得无公害农产品、绿色食品、有机农产品等质量标志使用权的农产品，应当标注相应标志和发证机构。禁止冒

用无公害农产品、绿色食品、有机农产品等质量标志。

（4）行政处罚及依据：

1）处罚主体：县级以上人民政府农业行政主管部门。

2）处罚依据：

《农产品包装和标识管理办法》第十六条　有下列情形之一的，由县级以上人民政府农业行政主管部门按照《中华人民共和国农产品质量安全法》第四十八条、四十九条、五十一条、五十二条的规定处理、处罚：

使用的农产品包装材料不符合强制性技术规范要求的；农产品包装过程中使用的保鲜剂、防腐剂、添加剂等材料不符合强制性技术规范要求的；应当包装的农产品未经包装销售的；冒用无公害农产品、绿色食品等质量标志的；农产品未按照规定标识的。

《中华人民共和国农产品质量安全法》第五十一条　违反本法第三十二条规定，冒用农产品质量标志的，责令改正，没收违法所得，并处2 000元以上2万元以下罚款。

3. 生产不符合无公害水产品质量标准要求的行为的处罚

（1）违法主体：无公害水产品生产单位及个人。

（2）认定标准：检查是否按照国家及行业标准及操作规程进行生产；检查生产记录是否存在有使用国家禁止的渔业投入品内容。

（3）违反条款：

《中华人民共和国农产品质量安全法》第三十二条　销售的农产品必须符合农产品质量安全标准，生产者可以申请使用无公害农产品标志。农产品质量符合国家规定的有关优质农产品标准的，生产者可以申请使用相应的农产品质量标志。禁止冒用前款规定的农产品质量标志。

（4）行政处罚及依据：

1）处罚主体：县级以上人民政府渔业行政主管部门。

2）处罚依据：

《无公害农产品管理办法》第七章第三十八条　获得无公害农产品认证并加贴标志的产品，经检查、检测、鉴定，不符合无公害农产品质量标准要求的，由县级以上农业行政主管部门或者各地质量监督检验检疫部门责令停止使用无公害农产品标志，由认证机构暂停或者撤销认证证书。

4. 未按照规定进行包装、标识行为的处罚

（1）违法主体：水产品生产企业、农民专业合作经济组织以及从事水产品收购的单位或者个人。

（2）认定标准：查验销售产品的外包装是否符合国家规定。

（3）违反条款：

《中华人民共和国农产品质量安全法》第二十八条　农产品生产企业、农民专业合作经济组织以及从事农产品收购的单位或者个人销售的农产品，按照规定应当包装或者附加标识的，须经包装或者附加标识后方可销售。包装物或者标识上应当按照规定标明产品的品名、产地、生产者、生产日期、保质期、产品质量等级等内容；使用添加剂的，还应当按照规定标明添加剂的名称。具体办法由国务院农业行政主管部门制定。

（4）行政处罚及依据：

1）处罚主体：县级以上人民政府渔业行政主管部门。

2）处罚依据：

《中华人民共和国农产品质量安全法》第四十八条　违反本法第二十八条规定，销售的农产品未按照规定进行包装、标识的，责令限期改正；逾期不改正的，可以处2 000元以下罚款。

5.无公害水产品生产产地环境达不到标准要求行为的处罚

（1）违法主体：无公害水产品生产单位及个人。

（2）认定标准：检查产地周边的生产环境是否存在有污染企业或者影响生产的有毒有害物质。

（3）违反条款：

《无公害农产品管理办法》第九条　无公害农产品产地应当符合下列条件：产地环境符合无公害农产品产地环境的标准要求；区域范围明确；具备一定的生产规模。

（4）行政处罚及依据：

1）处罚主体：省级人民政府渔业行政主管部门。

2）处罚依据：

《无公害农产品管理办法》第三十六条　获得无公害农产品产地认定证书的单位或者个人违反本办法，有下列情形之一的，由省级农业行政主管部门予以警告，并责令限期改正；逾期未改正的，撤销其无公害农产品产地认定证书：

无公害农产品产地被污染或者产地环境达不到标准要求的；无公害农产品产地使用的农业投入品不符合无公害农产品相关标准要求的；擅自扩大无公害农产品产地范围的。

6.水产品批发市场未设立或者委托水产品质量安全检测机构，对水产品进行抽查检测，或发现不符合水产品质量安全标准的，未要求销售者立即停止销售，并向渔业行政主管部门报告的行为的处罚

（1）违法主体：从事水产品集中销售的水产品批发市场，包括水产品专业批发市场、有水产品交易的农产品批发市场。

（2）认定标准：

1）检查是否有产品检测的原始检测记录或者委托检测机构的委托协议及检测报告；

2）核实承担抽查检测工作的农产品质量安全检测机构的资质情况，是否通过计量认证；

3）检查是否存在有不符合水产品质量标准的产品未报告的。

（3）违反条款：

《中华人民共和国农产品质量安全法》第三十七条第一款　农产品批发市场应当设立或者委托农产品质量安全检测机构，对进场销售的农产品质量安全状况进行抽查检测；发现不符合农产品质量安全标准的，应当要求销售者立即停止销售，并向所在地市场监督管理、农业农村等部门报告。

（4）行政处罚及依据：

1）处罚主体：县级以上地方人民政府农业农村主管部门。

2）处罚依据：

《中华人民共和国农产品质量安全法》第六十五条第一款　农产品质量安全检测机构、检测人员出具虚假检测报告的，由县级以上人民政府农业农村主管部门没收所收取的检测费用，检测费用不足5万元的，并处5万元以上10万元以下罚款，检测费用1万元以上的，并处检测费用5倍以上10倍以下罚款；对直接负责的主管人员和其他直接责任人员处1万元以上5万元以下罚款；使消费者的合法权益受到损害的，农产品质量安全检测机构应当与农产品生产经营者承担连带责任。

（四）投入品使用类认定与处罚

1.未按照国家有关渔用兽药安全使用规定使用兽药行为的处罚

（1）违法主体：渔用兽药使用的单位及个人。

（2）认定标准：检查养殖场所、药品仓库、用药记录、财务账目是否使用（或存有）国家规定的禁用渔用兽药及假、劣兽药（其中包括变质、过期的以及没有产品批准文号的渔用兽药）的行为；必要时进行养殖产品抽检。

（3）违反条款：

《中华人民共和国兽药管理条例》第六章第三十八条　兽药使用单位，应当遵守国务院兽医行政管理部门制定的兽药安全使用规定，并建立用药记录。

（4）行政处罚及依据：

1）处罚主体：县级以上人民政府渔业行政主管部门及其渔政监督机构。

2）处罚依据：

《中华人民共和国兽药管理条例》第六十二条　违反本条例规定，未按照国家有关兽药安全使用规定使用兽药的、未建立用药记录或者记录不完整真实的，或者使用禁止使用的药品和其他化合物的，或者将人用药品用于动物的，责令其立即改正，并对饲喂了违禁药物及其他化合物的动物及其产品进行无害化处理；对违法单位处1万元以上5万元以下罚款；给他人造成损失的，依法承担赔偿责任。

2. 未建立渔用兽药用药记录或者记录不完整不真实行为的处罚

（1）违法主体：渔用兽药使用的单位及个人。

（2）认定标准：是否有完整的兽药用药记录台账；用药记录是否伪造。

（3）违反条款：内容同"1. 未按照国家有关渔用兽药安全使用规定使用兽药行为的处罚"。

（4）行政处罚及依据：

1）处罚主体：县级以上人民政府渔业行政主管部门及其渔政监督机构。

2）处罚依据：内容同"1. 未按照国家有关渔用兽药安全使用规定使用兽药行为的处罚"。

3. 对使用禁止使用的渔用兽药和其他化合物行为的处罚

（1）违法主体：渔用兽药使用的单位及个人。

（2）认定标准：检查养殖场所、药品仓库、用药记录、财务账目是否使用（或存有）国家规定的禁用渔用兽药及假、劣兽药（其中包括变质、过期的以及没有产品批准文号的渔用兽药）的行为；必要时进行产品抽检。

（3）违反条款：

《中华人民共和国兽药管理条例》第三十九条　禁止使用假、劣兽药以及国务院兽医行政管理部门规定禁止使用的药品和其他化合物。禁止使用的药品和其他化合物目录由国务院兽医行政管理部门制定公布。

（4）行政处罚及依据：

1）处罚主体：县级以上人民政府渔业行政主管部门及其渔政监督机构。

2）处罚依据：内容同"1. 未按照国家有关渔用兽药安全使用规定使用兽药行为的处罚"。

4. 将人用药品用于水生动物行为的处罚

（1）违法主体：渔用兽药使用的单位及个人。

（2）认定标准：检查养殖场所，药品仓库、用药记录、财务账目是否使用（或存有）人用药品；必要时进行产品抽检。

（3）违反条款：

《兽药管理条例》第四十一条　国务院兽医行政管理部门，负责制定公布在饲料中允许添加的药物饲料添加剂品种目录。禁止在饲料和动物饮用水中添加激素类药品和国务院兽医行政管理部门规定的其他禁用药品。经批准可以在饲料中添加的兽药，应当由兽药生产企业制成药物饲料添加剂后方可添加。禁止将原料药直接添加到饲料及动物饮用水中或者直接饲喂动物。禁止将人用药品用于动物。

（4）行政处罚及依据

1）处罚主体：县级以上人民政府渔业行政主管部门及其渔政监督机构。

2）处罚依据：内容同"1.未按照国家有关渔用兽药安全使用规定使用兽药行为的处罚"。

5.销售尚在用药期、休药期内的水生动物及其产品用于食品消费行为的处罚

（1）违法主体：渔用兽药使用的单位及个人。

（2）认定标准：检查用药记录和销售记录；销售的产品是否执行国家规定休药期；是否存在使用兽（渔）药的行为；必要时进行产品抽检。

（3）违反条款：

《中华人民共和国兽药管理条例》第四十条　有休药期规定的兽药用于食用动物时，饲养者应当向购买者或者屠宰者提供准确、真实的用药记录；购买者或者屠宰者应当确保动物及其产品在用药期、休药期内不被用于食品消费。

《无公害食品　渔用药物使用准则》（NY 5071—2002）：食用鱼上市前，应有相应的休药期。休药期的长短，应确保上市水产品的药物残留限量符合《无公害食品　水产品中渔药残留限量》（NY 5070—2002）要求。

（4）行政处罚及依据：

1）处罚主体：县级以上人民政府渔业行政主管部门及其渔政监督机构。

2）处罚依据：

《中华人民共和国兽药管理条例》第六十三条　违反本条例规定，销售尚在用药期、休药期内的动物及其产品用于食品消费的，或者销售含有违禁药物和兽药残留超标的动物产品用于食品消费的，责令其对含有违禁药物和兽药残留超标的动物产品进行无害化处理，没收违法所得，并处3万元以上10万元以下罚款；构成犯罪的，依法追究刑事责任；给他人造成损失的，依法承担赔偿责任。

6.销售含有违禁药物和兽药残留超标的水生动物产品用于食品消费行为的处罚

（1）违法主体：渔用兽药使用的单位及个人。

（2）认定标准：检查养殖场所、药品仓库、用药记录、财务账目是否使用（或存有）国家规定的禁用渔用兽药及假、劣兽药（其中包括变质、过期的以及没有产品批准文号的渔用兽药）的行为；必要时进行产品抽检。

（3）违反条款：

《中华人民共和国兽药管理条例》第四十三条　禁止销售含有违禁药物或者兽药残留量超过标准的食用动物产品。

（4）行政处罚及依据：

1）处罚主体：县级以上人民政府渔业行政主管部门及其渔政监督机构。

2）处罚依据：内容同"5. 销售尚在用药期、休药期内的水生动物及其产品用于食品消费行为的处罚"。

7. 擅自转移、使用、销毁被查封或者扣押的兽（渔）药及有关材料行为的处罚

（1）违法主体：渔用兽药使用的单位及个人。

（2）认定标准：查验证据保存货物数量是否正确；检查证据保存货物是否存在被转移或者销毁的情况。

（3）违反条款：

《中华人民共和国兽药管理条例》第四十六条　兽医行政管理部门依法进行监督检查时，对有证据证明可能是假、劣兽药的，应当采取查封、扣押的行政强制措施，并自采取行政强制措施之日起7个工作日内作出是否立案的决定；需要检验的，应当自检验报告书发出之日起15个工作日内作出是否立案的决定；不符合立案条件的，应当解除行政强制措施；需要暂停生产、经营和使用的，由国务院兽医行政管理部门或者省、自治区、直辖市人民政府兽医行政管理部门按照权限作出决定。未经行政强制措施决定机关或者其上级机关批准，不得擅自转移、使用、销毁、销售被查封或者扣押的兽药及有关材料。

（4）行政处罚及依据：

1）处罚主体：县级以上人民政府渔业行政主管部门及其渔政监督机构。处罚的范围是使用被查封或者扣压的兽（渔）药。

2）处罚依据：

《中华人民共和国兽药管理条例》第六十四条　违反本条例规定，擅自转移、使用、销毁、销售被查封或者扣押的兽药及有关材料的，责令其停止违法行为，给予警告，并处5万元以上10万元以下罚款。

8. 未经兽（渔）医开具处方购买、使用兽（渔）用处方药行为的处罚

（1）违法主体：渔用兽药使用的单位及个人。

（2）认定标准：查验使用国家规定的兽（渔）用处方药是否经兽（渔）医开具处方。

（3）违反条款：《中华人民共和国兽药管理条例》第四十九条　禁止将兽用原料药拆零销售或者销售给兽药生产企业以外的单位和个人。

禁止未经兽医开具处方销售、购买、使用国务院兽医行政管理部门规定实行处方药管理的兽药。

（4）行政处罚及依据：

1）处罚主体：县级以上人民政府渔业行政主管部门及其渔政监督机构。

2）处罚依据：

《中华人民共和国兽药管理条例》第六十六条　违反本条例规定，未经兽医开具处方销售、购买、使用兽用处方药的，责令其限期改正，没收违法所得，并处5万元以下罚款；给他人造成损失的，依法承担赔偿责任。

9. 将原料药直接添加到饲料或直接饲喂水生动物行为的处罚

（1）违法主体：渔用兽药使用的单位及个人。

（2）认定标准：检查养殖场所、药品仓库、用药记录、财务账目是否把原料兽（渔）药品直接加到饲料中或者直接用于病害防治；必要时进行产品抽检。

（3）违反条款内容同"6. 销售含有违禁药物和兽药残留超标的水生动物产品用于食品消费行为的处罚"。

（4）行政处罚及依据：

1）处罚主体：县级以上人民政府渔业行政主管部门及其渔政监督机构。

2）处罚依据：

《中华人民共和国兽药管理条例》第六十八条第二款　直接将原料药添加到饲料及动物饮用水中，或者饲喂动物的，责令其立即改正，并处1万元以上3万元以下罚款；给他人造成损失的，依法承担赔偿责任。

10. 使用的保鲜剂、防腐剂、添加剂等不符合国家有关强制性技术规范行为的处罚

（1）违法主体：水产品生产单位及个人。

（2）认定标准：检查捕捞及养殖场所、药品仓库、用药记录、财务账目是否使用（或存有）不符合国家规定的保鲜剂、防腐剂、添加剂，必要时进行产品抽检。

（3）违反条款：

《中华人民共和国农产品质量安全法》第三十三条　有下列情形之一的农产品，不得销售：含有国家禁止使用的农药、兽药或者其他化学物质的；农药、兽药等化学物质残留或者含有的重金属等有毒有害物质不符合农产品质量安全标准的；含有的致病性寄生虫、微生物或者生物毒素不符合农产品质量安全标准的；使用的保鲜剂、防腐剂、添加剂等材料不符合国家有关强制性的技术规范的；其他不符合农产品质量安全标准的。

（4）行政处罚及依据：

1）处罚主体：县级以上人民政府渔业行政主管部门。

2）处罚依据：

《中华人民共和国农产品质量安全法》第四十九条　有本法第三十三条第四项规定情形，使用的保鲜剂、防腐剂、添加剂等材料不符合国家有关强制性的技术规范的，责令停止销售，对被污染的农产品进行无害化处理，对不能进行无害化处理的予

以监督销毁；没收违法所得，并处2 000元以上2万元以下罚款。

（五）事故处置和拒绝、阻挠、干涉执法行为的认定与处罚

1.发生水产品安全事故单位未进行处置、报告或隐匿、伪造、毁灭有关证据的处罚

（1）违法主体：发生水产品安全事故的单位。

（2）认定标准：事故发生单位是否在第一时间内采取应急措施，防止危害扩散；是否及时报告主管部门，启动相应级别的事故应急预案，保护事故发生现场，控制和保存可能导致事故的产品；是否隐匿、伪造、毁灭有关证据。

（3）违反条款：

《中华人民共和国食品安全法》第一百零三条　发生食品安全事故的单位应当立即采取措施，防止事故扩大。事故单位和接收病人进行治疗的单位应当及时向事故发生地县级人民政府食品药品监督管理、卫生行政部门报告。县级以上人民政府质量监督、农业行政等部门在日常监督管理中发现食品安全事故或者接到事故举报，应当立即向同级食品药品监督管理部门通报。发生食品安全事故，接到报告的县级人民政府食品药品监督管理部门应当按照应急预案的规定向本级人民政府和上级人民政府食品药品监督管理部门报告。县级人民政府和上级人民政府食品药品监督管理部门应当按照应急预案的规定上报。任何单位和个人不得对食品安全事故隐瞒、谎报、缓报，不得隐匿、伪造、毁灭有关证据。

（4）行政处罚及依据：

1）处罚主体：县级以上人民政府渔业行政主管部门。

2）处罚依据：

《中华人民共和国食品安全法》第一百二十八条　违反本法规定，事故单位在发生食品安全事故后未进行处置、报告的，由有关主管部门按照各自职责分工责令改正，给予警告；隐匿、伪造、毁灭有关证据的，责令停产停业，没收违法所得，并处10万元以上50万元以下罚款；造成严重后果的，吊销许可证。

2.拒绝、阻挠、干涉渔业主管部门、渔政机构及其工作人员依法开展水产品安全监督检查、事故调查处理、风险监测和风险评估行为的处罚

（1）违法主体：水产养殖生产单位和个人。

（2）认定标准：是否有拒绝、阻挠、干涉渔业主管部门、渔政机构及其工作人员依法开展水产品安全监督检查、事故调查处理、风险监测和风险评估的行为。

（3）违反条款：

《中华人民共和国食品安全法》第十五条第二款　食品安全风险监测工作人员有权进入相关食用农产品种植养殖、食品生产经营场所采集样品、收集相关数据。采集样品应当按照市场价格支付费用。

《中华人民共和国食品安全法》第一百零八条　食品安全事故调查部门有权向有关单位和个人了解与事故有关的情况，并要求提供相关资料和样品。有关单位和个人应当予以配合，按照要求提供相关资料和样品，不得拒绝。任何单位和个人不得阻挠、干涉食品安全事故的调查处理。

（4）行政处罚及依据：

1）处罚主体：县级以上人民政府渔业行政主管部门、公安机关。

2）处罚依据：

《中华人民共和国食品安全法》第一百三十三条　违反本法规定，拒绝、阻挠、干涉有关部门、机构及其工作人员依法开展食品安全监督检查、事故调查处理、风险监测和风险评估的，由有关主管部门按照各自职责分工责令停产停业，并处2 000元以上5万元以下罚款；情节严重的，吊销许可证；构成违反治安管理行为的，由公安机关依法给予治安管理处罚。

附　录
水产品质量安全管理法律法规

第一节　国家水产品质量法律摘要

一、《中华人民共和国食品安全法》

2009年2月28日第十一届全国人民代表大会常务委员会第七次会议通过。2015年4月24日第十二届全国人民代表大会常务委员会第十四次会议修订。根据2018年12月29日第十三届全国人民代表大会常务委员会第七次会议《关于修改〈中华人民共和国产品质量法〉等五部法律的决定》第一次修正。根据2021年4月29日第十三届全国人民代表大会常务委员会第二十八次会议《关于修改〈中华人民共和国道路交通安全法〉等八部法律的决定》第二次修正。

第一章　总　则

第一条　为了保证食品安全，保障公众身体健康和生命安全，制定本法。

第二条　在中华人民共和国境内从事下列活动，应当遵守本法：

（一）食品生产和加工（以下称食品生产），食品销售和餐饮服务（以下称食品经营）；

（二）食品添加剂的生产经营；

（三）用于食品的包装材料、容器、洗涤剂、消毒剂和用于食品生产经营的工具、设备（以下称食品相关产品）的生产经营；

（四）食品生产经营者使用食品添加剂、食品相关产品；

（五）食品的贮存和运输；

（六）对食品、食品添加剂、食品相关产品的安全管理。

第三条　食品安全工作实行预防为主、风险管理、全程控制、社会共治，建立科学、严格的监督管理制度。

第四条　食品生产经营者对其生产经营食品的安全负责。

第五条　国务院设立食品安全委员会，其职责由国务院规定。

第六条　县级以上地方人民政府对本行政区域的食品安全监督管理工作负责，统一领导、组织、协调本行政区域的食品安全监督管理工作以及食品安全突发事件应对工作，建立健全食品安全全程监督管理工作机制和信息共享机制。

第七条　县级以上地方人民政府实行食品安全监督管理责任制。上级人民政府负责对下一级人民政府的食品安全监督管理工作进行评议、考核。县级以上地方人民政府负责对本级食品安全监督管理部门和其他有关部门的食品安全监督管理工作进行评议、考核。

第八条　县级以上人民政府应当将食品安全工作纳入本级国民经济和社会发展规划，将食品安全工作经费列入本级政府财政预算，加强食品安全监督管理能力建设，为食品安全工作提供保障。县级以上人民政府食品安全监督管理部门和其他有关部门应当加强沟通、密切配合，按照各自职责分工，依法行使职权，承担责任。

第九条　食品行业协会应当加强行业自律，按照章程建立健全行业规范和奖惩机制，提供食品安全信息、技术等服务，引导和督促食品生产经营者依法生产经营，推动行业诚信建设，宣传、普及食品安全知识。消费者协会和其他消费者组织对违反本法规定，损害消费者合法权益的行为，依法进行社会监督。

第十条　各级人民政府应当加强食品安全的宣传教育，普及食品安全知识，鼓励社会组织、基层群众性自治组织、食品生产经营者开展食品安全法律、法规以及食品安全标准和知识的普及工作，倡导健康的饮食方式，增强消费者食品安全意识和自我保护能力。新闻媒体应当开展食品安全法律、法规以及食品安全标准和知识的公益宣传，并对食品安全违法行为进行舆论监督。有关食品安全的宣传报道应当真实、公正。

第十一条　国家鼓励和支持开展与食品安全有关的基础研究、应用研究，鼓励和支持食品生产经营者为提高食品安全水平采用先进技术和先进管理规范。国家对农药的使用实行严格的管理制度，加快淘汰剧毒、高毒、高残留农药，推动替代产品的研发和应用，鼓励使用高效低毒低残留农药。

第十二条　任何组织或者个人有权举报食品安全违法行为，依法向有关部门了解食品安全信息，对食品安全监督管理工作提出意见和建议。

第十三条　对在食品安全工作中做出突出贡献的单位和个人，按照国家有关规定给予表彰、奖励。

…………

第十章　附　则

第一百五十条　本法下列用语的含义：

食品，指各种供人食用或者饮用的成品和原料以及按照传统既是食品又是中药材的物品，但是不包括以治疗为目的的物品。

食品安全，指食品无毒、无害，符合应当有的营养要求，对人体健康不造成任何急性、亚急性或者慢性危害。

预包装食品，指预先定量包装或者制作在包装材料、容器中的食品。

食品添加剂，指为改善食品品质和色、香、味以及为防腐、保鲜和加工工艺的需要而加入食品中的人工合成或者天然物质，包括营养强化剂。

用于食品的包装材料和容器，指包装、盛放食品或者食品添加剂用的纸、竹、木、金属、搪瓷、陶瓷、塑料、橡胶、天然纤维、化学纤维、玻璃等制品和直接接触食品或者食品添加剂的涂料。

用于食品生产经营的工具、设备，指在食品或者食品添加剂生产、销售、使用过程中直接接触食品或者食品添加剂的机械、管道、传送带、容器、用具、餐具等。

用于食品的洗涤剂、消毒剂，指直接用于洗涤或者消毒食品、餐具、饮具以及直接接触食品的工具、设备或者食品包装材料和容器的物质。

食品保质期，指食品在标明的贮存条件下保持品质的期限。

食源性疾病，指食品中致病因素进入人体引起的感染性、中毒性等疾病，包括食物中毒。

食品安全事故，指食源性疾病、食品污染等源于食品，对人体健康有危害或者可能有危害的事故。

第一百五十一条　转基因食品和食盐的食品安全管理，本法未作规定的，适用其他法律、行政法规的规定。

第一百五十二条　铁路、民航运营中食品安全的管理办法由国务院食品安全监督管理部门会同国务院有关部门依照本法制定。

保健食品的具体管理办法由国务院食品安全监督管理部门依照本法制定。

食品相关产品生产活动的具体管理办法由国务院食品安全监督管理部门依照本法制定。

国境口岸食品的监督管理由出入境检验检疫机构依照本法以及有关法律、行政法规的规定实施。

军队专用食品和自供食品的食品安全管理办法由中央军事委员会依照本法制定。

第一百五十三条　国务院根据实际需要，可以对食品安全监督管理体制作出调整。

第一百五十四条　本法自2015年10月1日起施行。

二、《中华人民共和国农产品质量安全法》

2006年4月29日第十届全国人民代表大会常务委员会第二十一次会议通过。根据2018年10月26日第十三届全国人民代表大会常务委员会第六次会议《关于修改〈中华人民共和国野生动物保护法〉等十五部法律的决定》修正。2022年9月2日第十三届全国人民代表大会常务委员会第三十六次会议修订。

目　录

第一章 总 则

第一条 为了保障农产品质量安全，维护公众健康，促进农业和农村经济发展，制定本法。

第二条 本法所称农产品，是指来源于种植业、林业、畜牧业和渔业等的初级产品，即在农业活动中获得的植物、动物、微生物及其产品。

本法所称农产品质量安全，是指农产品质量达到农产品质量安全标准，符合保障人的健康、安全的要求。

第三条 与农产品质量安全有关的农产品生产经营及其监督管理活动，适用本法。

《中华人民共和国食品安全法》对食用农产品的市场销售、有关质量安全标准的制定、有关安全信息的公布和农业投入品已经作出规定的，应当遵守其规定。

第四条 国家加强农产品质量安全工作，实行源头治理、风险管理、全程控制，建立科学、严格的监督管理制度，构建协同、高效的社会共治体系。

第五条 国务院农业农村主管部门、市场监督管理部门依照本法和规定的职责，对农产品质量安全实施监督管理。

国务院其他有关部门依照本法和规定的职责承担农产品质量安全的有关工作。

第六条 县级以上地方人民政府对本行政区域的农产品质量安全工作负责，统一领导、组织、协调本行政区域的农产品质量安全工作，建立健全农产品质量安全工作机制，提高农产品质量安全水平。

县级以上地方人民政府应当依照本法和有关规定，确定本级农业农村主管部门、市场监督管理部门和其他有关部门的农产品质量安全监督管理工作职责。各有关部门在职责范围内负责本行政区域的农产品质量安全监督管理工作。

乡镇人民政府应当落实农产品质量安全监督管理责任，协助上级人民政府及其有关部门做好农产品质量安全监督管理工作。

第七条 农产品生产经营者应当对其生产经营的农产品质量安全负责。

农产品生产经营者应当依照法律、法规和农产品质量安全标准从事生产经营活动，诚信自律，接受社会监督，承担社会责任。

第八条 县级以上人民政府应当将农产品质量安全管理工作纳入本级国民经济和社会发展规划，所需经费列入本级预算，加强农产品质量安全监督管理能力建设。

第九条 国家引导、推广农产品标准化生产，鼓励和支持生产绿色优质农产品，禁止生产、销售不符合国家规定的农产品质量安全标准的农产品。

第十条 国家支持农产品质量安全科学技术研究，推行科学的质量安全管理方法，推广先进安全的生产技术。国家加强农产品质量安全科学技术国际交流与合作。

第十一条 各级人民政府及有关部门应当加强农产品质量安全知识的宣传，发挥基层群众性自治组织、农村集体经济组织的优势和作用，指导农产品生产经营者加强质量安全管理，保障农产品消费安全。

新闻媒体应当开展农产品质量安全法律、法规和农产品质量安全知识的公益宣传，对违法行为进行舆论监督。有关农产品质量安全的宣传报道应当真实、公正。

第十二条 农民专业合作社和农产品行业协会等应当及时为其成员提供生产技术服务，建立农产品质量安全管理制度，健全农产品质量安全控制体系，加强自律管理。

··············

第八章 附　　则

第八十条　粮食收购、储存、运输环节的质量安全管理，依照有关粮食管理的法律、行政法规执行。

第八十一条　本法自2023年1月1日起施行。

三、《中华人民共和国渔业法》

1986年1月20日第六届全国人民代表大会常务委员会第十四次会议通过。根据2000年10月31日第九届全国人民代表大会常务委员会第十八次会议《关于修改〈中华人民共和国渔业法〉的决定》第一次修正。根据2004年8月28日第十届全国人民代表大会常务委员会第十一次会议《关于修改〈中华人民共和国渔业法〉的决定》第二次修正。根据2009年8月27日第十一届全国人民代表大会常务委员会第十次会议《关于修改部分法律的决定》第三次修正。根据2013年12月28日第十二届全国人民代表大会常务委员会第六次会议《关于修改〈中华人民共和国海洋环境保护法〉等七部法律的决定》第四次修正。

目　　录

第一章 总　　则

第一条　为了加强渔业资源的保护、增殖、开发和合理利用，发展人工养殖，保障渔业生产者的合法权益，促进渔业生产的发展，适应社会主义建设和人民生活的需要，特制定本法。

第二条　在中华人民共和国的内水、滩涂、领海、专属经济区以及中华人民共和国管辖的一切其他海域从事养殖和捕捞水生动物、水生植物等渔业生产活动，都必须遵守本法。

第三条　国家对渔业生产实行以养殖为主，养殖、捕捞、加工并举，因地制宜，各有侧重的方针。

各级人民政府应当把渔业生产纳入国民经济发展计划，采取措施，加强水域的统一规划和综合利用。

第四条　国家鼓励渔业科学技术研究，推广先进技术，提高渔业科学技术水平。

第五条　在增殖和保护渔业资源、发展渔业生产、进行渔业科学技术研究等方面成绩显著的单位和个人，由各级人民政府给予精神的或者物质的奖励。

第六条　国务院渔业行政主管部门主管全国的渔业工作。县级以上地方人民政府渔业行政主管部门主管本行政区域内的渔业工作。县级以上人民政府渔业行政主管部门可以在重要渔业水域、渔港设渔政监督管理机构。

县级以上人民政府渔业行政主管部门及其所属的渔政监督管理机构可以设渔政检查人员。渔政检查人员执行渔业行政主管部门及其所属的渔政监督管理机构交付的任务。

第七条　国家对渔业的监督管理，实行统一领导、分级管理。

海洋渔业，除国务院划定由国务院渔业行政主管部门及其所属的渔政监督管理机构监督管理的海域和特定渔业资源渔场外，由毗邻海域的省、自治区、直辖市人民政府渔业行政主管部门监督管理。

江河、湖泊等水域的渔业，按照行政区划由有关县级以上人民政府渔业行政主管部门监督管理；跨行政区域的，由有关县级以上地方人民政府协商制定管理办法，或者由上一级人民政府渔业行政主管部门及其所属的渔政监督管理机构监督管理。

第八条　外国人、外国渔业船舶进入中华人民共和国管辖水域，从事渔业生产或者渔业资源调查活动，必须经国务院有关主管部门批准，并遵守本法和中华人民共和国其他有关法律、法规的规定；同中华人民共和国订有条约、协定的，按照条约、协定办理。

国家渔政渔港监督管理机构对外行使渔政渔港监督管理权。

第九条　渔业行政主管部门和其所属的渔政监督管理机构及其工作人员不得参与和从事渔业生产经营活动。

…………

第六章　附　　则

第五十条本法自1986年7月1日起施行。

四、《中华人民共和国动物防疫法》

1997年7月3日第八届全国人民代表大会常务委员会第二十六次会议通过。2007年8月30日第十届全国人民代表大会常务委员会第二十九次会议第一次修订。根据2013年6月29日第十二届全国人民代表大会常务委员会第三次会议《关于修改〈中华人民共和国文物保护法〉等十二部法律的决定》第一次修正。根据2015年4月24日第十二届全国人民代表大会常务委员会第十四次会议《关于修改〈中华人民共和国电力法〉等六部法律的决定》第二次修正。2021年1月22日第十三届全国人民代表大会常务委员会第二十五次会议第二次修订。

目　　录

第一章　总　　则

第一条　为了加强对动物防疫活动的管理，预防、控制、净化、消灭动物疫病，促进养殖业发展，防控人畜共患传染病，保障公共卫生安全和人体健康，制定本法。

第二条　本法适用于在中华人民共和国领域内的动物防疫及其监督管理活动。进出境动物、动物产品的检疫，适用《中华人民共和国进出境动植物检疫法》。

第三条　本法所称动物，是指家畜家禽和人工饲养、捕获的其他动物。本法所称动物产品，是指动物的肉、生皮、原毛、绒、脏器、脂、血液、精液、卵、胚胎、骨、蹄、头、角、筋以及可能传播动物疫病的奶、蛋等。本法所称动物疫病，是指动物传染病，包括寄生虫病。本法所称动物防疫，是指动物疫病的预防、控制、诊疗、净化、消灭和动物、动物产品的检疫，以及病死动物、病害动物产品的无害化处理。

第四条　根据动物疫病对养殖业生产和人体健康的危害程度，本法规定的动物疫病分为下列三类：

（一）一类疫病，是指口蹄疫、非洲猪瘟、高致病性禽流感等对人、动物构成特别严重危害，可能造成重大经济损失和社会影响，需要采取紧急、严厉的强制预防、控制等措施的；

（二）二类疫病，是指狂犬病、布鲁氏菌病、草鱼出血病等对人、动物构成严重危害，可能造成较大经济损失和社会影响，需要采取严格预防、控制等措施的；

（三）三类疫病，是指大肠杆菌病、禽结核病、鳖腮腺炎病等常见多发，对人、动物构成危害，可能造成一定程度的经济损失和社会影响，需要及时预防、控制的。

前款一、二、三类动物疫病具体病种名录由国务院农业农村主管部门制定并公布。国务院农业农村主管部门应当根据动物疫病发生、流行情况和危害程度，及时增加、减少或者调整一、二、三类动物疫病具体病种并予以公布。

人畜共患传染病名录由国务院农业农村主管部门会同国务院卫生健康、野生动物保护等主管部门制定并公布。

第五条　动物防疫实行预防为主，预防与控制、净化、消灭相结合的方针。

第六条　国家鼓励社会力量参与动物防疫工作。各级人民政府采取措施，支持单位和个人参与动物防疫的宣传教育、疫情报告、志愿服务和捐赠等活动。

第七条　从事动物饲养、屠宰、经营、隔离、运输以及动物产品生产、经营、加工、贮藏等活动的单位和个人，依照本法和国务院农业农村主管部门的规定，做好免疫、消毒、检测、隔离、净化、消灭、无害化处理等动物防疫工作，承担动物防疫相关责任。

第八条　县级以上人民政府对动物防疫工作实行统一领导，采取有效措施稳定基层机构队伍，加强动物防疫队伍建设，建立健全动物防疫体系，制定并组织实施动物疫病防治规划。乡级人民政府、街道办事处组织群众做好本辖区的动物疫病预防与控制工作，村民委员会、居民委员会予以协助。

第九条　国务院农业农村主管部门主管全国的动物防疫工作。县级以上地方人民政府农业农村主管部门主管本行政区域的动物防疫工作。县级以上人民政府其他有关部门在各自职责范围内做好动物防疫工作。军队动物卫生监督职能部门负责军队现役动物和饲养自用动物的防疫工作。

第十条　县级以上人民政府卫生健康主管部门和本级人民政府农业农村、野生动物保护等主管部门应当建立人畜共患传染病防治的协作机制。国务院农业农村主管部门和海关总署等部门应当建立防止境外动物疫病输入的协作机制。

第十一条　县级以上地方人民政府的动物卫生监督机构依照本法规定，负责动物、动物产品的检疫工作。

第十二条　县级以上人民政府按照国务院的规定，根据统筹规划、合理布局、综合设置的原则建立动物疫病预防控制机构。动物疫病预防控制机构承担动物疫病的监测、检测、诊断、流行病学调查、疫情报告以及其他预防、控制等技术工作；承担动物疫病净化、消灭的技术工作。

第十三条　国家鼓励和支持开展动物疫病的科学研究以及国际合作与交流，推广先进适用的科学研究成果，提高动物疫病防治的科学技术水平。各级人民政府和有关部门、新闻媒体，应当加强对动物防疫法律法规和动物防疫知识的宣传。

第十四条　对在动物防疫工作、相关科学研究、动物疫情扑灭中做出贡献的单位和个人，各级人民政府和有关部门按照国家有关规定给予表彰、奖励。有关单位应当依法为动物防疫人员缴纳工伤保险费。对因参与动物防疫工作致病、致残、死亡的人员，按照国家有关规定给予补助或者抚恤。

…………

第十二章　附　　则

第一百一十条　本法下列用语的含义：

（一）无规定动物疫病区，是指具有天然屏障或者采取人工措施，在一定期限内没有发生规定的一种或者几种动物疫病，并经验收合格的区域；

（二）无规定动物疫病生物安全隔离区，是指处于同一生物安全管理体系下，在一定期限内没有发生规定的一种或者几种动物疫病的若干动物饲养场及其辅助生产场所构成的，并经验收合格的特定小型区域；

（三）病死动物，是指染疫死亡、因病死亡、死因不明或者经检验检疫可能危害人体或者动物健康的死亡动物；

（四）病害动物产品，是指来源于病死动物的产品，或者经检验检疫可能危害人体或者动物健康的动物产品。

第一百一十一条　境外无规定动物疫病区和无规定动物疫病生物安全隔离区的无疫等效性评估，参照本法有关规定执行。

第一百一十二条　实验动物防疫有特殊要求的，按照实验动物管理的有关规定执行。

第一百一十三条　本法自2021年5月1日起施行。

五、《中华人民共和国行政处罚法》

1996年3月17日第八届全国人民代表大会第四次会议通过。根据2009年8月27日第十一届全国人民代表大会常务委员会第十次会议《关于修改部分法律的决定》第一次修正。根据2017年9月1日第十二届全国人民代表大会常务委员会第二十九次会议《关于修改〈中华人民共和国法官法〉等八部法律的决定》第二次修正。2021年1月22日第十三届全国人民代表大会常务委员会第二十五次会议修订。

目　　录

第一章　总则
第二章　行政处罚的种类和设定
第三章　行政处罚的实施机关
第四章　行政处罚的管辖和适用
第五章　行政处罚的决定
　第一节　一般规定
　第二节　简易程序
　第三节　普通程序

第一章　总　则

第一条　为了规范行政处罚的设定和实施，保障和监督行政机关有效实施行政管理，维护公共利益和社会秩序，保护公民、法人或者其他组织的合法权益，根据宪法，制定本法。

第二条　行政处罚是指行政机关依法对违反行政管理秩序的公民、法人或者其他组织，以减损权益或者增加义务的方式予以惩戒的行为。

第三条　行政处罚的设定和实施，适用本法。

第四条　公民、法人或者其他组织违反行政管理秩序的行为，应当给予行政处罚的，依照本法由法律、法规、规章规定，并由行政机关依照本法规定的程序实施。

第五条　行政处罚遵循公正、公开的原则。设定和实施行政处罚必须以事实为依据，与违法行为的事实、性质、情节以及社会危害程度相当。对违法行为给予行政处罚的规定必须公布；未经公布的，不得作为行政处罚的依据。

第六条　实施行政处罚，纠正违法行为，应当坚持处罚与教育相结合，教育公民、法人或者其他组织自觉守法。

第七条　公民、法人或者其他组织对行政机关所给予的行政处罚，享有陈述权、申辩权；对行政处罚不服的，有权依法申请行政复议或者提起行政诉讼。公民、法人或者其他组织因行政机关违法给予行政处罚受到损害的，有权依法提出赔偿要求。

第八条　公民、法人或者其他组织因违法行为受到行政处罚，其违法行为对他人造成损害的，应当依法承担民事责任。违法行为构成犯罪，应当依法追究刑事责任的，不得以行政处罚代替刑事处罚。

⋯⋯⋯⋯⋯

第八章　附　则

第八十四条　外国人、无国籍人、外国组织在中华人民共和国领域内有违法行为，应当给予行政处罚的，适用本法，法律另有规定的除外。

第八十五条　本法中"二日""三日""五日""七日"的规定是指工作日，不含法定节假日。

第八十六条　本法自2021年7月15日起施行。

六、《中华人民共和国野生动物保护法》

1988年11月8日第七届全国人民代表大会常务委员会第四次会议通过。根据2004年8月28日第十届全国人民代表大会常务委员会第十一次会议《关于修改〈中华人民共和国野生动物保护法〉的决定》第一次修正。根据2009年8月27日第十一届全国人民代表大会常务委员会第十次会议《关于修改部分法律的决定》第二次修正。2016年7月2日第十二届全国人民代表大会常务委员会第二十一次会议第一次修订。根据2018年10月26日第十三届全国人民代表大会常务委员会第六次会议《关于修改〈中华人民共和国野生动物保护法〉等十五部法律的决定》第三次修正。2022年12月30日第十三届全国人民代表大会常务委员会第三十八次会议第二次修订。

目　录

第一章　总　则

第一条　为了保护野生动物，拯救珍贵、濒危野生动物，维护生物多样性和生态平衡，推进生态文明建设，促进人与自然和谐共生，制定本法。

第二条　在中华人民共和国领域及管辖的其他海域，从事野生动物保护及相关活动，适用本法。

本法规定保护的野生动物，是指珍贵、濒危的陆生、水生野生动物和有重要生态、科学、社会价值的陆生野生动物。

本法规定的野生动物及其制品，是指野生动物的整体（含卵、蛋）、部分及衍生物。

珍贵、濒危的水生野生动物以外的其他水生野生动物的保护，适用《中华人民共和国渔业法》等有关法律的规定。

第三条　野生动物资源属于国家所有。

国家保障依法从事野生动物科学研究、人工繁育等保护及相关活动的组织和个人的合法权益。

第四条　国家加强重要生态系统保护和修复，对野生动物实行保护优先、规范利用、严格监管的原则，鼓励和支持开展野生动物科学研究与应用，秉持生态文明理念，推动绿色发展。

第五条　国家保护野生动物及其栖息地。县级以上人民政府应当制定野生动物及其栖息地相关保护规划和措施，并将野生动物保护经费纳入预算。

国家鼓励公民、法人和其他组织依法通过捐赠、资助、志愿服务等方式参与野生动物保护活动，支持野生动物保护公益事业。

本法规定的野生动物栖息地，是指野生动物野外种群生息繁衍的重要区域。

第六条　任何组织和个人有保护野生动物及其栖息地的义务。禁止违法猎捕、运输、交易野生动物，禁止破坏野生动物栖息地。

社会公众应当增强保护野生动物和维护公共卫生安全的意识，防止野生动物源性传染病传播，抵制违法食用野生动物，养成文明健康的生活方式。

任何组织和个人有权举报违反本法的行为，接到举报的县级以上人民政府野生动物保护主管部门和其他有关部门应当及时依法处理。

第七条　国务院林业草原、渔业主管部门分别主管全国陆生、水生野生动物保护工作。

县级以上地方人民政府对本行政区域内野生动物保护工作负责，其林业草原、渔业主管部门分别主管本行政区域内陆生、水生野生动物保护工作。

县级以上人民政府有关部门按照职责分工，负责野生动物保护相关工作。

第八条　各级人民政府应当加强野生动物保护的宣传教育和科学知识普及工作，鼓励和支持基层群众性自治组织、社会组织、企业事业单位、志愿者开展野生动物保护法律法规、生态保护等知识的宣传活动；组织开展对相关从业人员法律法规和专业知识培训；依法公开野生动物保护和管理信息。

教育行政部门、学校应当对学生进行野生动物保护知识教育。

新闻媒体应当开展野生动物保护法律法规和保护知识的宣传，并依法对违法行为进行舆论监督。

第九条　在野生动物保护和科学研究方面成绩显著的组织和个人，由县级以上人民政府按照国家有关规定给予表彰和奖励。

…………

第五章　附　　则

第六十四条　本法自2023年5月1日起施行。

第二节　国家和地方法规

一、《中华人民共和国水生野生动物保护实施条例》

1993年9月17日国务院批准。1993年10月5日农业部令第1号发布。根据2011年1月8日《国务院关于废止和修改部分行政法规的决定》第一次修订。根据2013年12月7日《国务院关于修改部分行政法规的决定》第二次修订。

第一章　总　　则

第一条　根据《中华人民共和国野生动物保护法》（以下简称《野生动物保护法》）的规定，制定本条例。

第二条　本条例所称水生野生动物，是指珍贵、濒危的水生野生动物；所称水生野生动物产品，是指珍贵、濒危的水生野生动物的任何部分及其衍生物。

第三条　国务院渔业行政主管部门主管全国水生野生动物管理工作。

县级以上地方人民政府渔业行政主管部门主管本行政区域内水生野生动物管理工作。

《野生动物保护法》和本条例规定的渔业行政主管部门的行政处罚权，可以由其所属的渔政监督管理机构行使。

第四条　县级以上各级人民政府及其有关主管部门应当鼓励、支持有关科研单位、教学单位开展水生野生动物科学研究工作。

第五条　渔业行政主管部门及其所属的渔政监督管理机构，有权对《野生动物保护法》和本条例的实施情况进行监督检查，被检查的单位和个人应当给予配合。

第二章　水生野生动物保护

第六条　国务院渔业行政主管部门和省、自治区、直辖市人民政府渔业行政主管部门，应当定期组织水生野生动物资源调查，建立资源档案，为制定水生野生动物资源保护发展规划、制定和调整国家和地方重点保护水生野生动物名录提供依据。

第七条　渔业行政主管部门应当组织社会各方面力量，采取有效措施，维护和改善水生野生动物的生存环境，保护和增殖水生野生动物资源。

禁止任何单位和个人破坏国家重点保护的和地方重点保护的水生野生动物生息繁衍的水域、场所和生存条件。

第八条　任何单位和个人对侵占或者破坏水生野生动物资源的行为，有权向当地渔业行政主管部门或者其所属的渔政监督管理机构检举和控告。

第九条　任何单位和个人发现受伤、搁浅和因误入港湾、河汊而被困的水生野生动物时，应当及时报告当地渔业行政主管部门或者其所属的渔政监督管理机构，由其采取紧急救护措施；也可以要求附近具备救护条件的单位采取紧急救护措施，并报告渔业行政主管部门。已经死亡的水生野生动物，由渔业行政主管部门妥善处理。

捕捞作业时误捕水生野生动物的，应当立即无条件放生。

第十条　因保护国家重点保护的和地方重点保护的水生野生动物受到损失的，可以向当地人民政府渔业行政主管部门提出补偿要求。经调查属实并确实需要补偿的，由当地人民政府按照省、自治区、直辖市人民政府有关规定给予补偿。

第十一条　国务院渔业行政主管部门和省、自治区、直辖市人民政府，应当在国家重点保护的和地方重点保护的水生野生动物的主要生息繁衍的地区和水域，划定水生野生动物自然保护区，加强对国家和地方重点保护水生野生动物及其生存环境的保护管理，具体办法由国务院另行规定。

第三章　水生野生动物管理

第十二条　禁止捕捉、杀害国家重点保护的水生野生动物。

有下列情形之一，确需捕捉国家重点保护的水生野生动物的，必须申请特许捕捉证：

（一）为进行水生野生动物科学考察、资源调查，必须捕捉的；

（二）为驯养繁殖国家重点保护的水生野生动物，必须从自然水域或者场所获取种源的；

（三）为承担省级以上科学研究项目或者国家医药生产任务，必须从自然水域或者场所获取国家重点保护的水生野生动物的；

（四）为宣传、普及水生野生动物知识或者教学、展览的需要，必须从自然水域或者场所获取国家重点保护的水生野生动物的；

（五）因其他特殊情况，必须捕捉的。

第十三条　申请特许捕捉证的程序：

（一）需要捕捉国家一级保护水生野生动物的，必须附具申请人所在地和捕捉地的省、自治区、直辖市人民政府渔业行政主管部门签署的意见，向国务院渔业行政主管部门申请特许捕捉证；

（二）需要在本省、自治区、直辖市捕捉国家二级保护水生野生动物的，必须附具申请人所在地的县级人民政府渔业行政主管部门签署的意见，向省、自治区、直辖市人民政府渔业行政主管部门申请特许捕捉证；

（三）需要跨省、自治区、直辖市捕捉国家二级保护水生野生动物的，必须附具申请人所在地的省、自治区、直辖市人民政府渔业行政主管部门签署的意见，向捕捉地的省、自治区、直辖市人民政府渔业行政主管部门申请特许捕捉证。

动物园申请捕捉国家一级保护水生野生动物的，在向国务院渔业行政主管部门申请特许捕捉证前，须经国务院建设行政主管部门审核同意；申请捕捉国家二级保护水生野生动物的，在向申请人所在地的省、自治区、直辖市人民政府渔业行政主管部门申请特许捕捉证前，须经同级人民政府建设行政主管部门审核同意。

负责核发特许捕捉证的部门接到申请后，应当自接到申请之日起3个月内作出批准或者不批准的决定。

第十四条　有下列情形之一的，不予发放特许捕捉证：

（一）申请人有条件以合法的非捕捉方式获得国家重点保护的水生野生动物的种源、产品或者达到其目的的；

（二）捕捉申请不符合国家有关规定，或者申请使用的捕捉工具、方法以及捕捉时间、地点不当的；

（三）根据水生野生动物资源现状不宜捕捉的。

第十五条　取得特许捕捉证的单位和个人，必须按照特许捕捉证规定的种类、数量、地点、期限、工具和方法进行捕捉，防止误伤水生野生动物或者破坏其生存环境。捕捉作业完成后，应当及时向捕捉地的县级人民政府渔业行政主管部门或者其所属的渔政监督管理机构申请查验。

县级人民政府渔业行政主管部门或者其所属的渔政监督管理机构对在本行政区域内捕捉国家重点保护的水生野生动物的活动，应当进行监督检查，并及时向批准捕捉的部门报告监督检查结果。

第十六条　外国人在中国境内进行有关水生野生动物科学考察、标本采集、拍摄电影、录像等活动的，必须经国家重点保护的水生野生动物所在地的省、自治区、直辖市人民政府渔业行政主管部门批准。

第十七条　驯养繁殖国家一级保护水生野生动物的，应当持有国务院渔业行政主管部门核发的驯养繁殖许可证；驯养繁殖国家二级保护水生野生动物的，应当持有省、自治区、直辖市人民政府渔业行政主管部门核发的驯养繁殖许可证。

动物园驯养繁殖国家重点保护的水生野生动物的，渔业行政主管部门可以委托同级建设行政主管部门核发驯养繁殖许可证。

第十八条　禁止出售、收购国家重点保护的水生野生动物或者其产品。因科学研究、驯养繁殖、展览等特殊情况，需要出售、收购、利用国家一级保护水生野生动物或者其产品的，必须向省、自治区、直辖市人民政府渔业行政主管部门提出申请，经其签署意见后，报国务院渔业行政主管部门批准；需要出售、收购、利用国家二级保护水生野生动物或者其产品的，必须向省、自治区、直辖市人民政府渔业行政主管部门提出申请，并经其批准。

第十九条　县级以上各级人民政府渔业行政主管部门和工商行政管理部门，应当对水生野生动物或者其产品的经营利用建立监督检查制度，加强对经营利用水生野生动物或者其产品的监督管理。

对进入集贸市场的水生野生动物或者其产品，由工商行政管理部门进行监督管理，渔业行政主管部门给予协助；在集贸市场以外经营水生野生动物或者其产品，由渔业行政主管部门、工商行政管理部门或者其授权的单位进行监督管理。

第二十条　运输、携带国家重点保护的水生野生动物或者其产品出县境的，应当凭特许捕捉证或者驯养繁殖许可证，向县级人民政府渔业行政主管部门提出申请，报省、自治区、直辖市人民政府渔业行政主管部门或者其授权的单位批准。动物园之间因繁殖动物，需要运输国家重点保护的水生野生动物的，可以由省、自治区、直辖市人民政府渔业行政主管部门授权同级建设行政主管部门审批。

第二十一条　交通、铁路、民航和邮政企业对没有合法运输证明的水生野生动物或者其产品，应当及时通知有关主管部门处理，不得承运、收寄。

第二十二条　从国外引进水生野生动物的，应当向省、自治区、直辖市人民政府渔业行政主管部门提出申请，经省级以上人民政府渔业行政主管部门指定的科研机构进行科学论证后，报国务院渔业行政主管部门批准。

第二十三条　出口国家重点保护的水生野生动物或者其产品的，进出口中国参加的国际公约所限制进出口的水生野生动物或者其产品的，必须经进出口单位或者个人所在地的省、自治区、直辖市人民政府渔业行政主管部门审核，报国务院渔业行政主管部门批准；属于贸易性进出口活动的，必须由具有有关商品进出口权的单位承担。

动物园因交换动物需要进出口前款所称水生野生动物的，在国务院渔业行政主管部门批准前，应当经国务院建设行政主管部门审核同意。

第二十四条　利用水生野生动物或者其产品举办展览等活动的经济收益，主要用于水生野生动物保护事业。

第四章　奖励和惩罚

第二十五条　有下列事迹之一的单位和个人，由县级以上人民政府或者其渔业行政主管部门给予奖励：

（一）在水生野生动物资源调查、保护管理、宣传教育、开发利用方面有突出贡献的；

（二）严格执行野生动物保护法规，成绩显著的；

（三）拯救、保护和驯养繁殖水生野生动物取得显著成效的；

（四）发现违反水生野生动物保护法律、法规的行为，及时制止或者检举有功的；

（五）在查处破坏水生野生动物资源案件中作出重要贡献的；

（六）在水生野生动物科学研究中取得重大成果或者在应用推广有关的科研成果中取得显著效益的；

（七）在基层从事水生野生动物保护管理工作5年以上并取得显著成绩的；

（八）在水生野生动物保护管理工作中有其他特殊贡献的。

第二十六条　非法捕杀国家重点保护的水生野生动物的，依照刑法有关规定追究刑事责任；情节显著轻微危害不大的，或者犯罪情节轻微不需要判处刑罚的，由渔业行政主管部门没收捕获物、捕捉工具和违法所得，吊销特许捕捉证，并处以相当于捕获物价值10倍以下的罚款，没有捕获物的处以1万元以下的罚款。

第二十七条　违反野生动物保护法律、法规，在水生野生动物自然保护区破坏国家重点保护的或者地方重点保护的水生野生动物主要生息繁衍场所，依照《野生动物保护法》第三十四条的规定处以罚款的，罚款幅度为恢复原状所需费用的3倍以下。

第二十八条　违反野生动物保护法律、法规，出售、收购、运输、携带国家重点保护的或者地方重点保护的水生野生动物或者其产品的，由工商行政管理部门或者其授权的渔业行政主管部门没收实物和违法所得，可以并处相当于实物价值10倍以下的罚款。

第二十九条　伪造、倒卖、转让驯养繁殖许可证，依照《野生动物保护法》第三十七条的规定处以罚款的，罚款幅度为5 000元以下。伪造、倒卖、转让特许捕捉证或者允许进出口证明书，依照《野生动物保护法》第三十七条的规定处以罚款的，罚款幅度为5万元以下。

第三十条　违反野生动物保护法规，未取得驯养繁殖许可证或者超越驯养繁殖许可证规定范围，驯养繁殖国家重点保护的水生野生动物的，由渔业行政主管部门没收违法所得，处3 000元以下的罚款，可以并处没收水生野生动物、吊销驯养繁殖许可证。

第三十一条　外国人未经批准在中国境内对国家重点保护的水生野生动物进行科学考察、标本采集、拍摄电影、录像的，由渔业行政主管部门没收考察、拍摄的资料以及所获标本，可以并处5万元以下的罚款。

第三十二条　有下列行为之一，尚不构成犯罪，应当给予治安管理处罚的，由公安机关依照

《中华人民共和国治安管理处罚法》的规定予以处罚：

（一）拒绝、阻碍渔政检查人员依法执行职务的；

（二）偷窃、哄抢或者故意损坏野生动物保护仪器设备或者设施的。

第三十三条 依照野生动物保护法规的规定没收的实物，按照国务院渔业行政主管部门的有关规定处理。

第五章 附 则

第三十四条 本条例由国务院渔业行政主管部门负责解释。

第三十五条 本条例自发布之日起施行。

二、《中华人民共和国水生野生动物利用特许办法》

1999年6月24日农业部令第15号公布。根据2004年7月1日农业部令第38号第一次修正。根据2010年11月26日农业部令第11号第二次修正。根据2013年12月31日农业部令第5号第三次修正。根据2017年11月30日农业部令2017年第8号第四次修正。根据2019年4月25日农业农村部令2019年第2号第五次修正。自2019年4月25日施行。

第一章 总 则

第一条 为保护、发展和合理利用水生野生动物资源，加强水生野生动物的保护与管理，规范水生野生动物利用特许证件的发放及使用，根据《中华人民共和国野生动物保护法》《中华人民共和国水生野生动物保护实施条例》的规定，制定本办法。

第二条 凡需要捕捉、人工繁育以及展览、表演、出售、收购、进出口等利用水生野生动物或其制品的，按照本办法实行特许管理。

除第二十九条、第三十一条外，本办法所称水生野生动物，是指珍贵、濒危的水生野生动物；所称水生野生动物制品，是指珍贵、濒危水生野生动物的任何部分及其衍生物。

第三条 农业部主管全国水生野生动物利用特许管理工作，负责国家一级保护水生野生动物的捕捉、水生野生动物或其制品进出口和国务院规定由农业部负责的国家重点水生野生动物的人工繁育和出售购买利用其活体及制品活动的审批。

省级人民政府渔业主管部门负责本行政区域内除国务院对审批机关另有规定的国家重点保护水生野生动物或其制品利用特许审批；县级以上地方人民政府渔业行政主管部门负责本行政区域内水生野生动物或其制品特许申请的审核。

第四条 农业部组织国家濒危水生野生动物物种科学委员会，对水生野生动物保护与管理提供咨询和评估。

审批机关在批准人工繁育、经营利用以及重要的进出口水生野生动物或其制品等特许申请前，应当委托国家濒危水生野生动物物种科学委员会对特许申请进行评估。评估未获通过的，审批机关不得批准。

第五条 申请水生野生动物或其制品利用特许的单位和个人，必须填报《水生野生动物利用特许证件申请表》（以下简称《申请表》）。《申请表》可向所在地县级以上渔业行政主管部门领取。

第六条 经审批机关批准的，可以按规定领取水生野生动物利用特许证件。

水生野生动物利用特许证件包括《水生野生动物特许猎捕证》（以下简称《猎捕证》）、《水生野生动物人工繁育许可证》（以下简称《人工繁育证》）、《水生野生动物经营利用许可证》

（以下简称《经营利用证》）。

第七条 各级渔业行政主管部门及其所属的渔政监督管理机构，有权对本办法的实施情况进行监督检查，被检查的单位和个人应当给予配合。

第二章 捕捉管理

第八条 禁止捕捉、杀害水生野生动物。因科研、教学、人工繁育、展览、捐赠等特殊情况需要捕捉水生野生动物的，必须办理《猎捕证》。

第九条 申请捕捉国家一级保护水生野生动物的，申请人应当将《申请表》和证明材料报所在地省级人民政府渔业行政主管部门签署意见。省级人民政府渔业行政主管部门应当在20日内签署意见，并报农业部审批。

需要跨省捕捉国家一级保护水生野生动物的，申请人应当将《申请表》和证明材料报所在地省级人民政府渔业行政主管部门签署意见。所在地省级人民政府渔业行政主管部门应当在20日内签署意见，并转送捕捉地省级人民政府渔业行政主管部门签署意见。捕捉地省级人民政府渔业行政主管部门应当在20日内签署意见，并报农业部审批。

农业部自收到省级人民政府渔业行政主管部门报送的材料之日起40日内作出是否发放特许猎捕证的决定。

第十条 申请捕捉国家二级保护水生野生动物的，申请人应当将《申请表》和证明材料报所在地县级人民政府渔业行政主管部门签署意见。所在地县级人民政府渔业行政主管部门应当在20日内签署意见，并报省级人民政府渔业行政主管部门审批。

省级人民政府渔业行政主管部门应该自收到县级人民政府渔业行政主管部门报送的材料之日起40日内作出是否发放猎捕证的决定。

需要跨省捕捉国家二级保护水生野生动物的，申请人应该将《申请表》和证明材料报所在地省级人民政府渔业行政主管部门签署意见。所在地省级人民政府渔业行政主管部门应当在20日内签署意见，并转送捕捉地省级人民政府渔业行政主管部门审批。

捕捉地省级人民政府渔业行政主管部门应当自收到所在地省级人民政府渔业行政主管部门报送的材料之日起40日内作出是否发放猎捕证的决定。

第十一条 有下列情形之一的，不予发放《猎捕证》：

（一）申请人有条件以合法的非捕捉方式获得申请捕捉对象或者达到其目的；

（二）捕捉申请不符合国家有关规定，或者申请使用的捕捉工具、方法以及捕捉时间、地点不当的；

（三）根据申请捕捉对象的资源现状不宜捕捉的。

第十二条 取得《猎捕证》的单位和个人，在捕捉作业以前，必须向捕捉地县级渔业行政主管部门报告，并由其所属的渔政监督管理机构监督进行。

捕捉作业必须按照《猎捕证》规定的种类、数量、地点、期限、工具和方法进行，防止误伤水生野生动物或破坏其生存环境。

第十三条 捕捉作业完成后，捕捉者应当立即向捕捉地县级渔业行政主管部门或其所属的渔政监督管理机构申请查验。捕捉地县级渔业行政主管部门或渔政监督管理机构应及时对捕捉情况进行查验，收回《猎捕证》，并及时向发证机关报告查验结果、交回《猎捕证》。

第三章 人工繁育管理

第十四条 国家支持有关科学研究机构因物种保护目的人工繁育国家重点保护水生野生动物。

前款规定以外的人工繁育国家重点保护水生野生动物实行许可制度。人工繁育国家重点保护水生野生动物的，应当经省级人民政府渔业主管部门批准，取得《人工繁育许可证》，但国务院对批准机关另有规定的除外。

第十五条　申请《人工繁育证》，应当具备以下条件：

（一）有适宜人工繁育水生野生动物的固定场所和必要的设施；

（二）具备与人工繁育水生野生动物种类、数量相适应的资金、技术和人员；

（三）具有充足的人工繁育水生野生动物的饲料来源。

第十六条　国务院规定由农业部批准的国家重点保护水生野生动物的人工繁育许可，向省级人民政府渔业行政主管部门提出申请。省级人民政府渔业行政主管部门应当自申请受理之日起20日内完成初步审查，并将审查意见和申请人的全部申请材料报农业部审批。

农业部应当自收到省级人民政府渔业行政主管部门报送的材料之日起15日内作出是否发放人工繁育许可证的决定。

除国务院规定由农业部批准以外的国家重点保护水生野生动物的人工繁育许可，应当向省级人民政府渔业主管部门申请。

省级人民政府渔业行政主管部门应当自申请受理之日起20日内作出是否发放人工繁育证的决定。

第十七条　人工繁育水生野生动物的单位和个人，必须按照《人工繁育证》的规定进行人工繁育活动。

需要变更人工繁育种类的，应当按照本办法第十七条规定的程序申请变更手续。经批准后，由审批机关在《人工繁育证》上作变更登记。

第十八条　禁止将人工繁育的水生野生动物或其制品进行捐赠、转让、交换。因特殊情况需要捐赠、转让、交换的，申请人应当向《人工繁育证》发证机关提出申请，由发证机关签署意见后，按本办法第三条的规定报批。

第十九条　接受捐赠、转让、交换的单位和个人，应当凭批准文件办理有关手续，并妥善养护与管理接受的水生野生动物或其制品。

第二十条　取得《人工繁育证》的单位和个人，应当遵守以下规定：

（一）遵守国家和地方野生动物保护法律法规和政策；

（二）用于人工繁育的水生野生动物来源符合国家规定；

（三）建立人工繁育物种档案和统计制度；

（四）定期向审批机关报告水生野生动物的生长、繁殖、死亡等情况；

（五）不得非法利用其人工繁育的水生野生动物或其制品；

（六）接受当地渔业行政主管部门的监督检查和指导。

第四章　经营管理

第二十一条　禁止出售、购买、利用国家重点保护水生野生动物及其制品。因科学研究、人工繁育、公众展示展演、文物保护或者其他特殊情况，需要出售、购买、利用水生野生动物及其制品的，应当经省级人民政府渔业主管部门或其授权的渔业主管部门审核批准，并按照规定取得和使用专用标识，保证可追溯。

第二十二条　国务院规定由农业部批准的国家重点保护水生野生动物或者其制品的出售、购买、利用许可，申请人应当将《申请表》和证明材料报所在地省级人民政府渔业行政主管部门签署意见。所在地省级人民政府渔业行政主管部门应当在20日内签署意见，并报农业部审批。

农业部应当自接到省级人民政府渔业行政主管部门报送的材料之日起20日内作出是否发放经营利用证的决定。

除国务院规定由农业部批准以外的国家重点保护水生野生动物或者其制品的出售、购买、利用许可，应当向省级人民政府渔业主管部门申请。

省级人民政府渔业行政主管部门应当自受理之日起20日内作出是否发放经营利用证的决定。

第二十三条　申请《经营利用证》，应当具备下列条件：

（一）出售、购买、利用的水生野生动物物种来源清楚或稳定；

（二）不会造成水生野生动物物种资源破坏；

（三）不会影响国家野生动物保护形象和对外经济交往。

第二十四条　经批准出售、购买、利用水生野生动物或其制品的单位和个人，应当持《经营利用证》到出售、收购所在地的县级以上渔业行政主管部门备案后方可进行出售、购买、利用活动。

第二十五条　出售、购买、利用水生野生动物或其制品的单位和个人，应当遵守以下规定：

（一）遵守国家和地方有关野生动物保护法律法规和政策；

（二）利用的水生野生动物或其制品来源符合国家规定；

（三）建立出售、购买、利用水生野生动物或其制品档案；

（四）接受当地渔业行政主管部门的监督检查和指导。

第二十六条　地方各级渔业行政主管部门应当对水生野生动物或其制品的经营利用建立监督检查制度，加强对经营利用水生野生动物或其制品的监督管理。

第五章　进出口管理

第二十七条　出口国家重点保护的水生野生动物或者其产品，进出口中国参加的国际公约所限制进出口的水生野生动物或者其产品的，应当向农业部申请，农业部应当自申请受理之日起20日内作出是否同意进出口的决定。

动物园因交换动物需要进口第一款规定的野生动物的，农业部在批准前，应当经国务院建设行政主管部门审核同意。

第二十八条　属于贸易性进出口活动的，必须由具有商品进出口权的单位承担，并取得《经营利用证》后方可进行。没有商品进出口权和《经营利用证》的单位，审批机关不得受理其申请。

第二十九条　从国外引进水生野生动物的，应当向农业部申请，农业部应当自申请受理之日起20日内作出是否同意引进的决定。

第三十条　出口水生野生动物或其制品的，应当具备下列条件：

（一）出口的水生野生动物物种和含水生野生动物成分制品中物种原料的来源清楚；

（二）出口的水生野生动物是合法取得；

（三）不会影响国家野生动物保护形象和对外经济交往；

（四）出口的水生野生动物资源量充足，适宜出口；

（五）符合我国水产种质资源保护规定。

第三十一条　进口水生野生动物或其制品的，应当具备下列条件：

（一）进口的目的符合我国法律法规和政策；

（二）具备所进口水生野生动物活体生存必需的养护设施和技术条件；

（三）引进的水生野生动物活体不会对我国生态平衡造成不利影响或产生破坏作用；

（四）不影响国家野生动物保护形象和对外经济交往。

第六章　附　　则

第三十二条　违反本办法规定的，由县级以上渔业行政主管部门或其所属的渔政监督管理机构依照野生动物保护法律、法规进行查处。

第三十三条　经批准捕捉、人工繁育以及展览、表演、出售、收购、进出口等利用水生野生动物或其制品的单位和个人，应当依法缴纳水生野生动物资源保护费。缴纳办法按国家有关规定执行。

水生野生动物资源保护费专用于水生野生动物资源的保护管理、科学研究、调查监测、宣传教育、人工繁育与增殖放流等。

第三十四条　外国人在我国境内进行有关水生野生动物科学考察、标本采集、拍摄电影、录像等活动的，应当向水生野生动物所在地省级渔业行政主管部门提出申请。省级渔业行政主管部门应当自申请受理之日起20日内作出是否准予其活动的决定。

第三十五条　本办法规定的《申请表》和水生野生动物利用特许证件由农业部统一制订。已发放仍在使用的许可证件由原发证机关限期统一进行更换。

除监督《猎捕证》一次有效外，其他特许证件应按年度进行审验，有效期最长不超过五年。有效期届满后，应按规定程序重新报批。

各省、自治区、直辖市渔业行政主管部门应当根据本办法制定特许证件发放管理制度，建立档案，严格管理。

第三十六条　《濒危野生动植物国际贸易公约》附录一中的水生野生动物或其制品的国内管理，按照本办法对国家一级保护水生野生动物的管理规定执行。

《濒危野生动植物种国际贸易公约》附录二、附录三中的水生野生动物或其制品的国内管理，按照本办法对国家二级保护水生野生动物的管理规定执行。

地方重点保护的水生野生动物或其制品的管理，可参照本办法对国家二级保护水生野生动物的管理规定执行。

第三十七条　本办法由农业部负责解释。

第三十八条　本办法自1999年9月1日起施行。

三、《中华人民共和国兽药管理条例》

2004年4月9日中华人民共和国国务院令第404号公布。根据2014年7月29日《国务院关于修改部分行政法规的决定》第一次修订。根据2016年2月6日《国务院关于修改部分行政法规的决定》第二次修订。根据2020年3月27日《国务院关于修改和废止部分行政法规的决定》第三次修订。

第一章　总　　则

第一条　为了加强兽药管理，保证兽药质量，防治动物疾病，促进养殖业的发展，维护人体健康，制定本条例。

第二条　在中华人民共和国境内从事兽药的研制、生产、经营、进出口、使用和监督管理，应当遵守本条例。

第三条　国务院兽医行政管理部门负责全国的兽药监督管理工作。

县级以上地方人民政府兽医行政管理部门负责本行政区域内的兽药监督管理工作。

第四条　国家实行兽用处方药和非处方药分类管理制度。兽用处方药和非处方药分类管理的办法和具体实施步骤，由国务院兽医行政管理部门规定。

第五条　国家实行兽药储备制度。

发生重大动物疫情、灾情或者其他突发事件时，国务院兽医行政管理部门可以紧急调用国家储备的兽药；必要时，也可以调用国家储备以外的兽药。

第二章　新兽药研制

第六条　国家鼓励研制新兽药，依法保护研制者的合法权益。

第七条　研制新兽药，应当具有与研制相适应的场所、仪器设备、专业技术人员、安全管理规范和措施。

研制新兽药，应当进行安全性评价。从事兽药安全性评价的单位应当遵守国务院兽医行政管理部门制定的兽药非临床研究质量管理规范和兽药临床试验质量管理规范。

省级以上人民政府兽医行政管理部门应当对兽药安全性评价单位是否符合兽药非临床研究质量管理规范和兽药临床试验质量管理规范的要求进行监督检查，并公布监督检查结果。

第八条　研制新兽药，应当在临床试验前向临床试验场所所在地省、自治区、直辖市人民政府兽医行政管理部门备案，并附具该新兽药实验室阶段安全性评价报告及其他临床前研究资料。

研制的新兽药属于生物制品的，应当在临床试验前向国务院兽医行政管理部门提出申请，国务院兽医行政管理部门应当自收到申请之日起60个工作日内将审查结果书面通知申请人。

研制新兽药需要使用一类病原微生物的，还应当具备国务院兽医行政管理部门规定的条件，并在实验室阶段前报国务院兽医行政管理部门批准。

第九条　临床试验完成后，新兽药研制者向国务院兽医行政管理部门提出新兽药注册申请时，应当提交该新兽药的样品和下列资料：

（一）名称、主要成分、理化性质；

（二）研制方法、生产工艺、质量标准和检测方法；

（三）药理和毒理试验结果、临床试验报告和稳定性试验报告；

（四）环境影响报告和污染防治措施。

研制的新兽药属于生物制品的，还应当提供菌（毒、虫）种、细胞等有关材料和资料。菌（毒、虫）种、细胞由国务院兽医行政管理部门指定的机构保藏。

研制用于食用动物的新兽药，还应当按照国务院兽医行政管理部门的规定进行兽药残留试验并提供休药期、最高残留限量标准、残留检测方法及其制定依据等资料。

国务院兽医行政管理部门应当自收到申请之日起10个工作日内，将决定受理的新兽药资料送其设立的兽药评审机构进行评审，将新兽药样品送其指定的检验机构复核检验，并自收到评审和复核检验结论之日起60个工作日内完成审查。审查合格的，发给新兽药注册证书，并发布该兽药的质量标准；不合格的，应当书面通知申请人。

第十条　国家对依法获得注册的、含有新化合物的兽药的申请人提交的其自己所取得且未披露的试验数据和其他数据实施保护。

自注册之日起6年内，对其他申请人未经已获得注册兽药的申请人同意，使用前款规定的数据申请兽药注册的，兽药注册机关不予注册；但是，其他申请人提交其自己所取得的数据的除外。

除下列情况外，兽药注册机关不得披露本条第一款规定的数据：

（一）公共利益需要；

（二）已采取措施确保该类信息不会被不正当地进行商业使用。

第三章　兽药生产

第十一条　从事兽药生产的企业，应当符合国家兽药行业发展规划和产业政策，并具备下列条件：

（一）与所生产的兽药相适应的兽医学、药学或者相关专业的技术人员；

（二）与所生产的兽药相适应的厂房、设施；

（三）与所生产的兽药相适应的兽药质量管理和质量检验的机构、人员、仪器设备；

（四）符合安全、卫生要求的生产环境；

（五）兽药生产质量管理规范规定的其他生产条件。

符合前款规定条件的，申请人方可向省、自治区、直辖市人民政府兽医行政管理部门提出申请，并附具符合前款规定条件的证明材料；省、自治区、直辖市人民政府兽医行政管理部门应当自收到申请之日起40个工作日内完成审查。经审查合格的，发给兽药生产许可证；不合格的，应当书面通知申请人。

第十二条 兽药生产许可证应当载明生产范围、生产地点、有效期和法定代表人姓名、住址等事项。

兽药生产许可证有效期为5年。有效期届满，需要继续生产兽药的，应当在许可证有效期届满前6个月到发证机关申请换发兽药生产许可证。

第十三条 兽药生产企业变更生产范围、生产地点的，应当依照本条例第十一条的规定申请换发兽药生产许可证；变更企业名称、法定代表人的，应当在办理工商变更登记手续后15个工作日内，到发证机关申请换发兽药生产许可证。

第十四条 兽药生产企业应当按照国务院兽医行政管理部门制定的兽药生产质量管理规范组织生产。

省级以上人民政府兽医行政管理部门，应当对兽药生产企业是否符合兽药生产质量管理规范的要求进行监督检查，并公布检查结果。

第十五条 兽药生产企业生产兽药，应当取得国务院兽医行政管理部门核发的产品批准文号，产品批准文号的有效期为5年。兽药产品批准文号的核发办法由国务院兽医行政管理部门制定。

第十六条 兽药生产企业应当按照兽药国家标准和国务院兽医行政管理部门批准的生产工艺进行生产。兽药生产企业改变影响兽药质量的生产工艺的，应当报原批准部门审核批准。

兽药生产企业应当建立生产记录，生产记录应当完整、准确。

第十七条 生产兽药所需的原料、辅料，应当符合国家标准或者所生产兽药的质量要求。

直接接触兽药的包装材料和容器应当符合药用要求。

第十八条 兽药出厂前应当经过质量检验，不符合质量标准的不得出厂。

兽药出厂应当附有产品质量合格证。

禁止生产假、劣兽药。

第十九条 兽药生产企业生产的每批兽用生物制品，在出厂前应当由国务院兽医行政管理部门指定的检验机构审查核对，并在必要时进行抽查检验；未经审查核对或者抽查检验不合格的，不得销售。

强制免疫所需兽用生物制品，由国务院兽医行政管理部门指定的企业生产。

第二十条 兽药包装应当按照规定印有或者贴有标签，附具说明书，并在显著位置注明"兽用"字样。

兽药的标签和说明书经国务院兽医行政管理部门批准并公布后，方可使用。

兽药的标签或者说明书，应当以中文注明兽药的通用名称、成分及其含量、规格、生产企业、产品批准文号（进口兽药注册证号）、产品批号、生产日期、有效期、适应证或者功能主治、用法、用量、休药期、禁忌、不良反应、注意事项、运输贮存保管条件及其他应当说明的内容。有商品名称的，还应当注明商品名称。

除前款规定的内容外，兽用处方药的标签或者说明书还应当印有国务院兽医行政管理部门规定的警示内容，其中兽用麻醉药品、精神药品、毒性药品和放射性药品还应当印有国务院兽医行政管理部门规定的特殊标志；兽用非处方药的标签或者说明书还应当印有国务院兽医行政管理部门规定的非处方药标志。

第二十一条　国务院兽医行政管理部门，根据保证动物产品质量安全和人体健康的需要，可以对新兽药设立不超过5年的监测期；在监测期内，不得批准其他企业生产或者进口该新兽药。生产企业应当在监测期内收集该新兽药的疗效、不良反应等资料，并及时报送国务院兽医行政管理部门。

第四章　兽药经营

第二十二条　经营兽药的企业，应当具备下列条件：

（一）与所经营的兽药相适应的兽药技术人员；

（二）与所经营的兽药相适应的营业场所、设备、仓库设施；

（三）与所经营的兽药相适应的质量管理机构或者人员；

（四）兽药经营质量管理规范规定的其他经营条件。

符合前款规定条件的，申请人方可向市、县人民政府兽医行政管理部门提出申请，并附具符合前款规定条件的证明材料；经营兽用生物制品的，应当向省、自治区、直辖市人民政府兽医行政管理部门提出申请，并附具符合前款规定条件的证明材料。

县级以上地方人民政府兽医行政管理部门，应当自收到申请之日起30个工作日内完成审查。审查合格的，发给兽药经营许可证；不合格的，应当书面通知申请人。

第二十三条　兽药经营许可证应当载明经营范围、经营地点、有效期和法定代表人姓名、住址等事项。

兽药经营许可证有效期为5年。有效期届满，需要继续经营兽药的，应当在许可证有效期届满前6个月到发证机关申请换发兽药经营许可证。

第二十四条　兽药经营企业变更经营范围、经营地点的，应当依照本条例第二十二条的规定申请换发兽药经营许可证；变更企业名称、法定代表人的，应当在办理工商变更登记手续后15个工作日内，到发证机关申请换发兽药经营许可证。

第二十五条　兽药经营企业，应当遵守国务院兽医行政管理部门制定的兽药经营质量管理规范。

县级以上地方人民政府兽医行政管理部门，应当对兽药经营企业是否符合兽药经营质量管理规范的要求进行监督检查，并公布检查结果。

第二十六条　兽药经营企业购进兽药，应当将兽药产品与产品标签或者说明书、产品质量合格证核对无误。

第二十七条　兽药经营企业，应当向购买者说明兽药的功能主治、用法、用量和注意事项。销售兽用处方药的，应当遵守兽用处方药管理办法。

兽药经营企业销售兽用中药材的，应当注明产地。

禁止兽药经营企业经营人用药品和假、劣兽药。

第二十八条　兽药经营企业购销兽药，应当建立购销记录。购销记录应当载明兽药的商品名称、通用名称、剂型、规格、批号、有效期、生产厂商、购销单位、购销数量、购销日期和国务院兽医行政管理部门规定的其他事项。

第二十九条 兽药经营企业，应当建立兽药保管制度，采取必要的冷藏、防冻、防潮、防虫、防鼠等措施，保持所经营兽药的质量。

兽药入库、出库，应当执行检查验收制度，并有准确记录。

第三十条 强制免疫所需兽用生物制品的经营，应当符合国务院兽医行政管理部门的规定。

第三十一条 兽药广告的内容应当与兽药说明书内容相一致，在全国重点媒体发布兽药广告的，应当经国务院兽医行政管理部门审查批准，取得兽药广告审查批准文号。在地方媒体发布兽药广告的，应当经省、自治区、直辖市人民政府兽医行政管理部门审查批准，取得兽药广告审查批准文号；未经批准的，不得发布。

第五章 兽药进出口

第三十二条 首次向中国出口的兽药，由出口方驻中国境内的办事机构或者其委托的中国境内代理机构向国务院兽医行政管理部门申请注册，并提交下列资料和物品：

（一）生产企业所在国家（地区）兽药管理部门批准生产、销售的证明文件。

（二）生产企业所在国家（地区）兽药管理部门颁发的符合兽药生产质量管理规范的证明文件。

（三）兽药的制造方法、生产工艺、质量标准、检测方法、药理和毒理试验结果、临床试验报告、稳定性试验报告及其他相关资料；用于食用动物的兽药的休药期、最高残留限量标准、残留检测方法及其制定依据等资料。

（四）兽药的标签和说明书样本。

（五）兽药的样品、对照品、标准品。

（六）环境影响报告和污染防治措施。

（七）涉及兽药安全性的其他资料。

申请向中国出口兽用生物制品的，还应当提供菌（毒、虫）种、细胞等有关材料和资料。

第三十三条 国务院兽医行政管理部门，应当自收到申请之日起10个工作日内组织初步审查。经初步审查合格的，应当将决定受理的兽药资料送其设立的兽药评审机构进行评审，将该兽药样品送其指定的检验机构复核检验，并自收到评审和复核检验结论之日起60个工作日内完成审查。经审查合格的，发给进口兽药注册证书，并发布该兽药的质量标准；不合格的，应当书面通知申请人。

在审查过程中，国务院兽医行政管理部门可以对向中国出口兽药的企业是否符合兽药生产质量管理规范的要求进行考查，并有权要求该企业在国务院兽医行政管理部门指定的机构进行该兽药的安全性和有效性试验。

国内急需兽药、少量科研用兽药或者注册兽药的样品、对照品、标准品的进口，按照国务院兽医行政管理部门的规定办理。

第三十四条 进口兽药注册证书的有效期为5年。有效期届满，需要继续向中国出口兽药的，应当在有效期届满前6个月到发证机关申请再注册。

第三十五条 境外企业不得在中国直接销售兽药。境外企业在中国销售兽药，应当依法在中国境内设立销售机构或者委托符合条件的中国境内代理机构。

进口在中国已取得进口兽药注册证书的兽药的，中国境内代理机构凭进口兽药注册证书到口岸所在地人民政府兽医行政管理部门办理进口兽药通关单。海关凭进口兽药通关单放行。兽药进口管理办法由国务院兽医行政管理部门会同海关总署制定。

兽用生物制品进口后，应当依照本条例第十九条的规定进行审查核对和抽查检验。其他兽药进口后，由当地兽医行政管理部门通知兽药检验机构进行抽查检验。

第三十六条　禁止进口下列兽药：

（一）药效不确定、不良反应大以及可能对养殖业、人体健康造成危害或者存在潜在风险的；

（二）来自疫区可能造成疫病在中国境内传播的兽用生物制品；

（三）经考查生产条件不符合规定的；

（四）国务院兽医行政管理部门禁止生产、经营和使用的。

第三十七条　向中国境外出口兽药，进口方要求提供兽药出口证明文件的，国务院兽医行政管理部门或者企业所在地的省、自治区、直辖市人民政府兽医行政管理部门可以出具出口兽药证明文件。

国内防疫急需的疫苗，国务院兽医行政管理部门可以限制或者禁止出口。

第六章　兽药使用

第三十八条　兽药使用单位，应当遵守国务院兽医行政管理部门制定的兽药安全使用规定，并建立用药记录。

第三十九条　禁止使用假、劣兽药以及国务院兽医行政管理部门规定禁止使用的药品和其他化合物。禁止使用的药品和其他化合物目录由国务院兽医行政管理部门制定公布。

第四十条　有休药期规定的兽药用于食用动物时，饲养者应当向购买者或者屠宰者提供准确、真实的用药记录；购买者或者屠宰者应当确保动物及其产品在用药期、休药期内不被用于食品消费。

第四十一条　国务院兽医行政管理部门，负责制定公布在饲料中允许添加的药物饲料添加剂品种目录。

禁止在饲料和动物饮用水中添加激素类药品和国务院兽医行政管理部门规定的其他禁用药品。

经批准可以在饲料中添加的兽药，应当由兽药生产企业制成药物饲料添加剂后方可添加。禁止将原料药直接添加到饲料及动物饮用水中或者直接饲喂动物。

禁止将人用药品用于动物。

第四十二条　国务院兽医行政管理部门，应当制定并组织实施国家动物及动物产品兽药残留监控计划。

县级以上人民政府兽医行政管理部门，负责组织对动物产品中兽药残留量的检测。兽药残留检测结果，由国务院兽医行政管理部门或者省、自治区、直辖市人民政府兽医行政管理部门按照权限予以公布。

动物产品的生产者、销售者对检测结果有异议的，可以自收到检测结果之日起7个工作日内向组织实施兽药残留检测的兽医行政管理部门或者其上级兽医行政管理部门提出申请，由受理申请的兽医行政管理部门指定检验机构进行复检。

兽药残留限量标准和残留检测方法，由国务院兽医行政管理部门制定发布。

第四十三条　禁止销售含有违禁药物或者兽药残留量超过标准的食用动物产品。

第七章　兽药监督管理

第四十四条　县级以上人民政府兽医行政管理部门行使兽药监督管理权。

兽药检验工作由国务院兽医行政管理部门和省、自治区、直辖市人民政府兽医行政管理部门设立的兽药检验机构承担。国务院兽医行政管理部门，可以根据需要认定其他检验机构承担兽药检验工作。

当事人对兽药检验结果有异议的，可以自收到检验结果之日起7个工作日内向实施检验的机构或者上级兽医行政管理部门设立的检验机构申请复检。

第四十五条　兽药应当符合兽药国家标准。

国家兽药典委员会拟定的、国务院兽医行政管理部门发布的《中华人民共和国兽药典》和国务院兽医行政管理部门发布的其他兽药质量标准为兽药国家标准。

兽药国家标准的标准品和对照品的标定工作由国务院兽医行政管理部门设立的兽药检验机构负责。

第四十六条　兽医行政管理部门依法进行监督检查时，对有证据证明可能是假、劣兽药的，应当采取查封、扣押的行政强制措施，并自采取行政强制措施之日起7个工作日内作出是否立案的决定；需要检验的，应当自检验报告书发出之日起15个工作日内作出是否立案的决定；不符合立案条件的，应当解除行政强制措施；需要暂停生产的，由国务院兽医行政管理部门或者省、自治区、直辖市人民政府兽医行政管理部门按照权限作出决定；需要暂停经营、使用的，由县级以上人民政府兽医行政管理部门按照权限作出决定。

未经行政强制措施决定机关或者其上级机关批准，不得擅自转移、使用、销毁、销售被查封或者扣押的兽药及有关材料。

第四十七条　有下列情形之一的，为假兽药：

（一）以非兽药冒充兽药或者以他种兽药冒充此种兽药的；

（二）兽药所含成分的种类、名称与兽药国家标准不符合的。

有下列情形之一的，按照假兽药处理：

（一）国务院兽医行政管理部门规定禁止使用的；

（二）依照本条例规定应当经审查批准而未经审查批准即生产、进口的，或者依照本条例规定应当经抽查检验、审查核对而未经抽查检验、审查核对即销售、进口的；

（三）变质的；

（四）被污染的；

（五）所标明的适应证或者功能主治超出规定范围的。

第四十八条　有下列情形之一的，为劣兽药：

（一）成分含量不符合兽药国家标准或者不标明有效成分的；

（二）不标明或者更改有效期或者超过有效期的；

（三）不标明或者更改产品批号的；

（四）其他不符合兽药国家标准，但不属于假兽药的。

第四十九条　禁止将兽用原料药拆零销售或者销售给兽药生产企业以外的单位和个人。

禁止未经兽医开具处方销售、购买、使用国务院兽医行政管理部门规定实行处方药管理的兽药。

第五十条　国家实行兽药不良反应报告制度。

兽药生产企业、经营企业、兽药使用单位和开具处方的兽医人员发现可能与兽药使用有关的严重不良反应，应当立即向所在地人民政府兽医行政管理部门报告。

第五十一条　兽药生产企业、经营企业停止生产、经营超过6个月或者关闭的，由发证机关责令其交回兽药生产许可证、兽药经营许可证。

第五十二条　禁止买卖、出租、出借兽药生产许可证、兽药经营许可证和兽药批准证明文件。

第五十三条　兽药评审检验的收费项目和标准，由国务院财政部门会同国务院价格主管部门制定，并予以公告。

第五十四条　各级兽医行政管理部门、兽药检验机构及其工作人员，不得参与兽药生产、经营活动，不得以其名义推荐或者监制、监销兽药。

第八章　法律责任

第五十五条　兽医行政管理部门及其工作人员利用职务上的便利收取他人财物或者谋取其他利益，对不符合法定条件的单位和个人核发许可证、签署审查同意意见，不履行监督职责，或者发现违法行为不予查处，造成严重后果，构成犯罪的，依法追究刑事责任；尚不构成犯罪的，依法给予行政处分。

第五十六条　违反本条例规定，无兽药生产许可证、兽药经营许可证生产、经营兽药的，或者虽有兽药生产许可证、兽药经营许可证，生产、经营假、劣兽药的，或者兽药经营企业经营人用药品的，责令其停止生产、经营，没收用于违法生产的原料、辅料、包装材料及生产、经营的兽药和违法所得，并处违法生产、经营的兽药（包括已出售的和未出售的兽药，下同）货值金额2倍以上5倍以下罚款，货值金额无法查证核实的，处10万元以上20万元以下罚款；无兽药生产许可证生产兽药，情节严重的，没收其生产设备；生产、经营假、劣兽药，情节严重的，吊销兽药生产许可证、兽药经营许可证；构成犯罪的，依法追究刑事责任；给他人造成损失的，依法承担赔偿责任。生产、经营企业的主要负责人和直接负责的主管人员终身不得从事兽药的生产、经营活动。

擅自生产强制免疫所需兽用生物制品的，按照无兽药生产许可证生产兽药处罚。

第五十七条　违反本条例规定，提供虚假的资料、样品或者采取其他欺骗手段取得兽药生产许可证、兽药经营许可证或者兽药批准证明文件的，吊销兽药生产许可证、兽药经营许可证或者撤销兽药批准证明文件，并处5万元以上10万元以下罚款；给他人造成损失的，依法承担赔偿责任。其主要负责人和直接负责的主管人员终身不得从事兽药的生产、经营和进出口活动。

第五十八条　买卖、出租、出借兽药生产许可证、兽药经营许可证和兽药批准证明文件的，没收违法所得，并处1万元以上10万元以下罚款；情节严重的，吊销兽药生产许可证、兽药经营许可证或者撤销兽药批准证明文件；构成犯罪的，依法追究刑事责任；给他人造成损失的，依法承担赔偿责任。

第五十九条　违反本条例规定，兽药安全性评价单位、临床试验单位、生产和经营企业未按照规定实施兽药研究试验、生产、经营质量管理规范的，给予警告，责令其限期改正；逾期不改正的，责令停止兽药研究试验、生产、经营活动，并处5万元以下罚款；情节严重的，吊销兽药生产许可证、兽药经营许可证；给他人造成损失的，依法承担赔偿责任。

违反本条例规定，研制新兽药不具备规定的条件擅自使用一类病原微生物或者在实验室阶段前未经批准的，责令其停止实验，并处5万元以上10万元以下罚款；构成犯罪的，依法追究刑事责任；给他人造成损失的，依法承担赔偿责任。

违反本条例规定，开展新兽药临床试验应当备案而未备案的，责令其立即改正，给予警告，并处5万元以上10万元以下罚款；给他人造成损失的，依法承担赔偿责任。

第六十条　违反本条例规定，兽药的标签和说明书未经批准的，责令其限期改正；逾期不改正的，按照生产、经营假兽药处罚；有兽药产品批准文号的，撤销兽药产品批准文号；给他人造成损失的，依法承担赔偿责任。

兽药包装上未附有标签和说明书，或者标签和说明书与批准的内容不一致的，责令其限期改正；情节严重的，依照前款规定处罚。

第六十一条　违反本条例规定，境外企业在中国直接销售兽药的，责令其限期改正，没收直接销售的兽药和违法所得，并处5万元以上10万元以下罚款；情节严重的，吊销进口兽药注册证书；给他人造成损失的，依法承担赔偿责任。

第六十二条　违反本条例规定，未按照国家有关兽药安全使用规定使用兽药的、未建立用药记录或者记录不完整真实的，或者使用禁止使用的药品和其他化合物的，或者将人用药品用于动物的，责令其立即改正，并对饲喂了违禁药物及其他化合物的动物及其产品进行无害化处理；对违法单位处1万元以上5万元以下罚款；给他人造成损失的，依法承担赔偿责任。

第六十三条　违反本条例规定，销售尚在用药期、休药期内的动物及其产品用于食品消费的，或者销售含有违禁药物和兽药残留超标的动物产品用于食品消费的，责令其对含有违禁药物和兽药残留超标的动物产品进行无害化处理，没收违法所得，并处3万元以上10万元以下罚款；构成犯罪的，依法追究刑事责任；给他人造成损失的，依法承担赔偿责任。

第六十四条　违反本条例规定，擅自转移、使用、销毁、销售被查封或者扣押的兽药及有关材料的，责令其停止违法行为，给予警告，并处5万元以上10万元以下罚款。

第六十五条　违反本条例规定，兽药生产企业、经营企业、兽药使用单位和开具处方的兽医人员发现可能与兽药使用有关的严重不良反应，不向所在地人民政府兽医行政管理部门报告的，给予警告，并处5 000元以上1万元以下罚款。

生产企业在新兽药监测期内不收集或者不及时报送该新兽药的疗效、不良反应等资料的，责令其限期改正，并处1万元以上5万元以下罚款；情节严重的，撤销该新兽药的产品批准文号。

第六十六条　违反本条例规定，未经兽医开具处方销售、购买、使用兽用处方药的，责令其限期改正，没收违法所得，并处5万元以下罚款；给他人造成损失的，依法承担赔偿责任。

第六十七条　违反本条例规定，兽药生产、经营企业把原料药销售给兽药生产企业以外的单位和个人的，或者兽药经营企业拆零销售原料药的，责令其立即改正，给予警告，没收违法所得，并处2万元以上5万元以下罚款；情节严重的，吊销兽药生产许可证、兽药经营许可证；给他人造成损失的，依法承担赔偿责任。

第六十八条　违反本条例规定，在饲料和动物饮用水中添加激素类药品和国务院兽医行政管理部门规定的其他禁用药品，依照《饲料和饲料添加剂管理条例》的有关规定处罚；直接将原料药添加到饲料及动物饮用水中，或者饲喂动物的，责令其立即改正，并处1万元以上3万元以下罚款；给他人造成损失的，依法承担赔偿责任。

第六十九条　有下列情形之一的，撤销兽药的产品批准文号或者吊销进口兽药注册证书：

（一）抽查检验连续2次不合格的；

（二）药效不确定、不良反应大以及可能对养殖业、人体健康造成危害或者存在潜在风险的；

（三）国务院兽医行政管理部门禁止生产、经营和使用的兽药。

被撤销产品批准文号或者被吊销进口兽药注册证书的兽药，不得继续生产、进口、经营和使用。已经生产、进口的，由所在地兽医行政管理部门监督销毁，所需费用由违法行为人承担；给他人造成损失的，依法承担赔偿责任。

第七十条　本条例规定的行政处罚由县级以上人民政府兽医行政管理部门决定；其中吊销兽药生产许可证、兽药经营许可证，撤销兽药批准证明文件或者责令停止兽药研究试验的，由发证、批准、备案部门决定。

上级兽医行政管理部门对下级兽医行政管理部门违反本条例的行政行为，应当责令限期改正；逾期不改正的，有权予以改变或者撤销。

第七十一条　本条例规定的货值金额以违法生产、经营兽药的标价计算；没有标价的，按照同类兽药的市场价格计算。

第九章　附　则

第七十二条　本条例下列用语的含义是：

（一）兽药，是指用于预防、治疗、诊断动物疾病或者有目的地调节动物生理机能的物质（含药物饲料添加剂），主要包括：血清制品、疫苗、诊断制品、微生态制品、中药材、中成药、化学药品、抗生素、生化药品、放射性药品及外用杀虫剂、消毒剂等。

（二）兽用处方药，是指凭兽医处方才可购买和使用的兽药。

（三）兽用非处方药，是指由国务院兽医行政管理部门公布的、不需要凭兽医处方就可以自行购买并按照说明书使用的兽药。

（四）兽药生产企业，是指专门生产兽药的企业和兼产兽药的企业，包括从事兽药分装的企业。

（五）兽药经营企业，是指经营兽药的专营企业或者兼营企业。

（六）新兽药，是指未曾在中国境内上市销售的兽用药品。

（七）兽药批准证明文件，是指兽药产品批准文号、进口兽药注册证书、出口兽药证明文件、新兽药注册证书等文件。

第七十三条　兽用麻醉药品、精神药品、毒性药品和放射性药品等特殊药品，依照国家有关规定管理。

第七十四条　水产养殖中的兽药使用、兽药残留检测和监督管理以及水产养殖过程中违法用药的行政处罚，由县级以上人民政府渔业主管部门及其所属的渔政监督管理机构负责。

第七十五条　本条例自2004年11月1日起施行。

四、《国务院关于加强食品等产品安全监督管理的特别规定》

经2007年7月25日国务院第186次常务会议通过，现予公布，自公布之日起施行（中华人民共和国国务院令第503号）。

第一条　为了加强食品等产品安全监督管理，进一步明确生产经营者、监督管理部门和地方人民政府的责任，加强各监督管理部门的协调、配合，保障人体健康和生命安全，制定本规定。

第二条　本规定所称产品除食品外，还包括食用农产品、药品等与人体健康和生命安全有关的产品。对产品安全监督管理，法律有规定的，适用法律规定；法律没有规定或者规定不明确的，适用本规定。

第三条　生产经营者应当对其生产、销售的产品安全负责，不得生产、销售不符合法定要求的产品。

依照法律、行政法规规定生产、销售产品需要取得许可证照或者需要经过认证的，应当按照法定条件、要求从事生产经营活动。不按照法定条件、要求从事生产经营活动或者生产、销售不符合法定要求产品的，由农业、卫生、质检、商务、工商、药品等监督管理部门依据各自职责，没收违法所得、产品和用于违法生产的工具、设备、原材料等物品，货值金额不足5 000元的，并处5万元罚款；货值金额5 000元以上不足1万元的，并处10万元罚款；货值金额1万元以上的，并处货值金额10倍以上20倍以下的罚款；造成严重后果的，由原发证部门吊销许可证照；构成非法经营罪或者生产、销售伪劣商品罪等犯罪的，依法追究刑事责任。

生产经营者不再符合法定条件、要求，继续从事生产经营活动的，由原发证部门吊销许可证照，并在当地主要媒体上公告被吊销许可证照的生产经营者名单；构成非法经营罪或者生产、销售伪劣商品罪等犯罪的，依法追究刑事责任。

依法应当取得许可证照而未取得许可证照从事生产经营活动的，由农业、卫生、质检、商务、工商、药品等监督管理部门依据各自职责，没收违法所得、产品和用于违法生产的工具、设备、原材料等物品，货值金额不足1万元的，并处10万元罚款；货值金额1万元以上的，并处货值金额10倍以上20倍以下的罚款；构成非法经营罪的，依法追究刑事责任。

有关行业协会应当加强行业自律，监督生产经营者的生产经营活动；加强公众健康知识的普及、宣传，引导消费者选择合法生产经营者生产、销售的产品以及有合法标识的产品。

第四条　生产者生产产品所使用的原料、辅料、添加剂、农业投入品，应当符合法律、行政法规的规定和国家强制性标准。

违反前款规定，违法使用原料、辅料、添加剂、农业投入品的，由农业、卫生、质检、商务、药品等监督管理部门依据各自职责没收违法所得，货值金额不足5 000元的，并处2万元罚款；货值金额5 000元以上不足1万元的，并处5万元罚款；货值金额1万元以上的，并处货值金额5倍以上10倍以下的罚款；造成严重后果的，由原发证部门吊销许可证照；构成生产、销售伪劣商品罪的，依法追究刑事责任。

第五条　销售者必须建立并执行进货检查验收制度，审验供货商的经营资格，验明产品合格证明和产品标识，并建立产品进货台账，如实记录产品名称、规格、数量、供货商及其联系方式、进货时间等内容。从事产品批发业务的销售企业应当建立产品销售台账，如实记录批发的产品品种、规格、数量、流向等内容。在产品集中交易场所销售自制产品的生产企业应当比照从事产品批发业务的销售企业的规定，履行建立产品销售台账的义务。进货台账和销售台账保存期限不得少于2年。销售者应当向供货商按照产品生产批次索要符合法定条件的检验机构出具的检验报告或者由供货商签字或者盖章的检验报告复印件；不能提供检验报告或者检验报告复印件的产品，不得销售。

违反前款规定的，由工商、药品监督管理部门依据各自职责责令停止销售；不能提供检验报告或者检验报告复印件销售产品的，没收违法所得和违法销售的产品，并处货值金额3倍的罚款；造成严重后果的，由原发证部门吊销许可证照。

第六条　产品集中交易市场的开办企业、产品经营柜台出租企业、产品展销会的举办企业，应当审查入场销售者的经营资格，明确入场销售者的产品安全管理责任，定期对入场销售者的经营环境、条件、内部安全管理制度和经营产品是否符合法定要求进行检查，发现销售不符合法定要求产品或者其他违法行为的，应当及时制止并立即报告所在地工商行政管理部门。

违反前款规定的，由工商行政管理部门处以1 000元以上5万元以下的罚款；情节严重的，责令停业整顿；造成严重后果的，吊销营业执照。

第七条　出口产品的生产经营者应当保证其出口产品符合进口国（地区）的标准或者合同要求。法律规定产品必须经过检验方可出口的，应当经符合法律规定的机构检验合格。

出口产品检验人员应当依照法律、行政法规规定和有关标准、程序、方法进行检验，对其出具的检验证单等负责。

出入境检验检疫机构和商务、药品等监督管理部门应当建立出口产品的生产经营者良好记录和不良记录，并予以公布。对有良好记录的出口产品的生产经营者，简化检验检疫手续。

出口产品的生产经营者逃避产品检验或者弄虚作假的，由出入境检验检疫机构和药品监督管理部门依据各自职责，没收违法所得和产品，并处货值金额3倍的罚款；构成犯罪的，依法追究刑事责任。

第八条　进口产品应当符合我国国家技术规范的强制性要求以及我国与出口国（地区）签订的协议规定的检验要求。

质检、药品监督管理部门依据生产经营者的诚信度和质量管理水平以及进口产品风险评估的结果，对进口产品实施分类管理，并对进口产品的收货人实施备案管理。进口产品的收货人应当如实记录进口产品流向。记录保存期限不得少于2年。

质检、药品监督管理部门发现不符合法定要求产品时，可以将不符合法定要求产品的进货人、报检人、代理人列入不良记录名单。进口产品的进货人、销售者弄虚作假的，由质检、药品监督管理部门依据各自职责，没收违法所得和产品，并处货值金额3倍的罚款；构成犯罪的，依法追究刑事责任。进口产品的报检人、代理人弄虚作假的，取消报检资格，并处货值金额等值的罚款。

第九条　生产企业发现其生产的产品存在安全隐患，可能对人体健康和生命安全造成损害的，应当向社会公布有关信息，通知销售者停止销售，告知消费者停止使用，主动召回产品，并向有关监督管理部门报告；销售者应当立即停止销售该产品。销售者发现其销售的产品存在安全隐患，可能对人体健康和生命安全造成损害的，应当立即停止销售该产品，通知生产企业或者供货商，并向有关监督管理部门报告。

生产企业和销售者不履行前款规定义务的，由农业、卫生、质检、商务、工商、药品等监督管理部门依据各自职责，责令生产企业召回产品、销售者停止销售，对生产企业并处货值金额3倍的罚款，对销售者并处1 000元以上5万元以下的罚款；造成严重后果的，由原发证部门吊销许可证照。

第十条　县级以上地方人民政府应当将产品安全监督管理纳入政府工作考核目标，对本行政区域内的产品安全监督管理负总责，统一领导、协调本行政区域内的监督管理工作，建立健全监督管理协调机制，加强对行政执法的协调、监督；统一领导、指挥产品安全突发事件应对工作，依法组织查处产品安全事故；建立监督管理责任制，对各监督管理部门进行评议、考核。质检、工商和药品等监督管理部门应当在所在地同级人民政府的统一协调下，依法做好产品安全监督管理工作。

县级以上地方人民政府不履行产品安全监督管理的领导、协调职责，本行政区域内一年多次出现产品安全事故、造成严重社会影响的，由监察机关或者任免机关对政府的主要负责人和直接负责的主管人员给予记大过、降级或者撤职的处分。

第十一条　国务院质检、卫生、农业等主管部门在各自职责范围内尽快制定、修改或者起草相关国家标准，加快建立统一管理、协调配套、符合实际、科学合理的产品标准体系。

第十二条　县级以上人民政府及其部门对产品安全实施监督管理，应当按照法定权限和程序履行职责，做到公开、公平、公正。对生产经营者同一违法行为，不得给予2次以上罚款的行政处罚；对涉嫌构成犯罪、依法需要追究刑事责任的，应当依照《行政执法机关移送涉嫌犯罪案件的规定》，向公安机关移送。

农业、卫生、质检、商务、工商、药品等监督管理部门应当依据各自职责对生产经营者进行监督检查，并对其遵守强制性标准、法定要求的情况予以记录，由监督检查人员签字后归档。监督检查记录应当作为其直接负责主管人员定期考核的内容。公众有权查阅监督检查记录。

第十三条　生产经营者有下列情形之一的，农业、卫生、质检、商务、工商、药品等监督管理部门应当依据各自职责采取措施，纠正违法行为，防止或者减少危害发生，并依照本规定予以处罚：

（一）依法应当取得许可证照而未取得许可证照从事生产经营活动的；

（二）取得许可证照或者经过认证后，不按照法定条件、要求从事生产经营活动或者生产、销售不符合法定要求产品的；

（三）生产经营者不再符合法定条件、要求继续从事生产经营活动的；

（四）生产者生产产品不按照法律、行政法规的规定和国家强制性标准使用原料、辅料、添加剂、农业投入品的；

（五）销售者没有建立并执行进货检查验收制度，并建立产品进货台账的；

（六）生产企业和销售者发现其生产、销售的产品存在安全隐患，可能对人体健康和生命安全造成损害，不履行本规定的义务的；

（七）生产经营者违反法律、行政法规和本规定的其他有关规定的。

农业、卫生、质检、商务、工商、药品等监督管理部门不履行前款规定职责、造成后果的，由监察机关或者任免机关对其主要负责人、直接负责的主管人员和其他直接责任人员给予记大过或者降级的处分；造成严重后果的，给予其主要负责人、直接负责的主管人员和其他直接责任人员撤职或者开除的处分；其主要负责人、直接负责的主管人员和其他直接责任人员构成渎职罪的，依法追究刑事责任。违反本规定，滥用职权或者有其他渎职行为的，由监察机关或者任免机关对其主要负责人、直接负责的主管人员和其他直接责任人员给予记过或者记大过的处分；造成严重后果的，给予其主要负责人、直接负责的主管人员和其他直接责任人员降级或者撤职的处分；其主要负责人、直接负责的主管人员和其他直接责任人员构成渎职罪的，依法追究刑事责任。

第十四条　农业、卫生、质检、商务、工商、药品等监督管理部门发现违反本规定的行为，属于其他监督管理部门职责的，应当立即书面通知并移交有权处理的监督管理部门处理。有权处理的部门应当立即处理，不得推诿；因不立即处理或者推诿造成后果的，由监察机关或者任免机关对其主要负责人、直接负责的主管人员和其他直接责任人员给予记大过或者降级的处分。

第十五条　农业、卫生、质检、商务、工商、药品等监督管理部门履行各自产品安全监督管理职责，有下列职权：

（一）进入生产经营场所实施现场检查；

（二）查阅、复制、查封、扣押有关合同、票据、账簿以及其他有关资料；

（三）查封、扣押不符合法定要求的产品，违法使用的原料、辅料、添加剂、农业投入品以及用于违法生产的工具、设备；

（四）查封存在危害人体健康和生命安全重大隐患的生产经营场所。

第十六条　农业、卫生、质检、商务、工商、药品等监督管理部门应当建立生产经营者违法行为记录制度，对违法行为的情况予以记录并公布；对有多次违法行为记录的生产经营者，吊销许可证照。

第十七条　检验检测机构出具虚假检验报告，造成严重后果的，由授予其资质的部门吊销其检验检测资质；构成犯罪的，对直接负责的主管人员和其他直接责任人员依法追究刑事责任。

第十八条　发生产品安全事故或者其他对社会造成严重影响的产品安全事件时，农业、卫生、质检、商务、工商、药品等监督管理部门必须在各自职责范围内及时作出反应，采取措施，控制事态发展，减少损失，依照国务院规定发布信息，做好有关善后工作。

第十九条　任何组织或者个人对违反本规定的行为有权举报。接到举报的部门应当为举报人保密。举报经调查属实的，受理举报的部门应当给予举报人奖励。农业、卫生、质检、商务、工商、药品等监督管理部门应当公布本单位的电子邮件地址或者举报电话；对接到的举报，应当及时、完整地进行记录并妥善保存。举报的事项属于本部门职责的，应当受理，并依法进行核实、处理、答复；不属于本部门职责的，应当转交有权处理的部门，并告知举报人。

第二十条　本规定自公布之日起施行。

五、《突发公共卫生事件应急条例》

2003年5月9日中华人民共和国国务院令第376号公布。根据2011年1月8日《国务院关于废止和修改部分行政法规的决定》修订。

第一章　总　则

第一条　为了有效预防、及时控制和消除突发公共卫生事件的危害，保障公众身体健康与生命安全，维护正常的社会秩序，制定本条例。

第二条　本条例所称突发公共卫生事件（以下简称突发事件），是指突然发生，造成或者可能造成社会公众健康严重损害的重大传染病疫情、群体性不明原因疾病、重大食物和职业中毒以及其他严重影响公众健康的事件。

第三条　突发事件发生后，国务院设立全国突发事件应急处理指挥部，由国务院有关部门和军队有关部门组成，国务院主管领导人担任总指挥，负责对全国突发事件应急处理的统一领导、统一指挥。

国务院卫生行政主管部门和其他有关部门，在各自的职责范围内做好突发事件应急处理的有关工作。

第四条　突发事件发生后，省、自治区、直辖市人民政府成立地方突发事件应急处理指挥部，省、自治区、直辖市人民政府主要领导人担任总指挥，负责领导、指挥本行政区域内突发事件应急处理工作。

县级以上地方人民政府卫生行政主管部门，具体负责组织突发事件的调查、控制和医疗救治工作。

县级以上地方人民政府有关部门，在各自的职责范围内做好突发事件应急处理的有关工作。

第五条　突发事件应急工作，应当遵循预防为主、常备不懈的方针，贯彻统一领导、分级负责、反应及时、措施果断、依靠科学、加强合作的原则。

第六条　县级以上各级人民政府应当组织开展防治突发事件相关科学研究，建立突发事件应急流行病学调查、传染源隔离、医疗救护、现场处置、监督检查、监测检验、卫生防护等有关物资、设备、设施、技术与人才资源储备，所需经费列入本级政府财政预算。

国家对边远贫困地区突发事件应急工作给予财政支持。

第七条　国家鼓励、支持开展突发事件监测、预警、反应处理有关技术的国际交流与合作。

第八条　国务院有关部门和县级以上地方人民政府及其有关部门，应当建立严格的突发事件防范和应急处理责任制，切实履行各自的职责，保证突发事件应急处理工作的正常进行。

第九条　县级以上各级人民政府及其卫生行政主管部门，应当对参加突发事件应急处理的医疗卫生人员，给予适当补助和保健津贴；对参加突发事件应急处理作出贡献的人员，给予表彰和奖励；对因参与应急处理工作致病、致残、死亡的人员，按照国家有关规定，给予相应的补助和抚恤。

第二章　预防与应急准备

第十条　国务院卫生行政主管部门按照分类指导、快速反应的要求，制定全国突发事件应急预案，报请国务院批准。省、自治区、直辖市人民政府根据全国突发事件应急预案，结合本地实际情况，制定本行政区域的突发事件应急预案。

第十一条 全国突发事件应急预案应当包括以下主要内容：

（一）突发事件应急处理指挥部的组成和相关部门的职责；

（二）突发事件的监测与预警；

（三）突发事件信息的收集、分析、报告、通报制度；

（四）突发事件应急处理技术和监测机构及其任务；

（五）突发事件的分级和应急处理工作方案；

（六）突发事件预防、现场控制，应急设施、设备、救治药品和医疗器械以及其他物资和技术的储备与调度；

（七）突发事件应急处理专业队伍的建设和培训。

第十二条 突发事件应急预案应当根据突发事件的变化和实施中发现的问题及时进行修订、补充。

第十三条 地方各级人民政府应当依照法律、行政法规的规定，做好传染病预防和其他公共卫生工作，防范突发事件的发生。

县级以上各级人民政府卫生行政主管部门和其他有关部门，应当对公众开展突发事件应急知识的专门教育，增强全社会对突发事件的防范意识和应对能力。

第十四条 国家建立统一的突发事件预防控制体系。

县级以上地方人民政府应当建立和完善突发事件监测与预警系统。

县级以上各级人民政府卫生行政主管部门，应当指定机构负责开展突发事件的日常监测，并确保监测与预警系统的正常运行。

第十五条 监测与预警工作应当根据突发事件的类别，制定监测计划，科学分析、综合评价监测数据。对早期发现的潜在隐患以及可能发生的突发事件，应当依照本条例规定的报告程序和时限及时报告。

第十六条 国务院有关部门和县级以上地方人民政府及其有关部门，应当根据突发事件应急预案的要求，保证应急设施、设备、救治药品和医疗器械等物资储备。

第十七条 县级以上各级人民政府应当加强急救医疗服务网络的建设，配备相应的医疗救治药物、技术、设备和人员，提高医疗卫生机构应对各类突发事件的救治能力。

设区的市级以上地方人民政府应当设置与传染病防治工作需要相适应的传染病专科医院，或者指定具备传染病防治条件和能力的医疗机构承担传染病防治任务。

第十八条 县级以上地方人民政府卫生行政主管部门，应当定期对医疗卫生机构和人员开展突发事件应急处理相关知识、技能的培训，定期组织医疗卫生机构进行突发事件应急演练，推广最新知识和先进技术。

第三章 报告与信息发布

第十九条 国家建立突发事件应急报告制度。

国务院卫生行政主管部门制定突发事件应急报告规范，建立重大、紧急疫情信息报告系统。

有下列情形之一的，省、自治区、直辖市人民政府应当在接到报告1小时内，向国务院卫生行政主管部门报告：

（一）发生或者可能发生传染病暴发、流行的；

（二）发生或者发现不明原因的群体性疾病的；

（三）发生传染病菌种、毒种丢失的；

（四）发生或者可能发生重大食物和职业中毒事件的。

国务院卫生行政主管部门对可能造成重大社会影响的突发事件，应当立即向国务院报告。

第二十条　突发事件监测机构、医疗卫生机构和有关单位发现有本条例第十九条规定情形之一的，应当在2小时内向所在地县级人民政府卫生行政主管部门报告；接到报告的卫生行政主管部门应当在2小时内向本级人民政府报告，并同时向上级人民政府卫生行政主管部门和国务院卫生行政主管部门报告。

县级人民政府应当在接到报告后2小时内向设区的市级人民政府或者上一级人民政府报告；设区的市级人民政府应当在接到报告后2小时内向省、自治区、直辖市人民政府报告。

第二十一条　任何单位和个人对突发事件，不得隐瞒、缓报、谎报或者授意他人隐瞒、缓报、谎报。

第二十二条　接到报告的地方人民政府、卫生行政主管部门依照本条例规定报告的同时，应当立即组织力量对报告事项调查核实、确证，采取必要的控制措施，并及时报告调查情况。

第二十三条　国务院卫生行政主管部门应当根据发生突发事件的情况，及时向国务院有关部门和各省、自治区、直辖市人民政府卫生行政主管部门以及军队有关部门通报。

突发事件发生地的省、自治区、直辖市人民政府卫生行政主管部门，应当及时向毗邻省、自治区、直辖市人民政府卫生行政主管部门通报。

接到通报的省、自治区、直辖市人民政府卫生行政主管部门，必要时应当及时通知本行政区域内的医疗卫生机构。

县级以上地方人民政府有关部门，已经发生或者发现可能引起突发事件的情形时，应当及时向同级人民政府卫生行政主管部门通报。

第二十四条　国家建立突发事件举报制度，公布统一的突发事件报告、举报电话。

任何单位和个人有权向人民政府及其有关部门报告突发事件隐患，有权向上级人民政府及其有关部门举报地方人民政府及其有关部门不履行突发事件应急处理职责，或者不按照规定履行职责的情况。接到报告、举报的有关人民政府及其有关部门，应当立即组织对突发事件隐患、不履行或者不按照规定履行突发事件应急处理职责的情况进行调查处理。

对举报突发事件有功的单位和个人，县级以上各级人民政府及其有关部门应当予以奖励。

第二十五条　国家建立突发事件的信息发布制度。国务院卫生行政主管部门负责向社会发布突发事件的信息。必要时，可以授权省、自治区、直辖市人民政府卫生行政主管部门向社会发布本行政区域内突发事件的信息。信息发布应当及时、准确、全面。

第四章　应急处理

第二十六条　突发事件发生后，卫生行政主管部门应当组织专家对突发事件进行综合评估，初步判断突发事件的类型，提出是否启动突发事件应急预案的建议。

第二十七条　在全国范围内或者跨省、自治区、直辖市范围内启动全国突发事件应急预案，由国务院卫生行政主管部门报国务院批准后实施。省、自治区、直辖市启动突发事件应急预案，由省、自治区、直辖市人民政府决定，并向国务院报告。

第二十八条　全国突发事件应急处理指挥部对突发事件应急处理工作进行督察和指导，地方各级人民政府及其有关部门应当予以配合。

省、自治区、直辖市突发事件应急处理指挥部对本行政区域内突发事件应急处理工作进行督察和指导。

第二十九条　省级以上人民政府卫生行政主管部门或者其他有关部门指定的突发事件应急处理专业技术机构，负责突发事件的技术调查、确证、处置、控制和评价工作。

第三十条　国务院卫生行政主管部门对新发现的突发传染病，根据危害程度、流行强度，依照《中华人民共和国传染病防治法》的规定及时宣布为法定传染病；宣布为甲类传染病的，由国务院决定。

第三十一条　应急预案启动前，县级以上各级人民政府有关部门应当根据突发事件的实际情况，做好应急处理准备，采取必要的应急措施。

应急预案启动后，突发事件发生地的人民政府有关部门，应当根据预案规定的职责要求，服从突发事件应急处理指挥部的统一指挥，立即到达规定岗位，采取有关的控制措施。

医疗卫生机构、监测机构和科学研究机构，应当服从突发事件应急处理指挥部的统一指挥，相互配合、协作，集中力量开展相关的科学研究工作。

第三十二条　突发事件发生后，国务院有关部门和县级以上地方人民政府及其有关部门，应当保证突发事件应急处理所需的医疗救护设备、救治药品、医疗器械等物资的生产、供应；铁路、交通、民用航空行政主管部门应当保证及时运送。

第三十三条　根据突发事件应急处理的需要，突发事件应急处理指挥部有权紧急调集人员、储备的物资、交通工具以及相关设施、设备；必要时，对人员进行疏散或者隔离，并可以依法对传染病疫区实行封锁。

第三十四条　突发事件应急处理指挥部根据突发事件应急处理的需要，可以对食物和水源采取控制措施。县级以上地方人民政府卫生行政主管部门应当对突发事件现场等采取控制措施，宣传突发事件防治知识，及时对易受感染的人群和其他易受损害的人群采取应急接种、预防性投药、群体防护等措施。

第三十五条　参加突发事件应急处理的工作人员，应当按照预案的规定，采取卫生防护措施，并在专业人员的指导下进行工作。

第三十六条　国务院卫生行政主管部门或者其他有关部门指定的专业技术机构，有权进入突发事件现场进行调查、采样、技术分析和检验，对地方突发事件的应急处理工作进行技术指导，有关单位和个人应当予以配合；任何单位和个人不得以任何理由予以拒绝。

第三十七条　对新发现的突发传染病、不明原因的群体性疾病、重大食物和职业中毒事件，国务院卫生行政主管部门应当尽快组织力量制定相关的技术标准、规范和控制措施。

第三十八条　交通工具上发现根据国务院卫生行政主管部门的规定需要采取应急控制措施的传染病病人、疑似传染病病人，其负责人应当以最快的方式通知前方停靠点，并向交通工具的营运单位报告。交通工具的前方停靠点和营运单位应当立即向交通工具营运单位行政主管部门和县级以上地方人民政府卫生行政主管部门报告。卫生行政主管部门接到报告后，应当立即组织有关人员采取相应的医学处置措施。

交通工具上的传染病病人密切接触者，由交通工具停靠点的县级以上各级人民政府卫生行政主管部门或者铁路、交通、民用航空行政主管部门，根据各自的职责，依照传染病防治法律、行政法规的规定，采取控制措施。

涉及国境口岸和入出境的人员、交通工具、货物、集装箱、行李、邮包等需要采取传染病应急控制措施的，依照国境卫生检疫法律、行政法规的规定办理。

第三十九条　医疗卫生机构应当对因突发事件致病的人员提供医疗救护和现场救援，对就诊病人必须接诊治疗，并书写详细、完整的病历记录；对需要转送的病人，应当按照规定将病人及其病历记录的复印件转送至接诊的或者指定的医疗机构。

医疗卫生机构内应当采取卫生防护措施，防止交叉感染和污染。

医疗卫生机构应当对传染病病人密切接触者采取医学观察措施，传染病病人密切接触者应当予以配合。

医疗机构收治传染病病人、疑似传染病病人，应当依法报告所在地的疾病预防控制机构。接到报告的疾病预防控制机构应当立即对可能受到危害的人员进行调查，根据需要采取必要的控制措施。

第四十条　传染病暴发、流行时，街道、乡镇以及居民委员会、村民委员会应当组织力量，团结协作，群防群治，协助卫生行政主管部门和其他有关部门、医疗卫生机构做好疫情信息的收集和报告、人员的分散隔离、公共卫生措施的落实工作，向居民、村民宣传传染病防治的相关知识。

第四十一条　对传染病暴发、流行区域内流动人口，突发事件发生地的县级以上地方人民政府应当做好预防工作，落实有关卫生控制措施；对传染病病人和疑似传染病病人，应当采取就地隔离、就地观察、就地治疗的措施。对需要治疗和转诊的，应当依照本条例第三十九条第一款的规定执行。

第四十二条　有关部门、医疗卫生机构应当对传染病做到早发现、早报告、早隔离、早治疗，切断传播途径，防止扩散。

第四十三条　县级以上各级人民政府应当提供必要资金，保障因突发事件致病、致残的人员得到及时、有效的救治。具体办法由国务院财政部门、卫生行政主管部门和劳动保障行政主管部门制定。

第四十四条　在突发事件中需要接受隔离治疗、医学观察措施的病人、疑似病人和传染病病人密切接触者在卫生行政主管部门或者有关机构采取医学措施时应当予以配合；拒绝配合的，由公安机关依法协助强制执行。

第五章　法律责任

第四十五条　县级以上地方人民政府及其卫生行政主管部门未依照本条例的规定履行报告职责，对突发事件隐瞒、缓报、谎报或者授意他人隐瞒、缓报、谎报的，对政府主要领导人及其卫生行政主管部门主要负责人，依法给予降级或者撤职的行政处分；造成传染病传播、流行或者对社会公众健康造成其他严重危害后果的，依法给予开除的行政处分；构成犯罪的，依法追究刑事责任。

第四十六条　国务院有关部门、县级以上地方人民政府及其有关部门未依照本条例的规定，完成突发事件应急处理所需要的设施、设备、药品和医疗器械等物资的生产、供应、运输和储备的，对政府主要领导人和政府部门主要负责人依法给予降级或者撤职的行政处分；造成传染病传播、流行或者对社会公众健康造成其他严重危害后果的，依法给予开除的行政处分；构成犯罪的，依法追究刑事责任。

第四十七条　突发事件发生后，县级以上地方人民政府及其有关部门对上级人民政府有关部门的调查不予配合，或者采取其他方式阻碍、干涉调查的，对政府主要领导人和政府部门主要负责人依法给予降级或者撤职的行政处分；构成犯罪的，依法追究刑事责任。

第四十八条　县级以上各级人民政府卫生行政主管部门和其他有关部门在突发事件调查、控制、医疗救治工作中玩忽职守、失职、渎职的，由本级人民政府或者上级人民政府有关部门责令改正、通报批评、给予警告；对主要负责人、负有责任的主管人员和其他责任人员依法给予降级、撤职的行政处分；造成传染病传播、流行或者对社会公众健康造成其他严重危害后果的，依法给予开除的行政处分；构成犯罪的，依法追究刑事责任。

第四十九条　县级以上各级人民政府有关部门拒不履行应急处理职责的，由同级人民政府或者上级人民政府有关部门责令改正、通报批评、给予警告；对主要负责人、负有责任的主管人员和其他责任人员依法给予降级、撤职的行政处分；造成传染病传播、流行或者对社会公众健康造成其他严重危害后果的，依法给予开除的行政处分；构成犯罪的，依法追究刑事责任。

第五十条　医疗卫生机构有下列行为之一的，由卫生行政主管部门责令改正、通报批评、给予警告；情节严重的，吊销《医疗机构执业许可证》；对主要负责人、负有责任的主管人员和其他直接责任人员依法给予降级或者撤职的纪律处分；造成传染病传播、流行或者对社会公众健康造成其他严重危害后果，构成犯罪的，依法追究刑事责任：

（一）未依照本条例的规定履行报告职责，隐瞒、缓报或者谎报的；

（二）未依照本条例的规定及时采取控制措施的；

（三）未依照本条例的规定履行突发事件监测职责的；

（四）拒绝接诊病人的；

（五）拒不服从突发事件应急处理指挥部调度的。

第五十一条　在突发事件应急处理工作中，有关单位和个人未依照本条例的规定履行报告职责，隐瞒、缓报或者谎报，阻碍突发事件应急处理工作人员执行职务，拒绝国务院卫生行政主管部门或者其他有关部门指定的专业技术机构进入突发事件现场，或者不配合调查、采样、技术分析和检验的，对有关责任人员依法给予行政处分或者纪律处分；触犯《中华人民共和国治安管理处罚法》，构成违反治安管理行为的，由公安机关依法予以处罚；构成犯罪的，依法追究刑事责任。

第五十二条　在突发事件发生期间，散布谣言、哄抬物价、欺骗消费者，扰乱社会秩序、市场秩序的，由公安机关或者工商行政管理部门依法给予行政处罚；构成犯罪的，依法追究刑事责任。

第六章　附　　则

第五十三条　中国人民解放军、武装警察部队医疗卫生机构参与突发事件应急处理的，依照本条例的规定和军队的相关规定执行。

第五十四条　本条例自公布之日起施行。

六、《药品行政执法与刑事司法衔接工作办法》

国家药品监督管理局　国家市场监督管理总局　公安部　最高人民法院　最高人民检察院关于印发药品行政执法与刑事司法衔接工作办法的通知（国药监法〔2022〕41号）。

为进一步健全药品行政执法与刑事司法衔接工作机制，加大对药品领域违法犯罪行为的打击力度，严防严管严控药品安全风险，切实保障人民群众用药安全有效，按照中央集中打击整治危害药品安全违法犯罪工作相关部署，国家药品监督管理局、市场监督管理总局、公安部、最高人民法院、最高人民检察院研究制定了《药品行政执法与刑事司法衔接工作办法》，现予以印发，请遵照执行。2023年1月10日。

第一章　总　　则

第一条　为进一步健全药品行政执法与刑事司法衔接工作机制，加大对药品领域违法犯罪行为打击力度，切实维护人民群众身体健康和生命安全，根据《中华人民共和国刑法》《中华人民共和国刑事诉讼法》《中华人民共和国行政处罚法》《中华人民共和国药品管理法》《中华人民共和国疫苗管理法》《医疗器械监督管理条例》《化妆品监督管理条例》《行政执法机关移送涉嫌犯罪案件的规定》等法律、行政法规和相关司法解释，结合工作实际，制定本办法。

第二条　本办法适用于各级药品监管部门、公安机关、人民检察院、人民法院办理的药品领域（含药品、医疗器械、化妆品，下同）涉嫌违法犯罪案件。

第三条　各级药品监管部门、公安机关、人民检察院、人民法院之间应当加强协作，统一法律适用，健全情况通报、案件移送、信息共享、信息发布等工作机制。

第四条　药品监管部门应当依法向公安机关移送药品领域涉嫌犯罪案件，对发现违法行为明显涉嫌犯罪的，及时向公安机关、人民检察院通报，根据办案需要依法出具认定意见或者协调检验检测机构出具检验结论，依法处理不追究刑事责任、免予刑事处罚或者已给予刑事处罚，但仍应当给予行政处罚的案件。

第五条　公安机关负责药品领域涉嫌犯罪移送案件的受理、审查工作。对符合立案条件的，应当依法立案侦查。对药品监管部门商请协助的重大、疑难案件，与药品监管部门加强执法联动，对明显涉嫌犯罪的，协助采取紧急措施，加快移送进度。

第六条　人民检察院对药品监管部门移送涉嫌犯罪案件活动和公安机关有关立案侦查活动，依法实施法律监督。

第七条　人民法院应当充分发挥刑事审判职能，依法审理危害药品安全刑事案件，准确适用财产刑、职业禁止或者禁止令，提高法律震慑力。

第二章　案件移送与法律监督

第八条　药品监管部门在依法查办案件过程中，发现违法事实涉及的金额、情节、造成的后果，根据法律、司法解释、立案追诉标准等规定，涉嫌构成犯罪，依法需要追究刑事责任的，应当依照本办法向公安机关移送。对应当移送的涉嫌犯罪案件，立即指定2名以上行政执法人员组成专案组专门负责，核实情况后，提出移送涉嫌犯罪案件的书面报告。药品监管部门主要负责人应当自接到报告之日起3日内作出批准移送或者不批准移送的决定。批准移送的，应当在24小时内向同级公安机关移送；不批准移送的，应当将不予批准的理由记录在案。

第九条　药品监管部门向公安机关移送涉嫌犯罪案件，应当附有下列材料，并将案件移送书抄送同级人民检察院：

（一）涉嫌犯罪案件的移送书，载明移送机关名称、违法行为涉嫌犯罪罪名、案件主办人及联系电话等。案件移送书应当附移送材料清单，并加盖移送机关公章；

（二）涉嫌犯罪案件情况的调查报告，载明案件来源，查获情况，犯罪嫌疑人基本情况，涉嫌犯罪的事实、证据和法律依据，处理建议等；

（三）涉案物品清单，载明涉案物品的名称、数量、特征、存放地等事项，并附采取行政强制措施、表明涉案物品来源的相关材料；

（四）对需要检验检测的，附检验检测机构出具的检验结论及检验检测机构资质证明；

（五）现场笔录、询问笔录、认定意见等其他有关涉嫌犯罪的材料。有鉴定意见的，应附鉴定意见。

对有关违法行为已经作出行政处罚决定的，还应当附行政处罚决定书和相关执行情况。

第十条　公安机关对药品监管部门移送的涉嫌犯罪案件，应当出具接受案件的回执或者在案件移送书的回执上签字。

公安机关审查发现移送的涉嫌犯罪案件材料不全的，应当在接受案件的24小时内书面告知移送机关在3日内补正，公安机关不得以材料不全为由不接受移送案件。

公安机关审查发现移送的涉嫌犯罪案件证据不充分的，可以就证明有犯罪事实的相关证据等提出补充调查意见，由移送机关补充调查并及时反馈公安机关。因客观条件所限，无法补正的，移送机关应当向公安机关作出书面说明。根据实际情况，公安机关可以依法自行调查。

第十一条 药品监管部门移送涉嫌犯罪案件，应当接受人民检察院依法实施的监督。人民检察院发现药品监管部门不依法移送涉嫌犯罪案件的，应当向药品监管部门提出检察意见并抄送同级司法行政机关。药品监管部门应当自收到检察意见之日起3日内将案件移送公安机关，并将案件移送书抄送人民检察院。

第十二条 公安机关对药品监管部门移送的涉嫌犯罪案件，应当自接受案件之日起3日内作出立案或者不立案的决定；案件较为复杂的，应当在10日内作出决定；案情重大、疑难、复杂或者跨区域性的，经县级以上公安机关负责人批准，应当在30日内决定是否立案；特殊情况下，受案单位报经上一级公安机关批准，可以再延长30日作出决定。接受案件后对属于公安机关管辖但不属于本公安机关管辖的案件，应当在24小时内移送有管辖权的公安机关，并书面通知移送机关，抄送同级人民检察院。对不属于公安机关管辖的，应当在24小时内退回移送机关，并书面说明理由。

公安机关作出立案、不予立案、撤销案件决定的，应当自作出决定之日起3日内书面通知移送机关，同时抄送同级人民检察院。公安机关作出不予立案或者撤销案件决定的，应当说明理由，并将案卷材料退回移送机关。

第十三条 药品监管部门接到公安机关不予立案的通知书后，认为依法应当由公安机关决定立案的，可以自接到不予立案通知书之日起3日内，提请作出不予立案决定的公安机关复议，也可以建议人民检察院依法进行立案监督。

作出不予立案决定的公安机关应当自收到药品监管部门提请复议的文件之日起3日内作出立案或者不予立案的决定，并书面通知移送机关。移送机关对公安机关不予立案的复议决定仍有异议的，应当自收到复议决定通知书之日起3日内建议人民检察院依法进行立案监督。

公安机关应当接受人民检察院依法进行的立案监督。

第十四条 药品监管部门建议人民检察院进行立案监督的案件，应当提供立案监督建议书、相关案件材料，并附公安机关不予立案、立案后撤销案件决定及说明理由的材料，复议维持不予立案决定的材料或者公安机关逾期未作出是否立案决定的材料。

人民检察院认为需要补充材料的，药品监管部门应当及时提供。

第十五条 药品监管部门对于不追究刑事责任的案件，应当依法作出行政处罚或者其他处理。

药品监管部门向公安机关移送涉嫌犯罪案件前，已经作出的警告、责令停产停业、暂扣或者吊销许可证件、责令关闭、限制从业等行政处罚决定，不停止执行。未作出行政处罚决定的，原则上应当在公安机关决定不予立案或者撤销案件、人民检察院作出不起诉决定、人民法院作出无罪或者免予刑事处罚判决后，再决定是否给予行政处罚，但依法需要给予警告、通报批评、限制开展生产经营活动、责令停产停业、责令关闭、限制从业、暂扣或者吊销许可证件行政处罚的除外。

已经作出罚款行政处罚并已全部或者部分执行的，人民法院在判处罚金时，在罚金数额范围内对已经执行的罚款进行折抵。

违法行为构成犯罪，人民法院判处拘役或者有期徒刑时，公安机关已经给予当事人行政拘留并执行完毕的，应当依法折抵相应刑期。

药品监管部门作出移送决定之日起，涉嫌犯罪案件的移送办理时间，不计入行政处罚期限。

第十六条　公安机关对发现的药品违法行为，经审查没有犯罪事实，或者立案侦查后认为犯罪事实显著轻微、不需要追究刑事责任，但依法应当予以行政处罚的，应当将案件及相关证据材料移交药品监管部门。

药品监管部门应当自收到材料之日起15日内予以核查，按照行政处罚程序作出立案、不立案、移送案件决定的，应当自作出决定之日起3日内书面通知公安机关，并抄送同级人民检察院。

第十七条　人民检察院对作出不起诉决定的案件，认为依法应当给予行政处罚的，应当将案件及相关证据材料移交药品监管部门处理，并提出检察意见。药品监管部门应当自收到检察意见书之日起2个月内向人民检察院通报处理情况或者结果。

人民法院对作出无罪或者免予刑事处罚判决的案件，认为依法应当给予行政处罚的，应当将案件及相关证据材料移交药品监管部门处理，并可以提出司法建议。

第十八条　对于尚未作出生效裁判的案件，药品监管部门依法应当作出责令停产停业、吊销许可证件、责令关闭、限制从业等行政处罚，需要配合的，公安机关、人民检察院、人民法院应当给予配合。

对于人民法院已经作出生效裁判的案件，依法还应当由药品监管部门作出吊销许可证件等行政处罚的，需要人民法院提供生效裁判文书，人民法院应当及时提供。药品监管部门可以依据人民法院生效裁判认定的事实和证据依法予以行政处罚。

第十九条　对流动性、团伙性、跨区域性危害药品安全犯罪案件的管辖，依照最高人民法院、最高人民检察院、公安部等部门联合印发的《关于办理流动性、团伙性、跨区域性犯罪案件有关问题的意见》（公通字〔2011〕14号）相关规定执行。

上级公安机关指定下级公安机关立案侦查的案件，需要人民检察院审查批准逮捕、审查起诉的，按照最高人民法院、最高人民检察院、公安部、国家安全部、司法部、全国人大常委会法制工作委员会联合印发的《关于实施刑事诉讼法若干问题的规定》相关规定执行。

第二十条　多次实施危害药品安全违法犯罪行为，未经处理，且依法应当追诉的，涉案产品的销售金额或者货值金额累计计算。

第二十一条　药品监管部门在行政执法和查办案件过程中依法收集的物证、书证、视听资料、电子数据等证据材料，在刑事诉讼中可以作为证据使用；经人民法院查证属实，可以作为定案的根据。

第二十二条　药品监管部门查处危害药品安全违法行为，依据《中华人民共和国药品管理法》《中华人民共和国疫苗管理法》等相关规定，认为需要对有关责任人员予以行政拘留的，应当在依法作出其他种类的行政处罚后，参照本办法，及时将案件移送有管辖权的公安机关决定是否行政拘留。

第三章　涉案物品检验、认定与移送

第二十三条　公安机关、人民检察院、人民法院办理危害药品安全犯罪案件，商请药品监管部门提供检验结论、认定意见协助的，药品监管部门应当按照公安机关、人民检察院、人民法院刑事案件办理的法定时限要求积极协助，及时提供检验结论、认定意见，并承担相关费用。

药品监管部门应当在其设置或者确定的检验检测机构协调设立检验检测绿色通道，对涉嫌犯罪案件涉案物品的检验检测实行优先受理、优先检验、优先出具检验结论。

第二十四条　地方各级药品监管部门应当及时向公安机关、人民检察院、人民法院通报药品检验检测机构名单、检验检测资质及项目等信息。

第二十五条　对同一批次或者同一类型的涉案药品，如因数量较大等原因，无法进行全部检验检测，根据办案需要，可以依法进行抽样检验检测。公安机关、人民检察院、人民法院对符合行政执法规范要求的抽样检验检测结果予以认可，可以作为该批次或者该类型全部涉案产品的检验检测结果。

第二十六条　对于《中华人民共和国药品管理法》第九十八条第二款第二项、第四项及第三款第三项至第六项规定的假药、劣药，能够根据在案证据材料作出判断的，可以由地市级以上药品监管部门出具认定意见。

对于依据《中华人民共和国药品管理法》第九十八条第二款、第三款的其他规定认定假药、劣药，或者是否属于第九十八条第二款第二项、第三款第六项规定的假药、劣药存在争议的，应当由省级以上药品监管部门设置或者确定的药品检验机构进行检验，出具质量检验结论。

对于《中华人民共和国刑法》第一百四十二条之一规定的"足以严重危害人体健康"难以确定的，根据地市级以上药品监管部门出具的认定意见，结合其他证据作出认定。

对于是否属于民间传统配方难以确定的，根据地市级以上药品监管部门或者有关部门出具的认定意见，结合其他证据作出认定。

第二十七条　药品、医疗器械、化妆品的检验检测，按照《中华人民共和国药品管理法》及其实施条例、《医疗器械监督管理条例》《化妆品监督管理条例》等有关规定执行。必要时，检验机构可以使用经国务院药品监督管理部门批准的补充检验项目和检验方法进行检验，出具检验结论。

第二十八条　药品监管部门依据检验检测报告、结合专家意见等相关材料得出认定意见的，应当包括认定依据、理由、结论。按照以下格式出具结论：

（一）假药案件，结论中应当写明"经认定，……为假药"；

（二）劣药案件，结论中应当写明"经认定，……为劣药"；

（三）妨害药品管理案件，对属于难以确定"足以严重危害人体健康"的，结论中应当写明"经认定，当事人实施……的行为，足以严重危害人体健康"；

（四）生产、销售不符合保障人体健康的国家标准、行业标准的医疗器械案件，结论中应当写明"经认定，涉案医疗器械……不符合……标准，结合本案其他情形，足以严重危害人体健康"；

（五）生产、销售不符合卫生标准的化妆品案件，结论中应当写明"经认定，涉案化妆品……不符合……标准或者化妆品安全技术规范"。

其他案件也应当写明认定涉嫌犯罪应具备的结论性意见。

第二十九条　办案部门应当告知犯罪嫌疑人、被害人或者其辩护律师、法定代理人，在涉案物品依法处置前可以提出重新或者补充检验检测、认定的申请。提出申请的，应有充分理由并提供相应证据。

第三十条　药品监管部门在查处药品违法行为过程中，应当妥善保存所收集的与违法行为有关的证据。

药品监管部门对查获的涉案物品，应当如实填写涉案物品清单，并按照国家有关规定予以处理。对需要进行检验检测的涉案物品，应当由法定检验检测机构进行检验检测，并出具检验结论。

第三十一条　药品监管部门应当自接到公安机关立案通知书之日起3日内，将涉案物品以及与案件有关的其他材料移交公安机关，并办理交接手续。

对于已采取查封、扣押等行政强制措施的涉案物品，药品监管部门于交接之日起解除查封、扣押，由公安机关重新对涉案物品履行查封、扣押手续。

第三十二条　公安机关办理药品监管部门移送的涉嫌犯罪案件和自行立案侦查的案件时，因客观条件限制，或者涉案物品对保管条件、保管场所有特殊要求，或者涉案物品需要无害化处理的，在采取必要措施固定留取证据后，可以委托药品监管部门代为保管和处置。

公安机关应当与药品监管部门签订委托保管协议，并附有公安机关查封、扣押涉案物品的清单。

药品监管部门应当配合公安机关、人民检察院、人民法院在办案过程中对涉案物品的调取、使用及检验检测等工作。

药品监管部门不具备保管条件的，应当出具书面说明，推荐具备保管条件的第三方机构代为保管。

涉案物品相关保管、处置等费用有困难的，由药品监管部门会同公安机关等部门报请本级人民政府解决。

第四章　协作配合与督办

第三十三条　各级药品监管部门、公安机关、人民检察院应当定期召开联席会议，推动建立地区间、部门间药品案件查办联动机制，通报案件办理工作情况，研究解决办案协作、涉案物品处置等重大问题。

第三十四条　药品监管部门、公安机关、人民检察院、人民法院应当建立双向案件咨询制度。药品监管部门对重大、疑难、复杂案件，可以就刑事案件立案追诉标准、证据固定和保全等问题咨询公安机关、人民检察院；公安机关、人民检察院、人民法院可以就案件办理中的专业性问题咨询药品监管部门。受咨询的机关应当认真研究，及时答复；书面咨询的，应当书面答复。

第三十五条　药品监管部门、公安机关和人民检察院应当加强对重大案件的联合督办工作。

国家药品监督管理局、公安部、最高人民检察院可以对下列重大案件实行联合督办：

（一）在全国范围内有重大影响的案件；

（二）引发公共安全事件，对公民生命健康、财产造成特别重大损害、损失的案件；

（三）跨地区，案情复杂、涉案金额特别巨大的案件；

（四）其他有必要联合督办的重大案件。

第三十六条　药品监管部门在日常工作中发现违反药品领域法律法规行为明显涉嫌犯罪的，应当立即以书面形式向同级公安机关和人民检察院通报。

公安机关应当及时进行审查，必要时，经办案部门负责人批准，可以进行调查核实。调查核实过程中，公安机关可以依照有关法律和规定采取询问、查询、勘验、鉴定和调取证据材料等不限制被调查对象人身、财产权利的措施。对符合立案条件的，公安机关应当及时依法立案侦查。

第三十七条　药品监管部门对明显涉嫌犯罪的案件，在查处、移送过程中，发现行为人可能存在逃匿或者转移、灭失、销毁证据等情形的，应当及时通报公安机关，由公安机关协助采取紧急措施，必要时双方协同加快移送进度，依法采取紧急措施予以处置。

第三十八条　各级药品监管部门对日常监管、监督抽检、风险监测和处理投诉举报中发现的涉及药品刑事犯罪的重要违法信息，应当及时通报同级公安机关和人民检察院；公安机关应当将侦办案件中发现的重大药品安全风险信息通报同级药品监管部门。

公安机关在侦查药品犯罪案件中，已查明涉案药品流向的，应当及时通报同级药品监管部门依法采取控制措施，并提供必要的协助。

第三十九条　各级药品监管部门、公安机关、人民检察院、人民法院应当建立药品违法犯罪案件信息发布沟通协作机制。发布案件信息，应当及时提前互相通报情况；联合督办的重要案件信息应当联合发布。

第五章　信息共享与通报

第四十条　各级药品监管部门、公安机关、人民检察院应当通过行政执法与刑事司法衔接信息共享平台，逐步实现涉嫌犯罪案件网上移送、网上受理、网上监督。

第四十一条　已经接入信息共享平台的药品监管部门、公安机关、人民检察院，应当在作出相关决定之日起7日内分别录入下列信息：

（一）适用普通程序的药品违法案件行政处罚、案件移送、提请复议和建议人民检察院进行立案监督的信息；

（二）移送涉嫌犯罪案件的立案、复议、人民检察院监督立案后的处理情况，以及提请批准逮捕、移送审查起诉的信息；

（三）监督移送、监督立案以及批准逮捕、提起公诉的信息。

尚未建成信息共享平台的药品监管部门、公安机关、人民检察院，应当自作出相关决定后及时向其他部门通报前款规定的信息。

有关信息涉及国家秘密、工作秘密的，可免予录入、共享，或者在录入、共享时作脱密处理。

第四十二条　各级药品监管部门、公安机关、人民检察院应当对信息共享平台录入的案件信息及时汇总、分析，定期对平台运行情况总结通报。

第六章　附　　则

第四十三条　属于《中华人民共和国监察法》规定的公职人员在行使公权力过程中发生的依法由监察机关负责调查的案件，不适用本办法，应当依法及时将有关问题线索移送监察机关处理。

第四十四条　各省、自治区、直辖市的药品监管部门、公安机关、人民检察院、人民法院可以根据本办法制定本行政区域的实施细则。

第四十五条　本办法中"3日""7日""15日"的规定是指工作日，不含法定节假日、休息日。法律、行政法规和部门规章有规定的从其规定。

第四十六条　本办法自2023年2月1日起施行。《食品药品行政执法与刑事司法衔接工作办法》（食药监稽〔2015〕271号）中有关规定与本办法不一致的，以本办法为准。

七、《无公害农产品管理办法》

2002年4月29日中华人民共和国农业部、中华人民共和国国家质检总局令第12号发布。根据2007年11月8日中华人民共和国农业部令第6号《农业部现行规章清理结果》修正。

第一章　总　　则

第一条　为加强对无公害农产品的管理，维护消费者权益，提高农产品质量，保护农业生态环境，促进农业可持续发展，制定本办法。

第二条　本办法所称无公害农产品，是指产地环境、生产过程和产品质量符合国家有关标准和规范的要求，经认证合格获得认证证书并允许使用无公害农产品标志的未经加工或者初加工的食用农产品。

第三条　无公害农产品管理工作，由政府推动，并实行产地认定和产品认证的工作模式。

第四条　在中华人民共和国境内从事无公害农产品生产、产地认定、产品认证和监督管理等活动，适用本办法。

第五条　全国无公害农产品的管理及质量监督工作，由农业部门、国家质量监督检验检疫部门和国家认证认可监督管理委员会按照"三定"方案赋予的职责和国务院的有关规定，分工负责，共同做好工作。

第六条　各级农业行政主管部门和质量监督检验检疫部门应当在政策、资金、技术等方面扶持无公害农产品的发展，组织无公害农产品新技术的研究、开发和推广。

第七条　国家鼓励生产单位和个人申请无公害农产品产地认定和产品认证。

实施无公害农产品认证的产品范围由农业部、国家认证认可监督管理委员会共同确定、调整。

第八条　国家适时推行强制性无公害农产品认证制度。

第二章　产地条件与生产管理

第九条　无公害农产品产地应当符合下列条件：

（一）产地环境符合无公害农产品产地环境的标准要求；

（二）区域范围明确；

（三）具备一定的生产规模。

第十条　无公害农产品的生产管理应当符合下列条件：

（一）生产过程符合无公害农产品生产技术的标准要求；

（二）有相应的专业技术和管理人员；

（三）有完善的质量控制措施，并有完整的生产和销售记录档案。

第十一条　从事无公害农产品生产的单位或者个人，应当严格按规定使用农业投入品。禁止使用国家禁用、淘汰的农业投入品。

第十二条　无公害农产品产地应当树立标示牌，标明范围、产品品种、责任人。

第三章　产地认定

第十三条　省级农业行政主管部门根据本办法的规定负责组织实施本辖区内无公害农产品产地的认定工作。

第十四条　申请无公害农产品产地认定的单位或者个人（以下简称申请人），应当向县级农业行政主管部门提交书面申请，书面申请应当包括以下内容：

（一）申请人的姓名（名称）、地址、电话号码；

（二）产地的区域范围、生产规模；

（三）无公害农产品生产计划；

（四）产地环境说明；

（五）无公害农产品质量控制措施；

（六）有关专业技术和管理人员的资质证明材料；

（七）保证执行无公害农产品标准和规范的声明；

（八）其他有关材料。

第十五条　县级农业行政主管部门自收到申请之日起，在10个工作日内完成对申请材料的初审工作。

申请材料初审不符合要求的，应当书面通知申请人。

第十六条　申请材料初审符合要求的，县级农业行政主管部门应当逐级将推荐意见和有关材料上报省级农业行政主管部门。

第十七条　省级农业行政主管部门自收到推荐意见和有关材料之日起，在10个工作日内完成对有关材料的审核工作，符合要求的，组织有关人员对产地环境、区域范围、生产规模、质量控制措施、生产计划等进行现场检查。

现场检查不符合要求的，应当书面通知申请人。

第十八条　现场检查符合要求的，应当通知申请人委托具有资质资格的检测机构，对产地环境进行检测。

承担产地环境检测任务的机构，根据检测结果出具产地环境检测报告。

第十九条　省级农业行政主管部门对材料审核、现场检查和产地环境检测结果符合要求的，应当自收到现场检查报告和产地环境检测报告之日起，30个工作日内颁发无公害农产品产地认定证书，并报农业部和国家认证认可监督管理委员会备案。

不符合要求的，应当书面通知申请人。

第二十条　无公害农产品产地认定证书有效期为3年。期满需要继续使用的，应当在有效期满90日前按照本办法规定的无公害农产品产地认定程序，重新办理。

第四章　无公害农产品认证

第二十一条　无公害农产品的认证机构，由国家认证认可监督管理委员会审批，并获得国家认证认可监督管理委员会授权的认可机构的资格认可后，方可从事无公害农产品认证活动。

第二十二条　申请无公害产品认证的单位或者个人（以下简称申请人），应当向认证机构提交书面申请，书面申请应当包括以下内容：

（一）申请人的姓名（名称）、地址、电话号码；

（二）产品品种、产地的区域范围和生产规模；

（三）无公害农产品生产计划；

（四）产地环境说明；

（五）无公害农产品质量控制措施；

（六）有关专业技术和管理人员的资质证明材料；

（七）保证执行无公害农产品标准和规范的声明；

（八）无公害农产品产地认定证书；

（九）生产过程记录档案；

（十）认证机构要求提交的其他材料。

第二十三条　认证机构自收到无公害农产品认证申请之日起，应当在15个工作日内完成对申请材料的审核。

材料审核不符合要求的，应当书面通知申请人。

第二十四条　符合要求的，认证机构可以根据需要派员对产地环境、区域范围、生产规模、质量控制措施、生产计划、标准和规范的执行情况等进行现场检查。

现场检查不符合要求的，应当书面通知申请人。

第二十五条　材料审核符合要求的或者材料审核和现场检查符合要求的（限于需要对现场进行检查时），认证机构应当通知申请人委托具有资质资格的检测机构对产品进行检测。

承担产品检测任务的机构，根据检测结果出具产品检测报告。

第二十六条　认证机构对材料审核、现场检查（限于需要对现场进行检查时）和产品检测结果符合要求的，应当在自收到现场检查报告和产品检测报告之日起，30个工作日内颁发无公害农产品认证证书。

不符合要求的，应当书面通知申请人。

第二十七条　认证机构应当自颁发无公害农产品认证证书后30个工作日内，将其颁发的认证证书副本同时报农业部和国家认证认可监督管理委员会备案，由农业部和国家认证认可监督管理委员会公告。

第二十八条　无公害农产品认证证书有效期为3年。期满需要继续使用的，应当在有效期满90日前按照本办法规定的无公害农产品认证程序，重新办理。

在有效期内生产无公害农产品认证证书以外的产品品种的，应当向原无公害农产品认证机构办理认证证书的变更手续。

第二十九条　无公害农产品产地认定证书、产品认证证书格式由农业部、国家认证认可监督管理委员会规定。

第五章　标志管理

第三十条　农业部和国家认证认可监督管理委员会制定并发布《无公害农产品标志管理办法》。

第三十一条　无公害农产品标志应当在认证的品种、数量等范围内使用。

第三十二条　获得无公害农产品认证证书的单位或者个人，可以在证书规定的产品、包装、标签、广告、说明书上使用无公害农产品标志。

第六章　监督管理

第三十三条　农业部、国家质量监督检验检疫总局、国家认证认可监督管理委员会和国务院有关部门根据职责分工依法组织对无公害农产品的生产、销售和无公害农产品标志使用等活动进行监督管理。

（一）查阅或者要求生产者、销售者提供有关材料；

（二）对无公害农产品产地认定工作进行监督；

（三）对无公害农产品认证机构的认证工作进行监督；

（四）对无公害农产品的检测机构的检测工作进行检查；

（五）对使用无公害农产品标志的产品进行检查、检验和鉴定；

（六）必要时对无公害农产品经营场所进行检查。

第三十四条　认证机构对获得认证的产品进行跟踪检查，受理有关的投诉、申诉工作。

第三十五条　任何单位和个人不得伪造、冒用、转让、买卖无公害农产品产地认定证书、产品认证证书和标志。

第七章　罚　　则

第三十六条　获得无公害农产品产地认定证书的单位或者个人违反本办法，有下列情形之一的，由省级农业行政主管部门予以警告，并责令限期改正；逾期未改正的，撤销其无公害农产品产地认定证书：

（一）无公害农产品产地被污染或者产地环境达不到标准要求的；

（二）无公害农产品产地使用的农业投入品不符合无公害农产品相关标准要求的；

（三）擅自扩大无公害农产品产地范围的。

第三十七条　违反本办法第三十五条规定的，由县级以上农业行政主管部门和各地质量监督检验检疫部门根据各自的职责分工责令其停止，并可处以违法所得1倍以上3倍以下的罚款，但最高罚款不得超过3万元；没有违法所得的，可以处1万元以下的罚款。

法律、法规对处罚另有规定的，从其规定。

第三十八条　获得无公害农产品认证并加贴标志的产品，经检查、检测、鉴定，不符合无公害农产品质量标准要求的，由县级以上农业行政主管部门或者各地质量监督检验检疫部门责令停止使用无公害农产品标志，由认证机构暂停或者撤销认证证书。

第三十九条　从事无公害农产品管理的工作人员滥用职权、徇私舞弊、玩忽职守的，由所在单位或者所在单位的上级行政主管部门给予行政处分；构成犯罪的，依法追究刑事责任。

第八章　附　则

第四十条　从事无公害农产品的产地认定的部门和产品认证的机构不得收取费用。

检测机构的检测、无公害农产品标志按国家规定收取费用。

第四十一条　本办法由农业部、国家质量监督检验检疫总局和国家认证认可监督管理委员会负责解释。

第四十二条　本办法自发布之日起施行。

八、《农业行政处罚程序规定》

《农业行政处罚程序规定》已经2021年12月7日农业农村部第16次常务会议审议通过，现予公布，自2022年2月1日起施行。农业农村部2020年1月14日发布的《农业行政处罚程序规定》同时废止。中华人民共和国农业农村部令2021年第4号，2021年12月21日。

第一章　总　则

第一条　为规范农业行政处罚程序，保障和监督农业农村主管部门依法实施行政管理，保护公民、法人或者其他组织的合法权益，根据《中华人民共和国行政处罚法》《中华人民共和国行政强制法》等有关法律、行政法规的规定，结合农业农村部门实际，制定本规定。

第二条　农业行政处罚机关实施行政处罚及其相关的行政执法活动，适用本规定。

本规定所称农业行政处罚机关，是指依法行使行政处罚权的县级以上人民政府农业农村主管部门。

第三条　农业行政处罚机关实施行政处罚，应当遵循公正、公开的原则，做到事实清楚，证据充分，程序合法，定性准确，适用法律正确，裁量合理，文书规范。

第四条　农业行政处罚机关实施行政处罚，应当坚持处罚与教育相结合，采取指导、建议等方式，引导和教育公民、法人或者其他组织自觉守法。

第五条　具有下列情形之一的，农业行政执法人员应当主动申请回避，当事人也有权申请其回避：

（一）是本案当事人或者当事人的近亲属；

（二）本人或者其近亲属与本案有直接利害关系；

（三）与本案当事人有其他利害关系，可能影响案件的公正处理。

农业行政处罚机关主要负责人的回避，由该机关负责人集体讨论决定；其他人员的回避，由该机关主要负责人决定。

回避决定作出前，主动申请回避或者被申请回避的人员不停止对案件的调查处理。

第六条　农业行政处罚应当由具有行政执法资格的农业行政执法人员实施。农业行政执法人员不得少于两人，法律另有规定的除外。

农业行政执法人员调查处理农业行政处罚案件时，应当主动向当事人或者有关人员出示行政执法证件，并按规定着装和佩戴执法标志。

第七条　各级农业行政处罚机关应当全面推行行政执法公示制度、执法全过程记录制度、重大执法决定法制审核制度，加强行政执法信息化建设，推进信息共享，提高行政处罚效率。

第八条　县级以上人民政府农业农村主管部门在法定职权范围内实施行政处罚。

县级以上地方人民政府农业农村主管部门内设或所属的农业综合行政执法机构承担并集中行使行政处罚以及与行政处罚有关的行政强制、行政检查职能，以农业农村主管部门名义统一执法。

第九条　县级以上人民政府农业农村主管部门依法设立的派出执法机构，应当在派出部门确定的权限范围内以派出部门的名义实施行政处罚。

第十条　上级农业农村主管部门依法监督下级农业农村主管部门实施的行政处罚。

县级以上人民政府农业农村主管部门负责监督本部门农业综合行政执法机构或者派出执法机构实施的行政处罚。

第十一条　农业行政处罚机关在工作中发现违纪、违法或者犯罪问题线索的，应当按照《执法机关和司法机关向纪检监察机关移送问题线索工作办法》的规定，及时移送纪检监察机关。

第二章　农业行政处罚的管辖

第十二条　农业行政处罚由违法行为发生地的农业行政处罚机关管辖。法律、行政法规以及农业农村部规章另有规定的，从其规定。

省、自治区、直辖市农业行政处罚机关应当按照职权法定、属地管理、重心下移的原则，结合违法行为涉及区域、案情复杂程度、社会影响范围等因素，厘清本行政区域内不同层级农业行政处罚机关行政执法权限，明确职责分工。

第十三条　渔业行政违法行为有下列情况之一的，适用"谁查获、谁处理"的原则：

（一）违法行为发生在共管区、叠区；

（二）违法行为发生在管辖权不明确或者有争议的区域；

（三）违法行为发生地与查获地不一致。

第十四条　电子商务平台经营者和通过自建网站、其他网络服务销售商品或者提供服务的电子商务经营者的农业违法行为由其住所地县级以上农业行政处罚机关管辖。

平台内经营者的农业违法行为由其实际经营地县级以上农业行政处罚机关管辖。电子商务平台经营者住所地或者违法物品的生产、加工、存储、配送地的县级以上农业行政处罚机关先行发现违法线索或者收到投诉、举报的，也可以管辖。

第十五条　对当事人的同一违法行为，两个以上农业行政处罚机关都有管辖权的，应当由先立案的农业行政处罚机关管辖。

第十六条　两个以上农业行政处罚机关对管辖发生争议的，应当自发生争议之日起七日内协商解决，协商不成的，报请共同的上一级农业行政处罚机关指定管辖；也可以直接由共同的上一级农业行政机关指定管辖。

第十七条　农业行政处罚机关发现立案查处的案件不属于本部门管辖的，应当将案件移送有管辖权的农业行政处罚机关。受移送的农业行政处罚机关对管辖权有异议的，应当报请共同的上一级农业行政处罚机关指定管辖，不得再自行移送。

第十八条　上级农业行政处罚机关认为有必要时，可以直接管辖下级农业行政处罚机关管辖的案件，也可以将本机关管辖的案件交由下级农业行政处罚机关管辖，必要时可以将下级农业行政处罚机关管辖的案件指定其他下级农业行政处罚机关管辖，但不得违反法律、行政法规的规定。

下级农业行政处罚机关认为依法应由其管辖的农业行政处罚案件重大、复杂或者本地不适宜管辖的，可以报请上一级农业行政处罚机关直接管辖或者指定管辖。上一级农业行政处罚机关应当自收到报送材料之日起七日内作出书面决定。

第十九条 农业行政处罚机关实施农业行政处罚时，需要其他行政机关协助的，可以向有关机关发送协助函，提出协助请求。

农业行政处罚机关在办理跨行政区域案件时，需要其他地区农业行政处罚机关协查的，可以发送协查函。收到协查函的农业行政处罚机关应当予以协助并及时书面告知协查结果。

第二十条 农业行政处罚机关查处案件，对依法应当由原许可、批准的部门作出吊销许可证件等农业行政处罚决定的，应当自作出处理决定之日起十五日内将查处结果及相关材料书面报送或告知原许可、批准的部门，并提出处理建议。

第二十一条 农业行政处罚机关发现所查处的案件不属于农业农村主管部门管辖的，应当按照有关要求和时限移送有管辖权的部门处理。

违法行为涉嫌犯罪的案件，农业行政处罚机关应当依法移送司法机关，不得以行政处罚代替刑事处罚。

农业行政处罚机关应当与司法机关加强协调配合，建立健全案件移送制度，加强证据材料移交、接收衔接，完善案件处理信息通报机制。

农业行政处罚机关应当将移送案件的相关材料妥善保管、存档备查。

第三章 农业行政处罚的决定

第二十二条 公民、法人或者其他组织违反农业行政管理秩序的行为，依法应当给予行政处罚的，农业行政处罚机关必须查明事实；违法事实不清、证据不足的，不得给予行政处罚。

第二十三条 农业行政处罚机关作出农业行政处罚决定前，应当告知当事人拟作出行政处罚内容及事实、理由、依据，并告知当事人依法享有的陈述、申辩、要求听证等权利。

采取普通程序查办的案件，农业行政处罚机关应当制作行政处罚事先告知书送达当事人，并告知当事人可以在收到告知书之日起三日内进行陈述、申辩。符合听证条件的，应当告知当事人可以要求听证。

当事人无正当理由逾期提出陈述、申辩或者要求听证的，视为放弃上述权利。

第二十四条 当事人有权进行陈述和申辩。农业行政处罚机关必须充分听取当事人的意见，对当事人提出的事实、理由和证据，应当进行复核；当事人提出的事实、理由或者证据成立的，应当予以采纳。

农业行政处罚机关不得因当事人陈述、申辩而给予更重的处罚。

第一节 简易程序

第二十五条 违法事实确凿并有法定依据，对公民处以200元以下、对法人或者其他组织处以3 000元以下罚款或者警告的行政处罚的，可以当场作出行政处罚决定。法律另有规定的，从其规定。

第二十六条 当场作出行政处罚决定时，农业行政执法人员应当遵守下列程序：

（一）向当事人表明身份，出示行政执法证件；

（二）当场查清当事人的违法事实，收集和保存相关证据；

（三）在行政处罚决定作出前，应当告知当事人拟作出决定的内容及事实、理由、依据，并告知当事人有权进行陈述和申辩；

（四）听取当事人陈述、申辩，并记入笔录；

（五）填写预定格式、编有号码、盖有农业行政处罚机关印章的当场处罚决定书，由执法人员签名或者盖章，当场交付当事人；当事人拒绝签收的，应当在行政处罚决定书上注明。

前款规定的行政处罚决定书应当载明当事人的违法行为，行政处罚的种类和依据、罚款数额、时间、地点，申请行政复议、提起行政诉讼的途径和期限以及行政机关名称。

第二十七条　农业行政执法人员应当在作出当场处罚决定之日起、在水上办理渔业行政违法案件的农业行政执法人员应当自抵岸之日起二日内，将案件的有关材料交至所属农业行政处罚机关归档保存。

第二节　普通程序

第二十八条　实施农业行政处罚，除依法可以当场作出的行政处罚外，应当适用普通程序。

第二十九条　农业行政处罚机关对依据监督检查职责或者通过投诉、举报、其他部门移送、上级交办等途径发现的违法行为线索，应当自发现线索或者收到相关材料之日起七日内予以核查，由农业行政处罚机关负责人决定是否立案；因特殊情况不能在规定期限内立案的，经农业行政处罚机关负责人批准，可以延长七日。法律、法规、规章另有规定的除外。

第三十条　符合下列条件的，农业行政处罚机关应当予以立案，并填写行政处罚立案审批表：

（一）有涉嫌违反法律、法规和规章的行为；

（二）依法应当或者可以给予行政处罚；

（三）属于本机关管辖；

（四）违法行为发生之日起至被发现之日止未超过二年，或者违法行为有连续、继续状态，从违法行为终了之日起至被发现之日止未超过二年；涉及公民生命健康安全且有危害后果的，上述期限延长至五年。法律另有规定的除外。

第三十一条　对已经立案的案件，根据新的情况发现不符合本规定第三十条规定的立案条件的，农业行政处罚机关应当撤销立案。

第三十二条　农业行政处罚机关对立案的农业违法行为，必须全面、客观、公正地调查，收集有关证据；必要时，按照法律、法规的规定，可以进行检查。

农业行政执法人员在调查或者收集证据、进行检查时，不得少于两人。当事人或者有关人员有权要求农业行政执法人员出示执法证件。执法人员不出示执法证件的，当事人或者有关人员有权拒绝接受调查或者检查。

第三十三条　农业行政执法人员有权依法采取下列措施：

（一）查阅、复制书证和其他有关材料；

（二）询问当事人或者其他与案件有关的单位和个人；

（三）要求当事人或者有关人员在一定的期限内提供有关材料；

（四）采取现场检查、勘验、抽样、检验、检测、鉴定、评估、认定、录音、拍照、录像、调取现场及周边监控设备电子数据等方式进行调查取证；

（五）对涉案的场所、设施或者财物依法实施查封、扣押等行政强制措施；

（六）责令被检查单位或者个人停止违法行为，履行法定义务；

（七）其他法律、法规、规章规定的措施。

第三十四条　农业行政处罚证据包括书证、物证、视听资料、电子数据、证人证言、当事人的陈述、鉴定意见、勘验笔录和现场笔录。

证据必须经查证属实，方可作为农业行政处罚机关认定案件事实的根据。立案前依法取得或收集的证据材料，可以作为案件的证据使用。

以非法手段取得的证据，不得作为认定案件事实的根据。

第三十五条　收集、调取的书证、物证应当是原件、原物。收集、调取原件、原物确有困难的，可以提供与原件核对无误的复制件、影印件或者抄录件，也可以提供足以反映原物外形或者内容的照片、录像等其他证据。

复制件、影印件、抄录件和照片由证据提供人或者执法人员核对无误后注明与原件、原物一致，并注明出证日期、证据出处，同时签名或者盖章。

第三十六条　收集、调取的视听资料应当是有关资料的原始载体。调取原始载体确有困难的，可以提供复制件，并注明制作方法、制作时间、制作人和证明对象等。声音资料应当附有该声音内容的文字记录。

第三十七条　收集、调取的电子数据应当是有关数据的原始载体。收集电子数据原始载体确有困难的，可以采用拷贝复制、委托分析、书式固定、拍照录像等方式取证，并注明制作方法、制作时间、制作人等。

农业行政处罚机关可以利用互联网信息系统或者设备收集、固定违法行为证据。用来收集、固定违法行为证据的互联网信息系统或者设备应当符合相关规定，保证所收集、固定电子数据的真实性、完整性。

农业行政处罚机关可以指派或者聘请具有专门知识的人员或者专业机构，辅助农业行政执法人员对与案件有关的电子数据进行调查取证。

第三十八条　农业行政执法人员询问证人或者当事人，应当个别进行，并制作询问笔录。

询问笔录有差错、遗漏的，应当允许被询问人更正或者补充。更正或者补充的部分应当由被询问人签名、盖章或者按指纹等方式确认。

询问笔录经被询问人核对无误后，由被询问人在笔录上逐页签名、盖章或者按指纹等方式确认。农业行政执法人员应当在笔录上签名。被询问人拒绝签名、盖章或者按指纹的，由农业行政执法人员在笔录上注明情况。

第三十九条　农业行政执法人员对与案件有关的物品或者场所进行现场检查或者勘验，应当通知当事人到场，制作现场检查笔录或者勘验笔录，必要时可以采取拍照、录像或者其他方式记录现场情况。

当事人拒不到场、无法找到当事人或者当事人拒绝签名或盖章的，农业行政执法人员应当在笔录中注明，并可以请在场的其他人员见证。

第四十条　农业行政处罚机关在调查案件时，对需要检测、检验、鉴定、评估、认定的专门性问题，应当委托具有法定资质的机构进行；没有具有法定资质的机构的，可以委托其他具备条件的机构进行。

检验、检测、鉴定、评估、认定意见应当由检验、检测、鉴定、评估、认定人员签名或者盖章，并加盖所在机构公章。检验、检测、鉴定、评估、认定意见应当送达当事人。

第四十一条　农业行政处罚机关收集证据时，可以采取抽样取证的方法。农业行政执法人员应当制作抽样取证凭证，对样品加贴封条，并由执法人员和当事人在抽样取证凭证上签名或者盖章。当事人拒绝签名或者盖章的，应当采取拍照、录像或者其他方式记录抽样取证情况。

农业行政处罚机关抽样送检的，应当将抽样检测结果及时告知当事人，并告知当事人有依法申请复检的权利。

非从生产单位直接抽样取证的，农业行政处罚机关可以向产品标注生产单位发送产品确认通知书，对涉案产品是否为其生产的产品进行确认，并可以要求其在一定期限内提供相关证明材料。

第四十二条　在证据可能灭失或者以后难以取得的情况下，经农业行政处罚机关负责人批准，农业行政执法人员可以对与涉嫌违法行为有关的证据采取先行登记保存措施。

情况紧急，农业行政执法人员需要当场采取先行登记保存措施的，可以采用即时通讯方式报请农业行政处罚机关负责人同意，并在二十四小时内补办批准手续。

先行登记保存有关证据，应当当场清点，开具清单，填写先行登记保存执法文书，由农业行政执法人员和当事人签名、盖章或者按指纹，并向当事人交付先行登记保存证据通知书和物品清单。

第四十三条 先行登记保存物品时，就地由当事人保存的，当事人或者有关人员不得使用、销售、转移、损毁或者隐匿。

就地保存可能妨害公共秩序、公共安全，或者存在其他不适宜就地保存情况的，可以异地保存。对异地保存的物品，农业行政处罚机关应当妥善保管。

第四十四条 农业行政处罚机关对先行登记保存的证据，应当自采取登记保存之日起七日内作出下列处理决定并送达当事人：

（一）根据情况及时采取记录、复制、拍照、录像等证据保全措施；

（二）需要进行技术检测、检验、鉴定、评估、认定的，送交有关机构检测、检验、鉴定、评估、认定；

（三）对依法应予没收的物品，依照法定程序处理；

（四）对依法应当由有关部门处理的，移交有关部门；

（五）为防止损害公共利益，需要销毁或者无害化处理的，依法进行处理；

（六）不需要继续登记保存的，解除先行登记保存。

第四十五条 农业行政处罚机关依法对涉案场所、设施或者财物采取查封、扣押等行政强制措施，应当在实施前向农业行政处罚机关负责人报告并经批准，由具备资格的农业行政执法人员实施。

情况紧急，需要当场采取行政强制措施的，农业行政执法人员应当在二十四小时内向农业行政处罚机关负责人报告，并补办批准手续。农业行政处罚机关负责人认为不应当采取行政强制措施的，应当立即解除。

查封、扣押的场所、设施或者财物，应当妥善保管，不得使用或者损毁。除法律、法规另有规定外，鲜活产品、保管困难或者保管费用过高的物品和其他容易损毁、灭失、变质的物品，在确定为罚没财物前，经权利人同意或者申请，并经农业行政处罚机关负责人批准，在采取相关措施留存证据后，可以依法先行处置；权利人不明确的，可以依法公告，公告期满后仍没有权利人同意或者申请的，可以依法先行处置。先行处置所得款项按照涉案现金管理。

第四十六条 农业行政处罚机关实施查封、扣押等行政强制措施，应当履行《中华人民共和国行政强制法》规定的程序和要求，制作并当场交付查封、扣押决定书和清单。

第四十七条 经查明与违法行为无关或者不再需要采取查封、扣押措施的，应当解除查封、扣押措施，将查封、扣押的财物如数返还当事人，并由农业行政执法人员和当事人在解除查封或者扣押决定书和清单上签名、盖章或者按指纹。

第四十八条 有下列情形之一的，经农业行政处罚机关负责人批准，中止案件调查，并制作案件中止调查决定书：

（一）行政处罚决定必须以相关案件的裁判结果或者其他行政决定为依据，而相关案件尚未审结或者其他行政决定尚未作出；

（二）涉及法律适用等问题，需要送请有权机关作出解释或者确认；

（三）因不可抗力致使案件暂时无法调查；

（四）因当事人下落不明致使案件暂时无法调查；

（五）其他应当中止调查的情形。

中止调查的原因消除后，应当立即恢复案件调查。

第四十九条 农业行政执法人员在调查结束后，应当根据不同情形提出如下处理建议，并制作案件处理意见书，报请农业行政处罚机关负责人审查：

（一）确有应受行政处罚的违法行为的，根据情节轻重及具体情况，建议作出行政处罚；

（二）违法事实不能成立的，建议不予行政处罚；

（三）违法行为轻微并及时改正，没有造成危害后果的，建议不予行政处罚；

（四）当事人有证据足以证明没有主观过错的，建议不予行政处罚，但法律、行政法规另有规定的除外；

（五）初次违法且危害后果轻微并及时改正的，建议可以不予行政处罚；

（六）违法行为超过追责时效的，建议不再给予行政处罚；

（七）违法行为不属于农业行政处罚机关管辖的，建议移送其他行政机关；

（八）违法行为涉嫌犯罪应当移送司法机关的，建议移送司法机关；

（九）依法作出处理的其他情形。

第五十条 有下列情形之一，在农业行政处罚机关负责人作出农业行政处罚决定前，应当由从事农业行政处罚决定法制审核的人员进行法制审核；未经法制审核或者审核未通过的，农业行政处罚机关不得作出决定：

（一）涉及重大公共利益的；

（二）直接关系当事人或者第三人重大权益，经过听证程序的；

（三）案件情况疑难复杂、涉及多个法律关系的；

（四）法律、法规规定应当进行法制审核的其他情形。

农业行政处罚法制审核工作由农业行政处罚机关法制机构负责；未设置法制机构的，由农业行政处罚机关确定的承担法制审核工作的其他机构或者专门人员负责。

案件查办人员不得同时作为该案件的法制审核人员。农业行政处罚机关中初次从事法制审核的人员，应当通过国家统一法律职业资格考试取得法律职业资格。

第五十一条 农业行政处罚决定法制审核的主要内容包括：

（一）本机关是否具有管辖权；

（二）程序是否合法；

（三）案件事实是否清楚，证据是否确实、充分；

（四）定性是否准确；

（五）适用法律依据是否正确；

（六）当事人基本情况是否清楚；

（七）处理意见是否适当；

（八）其他应当审核的内容。

除本规定第五十条第一款规定以外，适用普通程序的其他农业行政处罚案件，在作出处罚决定前，应当参照前款规定进行案件审核。审核工作由农业行政处罚机关的办案机构或其他机构负责实施。

第五十二条 法制审核结束后，应当区别不同情况提出如下建议：

（一）对事实清楚、证据充分、定性准确、适用依据正确、程序合法、处理适当的案件，拟同意作出行政处罚决定；

（二）对定性不准、适用依据错误、程序不合法或者处理不当的案件，建议纠正；

（三）对违法事实不清、证据不充分的案件，建议补充调查或者撤销案件；

（四）违法行为轻微并及时纠正没有造成危害后果的，或者违法行为超过追责时效的，建议不予行政处罚；

（五）认为有必要提出的其他意见和建议。

第五十三条　法制审核机构或者法制审核人员应当自接到审核材料之日起五日内完成审核。特殊情况下，经农业行政处罚机关负责人批准，可以延长十五日。法律、法规、规章另有规定的除外。

第五十四条　农业行政处罚机关负责人应当对调查结果、当事人陈述申辩或者听证情况、案件处理意见和法制审核意见等进行全面审查，并区别不同情况分别作出如下处理决定：

（一）确有应受行政处罚的违法行为的，根据情节轻重及具体情况，作出行政处罚决定；

（二）违法事实不能成立的，不予行政处罚；

（三）违法行为轻微并及时改正，没有造成危害后果的，不予行政处罚；

（四）当事人有证据足以证明没有主观过错的，不予行政处罚，但法律、行政法规另有规定的除外；

（五）初次违法且危害后果轻微并及时改正的，可以不予行政处罚；

（六）违法行为超过追责时效的，不予行政处罚；

（七）不属于农业行政处罚机关管辖的，移送其他行政机关处理；

（八）违法行为涉嫌犯罪的，将案件移送司法机关。

第五十五条　下列行政处罚案件，应当由农业行政处罚机关负责人集体讨论决定：

（一）符合本规定第五十九条所规定的听证条件，且申请人申请听证的案件；

（二）案情复杂或者有重大社会影响的案件；

（三）有重大违法行为需要给予较重行政处罚的案件；

（四）农业行政处罚机关负责人认为应当提交集体讨论的其他案件。

第五十六条　农业行政处罚机关决定给予行政处罚的，应当制作行政处罚决定书。行政处罚决定书应当载明以下内容：

（一）当事人的姓名或者名称、地址；

（二）违反法律、法规、规章的事实和证据；

（三）行政处罚的种类和依据；

（四）行政处罚的履行方式和期限；

（五）申请行政复议、提起行政诉讼的途径和期限；

（六）作出行政处罚决定的农业行政处罚机关名称和作出决定的日期。

农业行政处罚决定书应当加盖作出行政处罚决定的行政机关的印章。

第五十七条　在边远、水上和交通不便的地区按普通程序实施处罚时，农业行政执法人员可以采用即时通讯方式，报请农业行政处罚机关负责人批准立案和对调查结果及处理意见进行审查。报批记录必须存档备案。当事人可当场向农业行政执法人员进行陈述和申辩。当事人当场书面放弃陈述和申辩的，视为放弃权利。前款规定不适用于本规定第五十五条规定的应当由农业行政处罚机关负责人集体讨论决定的案件。

第五十八条　农业行政处罚案件应当自立案之日起九十日内作出处理决定；因案情复杂、调查取证困难等需要延长的，经本农业行政处罚机关负责人批准，可以延长三十日。案情特别复杂或者有其他特殊情况，延期后仍不能作出处理决定的，应当报经上一级农业行政处罚机关决定是否继续延期；决定继续延期的，应当同时确定延长的合理期限。案件办理过程中，中止、听证、公告、检验、检测、鉴定等时间不计入前款所指的案件办理期限。

第三节　听证程序

第五十九条　农业行政处罚机关依照《中华人民共和国行政处罚法》第六十三条的规定，在作出较大数额罚款、没收较大数额违法所得、没收较大价值非法财物、降低资质等级、吊销许可证件、责令停产停业、责令关闭、限制从业等较重农业行政处罚决定前，应当告知当事人有要求举行听证的权利。当事人要求听证的，农业行政处罚机关应当组织听证。前款所称的较大数额、较大价值，县级以上地方人民政府农业农村主管部门按所在省、自治区、直辖市人民代表大会及其常委会或者人民政府规定的标准执行。农业农村部规定的较大数额、较大价值，对个人是指超过一万元，对法人或者其他组织是指超过十万元。

第六十条　听证由拟作出行政处罚的农业行政处罚机关组织。具体实施工作由其法制机构或者相应机构负责。

第六十一条　当事人要求听证的，应当在收到行政处罚事先告知书之日起五日内向听证机关提出。

第六十二条　听证机关应当在举行听证会的七日前送达行政处罚听证会通知书，告知当事人及有关人员举行听证的时间、地点、听证人员名单及当事人可以申请回避和可以委托代理人等事项。

当事人可以亲自参加听证，也可以委托一至二人代理。当事人及其代理人应当按期参加听证，无正当理由拒不出席听证或者未经许可中途退出听证的，视为放弃听证权利，行政机关终止听证。

第六十三条　听证参加人由听证主持人、听证员、书记员、案件调查人员、当事人及其委托代理人等组成。听证主持人、听证员、书记员应当由听证机关负责人指定的法制工作机构工作人员或者其他相应工作人员等非本案调查人员担任。当事人委托代理人参加听证的，应当提交授权委托书。

第六十四条　除涉及国家秘密、商业秘密或者个人隐私依法予以保密等情形外，听证应当公开举行。

第六十五条　当事人在听证中的权利和义务：

（一）有权对案件的事实认定、法律适用及有关情况进行陈述和申辩；

（二）有权对案件调查人员提出的证据质证并提出新的证据；

（三）如实回答主持人的提问；

（四）遵守听证会场纪律，服从听证主持人指挥。

第六十六条　听证按下列程序进行：

（一）听证书记员宣布听证会场纪律、当事人的权利和义务，听证主持人宣布案由、核实听证参加人名单、宣布听证开始；

（二）案件调查人员提出当事人的违法事实、出示证据，说明拟作出的农业行政处罚的内容及法律依据；

（三）当事人或者其委托代理人对案件的事实、证据、适用的法律等进行陈述、申辩和质证，可以当场向听证会提交新的证据，也可以在听证会后三日内向听证机关补交证据；

（四）听证主持人就案件的有关问题向当事人、案件调查人员、证人询问；

（五）案件调查人员、当事人或者其委托代理人相互辩论；

（六）当事人或者其委托代理人作最后陈述；

（七）听证主持人宣布听证结束。听证笔录交当事人和案件调查人员审核无误后签字或者盖章。当事人或者其代理人拒绝签字或者盖章的，由听证主持人在笔录中注明。

第六十七条　听证结束后，听证主持人应当依据听证情况，制作行政处罚听证会报告书，连同听证笔录，报农业行政处罚机关负责人审查。农业行政处罚机关应当根据听证笔录，按照本规定第五十四条的规定，作出决定。

第六十八条　听证机关组织听证，不得向当事人收取费用。

第四章　执法文书的送达和处罚决定的执行

第六十九条　农业行政处罚机关送达行政处罚决定书，应当在宣告后当场交付当事人；当事人不在场的，应当在七日内依照《中华人民共和国民事诉讼法》的有关规定将行政处罚决定书送达当事人。

当事人同意并签订确认书的，农业行政处罚机关可以采用传真、电子邮件等方式，将行政处罚决定书等送达当事人。

第七十条　农业行政处罚机关送达行政执法文书，应当使用送达回证，由受送达人在送达回证上记明收到日期，签名或者盖章。受送达人是公民的，本人不在时交其同住成年家属签收；受送达人是法人或者其他组织的，应当由法人的法定代表人、其他组织的主要负责人或者该法人、其他组织负责收件的有关人员签收；受送达人有代理人的，可以送交其代理人签收；受送达人已向农业行政处罚机关指定代收人的，送交代收人签收。

受送达人、受送达人的同住成年家属、法人或者其他组织负责收件的有关人员、代理人、代收人在送达回证上签收的日期为送达日期。

第七十一条　受送达人或者他的同住成年家属拒绝接收行政执法文书的，送达人可以邀请有关基层组织或者其所在单位的代表到场，说明情况，在送达回证上记明拒收事由和日期，由送达人、见证人签名或者盖章，把行政执法文书留在受送达人的住所；也可以把行政执法文书留在受送达人的住所，并采用拍照、录像等方式记录送达过程，即视为送达。

第七十二条　直接送达行政执法文书有困难的，农业行政处罚机关可以邮寄送达或者委托其他农业行政处罚机关代为送达。受送达人下落不明，或者采用直接送达、留置送达、委托送达等方式无法送达的，农业行政处罚机关可以公告送达。委托送达的，受送达人的签收日期为送达日期；邮寄送达的，以回执上注明的收件日期为送达日期；公告送达的，自发出公告之日起经过60日，即视为送达。

第七十三条　当事人应当在行政处罚决定书确定的期限内，履行处罚决定。农业行政处罚决定依法作出后，当事人对行政处罚决定不服，申请行政复议或者提起行政诉讼的，除法律另有规定外，行政处罚决定不停止执行。

第七十四条　除依照本规定第七十五条、第七十六条的规定当场收缴罚款外，农业行政处罚机关及其执法人员不得自行收缴罚款。决定罚款的农业行政处罚机关应当书面告知当事人在收到行政处罚决定书之日起15日内，到指定的银行或者通过电子支付系统缴纳罚款。

第七十五条　依照本规定第二十五条的规定当场作出农业行政处罚决定，有下列情形之一，农业行政执法人员可以当场收缴罚款：

（一）依法给予100元以下罚款的；

（二）不当场收缴事后难以执行的。

第七十六条　在边远、水上、交通不便地区，农业行政处罚机关及其执法人员依照本规定第二十五条、第五十四条、第五十五条的规定作出罚款决定后，当事人到指定的银行或者通过电子支付系统缴纳罚款确有困难，经当事人提出，农业行政处罚机关及其执法人员可以当场收缴罚款。

第七十七条　农业行政处罚机关及其执法人员当场收缴罚款的，应当向当事人出具国务院财政部门或者省、自治区、直辖市财政部门统一制发的专用票据，不出具财政部门统一制发的专用票据的，当事人有权拒绝缴纳罚款。

第七十八条　农业行政执法人员当场收缴的罚款，应当自返回农业行政处罚机关所在地之日起2日内，交至农业行政处罚机关；在水上当场收缴的罚款，应当自抵岸之日起2日内交至农业行政处罚机关；农业行政处罚机关应当自收到款项之日起2日内将罚款交至指定的银行。

第七十九条　对需要继续行驶的农业机械、渔业船舶实施暂扣或者吊销证照的行政处罚，农业行政处罚机关在实施行政处罚的同时，可以发给当事人相应的证明，责令农业机械、渔业船舶驶往预定或者指定的地点。

第八十条　对生效的农业行政处罚决定，当事人拒不履行的，作出农业行政处罚决定的农业行政处罚机关依法可以采取下列措施：

（一）到期不缴纳罚款的，每日按罚款数额的百分之三加处罚款，加处罚款的数额不得超出罚款的数额；

（二）根据法律规定，将查封、扣押的财物拍卖、依法处理或者将冻结的存款、汇款划拨抵缴罚款；

（三）依照《中华人民共和国行政强制法》的规定申请人民法院强制执行。

第八十一条　当事人确有经济困难，需要延期或者分期缴纳罚款的，应当在行政处罚决定书确定的缴纳期限届满前，向作出行政处罚决定的农业行政处罚机关提出延期或者分期缴纳罚款的书面申请。农业行政处罚机关负责人批准当事人延期或者分期缴纳罚款后，应当制作同意延期（分期）缴纳罚款通知书，并送达当事人和收缴罚款的机构。农业行政处罚机关批准延期、分期缴纳罚款的，申请人民法院强制执行的期限，自暂缓或者分期缴纳罚款期限结束之日起计算。

第八十二条　除依法应当予以销毁的物品外，依法没收的非法财物，必须按照国家规定公开拍卖或者按照国家有关规定处理。处理没收物品，应当制作罚没物品处理记录和清单。

第八十三条　罚款、没收的违法所得或者没收非法财物拍卖的款项，必须全部上缴国库，任何行政机关或者个人不得以任何形式截留、私分或者变相私分。罚款、没收的违法所得或者没收非法财物拍卖的款项，不得同作出农业行政处罚决定的农业行政处罚机关及其工作人员的考核、考评直接或者变相挂钩。除依法应当退还、退赔的外，财政部门不得以任何形式向作出农业行政处罚决定的农业行政处罚机关返还罚款、没收的违法所得或者没收非法财物拍卖的款项。

第五章　结案和立卷归档

第八十四条　有下列情形之一的，农业行政处罚机关可以结案：

（一）行政处罚决定由当事人履行完毕的；

（二）农业行政处罚机关依法申请人民法院强制执行行政处罚决定，人民法院依法受理的；

（三）不予行政处罚等无须执行的；

（四）行政处罚决定被依法撤销的；

（五）农业行政处罚机关认为可以结案的其他情形。

农业行政执法人员应当填写行政处罚结案报告，经农业行政处罚机关负责人批准后结案。

第八十五条　农业行政处罚机关应当按照下列要求及时将案件材料立卷归档：

（一）一案一卷；

（二）文书齐全，手续完备；

（三）案卷应当按顺序装订。

第八十六条　案件立卷归档后，任何单位和个人不得修改、增加或者抽取案卷材料，不得修改案卷内容。案卷保管及查阅，按档案管理有关规定执行。

第八十七条　农业行政处罚机关应当建立行政处罚工作报告制度，并于每年1月31日前向上级农业行政处罚机关报送本行政区域上一年度农业行政处罚工作情况。

第六章　附　　则

第八十八条　本规定中的"以上""以下""内"均包括本数。

第八十九条　本规定中"二日""三日""五日""七日"的规定是指工作日，不含法定节假日。期间以时、日、月、年计算。期间开始的时或者日，不计算在内。期间届满的最后一日是节假日的，以节假日后的第一日为期间届满的日期。行政处罚文书的送达期间不包括在路途上的时间，行政处罚文书在期满前交邮的，视为在有效期内。

第九十条　农业行政处罚基本文书格式由农业农村部统一制定。各省、自治区、直辖市人民政府农业农村主管部门可以根据地方性法规、规章和工作需要，调整有关内容或者补充相应文书，报农业农村部备案。

第九十一条　本规定自2022年2月1日起实施。2020年1月14日农业农村部发布的《农业行政处罚程序规定》同时废止。

九、《农业行政执法文书制作规范》

为深入贯彻《农业行政处罚程序规定》（农业农村部令2020年第1号），进一步规范农业行政执法行为，提高农业行政执法文书制作水平，农业农村部结合农业行政执法实际，对2012年印发的《农业行政执法文书制作规范》和农业行政执法基本文书格式进行了修订，自2020年11月1日起施行。《农业部关于印发〈农业行政执法文书制作规范〉和农业行政执法基本文书格式的通知》（农政发〔2012〕3号）同时废止。

第一章　总　　则

第一条　为规范农业行政执法行为，提高农业行政执法文书制作水平，根据《农业行政处罚程序规定》，结合农业行政执法工作实际，制定本规范。

第二条　本规范适用于农业行政执法机关在实施行政处罚及其相关的行政执法过程中所使用的农业行政执法文书的制作。

本规范所称农业行政执法机关，是指依法行使行政执法权的县级以上人民政府农业农村（农牧、渔业）主管部门。

第三条　农业行政执法文书的内容应当符合有关法律、法规和规章的规定，做到格式统一、内容完整、表述清楚、逻辑严密、用语规范。

第四条　农业行政执法文书分为内部文书和外部文书。

内部文书是指农业行政执法机关内部使用，记录内部工作流程，规范执法工作运转程序的文书。

外部文书是指农业行政执法机关对外使用，对农业行政执法机关和行政相对人均具有法律效力的文书。

第二章　文书制作基本要求

第五条　农业行政执法文书应当按照规定的格式填写或者打印制作。

填写制作文书应当使用蓝黑色、黑色签字笔或者钢笔，做到字迹清楚、文面整洁。

适用一般程序作出的行政处罚决定书应当打印制作。

第六条　文书设定的栏目，应当逐项填写，不得遗漏和随意修改；不需要填写的栏目或者空白处，应当用斜线划去；有选择项的应当将非选择项用斜线划去。

第七条　文书中出现误写、误算或者其他笔误的，未送达的应当重新制作，已送达的应当及时书面补正。

第八条　引用法律、法规、规章和规范性文件应当书写全称并加书名号。新法生效后，需要引用旧法的，应当注明。

引用法律、法规、规章和规范性文件条文有序号的，书写序号应当与法律、法规、规章和规范性文件正式文本中的写法一致。

引用法律、法规、规章以外的其他公文应当先用书名号引标题，后用圆括号引文号；引用外文应当注明中文译文。

第九条　文书中结构层次序数按实际需要依次以"一、""（一）""1."和"（1）"写明。"（一）"和"（1）"之后不加顿号，结构层次序数中的阿拉伯数字右下用圆点，不用逗号或者顿号。

第十条　文书中表述数字，根据国家相关规定和行政执法文书的特点，视不同情况可以分别使用阿拉伯数字或者汉字数字，但应当保持相对统一。

行政处罚决定书主文需要列条的序号，应当使用汉字数字，如："一""二"。

下列情况，应当使用阿拉伯数字：

（一）公历世纪、年代、年、月、日及时、分、秒；

（二）文书中的案号，如："延农（农药）立〔2020〕1号"；

（三）文书中物理量的量值，即表示长度、质量、电流、热力学温度、物质的量和发光强度量等的量值，如：856.80千米、500克；

（四）文书中非物理量（日常生活中使用的量）的数量，如：48.60元、18岁、10个月；

（五）文书中的证件号码、地址门牌号码；

（六）用"多""余""左右""上下""约"等表示的约数，如：60余次、约60次。

其他数字的用法应当符合出版物上数字用法国家标准。

第十一条　文书标点符号的用法应当符合相关国家标准，避免产生歧义。

第十二条　文书中计量单位应当依照《中华人民共和国法定计量单位》的规定执行，符合以下要求：

（一）长度单位使用"米""海里""千米（公里）"等，不得使用"公分""尺""寸""分""吋（英寸）"；

（二）质量单位使用"克""千克""吨"等，不得使用"两""斤"；

（三）时间单位使用"秒""分""时""日""周""月""年"，不得使用"点""刻"；

（四）体（容）积单位使用"升""立方米"，不得使用"公升"。

当事人使用的计量单位不符合前款规定的，应当在文书中据实记录，并在其后注明转换的标准计量单位，用括号括起，如：3斤（1.5千克）。

第十三条　文书中案件名称应当填写为："当事人姓名（名称）+违法行为性质+案"，如："某某无农药登记证生产农药案"。

立案和调查取证阶段的文书，案件名称应当填写为："当事人姓名（名称）+涉嫌+违法行为性质+案"，如："某某涉嫌无农药登记证生产农药案"。

第十四条　农业行政执法基本文书应当按照文书格式的要求编注案号。

第十五条　本规范所称案号是指用于区分办理案件的农业行政执法机关类型和次序的简要标识，由中文汉字、阿拉伯数字及括号组成。

案号的基本要素为行政区划简称、执法机关简称、执法类别简称、行为种类简称、收案年度和收案序号。

案号各基本要素的编排规格为："行政区划简称+执法机关简称+执法类别简称+行为种类简称（如立、告、罚等）+收案年度+收案序号"。如：北京市延庆区农业农村局制作的《行政处罚立案审批表》，案号是"延农（农药）立〔2020〕1号"。特殊情况下，"执法类别"可以省略。

每个案件编定的案号应当具有唯一性。

第十六条　文书中当事人情况应当按以下要求填写：

（一）根据案件情况确定"个人/个体工商户"或者"单位"，"个人/个体工商户""单位"两栏不能同时填写；

（二）当事人是自然人的，应当按照身份证或者其他有效证件记载事项填写其姓名、性别、出生年月日、民族、工作单位和职务、住所；当事人工作单位和职务不明确的，可以不填写；当事人住所以其户籍所在地为准；离开户籍所在地有经常居住地的，经常居住地为住所；现住址与住所不一致的，还应当记载其现住址；连续两个当事人的住所相同的，应当分别表述，不得使用"住所同上"的表述；

（三）当事人是个体工商户的，按照本款第二项的要求写明经营者的基本信息；有字号的，以营业执照上登记的字号为当事人，并写明该字号经营者的基本信息；有统一社会信用代码或者注册码的，应当填写统一社会信用代码或者注册码；

（四）当事人是起字号的个人合伙的，在其姓名后应当用括号注明"系……（写明字号）合伙人"；

（五）当事人是法人的，写明名称、统一社会信用代码、住所以及法定代表人的姓名和职务；

（六）当事人是其他组织的，写明名称、统一社会信用代码、住所以及负责人的姓名和职务。

个体工商户、个人合伙、法人、其他组织的名称应当写全称，以其注册登记文件记载的内容为准。

法人或者其他组织的住所是指法人或者其他组织的注册地或者登记地。

第十七条　《询问笔录》《现场检查（勘验）笔录》《查封（扣押）现场笔录》《听证笔录》等文书，应当当场交当事人阅读或者向当事人宣读，并由当事人逐页签字、盖章或者按指纹等方式确认。

无法通知当事人，当事人不到场或者拒绝接受调查，以及当事人拒绝签名、盖章或者以按指纹等方式确认的，办案人员应当在笔录上注明情况，并采取录音、录像等方式记录，必要时可邀请基层组织或者所在单位的代表等有关人员作为见证人。邀请见证人到场的，应当填写见证人身份信息，并由见证人逐页签名。执法人员也应当在笔录上逐页签名。

笔录最后一行文字后如有空白，应当在最后一行文字后加上"以下空白"字样。

笔录需要更正的，涂改部分当事人应当以签名、盖章或者以按指纹等方式确认。

第十八条　文书首页不够记录时，可以附纸记录，但应当注明页码，由执法人员和当事人逐页签名，并注明日期。

第十九条　文书中执法机构、法制机构、执法机关的审核或者审批意见应当表述明确，没有歧义。

第二十条　直接送达、留置送达、转交送达、委托送达当事人的外部文书应当使用《送达回证》。

第二十一条　文书中注明加盖执法机关印章的地方应当有执法机关名称并加盖印章，加盖印章应当清晰、端正，并"骑年盖月"。

前款规定的印章，包括执法机关依照有关规定制作的行政执法（或处罚）专用章。

第三章　文书类型及制作

第二十二条　《指定管辖通知书》是上级农业行政执法机关指定下级农业行政执法机关对具体案件行使管辖权时使用的文书。

第二十三条　《案件交办通知书》是上级农业行政执法机关将本机关管辖的案件交由下级农业行政执法机关管辖时使用的文书。

《案件交办通知书》应当附有违法案件线索、证据等相关材料。所附材料、证据可以作为附件逐一列明，也可以另附清单。

第二十四条　《协助调查函》是农业行政执法机关办理跨行政区域案件时，需要其他地区农业行政执法机关协助调查与案件有关的特定事项时使用的文书。

《协助调查函》应当写明案件名称、需要协助调查的原因、请求协助调查的事项，并附有关材料。

第二十五条　《协助调查结果告知函》是协助调查案件的农业行政执法机关告知请求协助调查的农业行政执法机关协助调查结果时使用的文书。

第二十六条　《案件移送函》是农业行政执法机关依法将案件或者违法线索移送有管辖权的行政机关处理时使用的文书。

《案件移送函》应当写明移送的原因，包括法律、法规、规章等关于执法职责、地域管辖、级别管辖、特殊管辖等具体规定。

《案件移送函》应当附上与案件相关的全部材料。所附材料可以作为附件逐一列明，也可以另附清单。

第二十七条　《涉嫌犯罪案件移送书》是农业行政执法机关在查处违法行为过程中发现违法行为涉嫌犯罪，依法将案件移送司法机关时使用的文书。

《涉嫌犯罪案件移送书》应当附有涉嫌犯罪案件情况调查报告、涉案物品清单、有关检验报告或者鉴定意见及其他有关涉嫌犯罪的全部证据材料。

农业行政执法机关在向司法机关移送涉嫌犯罪证据材料时，应当复制并保存相关证据和案卷材料。

第二十八条　《当场行政处罚决定书》是指农业行政执法机关依法对违法行为人当场作出行政处罚决定时使用的文书。

执法人员当场作出行政处罚决定的，应当向当事人出示执法证件，填写《当场行政处罚决定书》并当场交付当事人。

"违法事实"栏应当写明违法行为的发生时间和地点、违法情节、违法行为的定性等情况。

"处罚依据及内容"栏应当写明作出处罚所依据的法律、法规和规章的全称并具体到条、款、项、目以及处罚的具体内容。

书写罚没款金额应当填写正确，不得涂改。罚款缴纳方式为交至代收机构的，应当写明代收机构名称、地址等。

第二十九条 《行政处罚立案/不予立案审批表》是农业行政执法机关依法对案件作出立案或者不予立案决定，由执法机构提请农业行政执法机关负责人审批时使用的文书。

"简要案情及立案（不予立案）理由"栏应当写明当事人涉嫌违法的事实、证据等简要情况，涉嫌违反的相关法律规定以及立案或者不予立案的建议并说明理由。

第三十条 《撤销立案审批表》是农业行政执法机关在立案调查后，根据新的情况发现相关案件不符合立案条件，依法撤销已经立案案件时使用的文书。

"简要案情及撤销立案理由"栏应当写明农业行政执法机关调查的基本情况，撤销立案的事实、证据等简要情况和撤销立案的建议并说明理由。

第三十一条 《责令改正通知书》是农业行政执法机关依据有关法律、法规、规章的规定，责令当事人改正违法行为时使用的文书。

制作《责令改正通知书》应当写明所依据的法律、法规、规章的具体条款。

没有法律、法规、规章明确规定的责令改正规定，但农业行政执法机关在实施行政处罚时，按照《中华人民共和国行政处罚法》有关规定，责令当事人改正或者限期改正违法行为的，可以在《行政处罚决定书》或者《不予行政处罚决定书》中一并表述，不必单独制作本文书。

第三十二条 《询问笔录》是农业行政执法机关为查明案件事实，收集证据，依法向当事人或者其他相关人员调查、询问并记录有关案件情况时使用的文书。

询问时应当有两名以上执法人员在场，每份询问笔录对应一个被询问人。询问人提出的问题，如果被询问人不回答或者拒绝回答的，应当写明被询问人的态度，如"不回答"或者"沉默"等，并用括号标记。

《询问笔录》经被询问人核对无误后，由被询问人在笔录上逐页签名、盖章或者按指纹等方式确认，农业行政执法人员应当在笔录上逐页签名。被询问人拒绝签名、盖章或者按指纹的，由农业行政执法人员在笔录上注明情况。

第三十三条 《现场检查（勘验）笔录》是农业行政执法机关依法对与涉嫌违法行为有关的物品、场所等进行检查或者勘验，制作现场检查笔录或者勘验笔录时使用的文书。

《现场检查（勘验）笔录》应当对所检查的物品名称、数量、包装形式、规格或者所勘验的现场具体地点、范围、状况等作全面、客观、准确的记录。需要绘制勘验图的，可另附纸。

现场绘制的勘验图、拍摄的照片和摄像、录音等资料，应当在笔录中注明。

当事人到场的，现场检查（勘验）笔录应当经当事人核对无误后，在笔录上逐页签名、盖章或者按指纹等方式确认，农业行政执法人员应当在笔录上逐页签名。当事人拒不到场，无法找到当事人或者当事人拒绝签名、盖章或者按指纹的，由农业行政执法人员在笔录上注明情况，并可以请在场的见证人在笔录上逐页签名。

第三十四条 《抽样取证凭证》是农业行政执法机关在案件调查过程中，依法采取抽样取证措施收集证据时，对抽样取证过程、样品、封样等情况进行记录时使用的文书。

抽样送检的样品应当在现场封样，样品封样情况写明被抽样品加封情况、备用样品封存地点。

《抽样取样凭证》中各栏目信息，应当按照物品（产品）外包装、标签、说明书上记载的内容填写；没有或者无法确定其中某项内容的，应当注明。抽取样品数量包括检验样品数量及备用样品数量；抽样基数是被抽样同批次产品的总量。

对抽样取证的方式、标准等有特别规定的，应当按照规定执行。

执法人员应当制作抽样取证凭证，对样品加贴封条，并由执法人员和当事人在抽样取样凭证上签名或者盖章。当事人拒绝签名或者盖章的，应当采取拍照、录像或者其他方式记录抽样取证情况。

第三十五条　《抽样检测结果告知书》是农业行政执法机关依法将抽样检测结果告知当事人时使用的文书。

依据相关法律、法规、规章的规定，当事人享有申请复检、复验权利的，农业行政执法机关应当依法告知当事人申请复检、复验的权利，并同时告知申请复检、复验的期限和受理单位。

第三十六条　《产品确认通知书》是农业行政执法机关从非生产单位取得样品后，为确认样品的真实生产单位，向样品标签、包装等标注的生产单位发出时使用的文书。

《产品确认通知书》中各栏目信息，应当按照产品外包装、标签、说明书上记载的内容填写，并附照片；没有或者无法确定其中某项内容的，应当注明。

《产品确认通知书》应当写明要求生产单位确认的期限。

第三十七条　《证据先行登记保存通知书》是农业行政执法机关在案件调查过程中，对与涉嫌违法行为有关、可能灭失或者以后难以取得的证据进行登记保存时使用的文书。

农业行政执法机关应当根据需要选择就地或者异地保存。被登记保存物品状况应当在通知书中逐项详细记录，登记保存地点要表述明确、清楚。

当事人应当在通知书上逐页签名、盖章或者以其他方式确认。执法人员应当在清单上逐页签名。

农业行政执法机关可以在证据登记保存的相关物品和场所加贴封条。封条应当标明日期，并加盖执法机关印章。

第三十八条　《先行登记保存物品处理通知书》是农业行政执法机关在规定的期限内对被先行登记保存的物品作出处理决定并告知当事人时使用的文书。

处理通知书应当写明当事人姓名（或名称）、登记保存作出的时间、登记保存的物品清单及具体处理决定。

第三十九条　《查封（扣押）决定书》是农业行政执法机关在案件调查过程中，依照有关法律法规对涉案场所、设施或者财物采取行政强制措施，实施查封（扣押）时使用的文书。

实施查封（扣押）应当有法律、法规依据，填写前款规定的文书时应当写明所依据的具体条款。

查封（扣押）期限应当明确具体，不得超过三十日；情况复杂的，经农业行政执法机关负责人批准可以延长，但是延长期限不得超过30日。法律、行政法规另有规定的除外。

查封（扣押）时，应当在相关场所、设施或者财物加贴封条。封条应当标明日期，并加盖农业行政执法机关印章。

第四十条　《查封（扣押）现场笔录》是农业行政执法机关在案件调查过程中，依法对涉案场所、设施或者财物采取行政强制措施，对实施查封（扣押）以及其他现场情况进行记录时使用的文书。

《查封（扣押）现场笔录》应当对实施查封（扣押）的物品名称、数量、包装形式、规格等作全面、客观、准确的记录，并记录查封（扣押）决定书及财物清单送达、当事人到场、实施查封（扣押）过程、当事人陈述申辩以及其他有关情况。

第四十一条　《解除查封（扣押）决定书》是农业行政执法机关经调查核实，依法对查封（扣押）场所、设施或者财物解除行政强制措施并告知当事人时使用的文书。

查封（扣押）期限经延长的，应当载明延长行政强制措施决定的理由和相应内容。

第四十二条　《查封（扣押）/解除查封（扣押）财物清单》是农业行政执法机关依法对查封、扣押或者解除查封、扣押的涉案财物进行详细登记造册时使用的文书。

当事人核对无误后，可由其在清单末尾写明"上述内容经核对无误"。清单应当由当事人逐页签名、盖章或者按指纹确认。执法人员应当在清单上逐页签名。

第四十三条　《案件中止调查决定书》是农业行政执法机关依法决定中止调查案件时使用的文书。

第四十四条　《恢复案件调查决定书》是农业行政执法机关依法决定恢复调查案件时使用的文书。

第四十五条　《案件处理意见书》是案件调查结束后，农业行政执法人员就案件调查经过、证据材料、调查结论及处理意见报请农业行政执法机关负责人审批时使用的文书。

"案件名称"栏按照"当事人姓名（名称）+涉嫌+违法行为性质+案"的方式表述。

"案件调查过程"栏，可以写明案件线索来源、核查及立案的时间以及采取的证据先行登记保存、行政强制措施、现场检查、抽样取证等案件调查情况。

"涉嫌违法事实及证据材料"栏，填写调查认定的事实的证据，列举的证据应当符合证据的基本要素，根据证据规则应当能够认定案件事实。必要时可以将证据与所证明的事实对应列明。

"调查结论及处理意见"栏，应当由执法人员根据案件调查情况和有关法律、法规和规章的规定提出处理意见，包括建议给予行政处罚、予以撤销案件、不予行政处罚、移送其他行政管理部门处理、移送司法机关等。据以立案的违法事实不存在的，应当写明建议终结调查并结案等内容。对依法应给予行政处罚的，应当写明给予行政处罚的种类、幅度及法律依据等。从重、从轻或者减轻处罚的，应当写明理由。

"法制机构意见"栏由各省级农业行政处罚机关决定是否选择适用。

"执法机关负责人意见"栏由农业行政执法机关负责人根据《农业行政处罚程序规定》第四十九条规定的情形填写。

《农业行政处罚程序规定》第四十八条规定的中止调查情形，不适用本文书。

第四十六条　《行政处罚事先告知书》（适用非听证案件）是农业行政执法机关在适用非听证程序作出行政处罚决定前，依法告知当事人拟作出行政处罚决定的事实、理由、依据、处罚内容和当事人所享有的陈述权、申辩权时使用的文书。

《行政处罚事先告知书》（适用听证案件）是农业行政执法机关在依法作出责令停产停业、吊销许可证照、较大数额罚款、没收较大数额财物等重大行政处罚决定之前，依法告知当事人拟作出行政处罚决定的事实、理由、依据及处罚内容和当事人所享有的陈述权、申辩权、听证权时使用的文书。

《行政处罚事先告知书》应当针对当事人的违法行为写明拟处罚的事实理由、依据、处罚内容，引用法律依据时应当写明法律、法规、规章的具体条款。

第四十七条　《不予行政处罚决定书》是农业行政执法机关对符合法定不予处罚情形，依法作出不予行政处罚决定时使用的文书。

第四十八条　《行政处罚决定审批表》是农业行政执法机构在案件调查终结之后，将案件情况和处理意见提请法制审核、负责人审查时使用的文书。

"案件名称"按照"当事人姓名（名称）+违法行为性质+案"的方式表述，由执法机构填写。"陈述、申辩或者听证情况"栏填写当事人陈述、申辩或者听证情况，由执法机构填写。

"处理意见"栏由执法机构办案人员填写。

"法制审核"栏由承担法制审核工作的机构或者人员根据《农业行政处罚程序规定》第五十一条、五十二条规定填写。

"集体讨论情况"栏仅适用符合《农业行政处罚程序规定》第五十五条规定的案件，根据农业行政执法机关负责人集体讨论情况填写集体讨论的结论或者决定，并将集体讨论记录附表后。

"执法机关意见"栏，由农业行政执法机关负责人填写；符合《农业行政处罚程序规定》第五十五条规定情形的，由农业行政执法机关主要负责人根据集体讨论决定填写。

第四十九条 《行政处罚决定书》是农业行政执法机关适用一般程序办理行政处罚案件，依法对当事人作出行政处罚决定时使用的文书。

"案件来源"部分，可写明案件线索来源、核查及立案的时间。"调查经过"部分，可写明询问、抽样取证、现场检查或者勘验、检验检测、证据先行登记保存等调查过程。"采取查封（扣押）的情况"部分，可写明采取查封（扣押）行政强制措施情况。

"违反法律、法规或者规章的事实"部分，应当写明从事违法行为的时间、地点、情节、危害结果等。

"相关证据及证明事项"部分，应当将认定案件事实所依据的证据列举清楚，所列举证据应当符合证据的基本要素，根据证据规则能够认定案件事实。

"当事人陈述、申辩情况，当事人陈述、申辩的采纳情况及理由；行政处罚告知、行政处罚听证告知情况，以及复核、听证过程及意见"部分，应当写明行政处罚告知或者行政处罚听证告知送达情况，以及对当事人陈述、申辩意见的复核程序和听证程序，说明农业行政执法机关的复核意见以及采纳或者不予以采纳的理由。经过听证的案件，还应当写明听证意见。

"案件性质、事实、自由裁量的依据和理由，以及行政处罚的内容和依据"部分，应当写明行政处罚的依据，包括违法行为直接违反的法律、法规、规章的具体条款和行政处罚决定依据的法律、法规、规章的具体条款；应当从违法案件的具体事实、性质、情节、社会危害程度、主观过错等方面，对行政处罚自由裁量的依据和理由加以表述，阐明对当事人从重、从轻、减轻处罚的情形；应当写明行政处罚的内容，包括对当事人给予处罚的种类和数额，有多项的应当分项写明。

第五十条 《行政处罚听证会通知书》是农业行政执法机关听证组织机构依法通知当事人举行听证的时间、地点、相关人员姓名以及其他相关事项时使用的文书。

第五十一条 《听证笔录》是农业行政执法机关应当事人的申请，就行政处罚案件举行听证，由书记员对听证会全过程进行记录时使用的文书。

"听证记录"应当写明案件调查人员提出的违法事实、证据和处罚意见，当事人陈述、申辩的事实理由以及是否提供新的证据，证人证言、质证过程等内容。

案件调查人员、当事人或其委托代理人应当在笔录上逐页签名、盖章或者按指纹并在尾页注明日期；证人应当在记录其证言之页签名。

第五十二条 《行政处罚听证会报告书》是农业行政执法机关在行政处罚案件听证会结束后，听证主持人向农业行政执法机关负责人报告听证会情况和处理意见建议时使用的文书。

《行政处罚听证会报告书》包括以下内容：听证案由；听证人员、听证参加人；听证的时间、地点；听证的基本情况；处理意见和建议；需要报告的其他事项。

听证主持人向执法机关负责人提交报告书时，应当附《听证笔录》。

第五十三条 《送达回证》是农业行政执法机关依法向当事人送达法律文书，记载相关文书送达情况时使用的文书。

"送达时间"应当精确到日，也可根据实际情况精确到"××月××日××时××分"。"送达单位"指农业行政执法机关。"送达人"指农业行政执法机关的执法人员或者执法机关委托的有关人员。"受送达人"指案件当事人。收件人应当签名、盖章或者按指纹，并填写收件时间；收件人不是当事人时，应当在备注栏中注明其身份和与当事人的关系。"送达地点"应当填写街道、楼栋、单元、门牌号等完整信息。

第五十四条 《履行行政处罚决定催告书》是农业行政执法机关因当事人未在规定期限内履行行政处罚决定，在申请人民法院强制执行前，依法催告当事人履行义务时使用的文书。

《履行行政处罚决定催告书》应当载明农业行政执法机关作出行政处罚决定的文书名称、文号，行政处罚决定书确定的义务，以及没有履行义务的情况。没有履行义务的情况，可以填写尚未缴纳罚款的数额以及加处罚款的数额，如："一、罚款3 000元；二、因逾期未缴纳上述罚款，依法加处的罚款3 000元"。

第五十五条 《强制执行申请书》是农业行政执法机关向人民法院申请强制执行时使用的文书。

《强制执行申请书》应当写明申请人及被申请人基本情况、作出行政处罚决定情况、申请执行内容、送达情况和催告等有关情况，由执法机关负责人签名并加盖执法机关印章。

第五十六条 《延期（分期）缴纳罚款通知书》是当事人确有经济困难，需要延期或者分期缴纳罚款，向农业行政执法机关提出书面申请后，农业行政执法机关负责人依法批准同意后，告知当事人时使用的文书。

延期缴纳的，应当明确延期期限；分期缴纳的，应当明确每期缴纳的金额和期限。

第五十七条 《罚没物品处理记录》是农业行政执法机关对罚没物品依法进行处理时使用的文书。

处理记录应当载明对罚没物品处理的时间、地点、方式，参与处理的执法人员及执法机构负责人应当在记录上签字。

第五十八条 《行政处罚结案报告》是指案件终结后，农业行政执法人员报请执法机关负责人批准结案时使用的文书。

案件名称按照"当事人姓名（名称）+违法行为性质+案"的方式表述。案件终止调查、违法事实不能成立、立案调查后移送其他行政管理部门和司法机关等处理决定，按照"当事人姓名（名称）+涉嫌+违法行为性质+案"的方式表述。

结案报告应当对案件的办理情况进行总结，给予行政处罚的，写明处罚决定的内容及执行方式；不予行政处罚的应当写明理由；予以撤销案件的，写明撤销的理由。

案件终止调查或者违法事实不能成立的，不需填写"处理决定文书"栏。

罚没财物处置情况应当写明罚没物品的处置时间、方式及结果。

第四章 文书归档及管理

第五十九条 农业行政执法机关应当严格按照《中华人民共和国行政处罚法》《中华人民共和国档案法》《农业行政处罚程序规定》《机关文件材料归档范围和文书档案保管期限规定》和本规范的要求，做好立卷归档工作。

立卷归档，是指农业行政执法机关对行政处罚等行政执法活动中形成的、能反映案件真实情况、有保存价值的各种文字、图标、声像、证物等，按照行政执法的客观进程形成文书时间的自然顺序进行收集、整理的过程。

第六十条 农业行政执法机关各类文书，应当按照利于保密、方便利用的原则，分别立为正卷和副卷。

一般程序案件应当按年度、一案一号的原则，单独立卷。简易程序案件可以多案合并组卷，每卷不超过50个案件。

案卷归档一般包括材料整理，排序编号，填写卷宗封面、卷内目录、卷内备考表和装订入盒等步骤。

第六十一条 行政处罚简易程序案件归档材料包括：

（一）当场处罚决定书；

（二）罚款收据；

（三）其他文件材料。

第六十二条 行政处罚一般程序案件归档材料包括：

（一）立案材料，包括投诉信函、投诉受理记录、案件移送函、立案审批表等；

（二）调查取证材料；

（三）审查决定材料，包括案件调查终结审批表、行政处罚事先（听证）告知书、陈述申辩笔录、听证笔录、重大行政处罚决定集体讨论记录、行政处罚决定书等；

（四）处罚执行材料，包括罚款收据、执行情况记录、行政决定履行催告书、强制执行决定书、结案审批表等。

当事人提起行政复议或者行政诉讼形成的文件材料，可以合并入原案卷保管，或者另行立卷保管。

第六十三条 案件结案后，立卷人应当及时将案件处理过程中形成的各种文书和材料进行收集整理。材料整理应当符合下列规定：

（一）能够采用原件的材料应当采用原件，不得以复印件代替原件存档；

（二）整理时应当拆除文件上的金属物，超大纸张应当折叠成A4纸大小，已破损的文件应当修整，字迹模糊或者易褪色的文件、热敏传真纸文件应当复制；

（三）横印文件材料应当字头朝装订线摆放；

（四）文件材料装订部分过窄或者有字的，用纸加宽装订，纸张小于卷面的用A4纸进行托裱；

（五）需要附卷保存的信封，应当打开展平后加贴衬纸或者复制留存，邮票不得撕揭；卷内文书材料应当齐全完整，无重份或者多余材料。

第六十四条 案件材料整理后，按照下列规定进行排序编号：

（一）简易程序案卷同一案件按当场处罚决定书、罚款收据（现场收缴的将收据号码登记在行政处罚决定书上）、其他文件材料的顺序排列，不同案件按结案时间先后顺序排列；

（二）一般程序案卷按照执法办案流程的时间先后顺序排列（档案管理部门另有规定的从其规定）；

（三）卷内文件材料用号码机以阿拉伯数字依次编号。正面编号在文件的右上角，背面编号在文件的左上角，背面无信息内容的不编号。

第六十五条 农业行政执法案卷由卷宗封面、卷内目录、卷内文件材料、卷内备考、封底组成。

卷宗封面包括立卷单位、案号、案件名称、年度、页数、保管期限。

卷内目录包括序号、文号、文件材料名称、页号、备注。

卷内备考表包括本卷情况说明、立卷人、检查人、立卷时间。

第六十六条　案卷装订入盒时应当符合下列要求：

（一）装订时左边和下边取齐，采用三孔一线的方法在左边装订，装订要牢固、整齐，不压字迹，便于翻阅；

（二）案卷背面装订线处用封条封装，并加盖单位公章；

（三）将案卷置于规格统一的卷盒中，并在卷盒盒脊填写所存案卷的年份、保管期限、起止卷号。

第六十七条　对于难以入卷保存的物证、视听资料、电子数据等证据材料，可以拍摄、冲洗或者打印后入卷，相关证据材料装入证据袋另行保存，并在卷内备考表注明。

第六十八条　简易程序案卷保管期限为10年。一般程序案卷保管期限为30年。案件涉及行政复议、行政诉讼的，保管期限为永久。

保管期限从案卷装订成册次年1月1日起计算。

第六十九条　农业行政执法案卷应当于次年一季度前移交本单位档案管理机构集中统一管理。

案卷归档，不得私自增加或者抽取案卷材料，不得修改案卷内容。

第五章　附　　则

第七十条　本规范由农业农村部法规司负责解释。

十、《水产苗种管理办法》

2004年12月21日农业部第37次常务会议修订通过，自2005年4月1日起施行（农业部令第46号公布）。

第一章　总　　则

第一条　为保护和合理利用水产种质资源，加强水产品种选育和苗种生产、经营、进出口管理，提高水产苗种质量，维护水产苗种生产者、经营者和使用者的合法权益，促进水产养殖业持续健康发展，根据《中华人民共和国渔业法》及有关法律法规，制定本办法。

第二条　本办法所称的水产苗种包括用于繁育、增养殖（栽培）生产和科研试验、观赏的水产动植物的亲本、稚体、幼体、受精卵、孢子及其遗传育种材料。

第三条　在中华人民共和国境内从事水产种质资源开发利用，品种选育、培育，水产苗种生产、经营、管理、进口、出口活动的单位和个人，应当遵守本办法。

珍稀、濒危水生野生动植物及其苗种的管理按有关法律法规的规定执行。

第四条　农业部负责全国水产种质资源和水产苗种管理工作。

县级以上地方人民政府渔业行政主管部门负责本行政区域内的水产种质资源和水产苗种管理工作。

第二章　种质资源保护和品种选育

第五条　国家有计划地搜集、整理、鉴定、保护、保存和合理利用水产种质资源。禁止任何单位和个人侵占和破坏水产种质资源。

第六条　国家保护水产种质资源及其生存环境，并在具有较高经济价值和遗传育种价值的水产种质资源的主要生长繁殖区域建立水产种质资源保护区。未经农业部批准，任何单位或者个人不得在水产种质资源保护区从事捕捞活动。

建设项目对水产种质资源产生不利影响的，依照《中华人民共和国渔业法》第三十五条的规定处理。

第七条　省级以上人民政府渔业行政主管部门根据水产增养殖生产发展的需要和自然条件及种质资源特点，合理布局和建设水产原、良种场。

国家级或省级原、良种场负责保存或选育种用遗传材料和亲本，向水产苗种繁育单位提供亲本。

第八条　用于杂交生产商品苗种的亲本必须是纯系群体，对可育的杂交种不得用作亲本繁育。

养殖可育的杂交个体和通过生物工程等技术改变遗传性状的个体及后代的，其场所必须建立严格的隔离和防逃措施，禁止将其投放于河流、湖泊、水库、海域等自然水域。

第九条　国家鼓励和支持水产优良品种的选育、培育和推广。县级以上人民政府渔业行政主管部门应当有计划地组织科研、教学和生产单位选育、培育水产优良新品种。

第十条　农业部设立全国水产原种和良种审定委员会，对水产新品种进行审定。对审定合格的水产新品种，经农业部公告后方可推广。

第三章　生产经营管理

第十一条　单位和个人从事水产苗种生产，应当经县级以上地方人民政府渔业行政主管部门批准，取得水产苗种生产许可证。但是，渔业生产者自育、自用水产苗种的除外。

省级人民政府渔业行政主管部门负责水产原、良种场的水产苗种生产许可证的核发工作；其他水产苗种生产许可证发放权限由省级人民政府渔业行政主管部门规定。

水产苗种生产许可证由省级人民政府渔业行政主管部门统一印制。

第十二条　从事水产苗种生产的单位和个人应当具备下列条件：

（一）有固定的生产场地、水源充足、水质符合渔业用水标准；

（二）用于繁殖的亲本来源于原、良种场、质量符合种质标准；

（三）生产条件和设施符合水产苗种生产技术操作规程的要求；

（四）有与水产苗种生产和质量检验相适应的专业技术人员。

申请单位是水产原、良种场的，还应当符合农业部《水产原良种场生产管理规范》的要求。

第十三条　申请从事水产苗种生产的单位和个人应当填写水产苗种生产申请表，并提交证明其符合本办法第十二条规定条件的材料。

水产苗种生产申请表格式由省级人民政府渔业行政主管部门统一制定。

第十四条　县级以上地方人民政府渔业行政主管部门应当按照本办法第十一条第二款规定的审批权限，自受理申请之日起20日内对申请人提交的材料进行审查，并经现场考核后作出是否发放水产苗种生产许可证的决定。

第十五条　水产苗种生产单位和个人应当按照许可证规定的范围、种类等进行生产。需要变更生产范围、种类的，应当向原发证机关办理变更手续。

水产苗种生产许可证的许可有效期限为3年。期满需延期的，应当于期满30日前向原发证机关提出申请，办理续展手续。

第十六条　水产苗种的生产应当遵守农业部制定的生产技术操作规程。保证苗种质量。

第十七条　县级以上人民政府渔业行政主管部门应当组织有关质量检验机构对辖区内苗种场的

亲本和稚、幼体质量进行检验，检验不合格的，给予警告，限期整改；到期仍不合格的，由发证机关收回并注销水产苗种生产许可证。

第十八条 县级以上地方人民政府渔业行政主管部门应当加强对水产苗种的产地检疫。

国内异地引进水产苗种的，应当先到当地渔业行政主管部门办理检疫手续，经检疫合格后方可运输和销售。

检疫人员应当按照检疫规程实施检疫，对检疫合格的水产苗种出具检疫合格证明。

第十九条 禁止在水产苗种繁殖、栖息地从事采矿、挖沙、爆破、排放污水等破坏水域生态环境的活动。对水域环境造成污染的，依照《中华人民共和国水污染防治法》和《中华人民共和国海洋环境保护法》的有关规定处理。

在水生动物苗种主产区引水时，应当采取措施，保护苗种。

第四章 进出口管理

第二十条 单位和个人从事水产苗种进口和出口，应当经农业部或省级人民政府渔业行政主管部门批准。

第二十一条 农业部会同国务院有关部门制定水产苗种进口名录和出口名录，并定期公布。

水产苗种进口名录和出口名录分为Ⅰ、Ⅱ、Ⅲ类。列入进口名录Ⅰ类的水产苗种不得进口，列入出口名录Ⅰ类的水产苗种不得出口；列入名录Ⅱ类的水产苗种以及未列入名录的水产苗种的进口、出口由农业部审批，列入名录Ⅲ类的水产苗种的进口、出口由省级人民政府渔业行政主管部门审批。

第二十二条 申请进口水产苗种的单位和个人应当提交以下材料：

（一）水产苗种进口申请表；

（二）水产苗种进口安全影响报告（包括对引进地区水域生态环境、生物种类的影响，进口水产苗种可能携带的病虫害及危害性等）；

（三）与境外签订的意向书、赠送协议书复印件；

（四）进口水产苗种所在国（地区）主管部门出具的产地证明；

（五）营业执照复印件。

第二十三条 进口未列入水产苗种进口名录的水产苗种的单位应当具备以下条件：

（一）具有完整的防逃、隔离设施，试验池面积不少于3公顷；

（二）具备一定的科研力量，具有从事种质、疾病及生态研究的中高级技术人员；

（三）具备开展种质检测、疫病检疫以及水质检测工作的基本仪器设备。

进口未列入水产苗种进口名录的水产苗种的单位，除按第二十二条的规定提供材料外，还应当提供以下材料：

（一）进口水产苗种所在国家或地区的相关资料：包括进口水产苗种的分类地位、生物学性状、遗传特性、经济性状及开发利用现状，栖息水域及该地区的气候特点、水域生态条件等；

（二）进口水产苗种人工繁殖、养殖情况；

（三）进口国家或地区水产苗种疫病发生情况。

第二十四条 申请出口水产苗种的单位和个人应提交水产苗种出口申请表。

第二十五条 进出口水产苗种的单位和个人应当向省级人民政府渔业行政主管部门提出申请。省级人民政府渔业行政主管部门应当自申请受理之日起15日内对进出口水产苗种的申报材料进行审查核实，按审批权限直接审批或初步审查后将审查意见和全部材料报农业部审批。

省级人民政府渔业行政主管部门应当将其审批的水产苗种进出口情况，在每年年底前报农业部备案。

第二十六条　农业部收到省级人民政府渔业行政主管部门报送的材料后，对申请进口水产苗种的，在5日内委托全国水产原种和良种审定委员会组织专家对申请进口的水产苗种进行安全影响评估，并在收到安全影响评估报告后15日内作出是否同意进口的决定；对申请出口水产苗种的，应当在10日内作出是否同意出口的决定。

第二十七条　申请水产苗种进出口的单位或个人应当凭农业部或省级人民政府渔业行政主管部门批准的水产苗种进出口审批表办理进出口手续。

水产苗种进出口申请表、审批表格式由农业部统一制定。

第二十八条　进口、出口水产苗种应当实施检疫，防止病害传入境内和传出境外，具体检疫工作按照《中华人民共和国进出境动植物检疫法》等法律法规的规定执行。

第二十九条　水产苗种进口实行属地监管。进口单位和个人在进口水产苗种经出入境检验检疫机构检疫合格后，应当立即向所在地省级人民政府渔业行政主管部门报告，由所在地省级人民政府渔业行政主管部门或其委托的县级以上地方人民政府渔业行政主管部门具体负责入境后的监督检查。

第三十条　进口未列入水产苗种进口名录的水产苗种的，进口单位和个人应当在该水产苗种经出入境检验检疫机构检疫合格后，设置专门场所进行试养，特殊情况下应在农业部指定的场所进行。

试养期间一般为进口水产苗种的一个繁殖周期。试养期间，农业部不再批准该水产苗种的进口，进口单位不得向试养场所外扩散该试养苗种。

试养期满后的水产苗种应当经过全国水产原种和良种审定委员会审定，农业部公告后方可推广。

第三十一条　进口水产苗种投放于河流、湖泊、水库、海域等自然水域要严格遵守有关外来物种管理规定。

第五章　附　　则

第三十二条　本办法所用术语的含义：

（一）原种：指取自模式种采集水域或取自其他天然水域的野生水生动植物种，以及用于选育的原始亲体。

（二）良种：指生长快、品质好、抗逆性强、性状稳定和适应一定地区自然条件，并适用于增养殖（栽培）生产的水产动植物种。

（三）杂交种：指将不同种、亚种、品种的水产动植物进行杂交获得的后代。

（四）品种：指经人工选育成的，遗传性状稳定，并具有不同于原种或同种内其他群体的优良经济性状的水生动植物。

（五）稚、幼体：指从孵出后至性成熟之前这一阶段的个体。

（六）亲本：指已达性成熟年龄的个体。

第三十三条　违反本办法的规定应当给予处罚的，依照《中华人民共和国渔业法》等法律法规的有关规定给予处罚。

第三十四条　转基因水产苗种的选育、培育、生产、经营和进出口管理，应当同时遵守《农业转基因生物安全管理条例》及国家其他有关规定。

第三十五条　本办法自2005年4月1日起施行。

十一、《水域滩涂养殖发证登记办法》

2010年5月6日农业部第6次常务会议审议通过，自2010年7月1日起施行。

第一章　总　则

第一条　为了保障养殖生产者合法权益，规范水域、滩涂养殖发证登记工作，根据《中华人民共和国物权法》《中华人民共和国渔业法》《中华人民共和国农村土地承包法》等法律法规，制定本办法。

第二条　本办法所称水域、滩涂，是指经县级以上地方人民政府依法规划或者以其他形式确定可以用于水产养殖业的水域、滩涂。

本办法所称水域滩涂养殖权，是指依法取得的使用水域、滩涂从事水产养殖的权利。

第三条　使用水域、滩涂从事养殖生产，由县级以上地方人民政府核发养殖证，确认水域滩涂养殖权。

县级以上地方人民政府渔业行政主管部门负责水域、滩涂养殖发证登记具体工作，并建立登记簿，记载养殖证载明的事项。

第四条　水域滩涂养殖权人可以凭养殖证享受国家水产养殖扶持政策。

第二章　国家所有水域滩涂的发证登记

第五条　使用国家所有的水域、滩涂从事养殖生产的，应当向县级以上地方人民政府渔业行政主管部门提出申请，并提交以下材料：

（一）养殖证申请表；

（二）公民个人身份证明、法人或其他组织资格证明、法定代表人或者主要负责人的身份证明；

（三）依法应当提交的其他证明材料。

第六条　县级以上地方人民政府渔业行政主管部门应当在受理后15个工作日内对申请材料进行书面审查和实地核查。符合规定的，应当将申请在水域、滩涂所在地进行公示，公示期为10日；不符合规定的，书面通知申请人。

第七条　公示期满后，符合下列条件的，县级以上地方人民政府渔业行政主管部门应当报请同级人民政府核发养殖证，并将养殖证载明事项载入登记簿：

（一）水域、滩涂依法可以用于养殖生产；

（二）证明材料合法有效；

（三）无权属争议。

登记簿应当准确记载养殖证载明的全部事项。

第八条　国家所有的水域、滩涂，应当优先用于下列当地渔业生产者从事养殖生产：

（一）以水域、滩涂养殖生产为主要生活来源的；

（二）因渔业产业结构调整，由捕捞业转产从事养殖业的；

（三）因养殖水域滩涂规划调整，需要另行安排养殖水域、滩涂从事养殖生产的。

第九条　依法转让国家所有水域、滩涂的养殖权的，应当持原养殖证，依照本章规定重新办理发证登记。

第三章　集体所有或者国家所有由集体使用水域滩涂的发证登记

第十条　农民集体所有或者国家所有依法由农民集体使用的水域、滩涂，以家庭承包方式用于养殖生产的，依照下列程序办理发证登记：

（一）水域、滩涂承包合同生效后，发包方应当在30个工作日内，将水域、滩涂承包方案、承包方及承包水域、滩涂的详细情况、水域、滩涂承包合同等材料报县级以上地方人民政府渔业行政主管部门；

（二）县级以上地方人民政府渔业行政主管部门对发包方报送的材料进行审核。符合规定的，报请同级人民政府核发养殖证，并将养殖证载明事项载入登记簿；不符合规定的，书面通知当事人。

第十一条　农民集体所有或者国家所有依法由农民集体使用的水域、滩涂，以招标、拍卖、公开协商等方式承包用于养殖生产，承包方申请取得养殖证的，依照下列程序办理发证登记：

（一）水域、滩涂承包合同生效后，承包方填写养殖证申请表，并将水域、滩涂承包合同等材料报县级以上地方人民政府渔业行政主管部门；

（二）县级以上地方人民政府渔业行政主管部门对承包方提交的材料进行审核。符合规定的，报请同级人民政府核发养殖证，并将养殖证载明事项载入登记簿；不符合规定的，书面通知申请人。

第十二条　县级以上地方人民政府渔业行政主管部门应当在登记簿上准确记载养殖证载明的全部事项。

第十三条　农民集体所有或者国家所有依法由农民集体使用的水域、滩涂，以家庭承包方式用于养殖生产，在承包期内采取转包、出租、入股方式流转水域滩涂养殖权的，不需要重新办理发证登记。

采取转让、互换方式流转水域滩涂养殖权的，当事人可以要求重新办理发证登记。申请重新办理发证登记的，应当提交原养殖证和水域滩涂养殖权流转合同等相关证明材料。

因转让、互换以外的其他方式导致水域滩涂养殖权分立、合并的，应当持原养殖证及相关证明材料，向原发证登记机关重新办理发证登记。

第四章　变更、收回、注销和延展

第十四条　水域滩涂养殖权人、利害关系人有权查阅、复制登记簿，县级以上地方人民政府渔业行政主管部门应当提供，不得限制和拒绝。

水域滩涂养殖权人、利害关系人认为登记簿记载的事项错误的，可以申请更正登记。登记簿记载的权利人书面同意更正或者有证据证明登记确有错误的，县级以上地方人民政府渔业行政主管部门应当予以更正。

第十五条　养殖权人姓名或名称、住所等事项发生变化的，当事人应当持原养殖证及相关证明材料，向原发证登记机关申请变更。

第十六条　因被依法收回、征收等原因造成水域滩涂养殖权灭失的，应当由发证机关依法收回、注销养殖证。

实行家庭承包的农民集体所有或者国家所有依法由农民集体使用的水域、滩涂，在承包期内出现下列情形之一，发包方依法收回承包的水域、滩涂的，应当由发证机关收回、注销养殖证：

（一）承包方全家迁入设区的市，转为非农业户口的；

（二）承包方提出书面申请，自愿放弃全部承包水域、滩涂的；

（三）其他依法应当收回养殖证的情形。

第十七条　符合本办法第十六条规定，水域滩涂养殖权人拒绝交回养殖证的，县级以上地方人民政府渔业行政主管部门调查核实后，报请发证机关依法注销养殖证，并予以公告。

第十八条　水域滩涂养殖权期限届满，水域滩涂养殖权人依法继续使用国家所有的水域、滩涂从事养殖生产的，应当在期限届满60日前，持养殖证向原发证登记机关办理延展手续，并按本办法

第五条规定提交相关材料。

因养殖水域滩涂规划调整不得从事养殖的，期限届满后不再办理延展手续。

第五章　附　则

第十九条　养殖证由农业部监制，省级人民政府渔业行政主管部门印制。

第二十条　颁发养殖证，除依法收取工本费外，不得向水域、滩涂使用人收取任何费用。

第二十一条　本办法施行前养殖水域、滩涂已核发养殖证或者农村土地承包经营权证的，在有效期内继续有效。

第二十二条　本办法自2010年7月1日起施行。

十二、《水产养殖质量安全管理规定》

2003年7月14日经农业部第18次常务会议审议通过，自2003年9月1日起实施（农业部令〔2003〕第31号）。

第一章　总　则

第一条　为提高养殖水产品质量安全水平，保护渔业生态环境，促进水产养殖业的健康发展，根据《中华人民共和国渔业法》等法律、行政法规，制定本规定。

第二条　在中华人民共和国境内从事水产养殖的单位和个人，应当遵守本规定。

第三条　农业部主管全国水产养殖质量安全管理工作。

县级以上地方各级人民政府渔业行政主管部门主管本行政区域内水产养殖质量安全管理工作。

第四条　国家鼓励水产养殖单位和个人发展健康养殖，减少水产养殖病害发生；控制养殖用药，保证养殖水产品质量安全；推广生态养殖，保护养殖环境。

国家鼓励水产养殖单位和个人依照有关规定申请无公害农产品认证。

第二章　养殖用水

第五条　水产养殖用水应当符合农业部《无公害食品海水养殖用水水质》（NY 5052—2001）或《无公害食品淡水养殖用水水质》（NY 5051—2001）等标准，禁止将不符合水质标准的水源用于水产养殖。

第六条　水产养殖单位和个人应当定期监测养殖用水水质。

养殖用水水源受到污染时，应当立即停止使用；确需使用的，应当经过净化处理达到养殖用水水质标准。

养殖水体水质不符合养殖用水水质标准时，应当立即采取措施进行处理。经处理后仍达不到要求的，应当停止养殖活动，并向当地渔业行政主管部门报告，其养殖水产品按本规定第十三条处理。

第七条　养殖场或池塘的进排水系统应当分开。水产养殖废水排放应当达到国家规定的排放标准。

第三章　养殖生产

第八条　县级以上地方各级人民政府渔业行政主管部门应当根据水产养殖规划要求，合理确定用于水产养殖的水域和滩涂，同时根据水域滩涂环境状况划分养殖功能区，合理安排养殖生产布局，科学确定养殖规模、养殖方式。

第九条　使用水域、滩涂从事水产养殖的单位和个人应当按有关规定申领养殖证，并按核准的区域、规模从事养殖生产。

第十条　水产养殖生产应当符合国家有关养殖技术规范操作要求。水产养殖单位和个人应当配置与养殖水体和生产能力相适应的水处理设施和相应的水质、水生生物检测等基础性仪器设备。

水产养殖使用的苗种应当符合国家或地方质量标准。

第十一条　水产养殖专业技术人员应当逐步按国家有关就业准入要求，经过职业技能培训并获得职业资格证书后，方能上岗。

第十二条　水产养殖单位和个人应当填写《水产养殖生产记录》，记载养殖种类、苗种来源及生长情况、饲料来源及投喂情况、水质变化等内容。《水产养殖生产记录》应当保存至该批水产品全部销售后2年以上。

第十三条　销售的养殖水产品应当符合国家或地方的有关标准。不符合标准的产品应当进行净化处理，净化处理后仍不符合标准的产品禁止销售。

第十四条　水产养殖单位销售自养水产品应当附具《产品标签》，注明单位名称、地址，产品种类、规格，出池日期等。

第四章　渔用饲料和水产养殖用药

第十五条　使用渔用饲料应当符合《饲料和饲料添加剂管理条例》和农业部《无公害食品渔用饲料安全限量》（NY 5072—2002）。鼓励使用配合饲料。限制直接投喂冰鲜（冻）饵料，防止残饵污染水质。

禁止使用无产品质量标准、无质量检验合格证、无生产许可证和产品批准文号的饲料、饲料添加剂。禁止使用变质和过期饲料。

第十六条　使用水产养殖用药应当符合《兽药管理条例》和农业部《无公害食品渔药使用准则》（NY 5071—2002）。使用药物的养殖水产品在休药期内不得用于人类食品消费。

禁止使用假、劣兽药及农业部规定禁止使用的药品、其他化合物和生物制剂。原料药不得直接用于水产养殖。

第十七条　水产养殖单位和个人应当按照水产养殖用药使用说明书的要求或在水生生物病害防治员的指导下科学用药。

水生生物病害防治员应当按照有关就业准入的要求，经过职业技能培训并获得职业资格证书后，方能上岗。

第十八条　水产养殖单位和个人应当填写《水产养殖用药记录》，记载病害发生情况，主要症状，用药名称、时间、用量等内容。《水产养殖用药记录》应当保存至该批水产品全部销售后2年以上。

第十九条　各级渔业行政主管部门和技术推广机构应当加强水产养殖用药安全使用的宣传、培训和技术指导工作。

第二十条　农业部负责制定全国养殖水产品药物残留监控计划，并组织实施。

县级以上地方各级人民政府渔业行政主管部门负责本行政区域内养殖水产品药物残留的监控工作。

第二十一条　水产养殖单位和个人应当接受县级以上人民政府渔业行政主管部门组织的养殖水产品药物残留抽样检测。

第五章　附　则

第二十二条　本规定用语定义：

健康养殖指通过采用投放无疫病苗种、投喂全价饲料及人为控制养殖环境条件等技术措施，使养殖生物保持最适宜生长和发育的状态，实现减少养殖病害发生、提高产品质量的一种养殖方式。

生态养殖指根据不同养殖生物间的共生互补原理，利用自然界物质循环系统，在一定的养殖空间和区域内，通过相应的技术和管理措施，使不同生物在同一环境中共同生长，实现保持生态平衡、提高养殖效益的一种养殖方式。

第二十三条　违反本规定的，依照《中华人民共和国渔业法》《兽药管理条例》和《饲料和饲料添加剂管理条例》等法律法规进行处罚。

第二十四条　本规定由农业部负责解释。

第二十五条　本规定自2003年9月1日起施行。

十三、《农产品包装和标识管理办法》

2006年9月30日农业部第25次常务会议审议通过，自2006年11月1日起施行（农业部令第70号）。

第一章　总　　则

第一条　为规范农产品生产经营行为，加强农产品包装和标识管理，建立健全农产品可追溯制度，保障农产品质量安全，依据《中华人民共和国农产品质量安全法》，制定本办法。

第二条　农产品的包装和标识活动应当符合本办法规定。

第三条　农业部负责全国农产品包装和标识的监督管理工作。

县级以上地方人民政府农业行政主管部门负责本行政区域内农产品包装和标识的监督管理工作。

第四条　国家支持农产品包装和标识科学研究，推行科学的包装方法，推广先进的标识技术。

第五条　县级以上人民政府农业行政主管部门应当将农产品包装和标识管理经费纳入年度预算。

第六条　县级以上人民政府农业行政主管部门对在农产品包装和标识工作中做出突出贡献的单位和个人，予以表彰和奖励。

第二章　农产品包装

第七条　农产品生产企业、农民专业合作经济组织以及从事农产品收购的单位或者个人，用于销售的下列农产品必须包装：

（一）获得无公害农产品、绿色食品、有机农产品等认证的农产品，但鲜活畜、禽、水产品除外。

（二）省级以上人民政府农业行政主管部门规定的其他需要包装销售的农产品。符合规定包装的农产品拆包后直接向消费者销售的，可以不再另行包装。

第八条　农产品包装应当符合农产品储藏、运输、销售及保障安全的要求，便于拆卸和搬运。

第九条　包装农产品的材料和使用的保鲜剂、防腐剂、添加剂等物质必须符合国家强制性技术规范要求。

包装农产品应当防止机械损伤和二次污染。

第三章　农产品标识

第十条　农产品生产企业、农民专业合作经济组织以及从事农产品收购的单位或者个人包装销售的农产品，应当在包装物上标注或者附加标识标明品名、产地、生产者或者销售者名称、生产日期。

有分级标准或者使用添加剂的，还应当标明产品质量等级或者添加剂名称。

未包装的农产品，应当采取附加标签、标识牌、标识带、说明书等形式标明农产品的品名、生产地、生产者或者销售者名称等内容。

第十一条　农产品标识所用文字应当使用规范的中文。标识标注的内容应当准确、清晰、显著。

第十二条　销售获得无公害农产品、绿色食品、有机农产品等质量标志使用权的农产品，应当标注相应标志和发证机构。

禁止冒用无公害农产品、绿色食品、有机农产品等质量标志。

第十三条　畜禽及其产品、属于农业转基因生物的农产品，还应当按照有关规定进行标识。

第十四条　农产品生产企业、农民专业合作经济组织以及从事农产品收购的单位或者个人，应当对其销售农产品的包装质量和标识内容负责。

第十五条　县级以上人民政府农业行政主管部门依照《中华人民共和国农产品质量安全法》对农产品包装和标识进行监督检查。

第十六条　有下列情形之一的，由县级以上人民政府农业行政主管部门按照《中华人民共和国农产品质量安全法》第四十八条、四十九条、五十一条、五十二条的规定处理、处罚：

（一）使用的农产品包装材料不符合强制性技术规范要求的；

（二）农产品包装过程中使用的保鲜剂、防腐剂、添加剂等材料不符合强制性技术规范要求的；

（三）应当包装的农产品未经包装销售的；

（四）冒用无公害农产品、绿色食品等质量标志的；

（五）农产品未按照规定标识的。

第五章　附　　则

第十七条　本办法下列用语的含义：

（一）农产品包装：是指对农产品实施装箱、装盒、装袋、包裹、捆扎等。

（二）保鲜剂：是指保持农产品新鲜品质，减少流通损失，延长贮存时间的人工合成化学物质或者天然物质。

（三）防腐剂：是指防止农产品腐烂变质的人工合成化学物质或者天然物质。

（四）添加剂：是指为改善农产品品质和色、香、味以及加工性能加入的人工合成化学物质或者天然物质。

（五）生产日期：植物产品是指收获日期；畜禽产品是指屠宰或者产出日期；水产品是指起捕日期；其他产品是指包装或者销售时的日期。

第十八条　本办法自2006年11月1日起施行。

十四、《食品市场主体准入登记管理制度》

为了依法规范食品市场主体资格，严格食品市场主体准入登记行为，根据《食品安全法》《食品安全法实施条例》以及国家工商总局《食品流通许可证管理办法》《流通环节食品安全监督管理办法》等，制定本制度。

一、严格食品流通许可行为，切实规范食品经营者经营资格

（一）县级及其以上地方工商行政管理机关应当按照法律、法规和规章的规定，受理食品经营者的食品流通许可申请，根据法律法规规定的程序进行审核，对于符合规定的食品经营者依法核发《食品流通许可证》。

（二）县级及其以上地方工商行政管理机关应当按照方便申请人办理和有利于监管的原则，合理

设置食品流通许可窗口，公开食品流通许可事项、依据、条件、程序、期限和需要提交的申请材料目录等，依法受理食品经营者提出的食品流通许可申请。对申请材料齐全、符合法定形式的，许可机关应当及时予以受理，并按要求书面通知申请人。

（三）受理食品流通许可申请的县级及其以上地方工商行政管理机关，应当认真审查食品经营者提交的申请材料是否符合《食品安全法》第二十七条第一项至第四项以及《食品流通许可证管理办法》的要求。在必要时，审核发证的工商行政管理机关可以按照法定的权限与程序，对申请人的经营场所进行现场核查。

（四）县级及其以上地方工商行政管理机关经对食品流通许可申请人提交的材料进行审查，对符合法律法规的规定的，应当依法作出准予许可的决定，并书面通知申请人领取《食品流通许可证》。

（五）食品经营者改变许可事项，应当向原许可机关申请变更食品流通许可。未经许可，不得擅自改变许可事项。食品经营者申请注销《食品流通许可证》的，原许可机关在受理注销申请材料后，经审核依法注销《食品流通许可证》。

二、严格规范对食品生产经营者的登记注册行为，切实把好食品市场主体准入关

（六）申请从事食品生产、食品流通、餐饮服务，应当在依法取得相关许可后，向有登记注册管辖权的工商行政管理机关申请办理登记注册。对未取得相关许可的，登记注册机关不得核发营业执照，或者对其经营范围不予核定食品生产经营项目。

（七）新设食品生产经营主体，申请人应当在申请相关许可之前办理名称预先核准，并以核准的名称申请许可。预先核准的名称保留期为6个月，在保留期内申请人不得以预先核准的名称从事食品生产经营活动，不得转让名称。

（八）食品生产经营主体变更登记注册事项，应当向原登记注册机构申请变更登记注册。未经变更登记注册，不得擅自改变登记注册事项。食品生产经营主体申请注销登记注册，登记注册机构应当依法审查企业或个体工商户提交的申请材料，依法办理注销登记注册。

（九）按照国家工商总局《关于对食品经营主体予以特别标注的通知》（工商消字〔2007〕74号）的规定，县级及其以上工商行政管理机关登记注册机构受理登记注册申请时，要按照"谁负责、谁录入"的原则，在企业和个体工商户的登记注册管理系统软件中按照从事食品生产加工、食品批发零售、餐饮服务的分类，对食品生产经营主体予以特别标注，实现对食品生产经营主体的分类统计。

三、严格食品流通许可与登记注册事项的监督检查，促进食品经营者健康发展

（十）许可机构应当依据法律法规和规章的规定，加强对《食品流通许可证》的监管。对食品流通许可证事项发生变化的，应当监督食品经营者依法申请变更许可；对《食品流通许可证》有效期届满的，应当依法处理。

县级及其以上地方工商行政管理机关应当层层落实《食品流通许可证》和流通环节未到期的《食品卫生许可证》的监管任务和监管责任，特别是要把许可证的日常监管任务落实到基层工商所，做到任务到岗、责任到人。通过市场巡查，不断强化监管力度。对市场巡查和执法检查中发现没有《食品流通许可证》或《食品流通许可证》有效期届满的，应依法查处。

（十一）登记注册机构按照登记注册法律法规和国家工商总局《企业年度检验办法》《个体工商户验照办法》的要求，突出检查重点，强化监管措施，严格依法行政，加强对登记注册事项的监督管理。

（十二）登记注册机构依法对食品经营企业进行年检，对个体工商户进行验照。在办理企业年检、个体工商户验照时，应当按照有关规定审查食品流通许可证是否被撤销、吊销或者有效期限届满，并依法严格把关。对年检、验照结果，应当依托工商系统信息化网络体系，与食品流通许可机构实现互联互通，信息共享。

四、切实加强许可和登记注册机构间的协作配合，努力形成监管执法合力

（十三）县级及其以上地方工商行政管理机关应当建立食品流通许可申请受理、审核发放、变更、注销及吊销情况数据库。依托金信工程，建立健全食品流通许可工作的信息化网络体系。

（十四）许可机构与登记注册机构应当整合食品流通许可信息与登记注册信息，实现资源共享。加强对各类基础数据的统计、分析和利用，建立食品流通许可和登记注册管理情况内部通报制度，相互沟通许可信息与登记注册信息。

（十五）县级及其以上地方工商行政管理机关对食品经营者应当如实记录食品流通许可颁发、日常监督检查、违法行为查处等情况，并将记录情况纳入企业信用分类监管、个体工商户分层分类监管、市场信用分类监管系统，切实加强食品经营主体信用管理工作。

十五、《食品市场质量监管制度》

为了进一步加强流通环节食品质量监督管理，有效保障流通环节食品质量安全，根据《食品安全法》《食品安全法实施条例》以及国家工商总局《流通环节食品安全监督管理办法》《食品流通许可证管理办法》等，制定本制度。

一、严格规范食品市场质量准入行为，切实监督食品经营者把好食品进货关

（一）县级及其以上地方工商行政管理机关依法监督食品经营者履行食品进货查验义务。监督食品经营者认真查验供货者的许可证、营业执照和食品合格的证明文件。

1. 监督经营者对购入的食品查验供货者的食品生产许可证、食品流通许可证、营业执照等法律法规规定的资格证明和许可证件，并由食品经营者留存供货商的相关证照复印件备查。

2. 监督经营者按食品品种和批次查验食品出厂检验合格证或质量检验合格报告、进口食品的商检证明等法律法规规定的证明文件，并由食品经营者留存供货商的相关证明文件的复印件备查。

3. 监督实行统一配送经营方式的食品经营者依法履行进货查验义务。实行统一配送经营方式的食品经营者，可以由企业总部统一查验供货者的许可证、营业执照和食品合格的证明文件，可将有关资料复印件留存所属相关经营者备查，也可以采用信息化技术联网查备。

（二）县级及其以上地方工商行政管理机关依法监督食品经营企业履行食品进货查验记录或批发记录义务。

1. 监督食品经营企业如实记录食品的名称、规格、数量、生产批号、生产日期、保质期、供货者名称及联系方式、进货日期等内容，或者保留载有相关信息的进货票据，并按照供货商或进货时间等标准，将载有记录内容的票据统一规范装订或者粘贴成册。台账记录、票据的保存期限不得少于2年。

2. 监督实行统一配送经营方式的食品经营企业依法履行进货查验记录义务。实行统一配送经营方式的食品经营企业，可以由企业总部统一进行食品进货查验记录，可将有关资料复印件留存所属相关经营企业备查，也可以采用信息化技术联网备查。

3. 监督食品批发企业按照每次批发食品的情况如实制作批发记录台账，记录应当包括批发食品的名称、规格、数量、生产批号、生产日期、保质期、购货者名称及联系方式、销售日期等内容，

或者保留载有相关信息的销售票据。台账记录、票据的保存期限不得少于2年。

4. 鼓励其他食品经营者按照《食品安全法》《食品安全法实施条例》对食品经营企业的有关规定建立进货或销售记录台账。

（三）县级及其以上地方工商行政管理机关积极鼓励引导食品经营者采用和创新食品安全管理手段和方式。

1. 鼓励和引导有条件的经营者依法对查验的许可证件、食品合格的证明文件以及建立的进销货台账，采用扫描、拍照、数据交换、电子表格等科技手段，实行计算机管理。

2. 鼓励和引导食品集中交易市场的开办者、食品经营柜台的出租者、食品展销会的举办者和有条件的食品经营企业配备必要的检测设备，对食品进行自检。

3. 鼓励和引导食品集中交易市场的开办者、食品经营柜台的出租者、食品展销会的举办者和有条件的食品经营企业与食品生产加工基地、重点企业建立"场厂挂钩""场地挂钩"等协议准入机制。

二、严格实施食品质量监督检查，切实维护食品市场秩序

县级及其以上地方工商行政管理机关要依法加强对流通环节食品质量的监督检查，突出检查重点，强化监管措施，切实做好食品质量监督执法工作。

（四）依法监督检查食品经营者经销的食品，其来源与供货方的相关合法资质证明是否一致，食品经营者是否按照食品标签标注的条件贮存食品、是否及时清理变质或者超过保质期的食品。

（五）依法监督检查经营者经销食品的包装标识。检查预包装食品、散装食品和进口食品标签标明的事项是否符合法律、标准的规定。

（六）依法监督检查食品市场开办者履行义务。检查食品集中交易市场的开办者、食品经营柜台的出租者、食品展销会的举办者是否履行食品质量安全管理法定义务，是否落实食品质量安全管理责任。

（七）依法监督检查食品经营者的自律情况。检查食品经营者在进货时是否履行了查验义务，是否进行查验记录、质量承诺，是否对不符合食品安全标准的食品主动退市等。

三、严格实施食品质量分类监管，切实提升食品安全监管效能

（八）依法加强对预包装食品经营的监管。对预包装食品，重点监管其质量合格证、生产日期、保质期等项目。监督食品经营者销售标签符合《食品安全法》第四十二条的预包装食品；监督食品经营者按照食品标签标示的警示标志、警示说明或者注意事项的要求，销售预包装食品。

（九）依法加强对散装食品经营的监管。对散装食品，重点监督食品经营者在贮存散装食品时，在贮存位置标明食品的名称、生产日期、保质期、生产者名称及联系方式等内容；在销售散装食品时，在散装食品的容器、外包装上标明食品的名称、生产日期、保质期、生产经营者名称及联系方式等内容；在销售生鲜食品和熟食制品时，符合食品安全所需要的温度、空间隔离等特殊要求，防止交叉污染。

（十）依法加强对进口食品经营的监管。对进口食品，重点监管其质量合格证明、生产日期、保质期、进口相关手续等项目。禁止食品经营者经营没有中文标签或中文标签不符合规定的进口食品。

四、严格监督不符合食品安全标准食品的退市，切实保障食品市场消费安全

（十一）依法监督检查经营者履行不符合食品安全标准食品主动退市的义务。监督检查经营者是否对被告知、通报或者自行发现的不符合食品安全标准的食品立即停止经营，下架单独存放，通知相关生产经营者和消费者，并记录停止经营和通知情况，将有关情况报告辖区工商行政管理机关。

（十二）对经营者未依法停止经营不符合食品安全标准的食品的，县级及其以上地方工商行政管理机关可以责令其停止经营，并将食品经营者停止经营不符合食品安全标准的食品情况记入经营者食品安全信用档案和信用分类管理系统。

（十三）依法对退市的不符合食品安全标准食品实施跟踪监管。在监督检查中发现不符合食品安全标准的食品，责令食品经营者停止经营，及时追查食品来源和流向，涉及其他地区的，应当及时报告上级工商行政管理机关，通报相关地工商行政管理机关，其原因是由其他环节引起的，应当及时通报有关主管部门，并配合相关部门加强对不符合食品安全标准的食品退市后的跟踪监管，严防再次流入市场。

十六、《食品市场巡查监管制度》

为了加强食品市场日常规范化管理，强化食品市场巡查和日常监管工作，依据《食品安全法》《食品安全法实施条例》以及国家工商总局《食品流通许可证管理办法》《流通环节食品安全监督管理办法》，制定本制度。

一、完善食品市场巡查工作，强化食品市场日常监管

（一）食品市场巡查是工商行政管理机关加强流通环节食品安全日常监管的重要方式。县级及其以上地方工商行政管理机关应当按照本制度的要求，结合本地实际，制定巡查计划，突出巡查重点，完善巡查方式，增加巡查频次，提高巡查效率，层层落实巡查监管责任，严格监督检查食品经营者的主体资格、食品质量、经营行为和食品经营者自律的法定责任和义务。

（二）县级及其以上地方工商行政管理机关应当将食品安全监管重心下移，切实把市场巡查的任务落实到基层工商所，做到任务到岗、责任到人，不断强化食品市场巡查和日常监管工作。

二、突出食品市场巡查重点，提高日常监管规范化程度

（三）查主体资格，看食品经营者证照是否齐全、是否在有效期内、是否上墙悬挂、是否通过年检验照，许可和经营范围与实际经营情况是否一致，是否有不符合法律、法规和规章规定食品经营要求的情形，以及食品从业人员是否具有有效的健康证明。

（四）查经销食品，看食品的来源与供货方的相关合法资质证明是否一致，食品是否超过保质期，食品经营者是否按照食品标签标注的条件贮存食品，是否及时清理变质或者超过保质期的食品。

（五）查包装标识，看预包装食品标签标明的事项是否符合法律、标准的规定，散装食品在贮存位置、容器、外包装上是否标明食品的名称、生产日期、保质期、生产经营者名称及联系方式等内容，进口食品是否有中文标签、中文说明书。

（六）查商标广告和装潢，看食品商标是否有侵权和违法使用的行为，食品经营场所的食品广告是否有虚假违法内容，食品装潢是否有仿冒或近似仿冒的情况。

（七）查市场开办者责任，看食品集中交易市场的开办者、食品经营柜台的出租者、食品展销会的举办者是否履行食品安全管理法定义务，是否落实食品安全管理责任。

（八）查经营者自律情况，看食品经营者在进货时是否履行了查验义务，是否进行查验记录、质量承诺，是否对不符合食品安全标准的食品主动退市等。

三、创新巡查监管方式方法，提升食品市场监管水平

（九）县级及其以上地方工商行政管理机关应当以工商所为单位，对本辖区的食品经营者，划分责任区和明确巡查人员，落实监管责任和任务，实行"两图一书"的管理方式，即工商所辖区食品

经营布局图、监管人员责任区分布图、工商所与食品经营者签订的《食品安全责任书》，并认真开展日常监管工作。

（十）工商所应当在办公场所设置"食品安全信息公示栏"，及时将上级工商行政管理机关公示的食品安全信息进行转载公示，并按规定公示监督检查中发现的辖区内食品安全有关日常信息；引导辖区内经营食品的商场、超市、批发市场和集贸市场等重点食品经营场所设置"食品安全信息公示栏"，向消费者公示相关食品安全信息，及时进行消费警示和提示。

（十一）工商所应当指导本辖区食品商场、超市、批发市场和集贸市场设立食品安全联络员，及时报送不符合食品安全标准的食品信息，及时收集流通环节食品安全监管数据信息。

四、充分利用现代科技手段，切实提高食品市场监管效能

（十二）县级及其以上地方工商行政管理机关应当运用无线网络执法平台、移动查询终端等现代科技手段，开展市场巡查和日常监管。积极引导和指导商场、超市推进进货查验和查验记录的电子化管理，积极引导和督促食品经营者建立健全食品采购、贮存、运输、交易、退市和食品质量管理等环节的电子监控体系，积极推动有条件的食品商场、超市、批发市场和集贸市场逐步实行计算机网络化管理，并加快与工商所信息化网络体系的对接进程，为实现网上监管创造有利条件。

（十三）县级及其以上工商行政管理机关应当按照国家工商总局《关于积极推进流通环节商品质量和食品安全信息化网络建设工作的意见》，遵循"统一标准、整合资源、扩大功能、优化流程、信息共享"的原则，建立从总局到工商所五级纵向贯通以及横向联接的信息化网络体系。同时，应当建立流通环节食品经营主体、食品市场质量、食品抽样检验和食品安全监管数据库，并与工商机关其他方面执法监管信息互联互通，实现数据信息共享。加强数据的采集汇总、分析研判和综合利用，逐步实现流通环节食品安全"网上查询、网上咨询、网上受理、网上查办、网上调度指挥、网上应急处置、网上动态监管、网上发布信息"。

五、强化食品安全信用监管，严厉查处各种违法行为

（十四）县级及其以上地方工商行政管理机关应当落实记载市场巡查事项和处理结果，并经巡查人员和食品经营者签字，建立食品市场巡查和日常监管档案，充分利用巡查监管情况和信息，提高食品市场巡查监管的针对性和有效性。

（十五）县级及其以上地方工商行政管理机关应当依托"金信工程"，将食品市场巡查监管情况列入食品安全信用档案，作为企业信用分类监管、个体工商户分层分类监管、市场信用分类监管的重要内容，对有不良信用记录的食品经营者增加巡查频次，加强监督管理。

（十六）县级及其以上地方工商行政管理机关应当结合本地实际，以当地消费者申（投）诉、举报多和与当地人民群众生活密切相关的食品品种为重点，适时开展食品安全专项执法检查，严厉打击各种违法行为。

（十七）县级及其以上地方工商行政管理机关应当公布本单位的电子邮件地址或者电话，接受咨询、申（投）诉、举报。对接到的咨询、申（投）诉、举报属于本部门职责的，应当依法答复、核实、处理；对不属于本部门职责的，应当书面通知并移交有权处理的部门处理。对处理情况应当记录、保存。属于食品安全事故的，依照《食品安全法》的有关规定进行处置。

（十八）县级及其以上地方工商行政管理机关在市场巡查和日常监管工作中发现经营者有经营不符合食品安全标准的食品以及其他违法行为的，应当按照行政处罚程序的规定依法查处；对不属于本辖区管辖或者不属于工商行政管理职责范围的，应当按照相关程序移交有管辖权的工商行政管理机关或者移送相关监管部门；涉嫌犯罪的，应当依法移送公安机关。

十七、《食品抽样检验工作制度》

为了加强流通环节食品安全监督管理，规范食品抽样检验工作，根据《食品安全法》《食品安全法实施条例》以及国家工商总局《流通环节食品安全监督管理办法》，制定本制度。

县级及其以上地方工商行政管理机关应当按照法律、法规和规章的规定，依法组织开展流通环节食品抽样检验工作，切实履行法定职责。

一、认真实施食品抽样检验工作，严格抽样检验工作程序

（一）县级及其以上地方工商行政管理机关应当按照当地人民政府制定的本行政区域的食品安全年度监督管理计划，对本辖区范围内流通环节的食品进行定期抽样检验。

（二）县级及其以上地方工商行政管理机关应当按照当地人民政府制定的本行政区域的食品安全年度监督管理计划中确定的重点食品、消费者申（投）诉及举报比较多的食品、市场监督检查中发现问题比较集中的食品，以及查办案件、有关部门通报的情况，对流通环节的食品进行不定期抽样检验。

（三）应当委托符合法定资质的食品检验机构对流通环节食品进行抽样检验。抽样检验应当采用食品安全国家标准；没有国家标准的，应当采用备案的食品安全地方标准；没有国家标准和地方标准的，应当采用依法备案的企业标准作为对该企业食品抽样检验的判定依据。

（四）对流通环节食品进行抽样检验时，应当制作抽样检验工作记录，现场检查所抽检食品的进货查验情况；应当要求检验机构按照国家规定的采样规则进行取样，并将抽样检验结果通知标称的食品生产者。

（五）被告知的被抽样检验人或标称食品生产者对抽样检验结果有异议的，应当向国务院有关部门公布的承担复检工作的食品检验机构申请复检，并说明理由。复检机构出具的复检结论为最终检验结论。

二、积极引导和督促食品经营者建立食品自检体系，严格防范不合格食品进入市场

（六）积极引导有条件的大中型食品经营企业配备必要的食品检测设备和专业技术人员或委托符合法定资质的食品检验机构，对所经营的食品进行定期或不定期的抽检。

（七）督促食品经营企业以消费者投诉、举报多或销售量大的食品品种为重点，加大自行抽检或送检的力度，严把食品质量入市关。

三、强化对抽样检验结果的综合分析和运用，依法报告和发布抽样检验信息

（八）县级及其以上地方工商行政管理机关应当自收到检验结果5个工作日内，将抽样检验结果通知被抽样检验人，责令其停止销售不符合食品安全标准的食品，并监督其他食品经营者对同一批次的食品下架退市。同时，报告上级工商行政管理机关，抄告相关地工商行政管理机关，被抄告的相关地工商行政管理机关应当及时依法采取有效措施，并通报本级卫生行政和相关监管部门，重大情况应及时报告当地人民政府。

（九）县级及其以上地方工商行政管理机关应当按照有关规定，准确、及时、客观的公布食品安全抽样检验信息。对食品抽样检验结果涉及食品安全风险信息的，应当报告当地卫生行政部门，必要时，直接报告国务院卫生行政部门。

（十）县级及其以上工商行政管理机关应当及时汇总和综合分析食品安全抽样检验结果，及时发现辖区不符合食品安全标准的食品，有针对性地开展监督检查工作；及时进行消费提示、警示，开展消费引导；对抽样检验中发现的由其他环节引起的食品安全问题，应当按照国家工商总局《食品安全监管执法协调协作制度》，通报相关部门，促进源头治理；根据工作需要，向行业协会通报抽样检验

信息，促进行业自律。

四、认真开展快速检测工作，依法保护消费者合法权益

（十一）县级及其以上地方工商行政管理机关在日常监督管理中，应当对消费者申（投）诉、举报多的食品，采用国务院质量监督、工商行政管理和国家食品药品监督管理部门认定的快速检测方法对食品进行初步筛查。初步筛查结果不得作为执法依据。

（十二）实施快速检测发现可能不符合食品安全标准的食品，应当将食品样本送符合法定资质的食品检验机构检验，并依据检验结果进行处理。食品经营者应当在检验机构未出具检验结果之前，根据实际情况自行采取食品安全的保障措施。

五、加强专业技术人员培训，切实保障抽样检验经费的落实

（十三）对实施抽样检验工作的执法人员要加强专业技术培训，学习法律法规、政策和相关专业技术知识，不断提高依法行政的能力。

（十四）县级及其以上地方工商行政管理机关实施食品抽样检验以及快速检测工作，应当购买样品，支付相关费用；不收取食品经营者的检验费和其他任何费用，所需经费由同级财政列支。

十八、《食品市场分类监管制度》

为了进一步提高流通环节食品安全监管的针对性和有效性，提升市场监管执法效能，根据《食品安全法》《食品安全法实施条例》以及国家工商总局《食品流通许可证管理办法》《流通环节食品安全监督管理办法》等，制定本制度。

县级及其以上地方工商行政管理机关应当按照法律法规的要求，结合本地实际，根据商场、超市、批发企业、批发市场、集贸市场、食品店等不同的食品经营场所和特点，有针对性地采取分类监管措施，明确对各类食品经营主体的监管重点、监管方式，切实提高监管效能。

一、严格监督食品商场、超市等企业加强自律管理，确保入市食品质量合格

（一）监督商场、超市等企业，在巩固索证索票、进货台账"两项制度"成果的基础上，切实履行进货查验和查验记录义务。工商所要结合日常市场巡查，督促其完善"两项制度"和落实法定责任与义务。

（二）鼓励和引导有条件的商场、超市逐步实行计算机管理，建立健全"两项制度"的电子台账。基层工商所应当建立流通环节食品安全监督管理网络，并逐步与商场、超市等企业的计算机管理网络对接，不断提高监管效能。

（三）积极创新监管方式方法，采取随机抽取商场、超市等企业经营的食品和"倒查"的办法，检查其落实查验记录义务和建立健全"两项制度"落实的情况。

（四）鼓励商场、超市等企业对经营的食品进行自检或送检，加强对配备有检测设备的商场、超市等企业的监督管理，规范其自检行为。

（五）切实加强对商场、超市等企业经营的预包装食品、进口食品、散装食品等食品种类的质量安全的监管，重点检查食品的生产日期、保质期等，督促商场、超市等企业针对处于保质期内、临近保质期、保质期届满等不同情况的食品采取有针对性的管理措施，对即将到保质期的食品在陈列场所向消费者作出醒目提示；对超过保质期的食品，应立即停止销售，食品的处理情况应当如实记录。

（六）鼓励和引导商场、超市等企业与食品生产加工基地、重点企业实行"场厂挂钩""场地挂钩"等形式的协议准入，减少中间环节，保障食品质量。

（七）基层工商所要指导本辖区食品商场、超市等企业设立食品安全联络员，及时报送食品安全信息和食品经营动态信息。

二、严格监督食品批发企业建立和完善食品销售台账，确保食品经营行为规范

（八）县级及其以上地方工商行政管理机关在监督批发企业履行好查验义务和进货查验记录义务的同时，应当监督食品批发企业记好销货台账。

（九）县级及其以上地方工商行政管理机关应当建立流通环节食品安全监督管理网络，并逐步实现与食品批发企业建立的以销售台账为核心的食品安全计算机管理体系的有机衔接，及时规范经营行为，不断提高监管效率。

（十）严格监督批发企业向食品进货单位提供与食品零售单位的进货凭证统一格式、统一内容的销货凭证。

三、严格监督批发市场、集贸市场履行食品安全管理责任，确保市场开办者切实承担法定义务

（十一）监督批发市场、集贸市场的开办者履行食品安全管理责任，审查入场食品经营者的食品流通许可证和营业执照；明确入场食品经营者的食品安全管理责任；定期对入场食品经营者的经营环境和条件进行检查；建立食品经营者档案，记载市场内食品经营者的基本情况、主要进货渠道、经营品种、品牌和供货商状况等信息；建立和完善食品经营管理制度，加强对食品经营者的培训；设置食品信息公示栏，及时公开市场内或行政机关公布的相关食品信息。

监督批发市场、集贸市场的场内经营者依法履行查验或进货查验记录义务。

（十二）工商所要结合日常巡查，加强对市场开办者履行食品安全管理义务的监督检查。批发市场、集贸市场的开办者没有履行对场内食品经营者经营资格审查，发现场内违法行为没有及时制止、报告的，工商所应当监督其改正，依法给予相应的行政处罚。

（十三）引导和督促农村集贸市场推广"一户多档""实名登记""证明登记""标牌公示"等四项制度，引导其规范和诚信经营。

（十四）工商所应当指导本辖区食品批发市场、集贸市场设立食品安全联络员。

（十五）加强对配备有必要检测设备的大型食品批发市场、集贸市场的监督管理，鼓励其对经营的食品进行自检。

四、严格监督食品店履行查验义务，确保食品来源合法

（十六）监督食品店履行查验义务，对购入的食品查验供货者的许可证、营业执照和食品合格的证明文件。

（十七）鼓励食品店在巩固进货台账制度的基础上，根据其管理水平和经济实力，采取账簿登记、单据粘贴建档、计算机管理等多种方式，进行进货查验记录。

（十八）积极引导食品店参与食品安全示范店建设活动。按照统一名称、统一标志、统一承诺、统一亮证亮照经营、统一监督电话等"五个统一"的要求，规范食品店经营管理，使食品示范店做到：经营主体资格有效规范；食品质量合格和入市退市规范；食品经营行为合法规范；食品经营者自律管理制度健全规范。

十九、《食品安全预警和应急处置制度》

为了有效预防和有序处置流通环节食品安全事故，维护食品市场秩序，保障食品市场消费安全，根据《食品安全法》《食品安全法实施条例》以及国家工商总局《工商行政管理系统市场监管应急预案》《工商行政管理系统流通环节重大食品安全事故应急预案》等，制定本制度。

一、坚持预防为主，有效防范食品安全事故

（一）各级工商行政管理机关要高度重视食品安全预警和应急处置工作，坚持预防与应急相结合，常抓不懈，防患于未然，认真做好预警和应急处置的各项准备工作。

（二）县级及其以上地方工商行政管理机关在同级政府的统一领导下，实行分级负责，建立健全条块结合、属地管理为主的食品安全预警和应急处置管理体制，及时有效地做好预警和应急处置工作。

（三）县级及其以上地方工商行政管理机关要切实加强对预警和应急处置工作的组织领导。建立健全抓落实的工作机制，确保组织领导、工作任务、工作措施、工作责任、人员力量等落实到位。

二、完善食品安全预警和应急方案，建立健全工作落实机制

（四）县级及其以上地方工商行政管理机关要按照范围、性质和危害程度对食品安全事故实行分级管理，食品安全事故分为Ⅰ级、Ⅱ级、Ⅲ级和Ⅳ级。县级及其以上地方工商行政管理机关要按照同级人民政府的部署，根据国家工商总局下发的《工商行政管理系统流通环节重大食品安全事故应急预案》《工商行政管理系统市场监管应急预案》，制定和完善本地区工商系统流通环节食品安全事故预警和应急方案，并落实各自的职责和健全组织保障体系。

（五）食品安全事故发生后，事故发生地县（区）级及其以上地方工商行政管理机关按照规定和事故级别设立食品安全事故应急指挥部，在上一级应急处理指挥机构的指导和当地政府的领导下，有效组织和指挥本地区的重大食品安全事故的应急处理工作。

（六）县级及其以上地方工商行政管理机关要结合实际，有计划、有重点地对食品安全应急方案进行演练。加强应急处置队伍建设，建立联动协调制度，充分动员和发挥社区、企事业单位、社会团体和志愿者队伍的作用，依靠公众力量，形成统一指挥、反应灵敏、功能齐全、协调有序、运转高效的应急管理机制。

三、积极构建食品安全隐患发现机制，健全食品安全事故报告制度

（七）县级及其以上地方工商行政管理机关要利用市场巡查、专项执法检查、流通环节食品抽样检验、12315行政执法网络和相关部门情况通报等，及时了解各种食品安全信息，掌握食品市场动态情况。应当综合分析利用各类信息，及时发现可能引发的食品安全事故苗头。各相关职能机构应各负其责，互通情况。按照规定统一发布日常监管预警信息，采取有效措施防范和应急处置食品安全事故。

（八）县级及其以上地方工商行政管理机关发现食品安全突发问题，应当在当地人民政府统一领导下，加强信息的沟通、反馈和报告，立即将情况报告同级人民政府和通报同级卫生行政部门，同时抄报上级工商行政管理机关，并向突发问题波及地区工商行政管理机关通报。

四、强化和创新食品安全预警和应急处置手段，切实做好物资和人员保障工作

（九）县级及其以上地方工商行政管理机关要加强科学研究和技术开发，运用无线网络执法平台、移动查询终端等现代科技手段，实现食品安全信息的联网应用，有效开展网上预警防范和应急处置。逐步实现总局到基层工商所信息网络五级贯通，并努力做到与同级相关行政部门的信息联网，切实提高网络信息互动效率，提高应对处置食品安全突发事件的科技水平和指挥能力。

（十）县级及其以上地方工商行政管理机关要配备必要的处置食品安全事故的应急设施、装备、物资。应当加强检查，确保执法车辆、通讯设备、检测设备等相关物资设备随时处于备用状态。适时开展应急演练和应急系统检查，确保一旦发生重大食品安全事故，能够及时有效妥善处置。

（十一）县级及其以上地方工商行政管理机关要建立健全值班制度，明确值班电话，落实值班人员，坚持领导干部带班，畅通通讯联络，及时有效受理和处置食品安全突发问题。

二十、《食品广告监管制度》

为了进一步强化食品广告监管，确保《食品安全法》对广告管理的各项规定得到有效落实，国家工商行政管理总局根据《广告法》《食品安全法》等有关法律法规的规定，制定本制度（工商食字〔2009〕176号）。

一、食品广告监管是食品安全监管的重要环节，是工商行政管理机关的法定职责，应贯彻标本兼治、打防并重的方针，坚持专项整治与加强日常监管相结合，建立健全综合治理的长效机制。

二、工商行政管理机关依法严格监管食品广告，严厉打击发布虚假违法食品广告的行为。重点查处下列虚假违法食品广告：

（一）含有虚假、夸大内容的食品广告特别是保健食品广告。

（二）涉及宣传疾病预防、治疗功能的食品广告。

（三）未经广告审查机关审查批准发布的保健食品广告。

（四）含有使用国家机关及其工作人员、医疗机构、医生名义或者形象的食品广告，以及使用专家、消费者名义或者形象为保健食品功效做证明的广告。

（五）利用新闻报道形式、健康资讯等相关栏（节）目发布或者变相发布的保健食品广告。

（六）含有食品安全监督管理部门或者承担食品检验职责的机构、食品行业协会、消费者协会推荐内容的食品广告。

三、食品广告监管应围绕食品广告的发布前规范、发布中指导、发布后监管等主要环节，会同有关部门不断完善相关管理制度和措施，强化对食品广告活动的监管。

四、建立健全食品广告审查责任制度。按照总局《关于广告审查员管理工作若干问题的指导意见（试行）》，指导广告发布者、广告经营者落实食品广告的审查责任。

（一）会同有关部门指导媒体单位履行广告发布审查的法定责任和义务，加强对媒体单位落实食品广告发布审查制度的监督检查。

（二）对广告审查人员开展食品广告法律、法规培训，指导广告发布者、广告经营者建立和完善食品广告承接登记、相关证明文件审验、广告内容核实审查、客户档案管理等工作制度。

（三）对由于广告审查措施不健全、不落实而造成发布涉及重大食品安全事件的违法广告媒体，建议有关部门追究媒体单位主管领导和有关责任人的相应责任。

五、建立健全食品广告监测制度。按照总局《关于规范和加强广告监测工作的指导意见（试行）》，加强食品广告的监测预警和动态监管。

（一）食品广告监测的重点是食品广告发布量大、传播范围广、社会影响力大的媒体，并根据实际情况和监管需要，对重点区域、部分媒体、个案广告实施跟踪监测。

（二）坚持集中监测与日常监测相结合，广告监管机关与广告审查机关、媒体主管部门监测相结合，扩大食品广告监测覆盖面，实现监测信息共享。

（三）加强对监测数据的分析研究，及时将监测发现的食品广告中影响和危害食品安全的苗头性、倾向性问题，通报当地政府和有关部门。

六、建立健全违法食品广告公告制度。按照总局等十一部门联合制定的《违法广告公告制度》，加大对虚假违法食品广告的公告力度。

（一）对监测发现、投诉举报、依法查处的严重虚假违法食品广告案件，向社会公告。

（二）根据违法食品广告发布的动态及趋势，定期或不定期进行公告提示，提醒消费者识别虚假违法食品广告。

（三）通过部门联合公告、广告监管机关公告等多种方式，采取虚假违法食品广告典型案例曝光、违法食品广告提示、违法食品广告案例点评、涉嫌严重违法食品广告监测通报等多种形式，加大公告频次和曝光力度。

七、建立健全食品广告暂停发布制度。对食品安全事件涉及的广告，以及需立案调查的涉嫌虚假违法食品广告，迅速果断处置。有下列情形之一的，可暂停有关食品广告的发布：

（一）涉嫌不符合食品安全规定的食品所涉及的广告。

（二）上级交办、有关部门转办、监测发现、群众举报需立案查处的涉嫌虚假违法食品广告。

八、建立健全食品广告案件查办移送通报制度。按照总局《关于加强广告执法办案协调工作的指导意见（试行）》，针对违法食品广告在多个地区、多种媒体发布或者违法广告活动涉及不同区域多个主体的情况，建立食品广告案件查办、移送、通报工作制度。

（一）省级工商行政管理机关负责本辖区内食品广告案件查处的组织、指导、协调和督办工作，对同一广告主在本辖区内多个地区不同媒体发布的违法食品广告，应及时交办广告发布者所在地工商行政管理机关依法查处。

（二）省级以下工商行政管理机关依法查处广告发布者后，发现查处异地广告主、广告经营者确有困难的，应将有关案件和相关案情移送、通报广告主、广告经营者所在地工商行政管理机关依法查处。

（三）省级以下工商行政管理机关发现广告主、广告经营者在其他地区不同媒体发布违法广告的，应通报广告发布者所在地工商行政管理机关予以查处，并将有关情况报告省级工商行政管理机关。对广告发布者属于外省工商行政管理机关管辖的，由本省省级工商行政管理机关通知有管辖权的外省省级工商行政管理机关予以处理。

九、建立健全食品广告案件查办落实情况报告制度。按照总局《广告案件查办落实情况报告制度》，加强食品广告案件的督办和监督检查。

（一）明确职责分工，落实办案责任，及时查办上级机关交办、其他地方工商行政管理机关或者有关部门移送、通报以及监测发现、群众投诉举报的本辖区内的违法广告主、广告经营者、广告发布者，并在规定期限内将处理情况上报上级机关，通知其他相关地方工商行政管理机关或者有关部门。对跨省移送或者通报的违法食品广告案件，省级工商行政管理机关可提请总局督办。

（二）建立健全广告案件的督办和监督检查工作机制，提高查办效率，落实监督职责。对推诿不办、压案不查以及行政处罚畸轻畸重、执法不到位等不规范执法行为，依照总局有关规定追究相关责任人的行政执法过错责任。

（三）总局交办、转办的食品广告案件，各地工商行政管理机关应在规定期限以书面形式向总局报告，总局定期或者不定期通报各地广告案件查办落实的情况。

十、建立健全食品广告市场退出制度。按照总局《停止广告主、广告经营者、广告发布者广告业务实施意见》，加强对食品广告活动主体的监督管理，落实食品广告市场退出机制。

（一）对因发布虚假违法食品广告，造成损害社会公共利益以及造成人身伤害或者财产损失等严重后果的，暂停或者停止相关食品生产者、经营者部分食品或者全部食品的广告发布业务。

（二）对多次发布虚假违法食品广告，食品广告违法率居高不下的媒体单位，暂停其食品广告发布业务，直至取消广告发布资格。

（三）对违法情节严重的保健食品广告，提请食品药品监管部门依法采取相关措施。

十一、建立健全行业自律管理制度。按照总局《关于深入贯彻落实科学发展观支持和促进广告协会拓展职能增强服务能力完善行业管理的意见》，指导广告行业组织建立和完善自律管理机制。

（一）支持和指导广告行业组织切实担负起实施行业自律的重要职责，协助政府部门加强食品广告监管，完善行政执法与行业自律相结合的广告市场监管机制。

（二）指导广告行业组织围绕规范食品广告市场秩序，建立健全各项自律性管理制度，开展行业自律和相关法律咨询服务，规范食品广告发布活动。

（三）支持广告行业组织依据自律规则，对实施违法食品广告活动、损害消费者合法权益、扰乱食品广告市场秩序的行为，采取劝诫、通报批评、公开谴责等自律措施，加强行业自我管理，提高行业公信力。

十二、各级工商行政管理机关按照属地管理、分级负责的原则，依法履行广告监管职责，对辖区内广告市场、广告发布媒体全面监管，全面负责，加强食品市场巡查和日常监督检查，落实广告监管责任。对疏于监管、执法不严，致使辖区内严重虚假违法食品广告屡禁不止，违法率居高不下，发生影响公共秩序和社会稳定重大广告案件的，依照有关规定追究相关责任人的责任。

十三、各级工商行政管理机关广告监管机构应积极配合食品流通监管等相关机构对食品安全的监管，围绕食品广告监管重点，加强食品广告发布环节的监管，及时将广告案件查办中发现的涉及生产和销售不符合食品安全标准的有关线索，通报食品流通监管等相关机构。

十四、各地工商行政管理机关应坚持和完善广告联合监管工作机制，充分发挥部门联席会议的作用，积极履行牵头职责，协调各有关部门落实职责分工，加强协作与配合，共同研究和解决食品广告市场存在的突出问题，对虚假违法食品广告进行综合治理，不断增强监管的合力与实效。

二十一、《食品安全监管执法协调协作制度》

为了加强食品安全监管执法协作，充分发挥食品安全监管执法部门的整体合力，根据《食品安全法》《食品安全法实施条例》以及国家工商总局《食品流通许可证管理办法》《流通环节食品安全监督管理办法》，制定本制度。

一、严格履行法定职责，建立健全流通环节食品安全监管执法协调协作体系

（一）县级及其以上地方工商行政管理机关应当在当地人民政府的统一领导、组织、协调下，依法建立健全流通环节食品安全执法协调协作体系。

（二）县级及其以上地方工商行政管理机关应当按照当地人民政府制定的本行政区域的食品安全年度监督管理计划，定期报告食品流通监督管理工作情况；及时请示、报告需要当地人民政府协调的其他重要事项。

二、强化食品安全监管部门之间协调和协作机制，切实形成监管合力

（三）县级及其以上地方工商行政管理机关应当依法配合同级卫生行政部门建立协调机制，按照法定职责参与协调工作。

（四）县级及其以上地方工商行政管理机关应当按照当地人民政府的部署开展联合执法检查工作，积极配合有关部门依法履行食品安全监管职责。

（五）县级及其以上地方工商行政管理机关在开展食品安全监督检查过程中发现属于农业、质量监督、食品药品监督管理等部门职责范围内的事项，应当及时书面通报并移交相关部门。

（六）县级及其以上地方工商行政管理机关在受理申诉、举报中发现应当由其他部门处理的，应当及时书面通报并移交有权处理的部门处理，对移交的相关材料要复制存档备查。

（七）县级及其以上地方工商行政管理机关对其他监管部门通报或移交的属于工商行政管理机关管辖的事项，应当按照职责及时依法查处或处置。

（八）县级及其以上地方工商行政管理机关在开展食品安全监督检查过程中，发现违法行为涉嫌

犯罪的，应当依法移送公安机关。

三、完善工商行政管理机关内部机构分工协作和协调机制，切实提高食品市场监管能力

（九）县级及其以上地方工商行政管理机关各内设机构应当明确职能分工，按照国家工商总局《关于宣传贯彻实施〈食品安全法〉的通知》《关于印发〈流通环节食品安全整顿工作方案〉的通知》以及其他有关规定，分工负责，建立协作和协调机制。

（十）食品流通监管机构负责流通环节食品监管综合协调，承担辖区食品流通许可和流通环节食品质量监管工作。

（十一）内外资企业登记注册、监督机构负责加强对食品生产经营主体的登记管理，查处违反登记管理法律法规的行为。

（十二）个体私营经济监管机构负责加强对个体私营企业登记管理，在当地政府统一领导和协调下，按照相关部门的职责分工，依法查处和取缔无照经营食品的违法行为。

（十三）市场监管机构负责集贸市场、批发市场食品安全监管，履行《农产品质量安全法》涉及工商行政管理机关的相关职责。

（十四）广告监督管理机构负责对食品广告的监管，依法严厉查处违法食品广告。

（十五）消费者权益保护机构负责受理和依法分流、处理消费者的咨询、申诉和举报，依法保护消费者合法权益。

（十六）竞争执法、直销监管、商标管理等机构分别负责查处食品市场不正当竞争、传销、商标侵权等违法行为。

（十七）县级及其以上地方工商行政管理机关内部各职能机构要建立情况通报和工作协作机制，切实形成工作合力。

四、建立健全工商行政管理机关区域横向协作和通报制度，切实加强依法跟踪监管工作

（十八）县级及其以上地方工商行政管理机关对不属于本区域管辖的流通环节食品安全案件，应当及时移送有管辖权的工商行政管理机关处理。

（十九）在查办流通环节食品安全案件中，需要跨管辖区域协作的，相关地工商行政管理机关应当积极配合、密切协作，及时通报，由具有管辖权的上一级工商行政管理机关协调。

（二十）开展食品安全监督检查，应当加强信息通报，实现食品安全信息共享，发挥系统整体功能，强化依法跟踪监管工作。

五、加强社会监督，严格落实食品安全监管责任制度

（二十一）县级及其以上地方工商行政管理机关可以聘请食品安全义务监督员，畅通投诉渠道，充分发挥广大群众的监督作用。

（二十二）县级及其以上地方工商行政管理机关应当加强与新闻媒体的沟通协调，通过新闻媒体依法公开有关信息，通报食品安全监管执法工作情况，充分发挥舆论监督作用。

（二十三）县级及其以上地方工商行政管理机关应当按照《食品安全法》的要求，强化领导责任制、职能机构监督检查和指导责任制以及属地监管责任制，将食品安全监管任务和责任层层落实到每个岗位和执法人员。

（二十四）县级及其以上地方工商行政管理机关不履行食品安全监督管理法定职责、日常监督检查不到位或者滥用职权、玩忽职守、徇私舞弊的，应当依法追究直接负责的主管人员和其他直接责任人员责任。

参考文献

陈祐福.水产品加工质量控制与提升对策探析［J］.中外食品工业，2013（9）：2.

陈雪昌.浅谈我国水产品药物残留状况及控制对策［J］.中国科技信息，2006（7）：2.

程波，马兵，刘新中，等.水产苗种质量安全管理对策研究［J］.海洋科学，2014，38（9），116-120.

崔柳.黑龙江省水产苗种生产现状及管理措施［J］.黑龙江科技信息，2009，18：128.

董闻琦，刘必谦.光合细菌在水产动物苗种培育中的应用［J］.水产养殖，2003，24（2）：40-43.

冯东岳，徐立蒲，陈辉.推进水产苗种产地检疫保障水产品质量安全［J］.中国水产，2014（11）：26-28.

高广斌，邹积波，曹丽，等.辽宁省水产苗种生产与管理现状、存在问题及建议［J］.中国水产，2005，6：29-31.

勾维民.海水贝类生产区域划型及监管体系建设［C］//中国水产科学研究院.2011中国渔业经济专家论坛论文集.［出版者不详］，2011：6.

郭月芹.实施水产苗种产地检疫中的常见问题［J］.水产渔业，2021，5：179-180.

侯熙格.水产品可追溯体系建设中生产者行为研究：以中国大菱鲆养殖业为例［D］.上海：上海海洋大学，2016.

黄昊龙，马阳阳，林菊，等.熏烤肉制品加工过程中多环芳烃来源及抑制研究进展［J］.肉类研究，2021，35（2）：8.

江育林，陈爱平.水生动物疾病诊断图鉴［M］.2版.北京：中国农业出版社，2012.

李青选.几种值得开发的海洋功能物质［J］.中国海洋药物，1996（1）：42-47.

李婷婷，大黄鱼生物保鲜技术及新鲜度指示蛋白研究［D］，杭州：浙江工商大学，2013.

励建荣，朱军莉.秘鲁鱿鱼丝加工过程甲醛产生控制的研究［C］//中国食品科学技术学会.中国食品科学技术学会第五届年会暨第四届东西方食品业高层论坛论文摘要集.［出版者不详］，2007：2.

励建荣.海水鱼类腐败机制及其保鲜技术研究进展［J］.中国食品学报，2018，18

（5）：1–12.

刘红，李传勇，曾志杰，等.水产品中生物胺的检测与控制技术研究进展［J］.食品安全质量检测学报，2015（11）：8.

刘为军，潘家荣，丁文峰.关于食品安全认识、成因及对策问题的研究综述［J］.中国农村观察，2007（4）：67–74.

刘锡胤，胡丽萍，徐惠章，等.提高刺参夏季育苗成活率的主要技术措施［J］.水产养殖，2019（9）：50–52.

刘锡胤，姜黎明，张秀梅，等.刺参人工育苗病害生态防控技术［J］.水产养殖，2021（5）：67–69.

刘永新，李梦龙，方辉，等.我国水产种业的发展现状与展望［J］.水产学杂志，2018，31（2）：50–56.

刘远豪，易翀.水产建强省　良种须先行：浅谈我省水产苗种生产现状及发展对策［J］.渔业致富指南，2009，271（7）：18–20.

刘章，童仁平，胡鹏，等.国内外水产品及水产制品分类研究［J］.食品安全质量检测学报，2016，7（7）：2634–2644.

龙华.试论我国淡水渔业资源开发与利用的可持续发展Ⅰ：我国淡水渔业资源的现状［J］.水利渔业，2000（4）：16–18.

吕志宏.水产品对人体保健的特殊功效［J］.中国水产，1986（3）：25–26.

米红波，刘爽，李学鹏，等.天然抗氧化剂在抑制水产品贮藏过程中脂质氧化的研究进展［J］.食品工业科技，2016，37（8）：6.

缪苗，黄一心，沈建，等.水产品安全风险危害因素来源的分析研究［J］.食品安全质量检测学报，2018，9（19）：5195–5201.

宁璇璇，夏炳训，姜军成，等.烟台港倾倒区表层沉积物重金属的富集特征及风险评价［J］.海洋科学，2013，37（4）：88–94.

农业部农产品质量安全中心，广东海洋大学，国家水产品质量监督检验中心.无公害食品　海洋水产品捕捞生产管理规范：NY/T 5357—2007［S］.北京：中国标准出版社，2007.

农业大词典编辑委员会.农业大词典［M］.北京：中国农业出版社，1998.

农业农村部渔业渔政管理局，全国水产技术推广总站，中国水产学会.2021中国渔业统计年鉴［M］.北京：中国农业出版社，2021.

苏跃中.福建省水产苗种产业的现状与发展思路［J］.现代渔业信息，2006，9（21）：21–23.

田超群，王继栋，闫师杰，等.水产品保鲜技术研究现状及发展趋势［J］.农产品加工，2010（8）：17–21.

王茂剑，刘爱英.渤海山东海域海洋保护区生物多样性图集：第五册　常见游泳动物［M］.北京：海洋出版社.2017.

王清印，李健.海水养殖优良品种选育和引进的现状与发展战略（二）［J］.中国水产，2003，3：66-67.

王清印，李健.海水养殖优良品种选育和引进的现状与发展战略（一）［J］.中国水产，2003，2：62-63.

翁如柏，蓝启洪.十种具有明显食疗保健功效的常见海产品［J］.海洋与渔业，2017（3）：70-72.

谢超，王阳光，邓尚贵.水产品中组胺控制降解技术研究概述［J］.食品工业科技，2009，30（12）：414-417.

徐蓉蓉.农业农村部《关于全面推进实施水产苗种产地检疫制度的通知》解读［J］.农村经济与科技，2021，32（12）：206-207.

杨洪良.水产品与人类保健［J］.河北渔业，1997（1）：38-39.

杨柳编.水产品的营养与健康［J］.科学养鱼，1990（3）：28.

杨文鸽，王扬，钱云霞.海产食品中药理活性成分研究进展［J］.现代渔业信息，2001（8）：9-12.

姚腾.安全视野下我国海水养殖苗种培育问题与对策研究［C］//中国水产科学研究院，上海海洋大学，中国渔业发展战略研究中心.2012中国渔业经济专家论坛论文集.［出版者不详］，2012：6.

张双灵，周德庆.水产品中寄生虫危害分析及预防措施［J］.中国水产，2005（3）：65-66.

张圆圆，贾涛.池塘养殖尾水处理技术初探［J］.河南水产，2020（4）：12-14.

章超桦，薛长湖.水产食品学［M］.2版.北京：中国农业出版社，2010.

赵勇，刘静，吴倩，等."水陆互补"理念下的水产品营养健康功效［J］.水产学报，2021，45（7）：1235-1247.

郑福麟.关于水产品的营养与生理功能的探讨［J］.现代渔业信息，1994（6）：16-19.

中华人民共和国国家质量监督检验检疫总局，中国国家标准化管理委员会.水产品批发市场交易技术规范：GB 34770—2017［S］.北京：中国标准出版社，2017.

周德庆，李晓川.我国渔用饲料生产、质量现状与对策［J］.海洋水产研究，2002，23（1）：79-83.

周真.我国水产品质量安全追溯体系研究［D］.青岛：中国海洋大学，2013.

Song S，Peng H，Wang Q，et al. Inhibitory activities of marine sulfated polysaccharides against SARS-CoV-2［J］. Food & Function，2020，11（9）：1-17.